国家骨干高职院校工学结合创新成果系列教材

钢筋混凝土与砌体结构工程施工

主编 王 虹 蒋明学

主审 余金凤 罗继振

中国水利水电出版社
www.waterpub.com.cn

内 容 提 要

本教材为国家骨干高职院校工学结合创新成果系列教材之一。本书遵照高职高专的教学要求，依据国家示范骨干建设专业人才培养方案和课程建设的目标要求，按校企专家多次研究讨论后制定的课程标准进行编写的。

“钢筋混凝土与砌体结构工程施工”是建筑工程技术专业的核心课程之一，依据建筑工程技术专业人才培养方案设计。本课程实践性强，内容丰富，以项目导航，任务驱动设计教学环节，培养学生从事房屋建筑施工的职业能力和职业素养。

本教材可作为建筑工程技术专业的教学用书，也可作为土建类相关专业和工程技术人员的参考用书。

图书在版编目（CIP）数据

钢筋混凝土与砌体结构工程施工 / 王虹，蒋明学主编. -- 北京 : 中国水利水电出版社，2014.8(2023.7重印)
国家骨干高职院校工学结合创新成果系列教材
ISBN 978-7-5170-2368-5

Ⅰ. ①钢… Ⅱ. ①王… ②蒋… Ⅲ. ①钢筋混凝土结构—混凝土施工—高等职业教育—教材②砌体结构—工程施工—高等职业教育—教材 Ⅳ. ①TU755②TU754

中国版本图书馆CIP数据核字(2014)第195095号

书　名	国家骨干高职院校工学结合创新成果系列教材 **钢筋混凝土与砌体结构工程施工**
作　者	主编　王虹　蒋明学　　主审　余金凤　罗继振
出版发行	中国水利水电出版社 （北京市海淀区玉渊潭南路 1 号 D 座　100038） 网址：www.waterpub.com.cn E-mail：sales@mwr.gov.cn 电话：(010) 68545888（营销中心）
经　售	北京科水图书销售有限公司 电话：(010) 68545874、63202643 全国各地新华书店和相关出版物销售网点
排　版	中国水利水电出版社微机排版中心
印　刷	天津嘉恒印务有限公司
规　格	184mm×260mm　16 开本　17 印张　403 千字
版　次	2014 年 8 月第 1 版　2023 年 7 月第 3 次印刷
印　数	5001—6000 册
定　价	**51.00** 元

前言

本教材是依据建筑工程技术专业的人才培养方案和课程建设目标、要求进行编写的。

本专业的课程改革以房屋建造过程为导向，进行实际工作任务分析，获取工作领域；以完成工作领域的工作为目标，通过主要工作职责分析寻求与工作领域对接的课程，使完成岗位任务的职业能力与教学内容相一致。

依据岗位职业能力要求，参照国家职业标准、行业企业技术标准，与行业企业合作进行工学结合的课程开发；在专业调研、职业岗位分析的基础上，选取课程教学内容，形成以项目导航、任务驱动的编排结构。与以往教材对比，本书以最新版的《建筑施工手册》（2012年12月第五版，中国建筑工业出版社）为基准，更新、细化了相关的教学内容，注重新技术的引入；大幅度增加图片、典型案例，突出学生的技能培养。本教材由钢筋混凝土结构工程、砌体结构工程、预应力混凝土工程、混凝土结构安装工程4个项目共17个任务组成。

本教材由广西水利电力职业技术学院王虹、蒋明学任主编。其中：蒋明学编写项目1，王虹编写项目2，广西南宁职业技术学院朱正国编写项目3，广西水利电力职业技术学院杨伟编写项目4。

本教材由余金凤教授和罗继振高级工程师主审。

本教材由广西水利电力职业技术学院和广西壮族自治区第一建筑工程公司共同开发。在编写过程中，得到了广西壮族自治区建工集团、南宁东盟经济开发区、深圳宝鹰建设集团的大力支持，在此一并表示感谢。

限于作者水平，书中难免存在欠妥之处，敬请读者批评指正。

编者

2014年3月

于南宁

目　录

项目1　钢筋混凝土结构工程

钢筋混凝土结构是我国目前应用最广的一种结构形式，在建筑施工领域钢筋混凝土工程无论在人力、物资消耗和对工期的影响方面，都占有极其重要的地位。

【学习目标】

通过本项目的学习，掌握脚手架搭拆，钢筋、模板、混凝土工程施工方法及操作技能，掌握现行规范的技术要求，掌握模板的安装与拆除，钢筋的配料与加工，混凝土制备、运输、浇筑的施工方法；初步具有验收钢筋混凝土原材料能力，根据施工图纸进行模板工程、钢筋工程及混凝土工程施工的能力，能对施工质量和施工安全进行监控；具有自主学习新技能的能力，责任心强，具有职业岗位所需的合作、交流等能力。

【项目导航】

1. 项目概况

建筑名称：××学院图书馆；总建筑面积：地上 24780.45m²；建筑基底面积：6207.08m²，地上六层；建筑总高度（室外地面至主要屋面板的板顶）：23.95m；架空层层高为 2.8m，1～5 层层高为 4.2m；±0.00 标高为黄海高程 121.95m。

建筑工程等级：二级；耐火等级：二级；基础结构：独立基础；本工程屋面防水等级为二级，结构设计使用年限为 50 年。建筑主体为框架结构，楼、屋盖整体现浇；本工程抗震设防类别为丙类，抗震设防烈度按Ⅶ度，设计基本地震加速度按 0.10g；抗震等级：框架三级；基础钢筋混凝土的环境为二 a 类，其余为一类。构造柱、圈梁、过梁、压顶梁及未注明的混凝土构件均采用 C20。钢筋采用 HPB300 及 HRB400。

2. 主体工程施工步骤

材料机具及作业条件准备→搭设脚手架→绑扎一层柱钢筋→支设柱模板→支设梁板模板→浇筑柱混凝土→绑扎梁板钢筋→浇筑梁板混凝土→二层→……→顶层→砌体围护结构施工。

3. 主要工作任务

材料机具准备、脚手架设计与搭设、模板工程设计与施工、钢筋加工与安装、混凝土制备与施工、质量检查与验收。

任务1.1　材料机具准备

【任务导航】 学习模板的分类、组成、构造，钢筋的种类、性能，混凝土的组成及材料要求；能够选用适用的模板种类及支撑体系，选择符合图纸要求的钢筋，选择经济、合理的钢筋加工机具，能对混凝土的原材料进行质量监控，能选择经济、合理的混凝土搅拌机具。

1.1.1 模板

1.1.1.1 分类

1. 按所用材料分

按所用的材料，可分为木模板、钢模板和其他材料模板［包括胶合板模板、塑料模板、玻璃钢模板、压型钢模、钢框木（竹）组合模板、装饰混凝土模板、预应力混凝土薄板、土模、铝合金模板等］。

2. 按施工方法分

按施工方法，模板分为拆移式模板和活动式模板以及永久模板。

（1）拆移式模板由预制配件现场组装，拆模后稍加清理和修理再周转使用。常用的木模板和组合钢模板以及大型的工具式定型模板，如大模板、台模、隧道模等皆属拆移式模板。

（2）活动式模板是指按结构的形状制作成工具式模板，组装后随工程的进展而进行垂直或水平移动，直至工程结束才拆除，如滑升模板、提升模板、移动式模板等。

（3）永久式模板，如压型钢板和混凝土薄板模板等。

1.1.1.2 材料

1. 组合钢模板

组合钢模板属于通用组合式模板，通用组合式模板系按模数制设计，工厂成型，有完整的、配套使用的通用配件，具有通用性强、装拆方便、周转次数多等特点。包括组合钢模板、钢框竹（木）胶合板模板、塑料模板、铝合金模板等。在现浇钢筋混凝土结构施工中，用它能事先按设计要求组拼成梁、柱、墙、楼板的大型模板整体吊装就位，也可采用散装、散拆方法。

组合钢模板的部件，主要由钢模板、连接件和支承件三部分组成。

（1）钢模板。钢模板包括平板模板、阴角模板、阳角模板、连接角模等通用模板及倒棱模板、梁腋模板、柔性模板、搭接模板、可调模板、嵌补模板等专用模板。

（2）连接件。连接件由U形卡、L形插销、钩头螺栓、紧固螺栓、扣件、对拉螺栓等组成，见表1.1。

表1.1 连接件组成及用途

名称	图示	用途	规格	图片
U形卡	R16 ϕ12 ϕ6 R4 10 30 48 105 35 42 64 55 46° R4 30° R10 R4	主要用于钢模板纵横向的自由拼接，将相邻钢模板夹紧固定	ϕ12	

续表

名称	图　示	用　途	规格	图片
L形插销	345；50；R4；ϕ12；10；L形插销　模板端部	用来增强钢模板的纵向拼接刚度，保证接缝处的板面平整	ϕ12，l=345	
钩头螺栓	180、205；80；37；70°；ϕ12；M12；模板　横楞　3形扣件　钩头螺栓；直楞　模板　横楞　3形扣件　钩头螺栓	用于钢模板与内、外钢楞之间的连接固定	ϕ12，l=205、180	
紧固螺栓	180(按需要)；60；26.9；R0.8；8；ϕ12；M12；19；横楞　3形扣件　紧固螺栓　直楞	用于紧固内、外钢楞，增强拼装模板的整体性	ϕ12，l=180	
对拉螺栓	外拉杆　顶帽　内拉杆　顶帽　外拉杆；L　混凝土壁厚　L	用于拉结两竖向侧模板、保持两侧模板的间距，承受混凝土侧压力和其他荷载，确保模板有足够的强度和刚度	M12、M14、M16、T12、T14、T16、T18、T20	
3形扣件		用于钢楞与钢模板或钢楞之间的紧固连接，与其他配件一起将钢模板拼装连接成整体，扣件应与相应的钢楞配合	26型、12型	

(3) 支承件。

1) 钢管脚手架。主要用于层高较大的梁、板等水平构件模板的垂直支撑。目前常用的有扣件式钢管脚手架、碗扣式钢管脚手架、盘销（扣）式脚手架、门式脚手架。

2) 钢支柱。用于大梁、楼板等水平模板的垂直支撑，采用Q235钢管支柱和四管支柱多种形式，如图1.1所示。

3) 斜撑。用于承受墙、柱等侧模板的侧向荷载和调整竖向支模的垂直度，如图1.2所示。

4) 可调托撑。用于梁和楼板模板的支撑顶托，如图1.3所示。

5) 龙骨。龙骨包括钢楞、木楞及钢木组合楞。主要用于支撑模板并加强整体刚度。

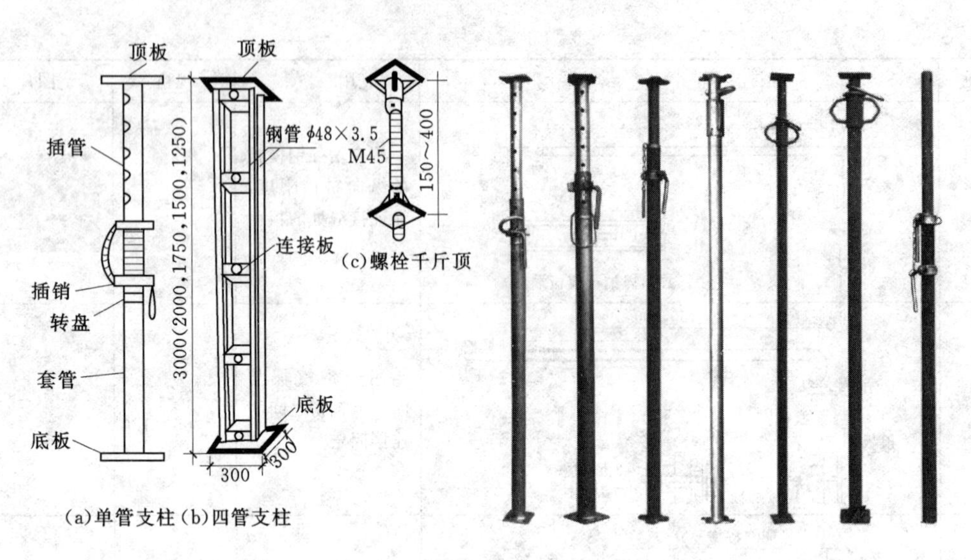

图 1.1　钢支柱（单位：mm）

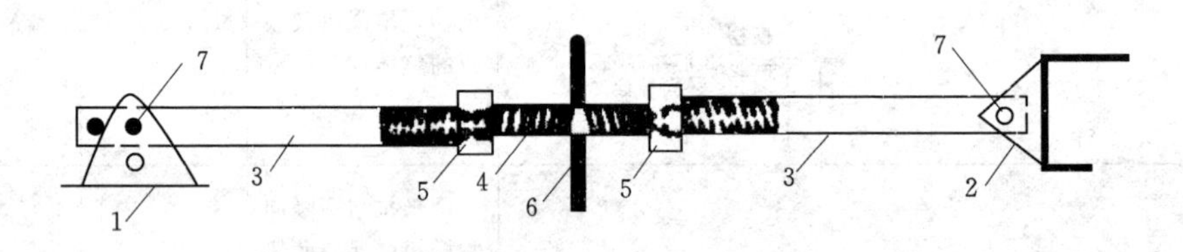

图 1.2　斜撑

1—底座；2—顶撑；3—钢管斜撑；4—花篮螺丝；5—螺帽；6—旋杆；7—销钉

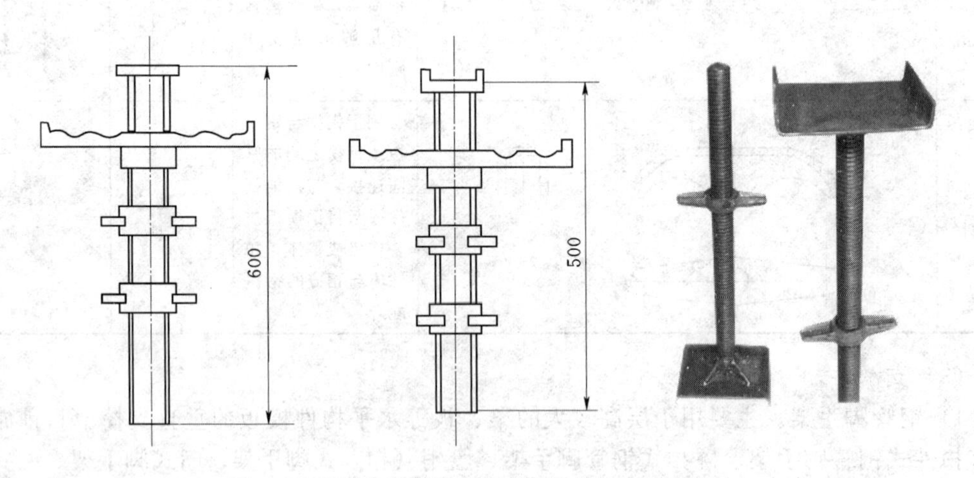

图 1.3　螺旋式早拆柱头（可调托撑）（单位：mm）

2. 胶合板模板

混凝土模板用的胶合板有木胶合板和竹胶合板。

(1) 胶合板用作混凝土模板的优点。

1) 板幅大，自重轻，板面平整；既可减少安装工作量，节省现场人工费用，又可减少混凝土外露表面的装饰及磨去接缝的费用。

2）承载能力大，特别是经表面处理后耐磨性好，能多次重复使用。

3）材质轻，厚18mm的木胶合板，单位面积重量为50kg，模板的运输、堆放、使用和管理等都较为方便。

4）保温性能好，能防止温度变化过快，冬期施工有助于混凝土的保温。

5）锯截方便，易加工成各种形状的模板。

6）便于按工程的需要弯曲成型，用作曲面模板。

7）用于清水混凝土模板，最为理想。

我国于1981年，在南京金陵饭店高层现浇平板结构施工中首次采用胶合板模板，胶合板模板的优越性第一次被认识。目前在全国各地大中城市的高层现浇混凝土结构施工中，胶合板模板已有相当的使用量。

（2）木胶合板的分类。

木胶合板从材种分类可分为软木胶合板（材种为马尾松、黄花松、落叶松、红松等）及硬木胶合板（材种为椴木、桦木、水曲柳、黄杨木、泡桐木等）。从耐水性能划分，胶合板分为四类：

Ⅰ类——具有高耐水性，耐沸水性良好，所用胶粘剂为酚醛树脂胶粘剂（PF），主要用于室外。

Ⅱ类——耐水防潮胶合板，所用胶粘剂为三聚氰胺改性酚醛树脂胶粘剂（MUF），可用于高潮湿条件和室外。

Ⅲ类——防潮胶合板，胶粘剂为酚醛树脂胶粘剂（OF），用于室内。

Ⅳ类——不耐水，不耐潮，用血粉或豆粉粘合，近年已停产。

混凝土模板用的木胶合板属具有高耐气候、耐水性的Ⅰ类胶合板。

（3）木胶合板的选材。

施工单位在购买混凝土模板用胶合板时，首先要判别是否属于Ⅰ类胶合板，即判别该批胶合板是否采用了酚醛树脂胶或其他性能相当的胶粘剂。如果受试验条件限制，不能做胶合强度试验时，可以用沸水煮小块试件快速简单判别。方法是从胶合板上锯截下20mm见方的小块，放在沸水中煮0.5～1h。用酚醛树脂作为胶粘剂的试件煮后不会脱胶，而用脉醛树脂作为胶粘剂的试件煮后会脱胶。

3. 板墙撑头

撑头是用作保持模板与模板之间的设计尺寸的。

（1）钢管、塑料管、竹管撑头。中间穿以螺栓拉紧两侧模板上的牵杠（或横木），当混凝土达到一定强度拆模后，根据设计要求用砂浆填补孔洞，不能用于有抗渗要求的混凝土墙体或构件，如图1.4所示。

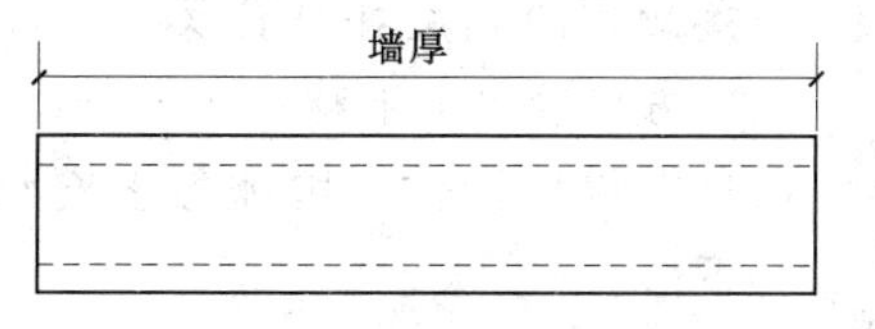

图1.4　钢管、塑料管、竹管撑头

(2) 钢板撑头。用圆钉固定于两侧模板，只起到保持模板间距作用，如图 1.5 所示。

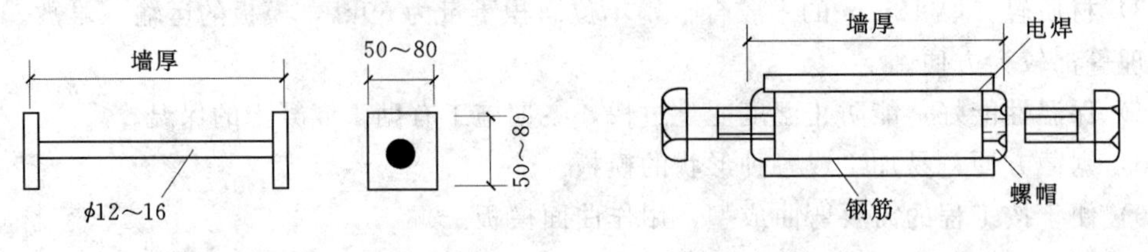

图 1.5 钢板撑头（单位：mm）　　图 1.6 螺栓撑头

(3) 螺栓撑头。用于有抗渗要求的混凝土墙，由螺帽保持两侧模板间距，两头用螺栓拉紧定位，当混凝土达到一定强度后，拆去两边螺栓，用水泥砂浆补平，如图 1.6 所示。

(4) 止水板撑头。用于抗渗要求较高的工程，拆模后将垫木凿去，螺栓两端沿止水板面割平，用水砂浆补平，如图 1.7 所示。

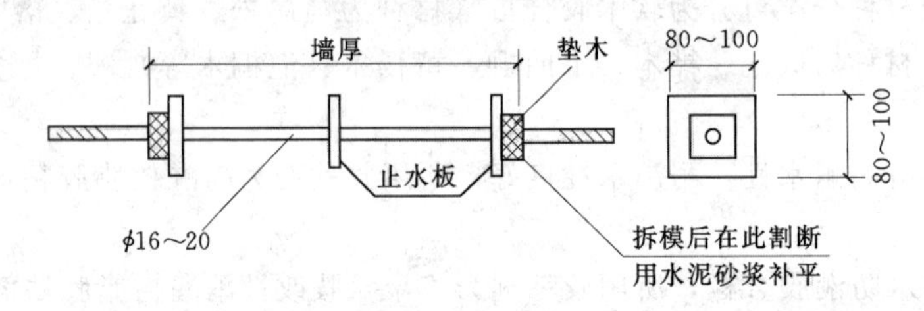

图 1.7 止水板撑头（单位：mm）

4. 早拆模板体系

早拆模板体系由竖向支撑、模板梁和模板三部分组成，如图 1.8 所示。竖向支撑包括早拆柱头、支柱、可调支座及横撑和斜撑。

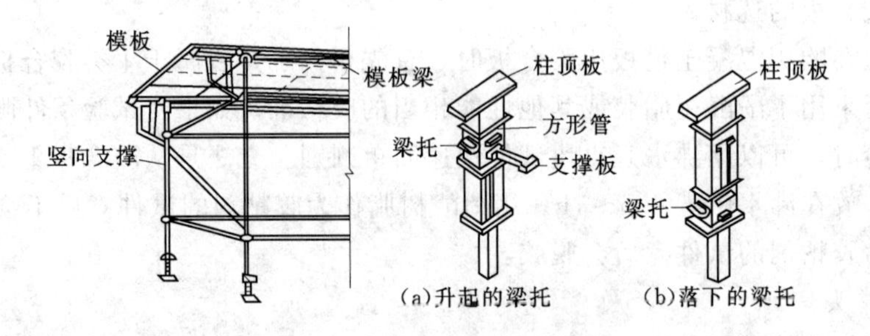

图 1.8 早拆模板体系示意图

图 1.9 早拆柱头

(1) 早拆柱头。早拆柱头为精密铸钢件，如图 1.9 所示。柱顶板（50mm×150mm）直接与混凝土接触，两侧梁托挂住梁头，梁托附着在方形管上，方形管可上下移动 115mm，方形管在上方时，通过支承板锁住，用锤敲击支承板则梁托随方形管下落。

(2) 支柱。支柱可采用碗扣型支撑或扣件式钢管支撑。两种支撑均由立柱、横撑和斜撑组成。

（3）可调支座。可调支座插入支柱的下端与楼地面接触，通过螺杆调节支柱的高度，可调范围为0～50mm，如图1.10所示。

5. 脱模剂

无论是新配制的模板，还是已用并清除了污、锈待用的模板，在使用前必须涂刷脱模剂。因此，脱模剂是混凝土模板不可缺少的辅助材料。

（1）脱模剂的种类和配制。

混凝土模板所用脱模剂大致可分为油类、水类和树脂类三种。

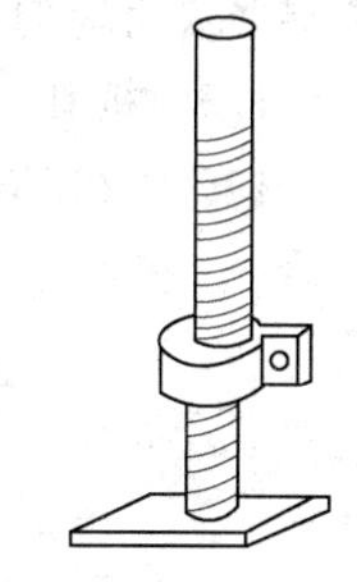

图1.10　可调支座

1）油类脱模剂。包括以下几种：

a. 机柴油：用机油和柴油按3∶7（体积比）配制而成。

b. 乳化机油：先将乳化机油加热至50～60℃，将磷质酸压碎倒入已加热的乳化机油中搅拌使其溶解，再将60～80℃的水倒入，继续搅拌至乳白色为止，然后加入磷酸和苛性钾溶液，继续搅拌均匀。

c. 妥尔油：用妥尔油∶煤油∶锭子油＝1∶7.5∶1.5配制（体积比）。

d. 机油皂化油：用机油∶皂化油∶水＝1∶1∶6（体积比）混合，用蒸汽拌成乳化剂。

2）水性脱模剂。主要是海藻酸钠。其配制方法是：海藻酸钠∶滑石粉∶洗衣粉∶水＝1∶13.3∶1∶53.3（重量比）配合而成。先将海藻酸钠浸泡2～3d，再加滑石粉、洗衣粉和水搅拌均匀即可使用，刷涂、喷涂均可。

3）树脂类脱模剂。为长效脱模剂，刷一次可用6次，如成膜好可用到10次。甲基硅树脂用乙醇胺作固化剂，重量配合比为1000∶（3～5）。气温低或涂刷速度快时，可以多掺一些乙醇胺；反之，要少掺。

（2）使用注意事项。

1）油类脱模剂虽涂刷方便，脱模效果也好，但对结构构件表面有一定污染，影响装饰装修，因此应慎用。其中乳化机油，使用时按乳化机油∶水＝1∶5调配（体积比），搅拌均匀后涂刷，效果较好。

2）油类脱模剂可以在低温和负温时使用。

3）甲基硅树脂成膜固化后，透明、坚硬、耐磨、耐热和耐水性能都很好。涂在钢模面上，不仅起隔离作用，也能起防锈、保护作用。该材料无毒，喷、刷均可。配制时容器工具要干净，无锈蚀，不得混入杂质。工具用毕后，应用酒精洗刷干净晾干。由于加入了乙醇胺易固化，不宜多配。故应根据用量配制，用多少配多少。当出现变稠或结胶现象时，应停止使用。甲基硅树脂与光、热、空气等物质接触都会加速聚合，应储存在避光、阴凉的地方，每次用过后，必须将盖子盖严，防止潮气进入，储存期不宜超过三个月。在首次涂刷甲基硅树脂脱模剂前，应将板面彻底擦洗干净，打磨出金属光泽，擦去浮锈，然后用棉纱沾酒精擦洗。板面处理得越干净，则成模越牢固，周转使用次数越多。采用甲基硅树脂脱模剂，模板表面不准刷防锈漆。当钢模重刷脱模剂时，要趁拆模后板面潮湿，用扁铲、棕刷、棉丝将浮渣清理干净；否则，干后清理比较困难。

4）涂刷脱模剂可以采用喷涂或刷涂，操作要迅速。结膜后，不要回刷，以免起胶。涂层要薄而均匀，太厚反而容易剥落。

1.1.1.3 机具

1. ML292M－2台式平刨木工多用机床（图1.11）

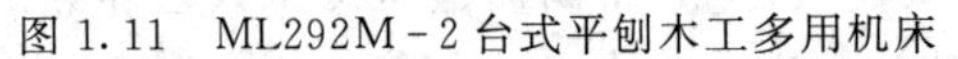
图1.11 ML292M－2台式平刨木工多用机床

图1.12 GKS 7000 Professional

2. 手持式圆锯（图1.12）

1.1.2 钢筋

1.1.2.1 材料

混凝土结构用的普通钢筋，可分为两类：热轧钢筋和冷加工钢筋（冷轧带肋钢筋、冷轧扭钢筋、冷拔螺旋钢筋）。冷拉钢筋与冷拔低碳钢丝已逐渐淘汰。余热处理钢筋属于热轧钢筋一类。

2002年，热轧钢筋的强度等级由原来的Ⅰ级、Ⅱ级、Ⅲ级和Ⅳ级更改为按照屈服强度（MPa）分为235级、335级、400级、500级。2010年，其强度等级提升为300级、335级、400级、500级。235级已被淘汰。

《混凝土结构设计规范》（GB 50010—2010）第4.2.1条规定：纵向受力普通钢筋宜采用HRB400、HRB500、HRBF400、HRBF500，也可采用HRB335、HRBF335、HPB300、RRB400钢筋；箍筋宜采用HRB400、HRBF400、HPB300、HRB500、HRBF500钢筋，也可采用HRB335、HRBF335钢筋；RRB400钢筋不宜用作重要部位的受力钢筋，不应用于直接承受疲劳荷载的构件。

1. 热轧钢筋

热轧钢筋是经热轧成型并自然冷却的成品钢筋，分为热轧光圆钢筋和热轧带肋钢筋两种。热轧光圆钢筋应符合GB 1499.1—2008《钢筋混凝土用钢第1部分：热轧光圆钢筋》（代替GB/T 701—97相应部分，GB 13013—91）的规定。热轧带肋钢筋应符合GB 1499.2—2007《钢筋混凝土用钢第2部分：热轧带肋钢筋》（代替GB 1499—1998）的规定。热轧带肋钢筋的外形如图1.13所示。热轧钢筋的力学性能见表1.2。

2. 余热处理钢筋

余热处理钢筋是经热轧后立即穿水，进行表面控制冷却，然后利用芯部余热自身完成回火处理所得的成品钢筋，余热处理钢筋的表面形状同热轧带肋钢筋。

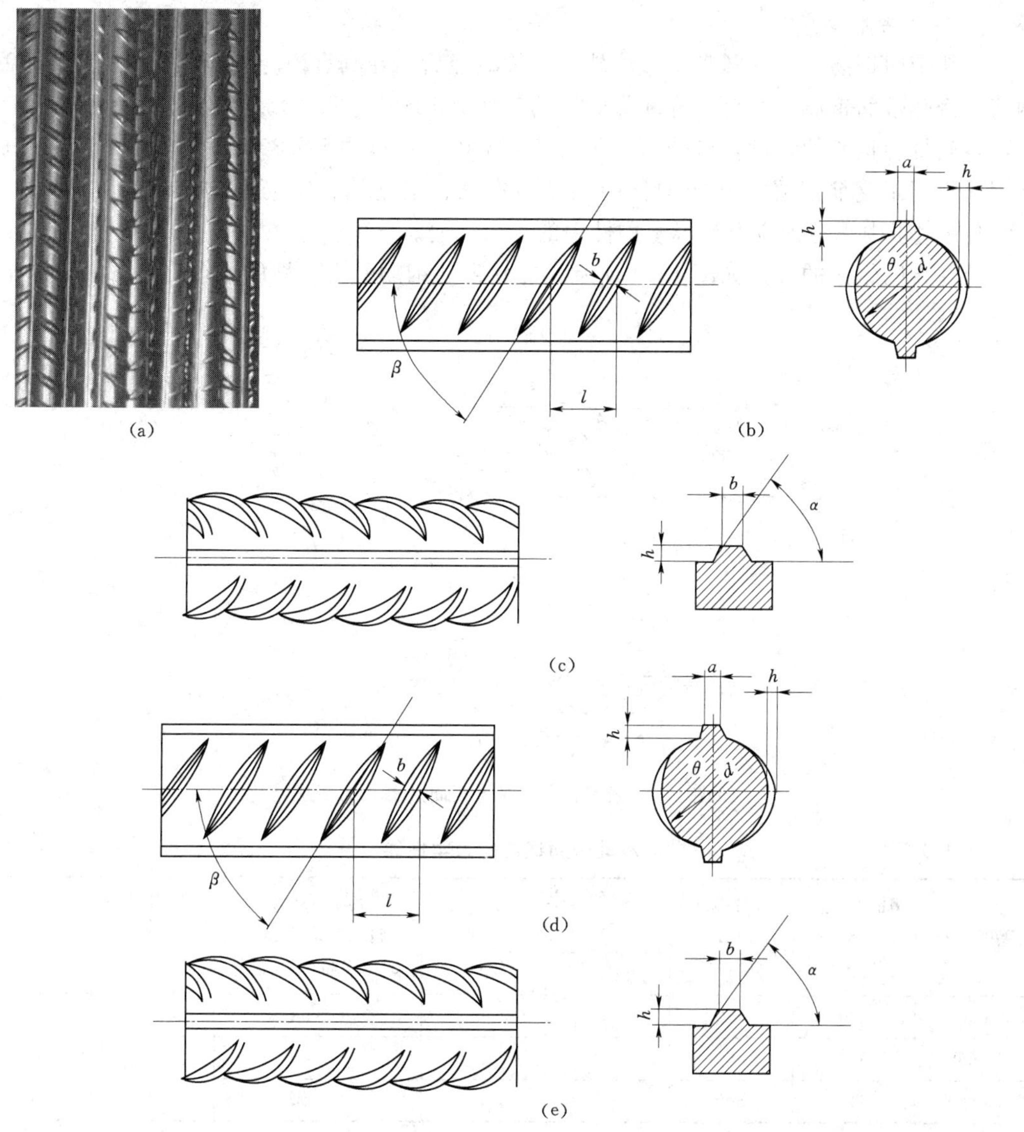

图 1.13　月牙肋钢筋表面及截面形状

d—钢筋内径；α—横肋斜角；h—横肋高度；a—纵肋顶宽；l—横肋间距；b—横肋顶宽

表 1.2　　热轧钢筋的力学性能

牌　　号	符号	公称直径 d /mm	屈服强度标准值 f_{yk} /(N·mm^{-2})	极限强度标准值 f_{stk} /(N·mm^{-2})
HPB300	Φ	6～22	300	420
HRB335	Φ	6～50	335	455
HRBF335	Φ^{F}			
HRB400	Φ	6～50	400	540
HRBF400	Φ^{F}			
RRB400	Φ^{R}			
HRB500	Φ	6～50	500	630
HRBF500	Φ^{F}			

3. 冷轧带肋钢筋

冷轧带肋钢筋是热轧圆盘条经冷轧或冷拔减径后，在其表面冷轧成三面或两面有肋的钢筋。冷轧带肋钢筋应符合《冷轧带肋钢筋》(GB 13788—2008) 的规定。

冷轧带肋钢筋的强度，可分为三种等级：550 级、650 级及 800 级 (MPa)。其中 550 级钢筋宜用于钢筋混凝土结构构件中的受力钢筋、架立筋、箍筋及构造钢筋；650 级和 800 级宜用于中小型预应力混凝土构件中的受力主筋。

冷轧带肋钢筋的外形如图 1.14 所示。冷轧带肋钢筋的力学性能应符合表 1.3 的规定。

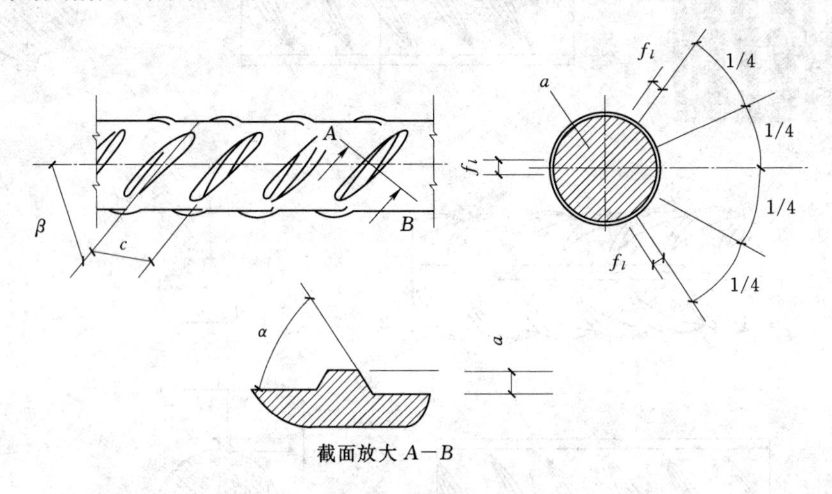

图 1.14 冷轧带肋钢筋表面及截面形状

表 1.3 **冷轧带肋钢筋的力学性能**

级别代号	屈服强度 $\sigma_{0.2}$/MPa，不小于	抗拉强度 σ_b/MPa，不小于	伸长率不小于 /%		冷弯 180°，D 为弯心直径，d 为钢筋公称直径	应力松弛 $\sigma_{kn}=0.7\sigma_b$	
			δ_{10}	δ_{100}		1000h 不大于/%	10h 不大于/%
LL500	500	550	8	—	$D=3d$	—	—
LL650	520	650	—	4	$D=4d$	8	5
LL800	640	800	—	4	$D=5d$	8	5

4. 冷轧扭钢筋

冷轧扭钢筋是用低碳钢钢筋（含碳量低于 0.25%）经冷轧扭工艺制成，其表面呈连续螺旋形，如图 1.15 所示。这种钢筋具有较高的强度，而且有足够的塑性，与混凝土黏结性能优异，代替 HYB235 级钢筋可节约钢材。一般用于预制钢筋混凝土圆孔板、叠合板中预制薄板，以及现浇钢筋混凝土楼板等。冷轧扭钢筋的力学性能应符合表 1.4 的规定。

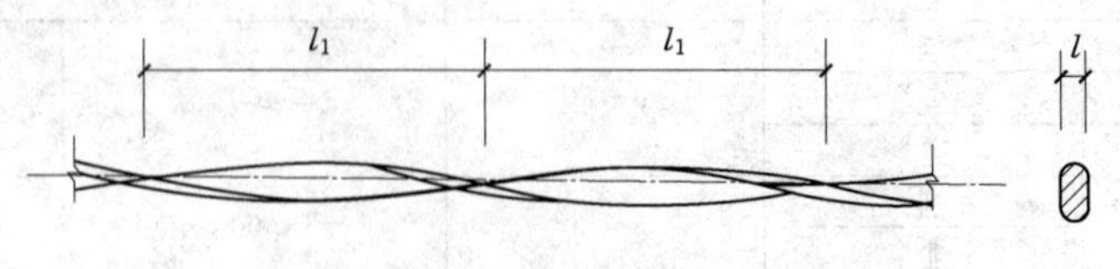

图 1.15 冷轧扭钢筋

表 1.4　　冷轧扭钢筋力学性能

标志直径 d/mm	抗拉强度 σ_b/MPa	伸长率 δ_{10}/%	冷弯		符号
	不小于		弯曲角度	弯心直径	
6.5～14.0	580	4.5	180°	3d	Φ^t

注　冷弯试验时，受弯部位表面不得产生裂纹。

5. 冷拔螺旋钢筋

冷拔螺旋钢筋是热轧圆盘条经冷拔后在表面形成连续螺旋槽的钢筋。冷拔螺旋钢筋的外形如图 1.16 所示。冷拔螺旋钢筋的力学性能，应符合表 1.5 的规定。

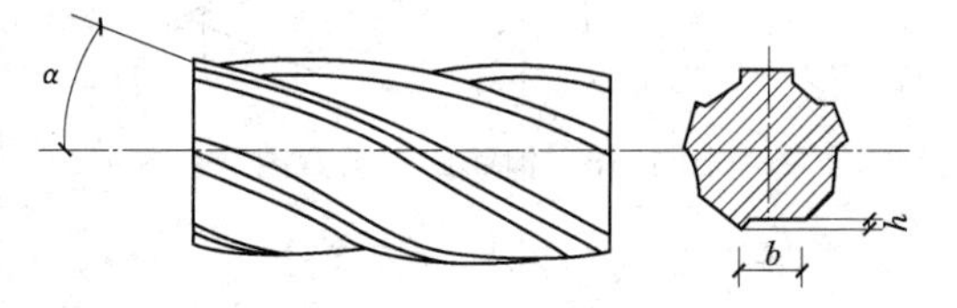

图 1.16　冷拔螺旋钢筋

表 1.5　　冷拔螺旋钢筋力学性能

级别代号	屈服强度 $\sigma_{0.2}$/MPa	抗拉强度 σ_b/MPa	伸长率不小于 /%		冷弯 180°，D 为弯心直径，d 为钢筋公称直径	应力松弛 $\sigma=0.7\sigma_b$	
			δ_{10}	δ_{100}		1000h/%	10h/%
LX550	≥500	≥550	8	—	$D=3d$	—	—
LX650	≥520	≥650	—	4	$D=4d$	<8	<5
LX800	≥640	≥800	—	4	$D=5d$	<8	<5

1.1.2.2　机具

1. 钢筋调直机

以盘圆供应的钢筋在使用前需要进行调直。调直应优先采用机械方法调直，以保证调直钢筋的质量。目前常采用的调直剪切机有 GT－4/8 和 GT－4/14。如图 1.17 所示为 GT－4/8 型调直剪切机的构造，其除了具有自动调直功能外，还可自动控制钢筋的截断：其最大调直钢筋直径为 28mm，最大调直长度为 6m，钢筋切断误差小于 3mm。钢筋调直机操作如图 1.18 所示。

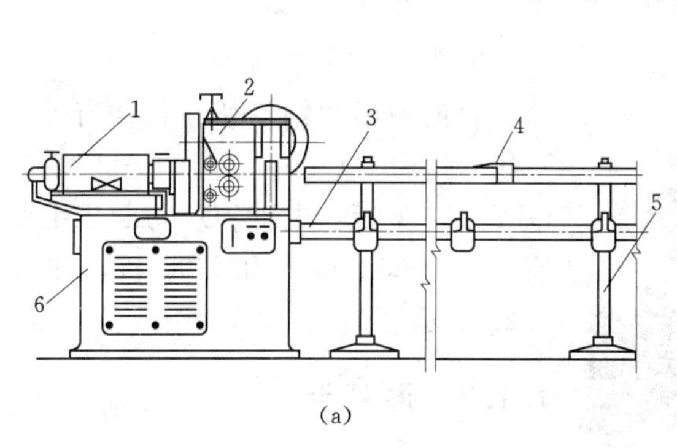

(a)

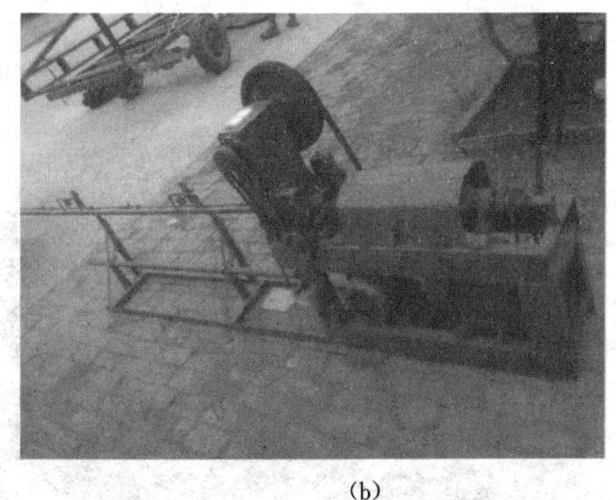

(b)

图 1.17　GT－4/8 型调直机

1—调直辊筒；2—传动箱；3—受力架；4—定长器；5—撑脚；6—机架

图 1.18　钢筋调直示意图

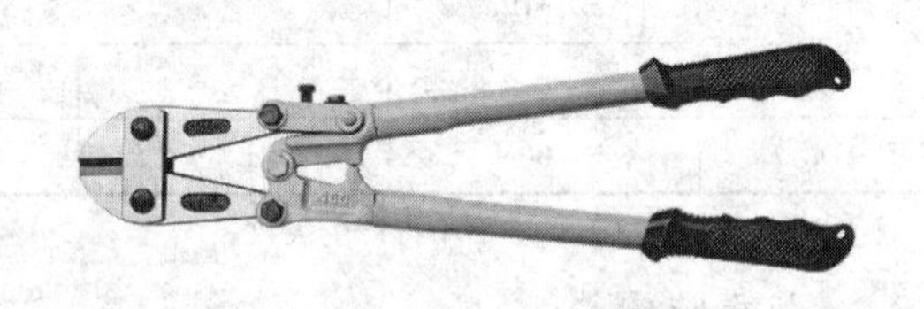
图 1.19　手动切断机切断钢筋

2. 手工钢筋切断机（图 1.19）

手工钢筋切断法列表见表 1.6。

表 1.6　　手工钢筋切断法列表

方法		用途
手工切断	断丝钳切断法	主要用于切断直径较小的钢筋，如钢丝网片、分布钢筋等
	手动切断机切断法	主要用于切断直径在 16mm 以下的钢筋，其手柄长度可根据切断钢筋直径的大小来调，以达到切断时省力的目的
	液压切断器切断法	采用 GJ5－16 型手动液压切断机，切断直径在 16mm 以下的钢筋

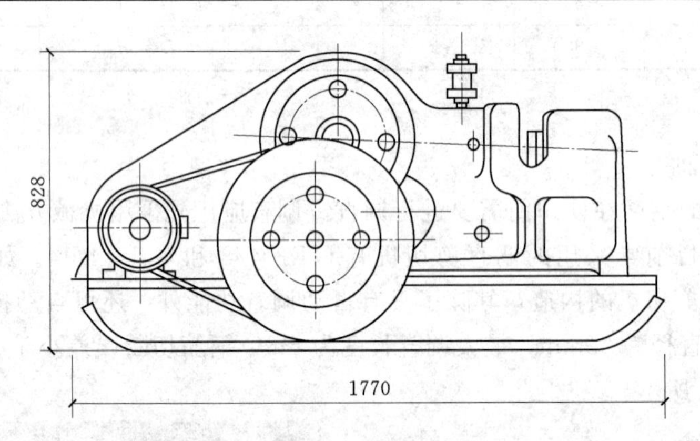

图 1.20　GJ5－40 型钢筋切断机图（单位：mm）

图 1.21　YQJ－32 型液压切断机

3. 机械钢筋切断机

目前采用的钢筋切断机械有 GJ5－40 型（图 1.20）、QJ40－1 型和 GJY－32 型等：电动液压切断机主要有 YQJ－32 型液压切断机，如图 1.21 所示。

1.1.3　混凝土

混凝土是以胶凝材料、水、细骨料、粗骨料，需要时掺入外加剂和矿

物掺合料，按适当比例配合，经过均匀拌制、密实成型及养护硬化而成的人工石材。

混凝土按施工工艺分主要有预拌混凝土、现场搅拌混凝土、离心成型混凝土、喷射混凝土、泵送混凝土等，按拌和料的流动度分有干硬性混凝土、半干硬性混凝土、塑性混凝土、流动性混凝土、大流动性混凝土、自流平混凝土等。

1.1.3.1　材料

1. 水泥

常用的水泥有硅酸盐水泥、普通硅酸盐水泥、矿渣硅酸盐水泥、火山灰质硅酸盐水泥、粉煤灰硅酸盐水泥和复合硅酸盐水泥，常用水泥的选用及各种水泥的适用范围见表1.7。

表1.7　　常用水泥的种类

项次	水泥名称	标准编号	原　　料	代号	特　　性	强度等级	备注
1	硅酸盐水泥	GB 175—1999	硅酸盐水泥熟料、0～5%的石灰石或粒化高炉矿渣、适量石膏磨细制成的水硬性胶凝材料	P·Ⅰ P·Ⅱ	早期强度及后期强度都较高，在低温下强度增长比其他种类的水泥快，抗冻、耐磨性都好，但水化热较高，抗腐蚀性较差	42.5、42.5R、52.5、52.5R、62.5、62.5R	R系指早强型水泥
2	普通硅酸盐水泥	GB 175—1999	硅酸盐水泥熟料、6%～15%的石灰石或粒化高炉矿渣、适量石膏磨细制成的水硬性胶凝材料	P·O	除早期强度比硅酸盐水泥稍低，其他性能接近硅酸盐水泥	32.5、32.5R、42.5、42.5R、52.5、52.5R	
3	矿渣硅酸盐水泥	GB 1344—1999	硅酸盐水泥熟料和20%～70%粒化高炉矿渣、适量石膏磨细制成的水硬性胶凝材料	P·S	早期强度较低，在低温环境中强度增长较慢，但后期强度增长较快，水化热较低，抗硫酸盐侵蚀性较好，耐热性较好，低干缩变形较大，析水性较大，耐磨性较差	32.5、32.5R、42.5、42.5R、52.5、52.5R	
4	火山灰质硅酸盐水泥	GB 1344—1999	硅酸盐水泥熟料和20%～50%火山灰质混合材料、适量石膏磨细制成	P·P	早期强度较低，在低温环境中强度增长较慢，在高温潮湿环境中（如蒸汽养护）强度增长较快，水化热较低，抗硫酸盐侵蚀性较好，但干缩变形较大，析水性较大，耐磨性较差	32.5、32.5R、42.5、42.5R、52.5、52.5R	
5	粉煤灰硅酸盐水泥	GB 1344—1999	硅酸盐水泥熟料和20%～40%粉煤灰、适量石膏磨细制成	P·F	早期强度较低，水化热比火山灰水泥还低，和易性好，抗腐蚀性好，干缩性也较小，但抗冻、耐磨性较差	32.5、32.5R、42.5、42.5R、52.5、52.5R	
6	复合硅酸盐水泥	GB 12958—1999	硅酸盐水泥熟料、15%～50%两种或两种以上规定的混合材料、适量石膏磨细制成的水硬性胶凝材料	P·C	介于普通水泥与火山灰水泥，矿渣水泥以及粉煤灰水泥性能之间，当复掺混合材料较少（小于20%）时，它的性能与普通水泥相似，随着混合材料复掺量的增加，性能也趋向所掺混合材料的水泥	32.5、32.5R、42.5、42.5R、52.5、52.5R	

2. 砂

砂按其产源可分为天然砂和人工砂。由自然条件作用而形成的，粒径在 5mm 以下的岩石颗粒，称为天然砂。天然砂可分为河砂、湖砂、海砂和山砂。人工砂又分机制砂和混合砂。人工砂为经除土处理的机制砂、混合砂的统称。机制砂是由机械破碎、筛分制成的，粒径小于 4.75mm 的岩石颗粒，但不包括软质岩、风化岩石的颗粒。混合砂是由机制砂和天然砂混合制成的砂。按砂的粒径可分为粗砂、中砂和细砂，目前是以细度模数来划分粗砂、中砂和细砂，习惯上仍用平均粒径来区分，见表 1.8。

表 1.8　　砂的分类

粗细程度	细度模数 μ_i	平均粒径/mm
粗砂	3.7～3.1	0.5 以上
中砂	3.0～2.3	0.35～0.5
细砂	2.2～1.6	0.25～0.35

混凝土用砂按 0.630mm 筛孔的累计筛余量可分为三个级配区，见表 1.9。砂的颗粒级配应处于表中的任何一个区域内。

配制混凝土时宜优先选用Ⅱ区砂。Ⅱ区宜用于强度等级 C30～C60 及有抗冻、抗渗或其他要求的混凝土；Ⅰ区宜用于强度等级大于 C60 的混凝土；Ⅲ区宜用于强度等级小于 C30 的混凝土和建筑砂浆。

对于泵送混凝土用砂，宜选用中砂。

表 1.9　　砂颗粒级配区

筛孔尺寸/mm	级配区		
	Ⅰ区	Ⅱ区	Ⅲ区
	累计筛余/%		
10.00	0	0	0
5.00	10～0	10～0	10～0
2.50	35～5	25～0	15～0
1.25	65～35	50～10	25～0
0.63	85～71	70～41	40～16
0.315	95～80	92～70	85～55
0.16	100～90	100～90	100～90

3. 石

普通混凝土所用的石子可分为碎石和卵石。由天然岩石或卵石经破碎、筛分而得的粒径大于 5mm 的岩石颗粒，称为碎石；由自然条件作用而形成的粒径大于 5mm 的岩石颗粒，称为卵石。碎石和卵石的颗粒级配，应符合表 1.10 的要求。

表 1.10　　碎石或卵石的颗粒级配范围

级配情况	公称粒径/mm	累计筛余按重量计/%											
		筛孔尺寸（圈孔筛）/mm											
		2.50	5.00	10.0	16.0	20.0	25.0	31.5	40.0	50.0	63.0	80.0	100
连续粒级	5～10	95～100	80～100	0～15	0	—	—	—	—	—	—	—	—
	5～16	95～100	90～100	30～60	0～10	0	—	—	—	—	—	—	—
	5～20	95～100	90～100	40～70	—	0～10	0	—	—		—	—	—
	5～25	95～100	90～100	—	30～70	—	0～5	0	—		—	—	—
	5～31.5	95～100	90～100	70～90	—	15～45	—	0～5	0		—	—	—
	5～40	—	95～100	75～90	—	30～65	—	—	0～5	0	—	—	—
单粒级	10～20	—	95～100	85～100	—	0～15	0	—	—	—	—	—	—
	16～31.5	—	95～100	—	85～100	—	—	0～10	0	—	—	—	—
	20～40	—	—	95～100	—	80～100	—	—	0～10	0	—	—	—
	31.5～63	—	—	—	95～100	—	—	75～100	45～75	—	0～10	0	—
	40～80	—	—	—	—	95～100	—	—	70～100	—	30～60	0～10	0

注　公称粒级的上限为粒级的最大粒径。

单粒级宜用于组合成具有要求级配的连续级配，也可与连续级配混合使用，以改善其级配或配成较大粒度的连续级配。不宜用单一的单粒级配制混凝土，如必须单独使用，则应作技术经济分析，并通过试验证明不会发生离析或影响混凝土的质量。

4. 水

一般符合国家标准的生活饮用水，可直接用于拌制各种混凝土。地表水和地下水首次使用前，应按有关标准进行检验后方可使用。

海水可用于拌制素混凝土，但不得用于拌制钢筋混凝土和预应力混凝土。有饰面要求的混凝土也不应使用海水拌制。

混凝土生产厂及商品混凝土厂搅拌设备的洗刷水，可用作拌和混凝土的部分用水。但要注意洗刷水所含水泥和外加剂品种对所拌和混凝土的影响，并且最终拌和水中氯化物、硫酸盐及硫化物的含量应满足表 1.11 的规定。

表 1.11　　混凝土拌和用水中物质含量限值

项　　目	预应力混凝土	钢筋混凝土	素混凝土
pH 值	>4	>4	>4
不溶物/(mg·L^{-1})	<2000	<2000	<5000
可溶物/(mg·L^{-1})	<2000	<5000	<10000
氯化物（以 Cl^- 计）/(mg·L^{-1})	<500①	<1200	<3500
硫酸盐（以 SO_4^{2-} 计）/(mg·L^{-1})	<600	<2700	<2700
硫化物（以 S^{2-} 计）/(mg·L^{-1})	<100	—	—

注　使用钢丝或经热处理钢筋的预应力混凝土氯化物含量不得超过 350mg/L。

1.1.3.2 机具

1. 搅拌机

常用的混凝土搅拌机按其搅拌原理主要分为自落式搅拌机和强制式搅拌机两类。

(1) 自落式搅拌机。这种搅拌机的搅拌鼓筒是垂直放置的。随着鼓筒的转动，混凝土拌和料在鼓筒内做自由落体式翻转搅拌，从而达到搅拌的目的。自落式搅拌机多用以搅拌塑性混凝土和低流动性混凝土。筒体和叶片磨损较小，易于清理，但动力消耗大，效率低。搅拌时间一般为90～120s/盘，其构造如图1.22～图1.24所示。

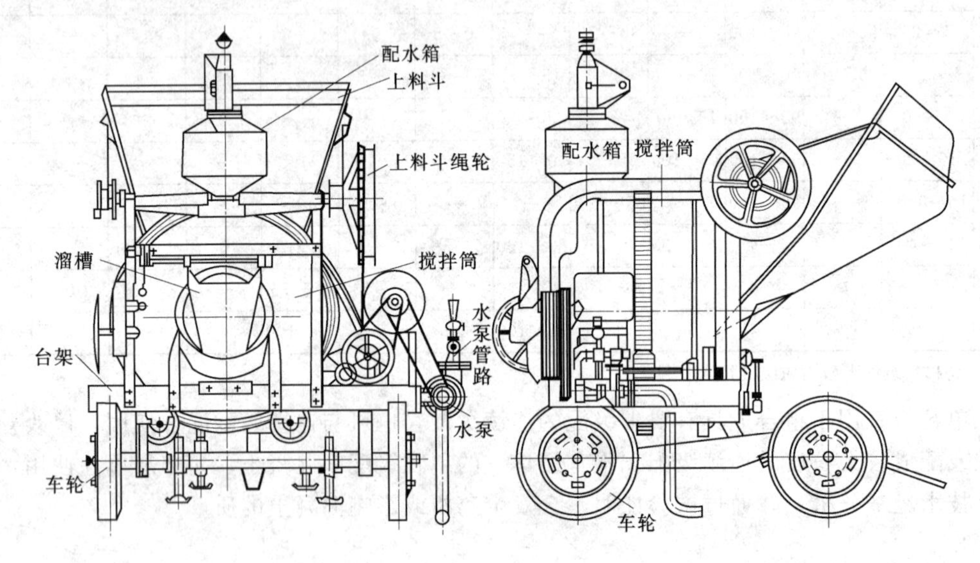

图1.22 自落式搅拌机

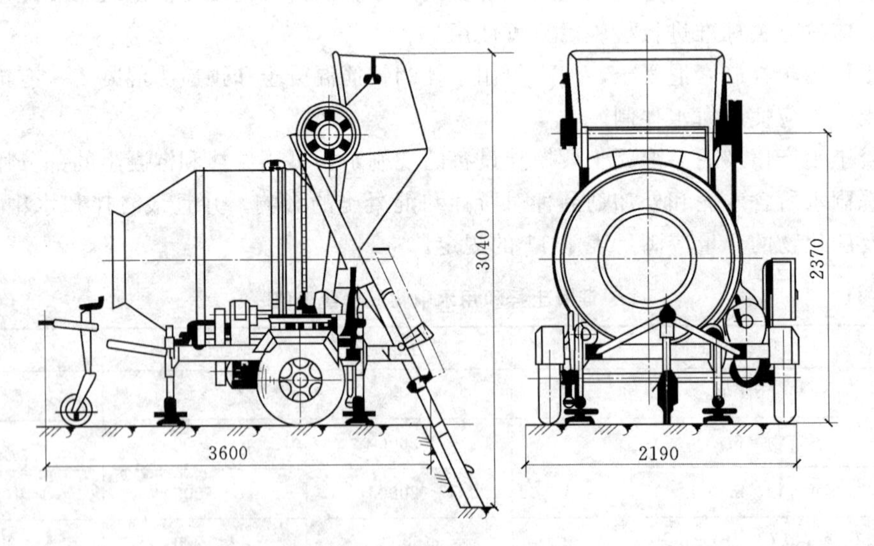

图1.23 自落式锥形反转出料搅拌机（单位：mm）

鉴于此类搅拌机对混凝土骨料有较大的磨损，从而影响混凝土质量，现已逐步被强制式搅拌机所取代。

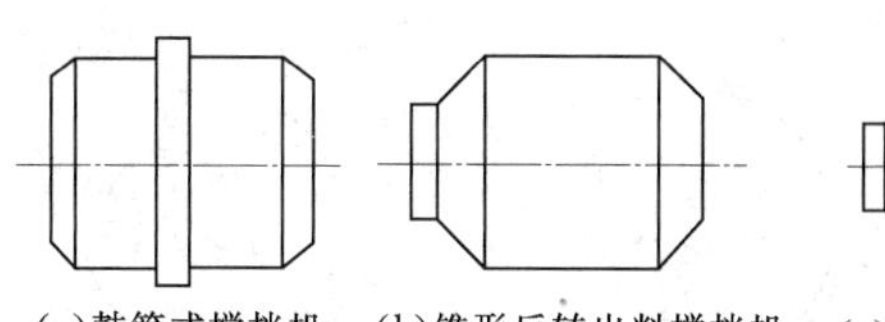

(a)鼓筒式搅拌机　(b)锥形反转出料搅拌机

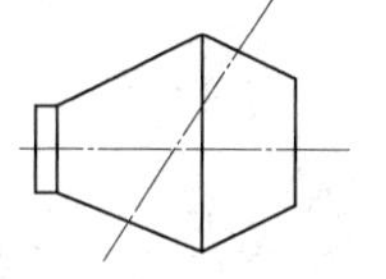

(c)单开口双锥形倾翻出料搅拌机

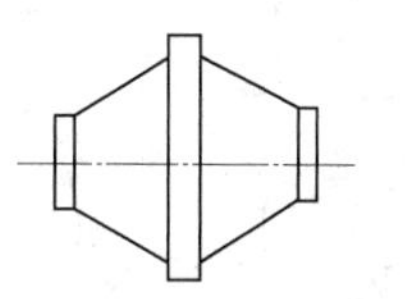

(d)双开口双锥形倾翻出料搅拌机

图 1.24　自落式混凝土搅拌机搅拌筒的几种形式

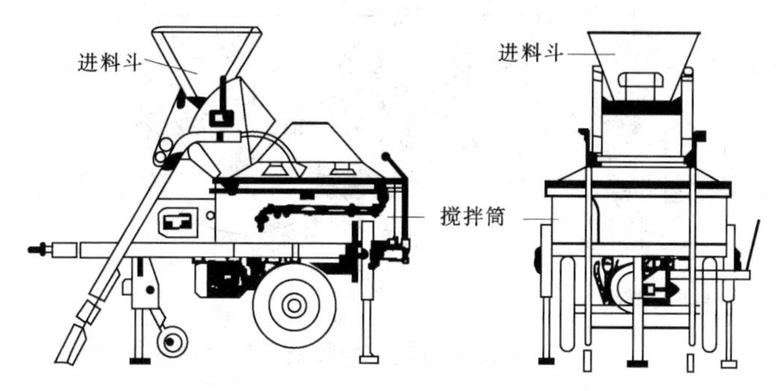

图 1.25　涡浆式强制搅拌机

(2) 强制式搅拌机。强制式搅拌机的鼓筒筒内有若干组叶片，搅拌时叶片绕竖轴或卧轴旋转，将材料强行搅拌，直至搅拌均匀。这种搅拌机的搅拌作用强烈，适宜于搅拌干硬性混凝土和轻骨料混凝土，也可搅拌流动性混凝土，具有搅拌质量好、搅拌速度快、生产效率高、操作简便及安全等优点。但机件磨损严重，一般需用高强合金钢或其他耐磨材料做内衬，多用于集中搅拌站。外形参见图 1.25，构造如图 1.26 和图 1.27 所示。

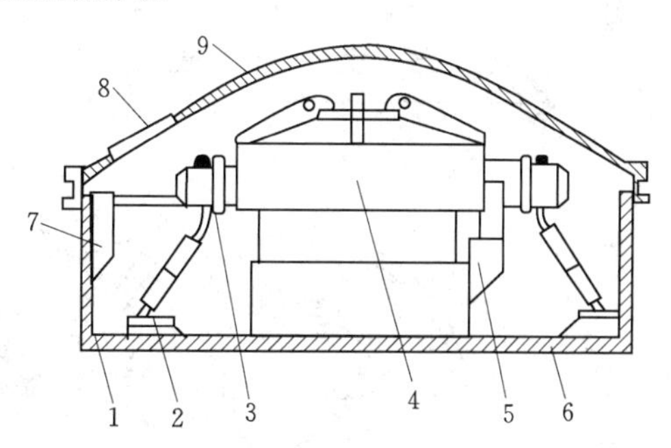

图 1.26　涡浆式强制搅拌机构造图

1—搅拌盘；2—搅拌叶片；3—搅拌臂；4—转子；5—内壁铲刮叶片；6—出料口；7—外壁铲刮叶片；8—进料口；9—盖板

2. 水平运输设备

(1) 手推车。手推车是施工工地上普遍使用的水平运输工具，手推车具有小巧、轻便等特点，不但适用于一般的地面水平运输，还能在脚手架、施工栈道上使用；也可与塔吊、井、架等配合使用，解决垂直运输。

(2) 机动翻斗车。系用柴油机装配而成的翻斗车，功率 7355W，最大行驶速度达 35km/h。车前装有容量为 400L、载重 1000kg 的翻斗。具有轻便灵活、结构简单、转弯半径小、速度快、能自动卸料、操作维护简便等特点。适用于短距离水平运输混凝土以及砂、石等散装材料，如图 1.28 所示。

(3) 混凝土搅拌输送车。混凝土搅拌输送车是一种用于长距离输送混凝土的高效能机械（图 1.29～图 1.31），它是将运送混凝土的搅拌筒安装在汽车底盘上，而以混凝土搅拌站生产的混凝土拌和物灌装入搅拌筒内，直接运至施工现场，供浇筑作业需要。在运输途中，混凝土搅拌筒始终在不停地慢速转动，从而使筒内的混凝土拌和物可连续得到搅动，以保证混凝土通过长途运输后，仍不致产生离析现象。在运输距离很长时，也可将混凝土干料

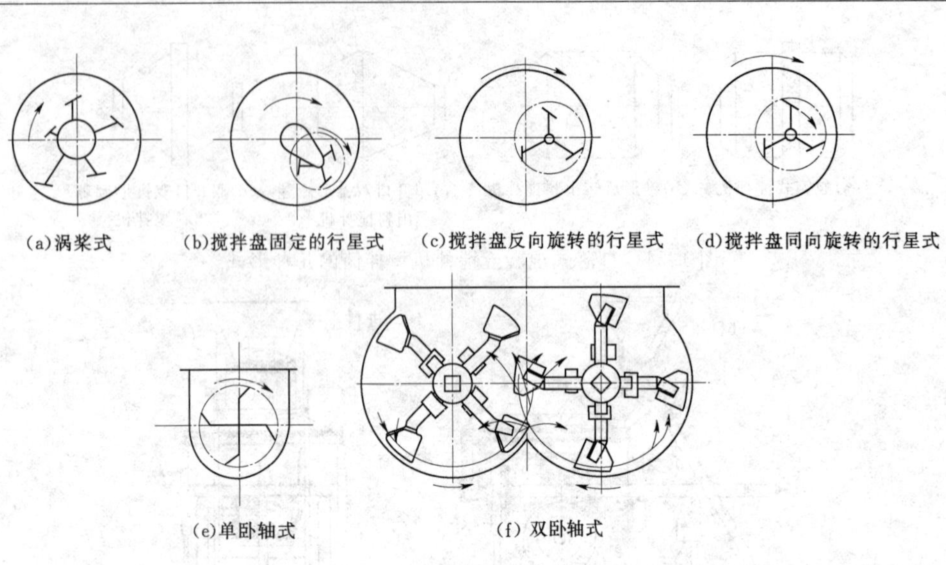

图 1.27　强制式混凝土搅拌机的几种形式

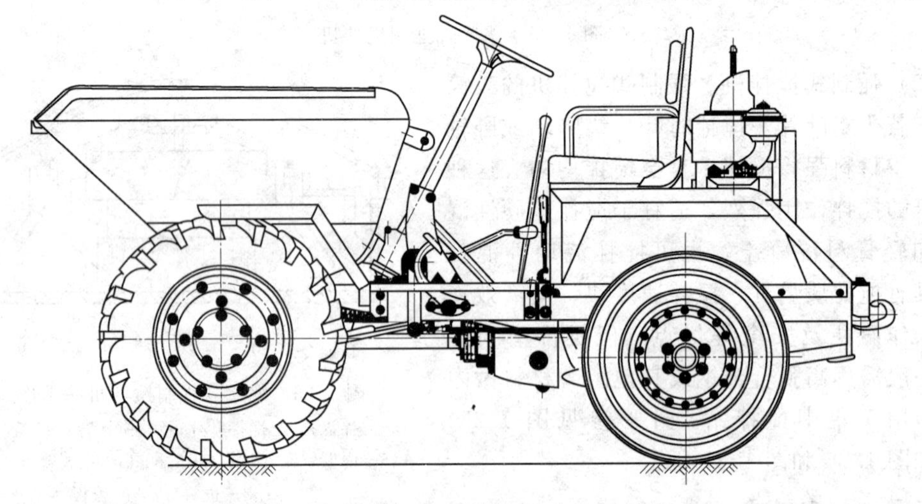

图 1.28　机动翻斗车

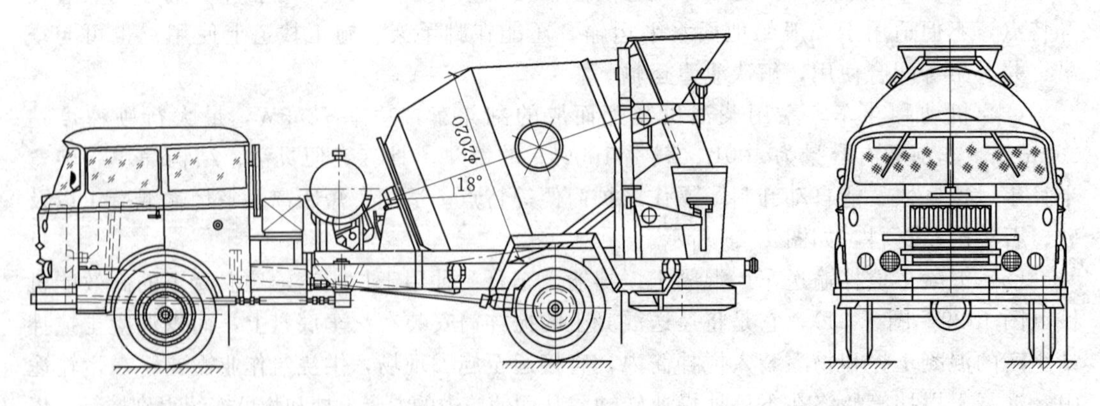

图 1.29　国产 JC-2 型混凝土搅拌输送车（单位：mm）

装入筒内，在运输途中加水搅拌，这样能减少由于长途运输而引起的混凝土坍落度损失。

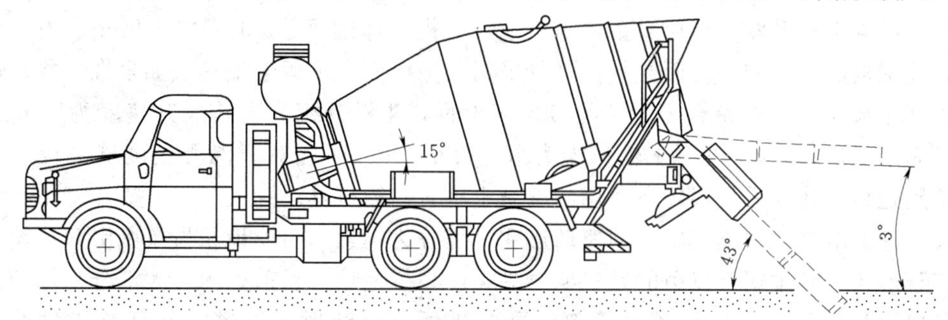

图 1.30　TATRA 混凝土搅拌输送车

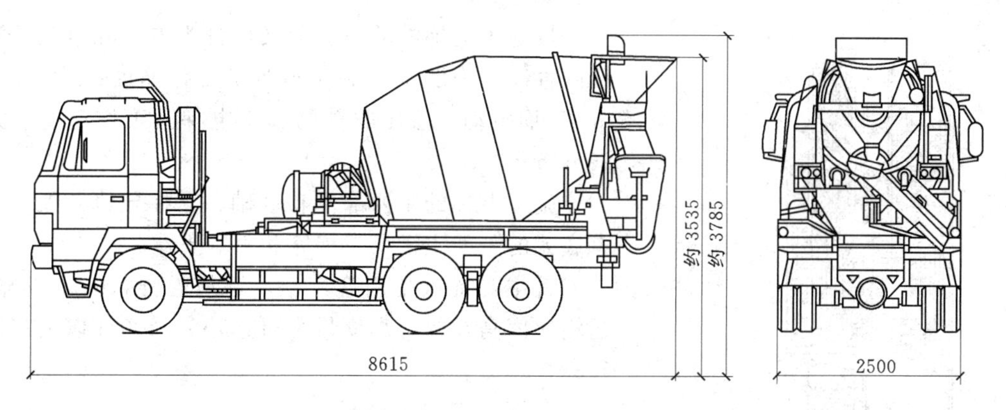

图 1.31　MR45－T 型混凝土搅拌输送车（单位：mm）

3. 垂直运输设备

(1) 井架。主要用于高层建筑混凝土灌筑时的垂直运输机械，由井架、台灵拔杆、卷扬机、吊盘、自动倾卸吊斗及钢丝缆风绳等组成，具有一机多用、构造简单、装拆方便等优点。起重高度一般为 25～40m，如图 1.32 所示。

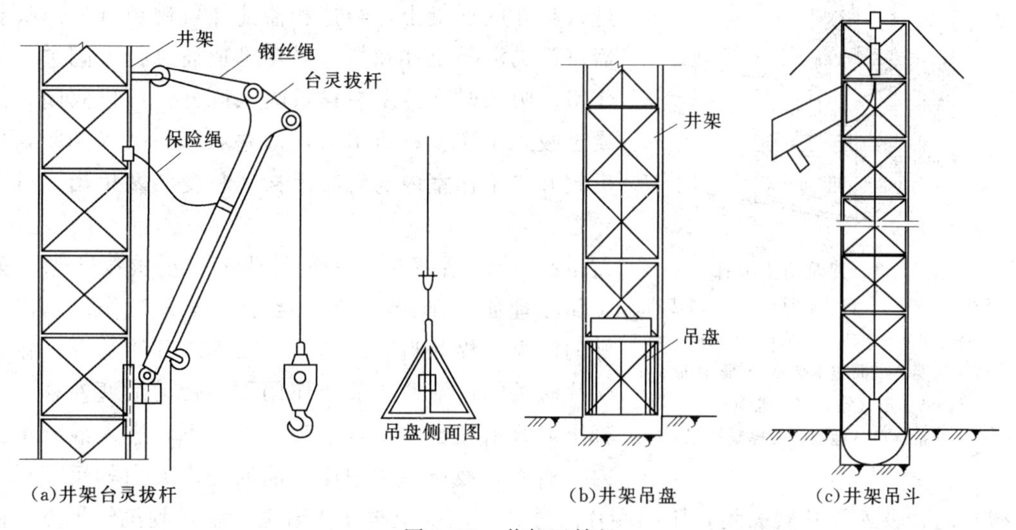

图 1.32　井架运输机

（2）混凝土提升机。混凝土提升机是供快速输送大量混凝土的垂直提升设备。它是由钢井架、混凝土提升斗、高速卷扬机等组成，其提升速度可达50～100m/min。当混凝土提升到施工楼层后，卸入楼面受料斗，再采用其他楼面水平运输工具（如手推车等）运送到施工部位浇筑。一般每台容量为0.5m^3×2的双斗提升机，当其提升速度为75m/min时，最高高度达120m，混凝土输送能力可达20m^3/h。因此对于混凝土浇筑量较大的工程，特别是高层建筑，是很经济适用的混凝土垂直运输机具。

（3）施工电梯。按施工电梯的驱动形式，可分为钢索牵引、齿轮齿条曳引和星轮滚道曳引三种形式。其中钢索曳引的是早期产品，已很少使用。目前国内外大部分采用的是齿轮齿条曳引的形式，星轮滚道是最新发展起来的，传动形式先进，但目前其载重能力较小。

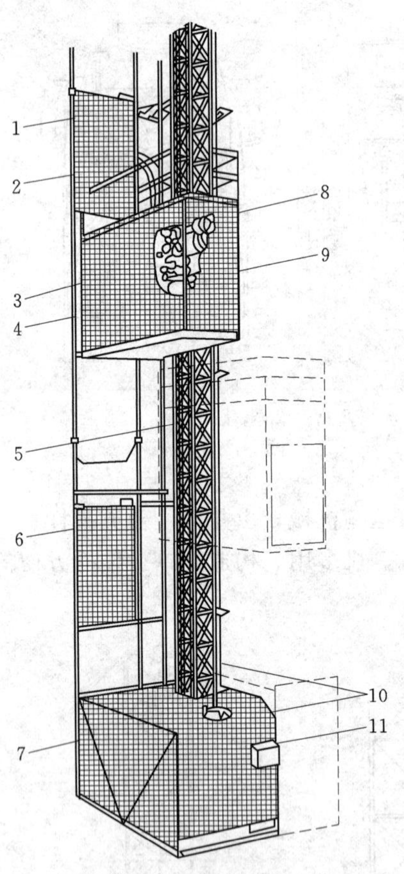

图1.33　建筑施工电梯
1—附墙支撑；2—自装起重机；3—限速器；4—梯笼；5—立柱导轨架；6—楼层门；7—底笼及平面主框架；8—驱动机构；9—电气箱；10—电缆及电缆箱；11—地面电气控制箱

按施工电梯的动力装置又可分为电动和电动—液压两种。电力驱动的施工电梯，工作速度约为40m/min，而电动—液压驱动的施工电梯其工作速度可达96m/min。

施工电梯的主要部件有基础、立柱导轨井架、带有底笼的平面主框架、梯笼和附墙支撑。

其主要特点是用途广泛、适应性强，安全可靠，运输速度高，提升高度最高可达150～200m以上（图1.33）。

4. 泵送设备及管道

（1）混凝土泵构造原理。混凝土泵有活塞泵、气压泵和挤压泵等几种不同的构造和输送形式，目前应用较多的是活塞泵。活塞泵按其构造原理的不同，又可以分为机械式和液压式两种。

1）机械式混凝土泵的工作原理如图1.34所示，进入料斗的混凝土，经拌和器搅拌可避免分层。喂料器可帮助混凝土拌和料由料斗迅速通过吸入阀进入工作室。吸入时，活塞左移，吸入阀开，压出阀闭，混凝土吸入工作室；压出时，活塞右移，吸入阀闭，压出阀开，工作室内的混凝土拌和料受活塞挤出，进入导管。

2）液压活塞泵是一种较为先进的混凝土泵，其工作原理如图1.35所示。当混凝土泵工作时，搅拌好的混凝土拌和料装入料斗，吸入端片阀移开，排出端片阀关闭，活塞在液压作用下，带动活塞左移，混凝土混合料在自重及真空吸力作用下，进入混凝土缸内。然后，液压系统中压力油的进出方向相反，活塞右移，同时吸入端片阀关闭，压出端片阀移开，混凝土被压入管道，输送到浇筑地点。由

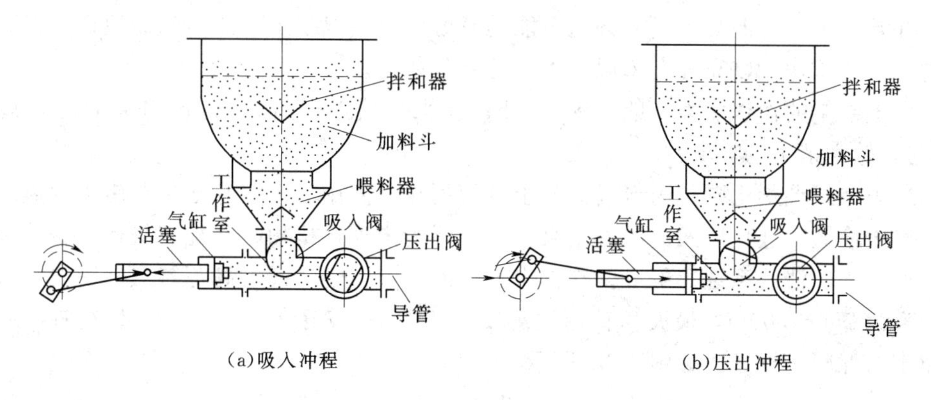

图 1.34 机械式混凝土泵工作原理

于混凝土泵的出料是一种脉冲式的，所以一般混凝土泵都有两套缸体左右并列，交替出料，通过Y形导管，送入同一管道，使出料稳定。

(2) 混凝土汽车泵或移动泵车。将液压活塞式混凝土泵固定安装在汽车底盘上，使用时开至需要施工的地点，进行混凝土泵送作业，称为混凝土汽车泵或移动泵车。一般情况下，此种泵车都附带装有全回转三段折叠臂架式的布料杆。整个泵车主要由混凝土推送机构、分配闸阀机构、料斗搅拌装置、悬臂布料装置、操作系统、清洗系统、传动系统、汽车底盘等部分组成，如图1.36所示。这种泵车使用方便，适用范围广，它既可以利用在工地配置装接的管道输送到较远、较高的混凝土浇筑部位，也可以发挥随车附带的布料杆的作用，把混凝土直接输送到需要浇筑的地点。

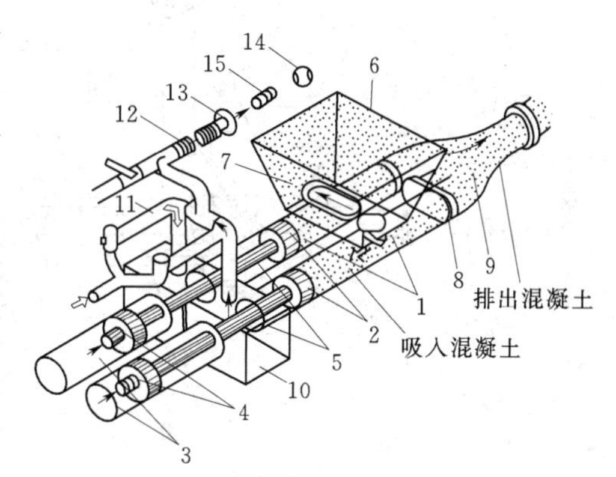

图 1.35 液压活塞式混凝土泵工作原理

1—混凝土缸；2—推压混凝土的活塞；3—液压缸；4—液压活塞；5—活塞杆；6—料斗；7—吸入阀门；8—排出阀门；9—Y形管；10—水箱；11—水洗装置换向阀；12—水洗用高压软管；13—水洗用法兰；14—海绵球；15—清洗活塞

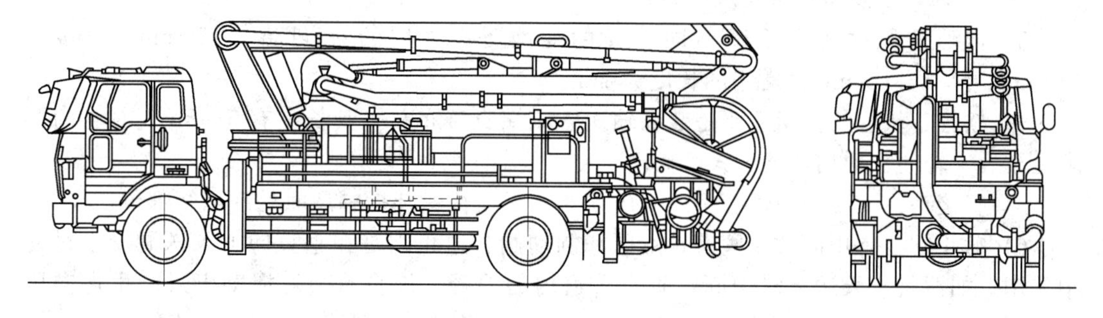

图 1.36 混凝土汽车泵

施工时，现场规划要合理布置混凝土泵车的安放位置。一般混凝土泵应尽量靠近浇筑地点，并要满足两台混凝土搅拌输送车能同时就位，使混凝土泵能不间断地得到混凝土供应，进行连续压送，以充分发挥混凝土泵的有效能力。

混凝土泵车的输送能力一般为 $80m^3/h$；在水平输送距离为 520m 和垂直输送高度为 110m 时，输送能力为 $30m^3/h$。

(3) 固定式混凝土泵。固定式混凝土泵使用时，需用汽车将它拖带至施工地点，然后进行混凝土输送。这种形式的混凝土泵主要由混凝土推送机构、分配闸机构、料斗搅拌装置、操作系统、清洗系统等组成。它具有输送能力大、输送高度高等特点，一般最大水平输送距离为 250～600m，最大垂直输送高度为 150m，输送能力为 $60m^3/h$ 左右，适用于高层建筑的混凝土输送，如图 1.37 所示。

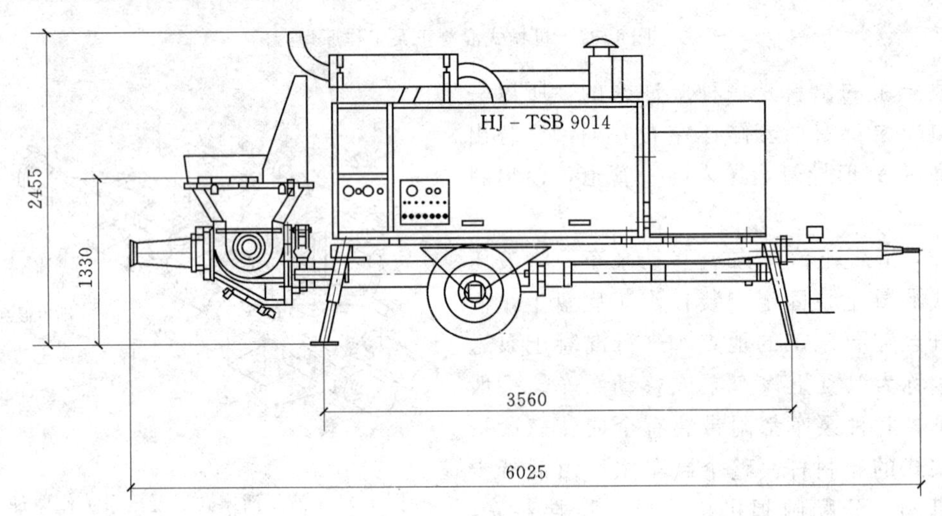

图 1.37 固定式混凝土泵（单位：mm）

(4) 混凝土输送管道。混凝土输送管包括直管、弯管、锥形管、软管、管接头和截止阀。对输送管道的要求是阻力小、耐磨损、自重轻、易装拆。

1）直管：常用的管径有 100mm、125mm 和 150mm 三种。管段长度有 0.5m、1.0m、2.0m、3.0m 和 4.0m 五种，壁厚一般为 1.6～2.0mm，由焊接钢管和无缝钢管制成。

2）弯管：弯管的弯曲角度有 15°、30°、45°、60°和 90°，其曲率半径有 1.0m、0.5m 和 0.3m 三种，以及与直管相应的口径。

3）锥形管：主要是用于不同管径的变换处，常用的有 ϕ175～150mm、ϕ150～125mm、ϕ125～100mm。常用的长度为 1m。

4）软管：软管的作用主要是装在输送管末端直接布料，其长度有 5～8m，对它的要求是柔软、轻便和耐用，便于人工搬动。

5）管接头：主要是用于管子之间的连接，以便快速装拆和及时处理堵管部位。

6）截止阀：常用的截止阀有针形阀和制动阀。逆止阀是在垂直向上泵送混凝土过程中使用，如混凝土泵送暂时中断，垂直管道内的混凝土因自重会对混凝土泵产生逆向压力，逆止阀可防止这种逆向压力对泵的破坏，使混凝土泵得到保护且启动方便。

5. 混凝土布料设备

(1) 混凝土泵车布料杆。混凝土泵车布料杆，是在混凝土泵车上附装的既可伸缩也可

曲折的混凝土布料装置。混凝土输送管道就设在布料杆内，末端是一段软管，用于混凝土浇筑时的布料工作。图1.38、图1.39是一种三叠式布料杆混凝土浇筑范围示意图。这种装置的布料范围广，在一般情况下不需再行配管。

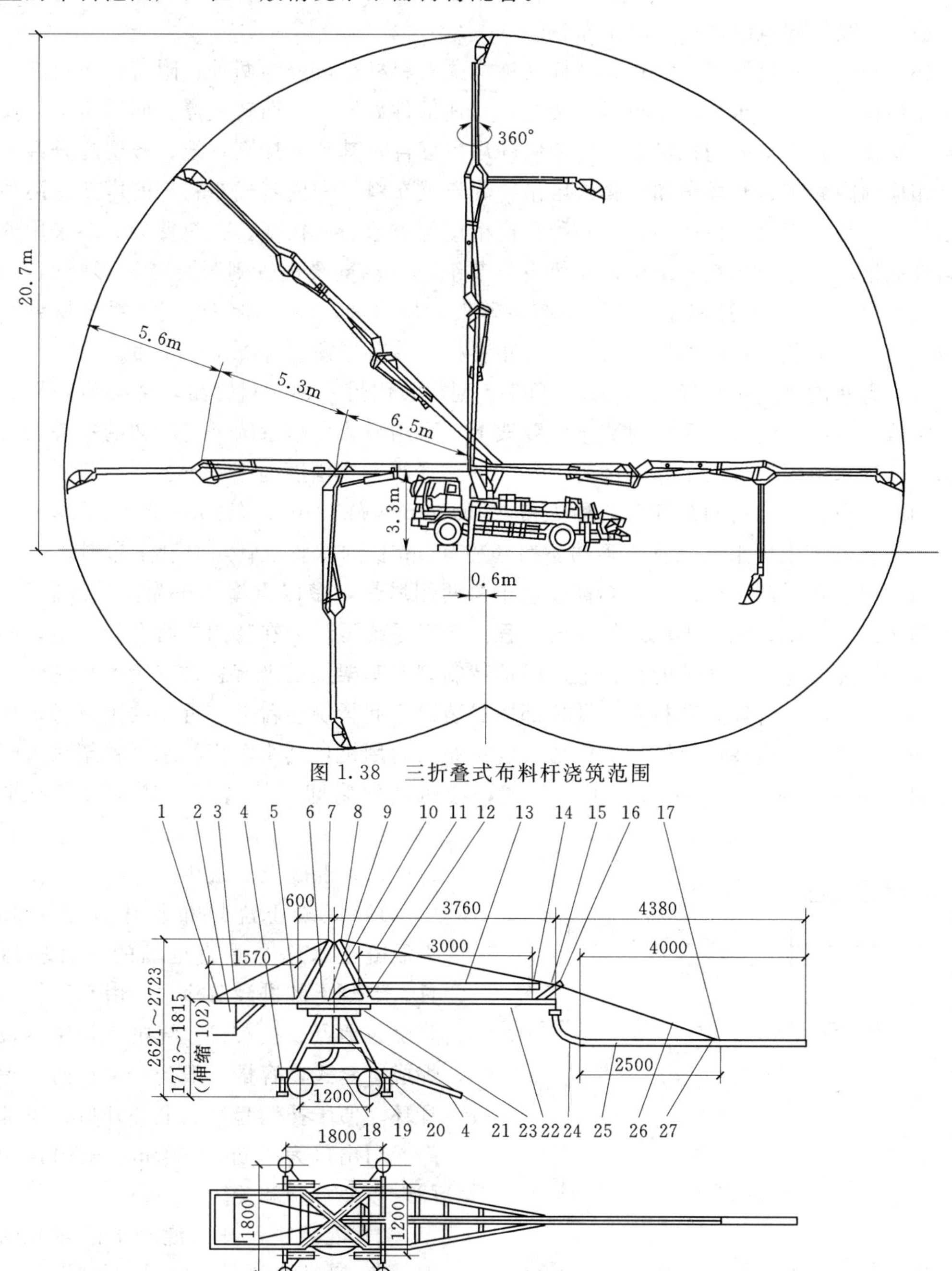

图1.38　三折叠式布料杆浇筑范围

图1.39　独立式混凝土布料器（单位：mm）

1、7、8、15、16、27—卸甲轧头；2—平衡臂；3、11、26—钢丝绳；4—撑脚；5、12—螺栓、螺母、垫圈；6—上转盘；9—中转盘；10—上角撑；13、25—输送管；14—输送管轧头；17—夹子；18—底架；19—前后轮；20—高压管；21—下角撑；22—前臂；23—下转盘；24—弯管

（2）独立式混凝土布料器。独立式混凝土布料器是与混凝土泵配套工作的独立布料设备。在操作半径内，能比较灵活自如地浇筑混凝土。其工作半径一般为10m左右，最大的可达40m。由于其自身较为轻便，能在施工楼层上灵活移动，所以，实际的浇筑范围较广，适用于高层建筑的楼层混凝土布料。

（3）固定式布料杆。固定式布料杆又称塔式布料杆，可分为两种：附着式布料杆和内爬式布料杆。这两种布料杆除布料臂架外，其他部件如转台、回转支撑、回转机构、操作平台、爬梯、底架均采用批量生产的相应的塔吊部件，其顶升接高系统、楼层爬升系统亦取自相应的附着式自升塔吊和内爬式塔吊。附着式布料杆和内爬式布料杆的塔架有两种不同结构：一种是钢管立柱塔架，另一种是格桁结构方形断面构架。布料臂架大多采用低合金高强钢组焊薄壁箱形断面结构，一般由三节组成。薄壁泵送管则附装在箱形断面梁上，两节泵管之间用90°弯管相连通。这种布料臂架的俯、仰、曲、伸均由液压系统操纵。为了减小布料臂架负荷对塔架的压弯作用，布料杆多装有平衡臂并配有平衡重。

目前有些内爬式布料杆如HG17～HG25型，装用另一种布料臂架，臂架为轻量型钢格桁结构，由两节组成，泵管附装于此臂架上，采用绳轮变幅系统进行臂架的折叠和俯仰变幅。这种布料臂的最大工作幅度为17～28m，最小工作幅度为1～2m。

固定式布料杆装用的泵管有三种规格：ϕ100mm、ϕ112mm、ϕ125mm，管壁厚一般为6mm。布料臂架上的末端泵管的管端还都套装有4m长的橡胶软管，以利于布料。

（4）起重布料两用机。该机亦称起重布料两用塔吊，多以重型塔吊为基础改制而成，主要用于造型复杂、混凝土浇筑量大的工程。布料系统可附装在特制的爬升套架上，亦可安装在塔顶部经过加固改装的转台上。所谓特制爬升套架乃是带有悬挑支座的特制转台与普通爬升套架的集合体。布料系统及顶部塔身装设于此特制转台上。近年我国自行设计制造一种布料系统装设在塔帽转台上的塔式起重布料两用机，其小车变幅水平臂架最大幅度56m时，起重量为1.3t，布料杆为三节式，液压曲伸俯仰泵管臂架，其最大作业半径为38m。

（5）混凝土浇筑斗。

1）混凝土浇筑布料斗（图1.40）。为混凝土水平与垂直运输的一种转运工具。混凝土装进浇筑斗内，由起重机吊送至浇筑地点直接布料。浇筑斗是用钢板拼焊成簸箕式，容量一般为1m³。两边焊有耳环，便于挂钩起吊。上部开口，下部有门，门出口为40cm×40cm，采用自动闸门，以便打开和关闭。

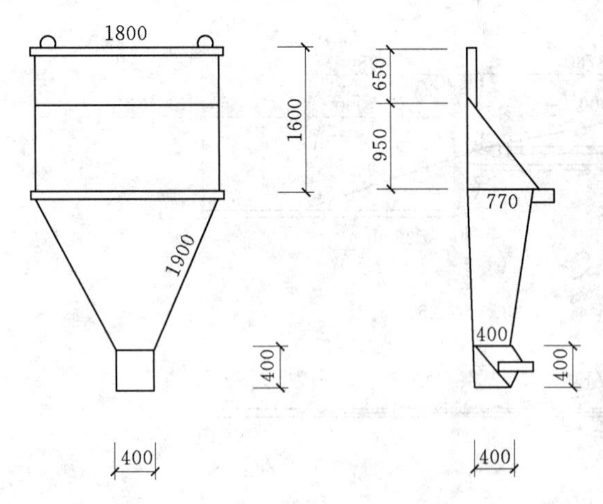

图1.40　混凝土浇筑布料斗（单位：mm）

2）混凝土吊斗。混凝土吊斗有圆锥形、高架方形、双向出料形等（图1.41），斗容量0.7～1.4m³。混凝土由搅拌机直接装入后，用起重机吊至浇筑地点。

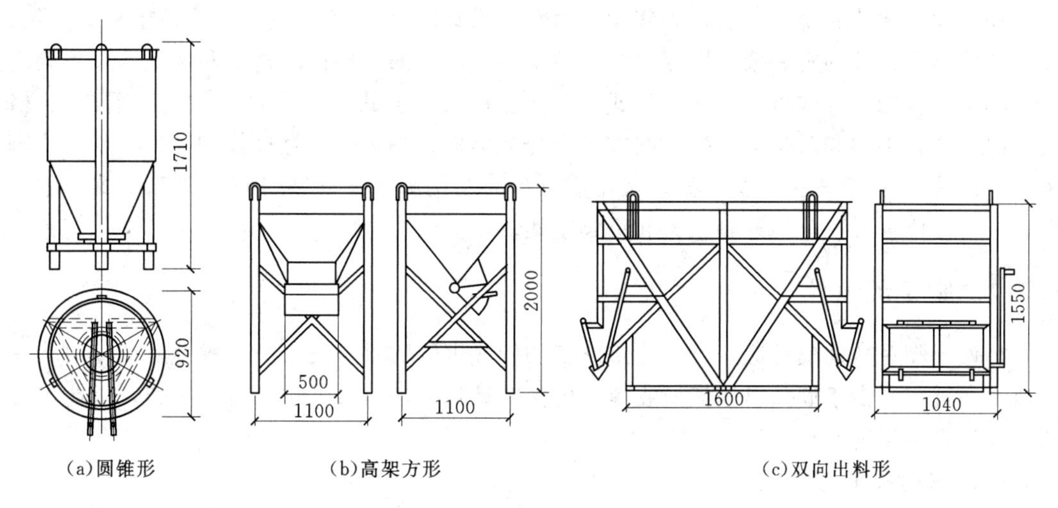

图 1.41　混凝土吊斗（单位：mm）

6. 混凝土振动设备

振动设备介绍见表 1.12。

表 1.12　　振动设备介绍

分　类	说　明
内部振动器（插入式振动器）	形式有硬管的、软管的。振动部分有锤式、棒式、片式等。振动频率有高有低。主要适用于大体积混凝土、基础、柱、梁、墙、厚度较大的板，以及预制构件的捣实工作。当钢筋十分稠密或结构厚度很薄时，其使用就会受到一定的限制
表面振动器（平板式振动器）	其工作部分是一钢制或木制平板，板上装一个带偏心块的电动振动器。振动力通过平板传递给混凝土，由于其振动作用深度较小，仅使用于表面积大而平整的结构物，如平板、地面、屋面等构件
外部振动器（附着式振动器）	这种振动器通常是利用螺栓或钳形夹具固定在模板外侧，不与混凝土直接接触，借助模板或其他物体将振动力传递到混凝土。由于振动作用不能深、不能远，故仅适用于振捣钢筋较密、厚度较小以及不宜使用插入式振动器的结构构件
振动台	由上部框架和下部支架、支承弹簧、电动机、齿轮同步器、振动子等组成。上部框架是振动台的台面，上面可固定放置模板，通过螺旋弹簧支承在下部的支架上，振动台只能作上下方向的定向振动，适用于混凝土预制构件的振捣

任务 1.2　脚手架设计与搭拆

【任务导航】 学习外脚手架、里脚手架的种类、构造要求、搭设要点以及脚手架的安全防护措施；能进行脚手架的初步设计，能够根据项目要求分析钢管扣件式脚手架的搭设要点、技术要求及安全技术，编制钢管扣件式脚手架工程施工方案；学生分组在实训场进行脚手架的搭设、拆除。

脚手架按脚手架平、立杆的连接方式划分为：

①承插式脚手架，在平杆与立杆之间采用承插连接的脚手架。常见的承插连接方式有

插片和楔槽、插片和楔盘、插片和碗扣、套管与插头以及U形托挂等。②扣接式脚手架，使用扣件箍紧连接的脚手架，即靠拧紧扣件螺栓所产生的摩擦作用构架和承载的脚手架。

脚手架按构架方式可分为多立杆式脚手架、框架组合式脚手架（如门式脚手架）、格构件组合式脚手架和台架等；按支固方式可分为落地式脚手架、悬挑式脚手架、悬吊式脚手架（吊篮）、附墙悬挑式脚手架；按用途可分为结构脚手架、装修脚手架和支撑脚手架等；按搭设位置又可分为外脚手架和里脚手架。

1.2.1 脚手架设计

扣件式脚手架的设计应符合《建筑施工扣件式钢管脚手架安全技术规范》（JGJ 130—2011）的规定，由于满堂脚手架及支撑架的主要计算方法可参考单双排脚手架，因此仅介绍单双排脚手架的设计计算。

1.2.1.1 脚手架的基本要求

脚手架是为建筑施工而搭设的上料、堆料与施工作业用的临时结构架，也是施工作业中必不可少的工具和手段，在工程建造中占有相当重要的地位。

脚手架的正确选择和使用，关系到施工安全和施工作业的顺利与否，关系到施工进度，同时也对工程质量和企业效益产生直接的影响。因此，脚手架须满足以下基本要求。

（1）要有足够的搭设宽度和高度，能够满足工人操作、材料堆置以及运输方便的要求。

（2）应具有足够的承载力和稳定性，能确保在各种荷载和气候条件下，不超过允许变形，不倾倒、不摇晃，并有可靠的防护设施，以确保在架设、使用和拆除过程中的安全可靠性。

（3）应搭设简单、拆除方便，易于搬运，能够多次周转使用。

（4）应与楼层作业面高度相统一，并与垂直运输设施（如施工电梯、井字架等）相适应，以确保材料由垂直运输转入楼层水平运输的需要。

1.2.1.2 脚手架的设计计算

1. 基本设计规定

（1）脚手架的承载能力应按概率极限状态设计法的要求，采用分项系数设计表达式进行设计。可只进行下列设计计算：

1）纵向、横向水平杆等受弯构件的强度和连接扣件的抗滑承载力计算。

2）立杆的稳定性计算。

3）连墙件的强度、稳定性和连接强度的计算。

4）立杆地基承载力计算。

（2）计算构件的强度、稳定性与连接强度时，应采用荷载效应基本组合的设计值。永久荷载分项系数应取1.2，可变荷载分项系数应取1.4。

（3）脚手架中的受弯构件，尚应根据正常使用极限状态的要求验算变形。验算构件变形时，应采用荷载效应的标准组合的设计值，各类荷载分项系数均应取1.0。

（4）当纵向或横向水平杆的轴线对立杆轴线的偏心距不大于55mm时，立杆稳定性计算中可不考虑此偏心距的影响。

(5) 当采用JGJ 130—2011规范第6.1.1条规定的构造尺寸，其相应杆件可不再进行设计计算。但连墙件、立杆地基承载力等仍应根据实际荷载进行设计计算。

(6) 钢材的强度设计值与弹性模量应按表1.13采用。

表1.13　钢材的强度设计值与弹性模量　单位：N/mm^2

Q235钢抗拉、抗压和抗弯强度设计值 f	205
弹性模量 E	2.06×10^5

(7) 扣件、底座、可调托撑的承载力设计值，应按表1.14采用。

表1.14　扣件、底座、可调托撑的承载力设计值　单位：kN

项　目	承载力设计值
对接扣件（抗滑）	3.20
直角扣件、旋转扣件（抗滑）	8.00
底座（抗压）、可调托撑（抗压）	40.00

(8) 受弯构件的挠度，不应超过表1.15中规定的容许值。

表1.15　受弯构件的容许挠度

构件类别	容许挠度 $[\upsilon]$
脚手板，脚手架纵向、横向水平杆	$l/150$ 与10mm
脚手架悬挑受弯杆件	$l/400$
型钢悬挑脚手架悬挑钢梁	$l/250$

注　l 为受弯构件的跨度，对悬挑杆件为其悬伸长度的2倍。

(9) 受压、受拉构件的长细比，不应超过表1.16中规定的容许值。

表1.16　受压、受拉构件的容许长细比

<table>
<tr><th colspan="2">构件类别</th><th>容许长细比 [λ]</th></tr>
<tr><td rowspan="3">立杆</td><td>双排架
满堂支撑架</td><td>210</td></tr>
<tr><td>单排架</td><td>230</td></tr>
<tr><td>满堂脚手架</td><td>250</td></tr>
<tr><td colspan="2">横向斜掌、剪刀撑中的压杆</td><td>250</td></tr>
<tr><td colspan="2">拉杆</td><td>350</td></tr>
</table>

2. 单、双排脚手架计算

(1) 纵向、横向水平杆的抗弯强度，应按下式计算：

$$\sigma=\frac{M}{W}\leqslant f \tag{1.1}$$

式中　σ——弯曲正应力；

M——弯矩设计值，N·mm，应按式（1.2）的规定计算；

W——截面模量，mm^3，应按本书附表1采用；

f——钢材的抗弯强度设计值，N/mm²，应按本书附表2采用。

(2) 纵向、横向水平杆弯矩设计值，应按式(1.2)计算：

$$M=1.2M_{Gk}+1.4\sum M_{Qk} \tag{1.2}$$

式中 M_{Gk}——脚手板自重产生的弯矩标准值，kN·m；

M_{Qk}——施工荷载产生的弯矩标准值，kN·m。

(3) 纵向、横向水平杆的挠度，应符合式(1.3)规定：

$$\upsilon\leqslant[\upsilon] \tag{1.3}$$

式中 υ——挠度，mm；

$[\upsilon]$——容许挠度，应按表1.15采用。

(4) 计算纵向、横向水平杆的内力与挠度时，纵向水平杆宜按三跨连续梁计算，计算跨度取立杆纵距 l_a，横向水平杆宜按简支梁计算，计算跨度 l_0 可按图1.42采用。

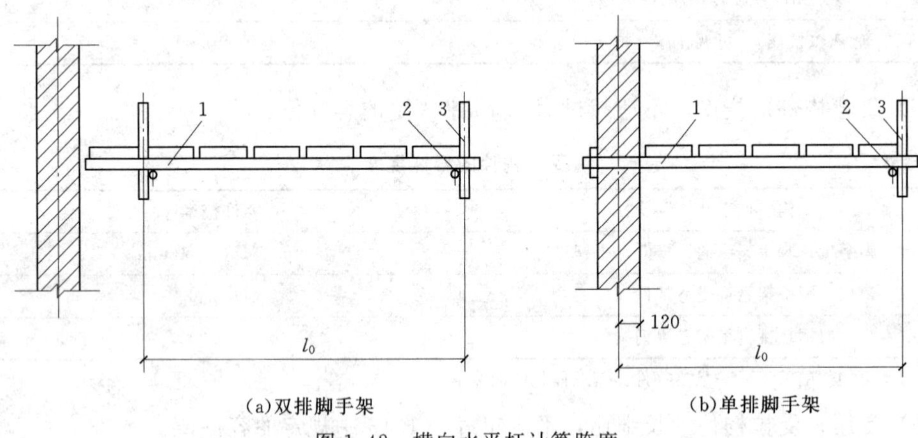

(a)双排脚手架　(b)单排脚手架

图1.42　横向水平杆计算跨度

1—横向水平杆；2—纵向水平杆；3—立杆

(5) 纵向或横向水平杆与立杆连接时，其扣件的抗滑承载力应符合下式规定：

$$R\leqslant R_C \tag{1.4}$$

式中 R——纵向或横向水平杆传给立杆的竖向作用力设计值；

R_C——扣件抗滑承载力设计值，应按表1.14采用。

(6) 立杆的稳定性，应符合下列公式要求：

不组合风荷载时：

$$\frac{N}{\varphi A}\leqslant f \tag{1.5}$$

组合风荷载时：

$$\frac{N}{\varphi A}+\frac{M_w}{W}\leqslant f \tag{1.6}$$

式中 N——计算立杆段的轴向力设计值，N，应按式(1.7)、式(1.8)计算；

φ——轴心受压构件的稳定系数，应根据长细比 λ 由本附录表4取值，$\lambda=\frac{\lambda_0}{\lambda}$；

l_0——计算长度，mm，应按第(8)点相关规定计算；

i——截面回转半径，mm，可按本书附表1采用；

A——立杆的截面面积，mm^2，可按本书附表1采用；

M_w——计算立杆段由风荷载设计值产生的弯矩，N·mm，可按式（1.10）计算；

f——钢材的抗压强度设计值，N/mm^2，应按表1.13采用。

（7）计算立杆段的轴向力设计值N，应按下列公式计算：

不组合风荷载时：
$$N=1.2(N_{G1k}+N_{G2k})+1.4\sum N_{Qk} \tag{1.7}$$

组合风荷载时：
$$N=1.2(N_{G1k}+N_{G2k})+0.9\times1.4\sum N_{Qk} \tag{1.8}$$

式中 N_{G1k}——脚手架结构自重产生的轴向力标准值；

N_{G2k}——构配件自重产生的轴向力标准值；

$\sum N_{Qk}$——施工荷载产生的轴向力标准值总和，内、外立杆各按一纵距内施工荷载总和的1/2取值。

（8）立杆计算长度l_0应按下式计算：

$$L_0=k\mu h \tag{1.9}$$

式中 k——立杆计算长度附加系数，其值取1.155，当验算立杆允许长细比时，取$k=1$；

μ——考虑单、双排脚手架整体稳定因素的单杆计算长度系数，应按表1.17采用；

h——步距。

表1.17 单、双排脚手架立杆的计算长度系数μ

类　别	立杆横距/m	连墙件布置	
		二步三跨	三步三跨
双排架	1.05	1.50	1.70
	1.30	1.55	1.75
	1.55	1.60	1.80
单排架	≤1.50	1.80	2.00

（9）由风荷载产生的立杆段弯矩设计值M_w，可按下式计算：

$$M_w=0.9\times1.4M_{wk}=\frac{0.9\times1.4W_k l_a h^2}{10} \tag{1.10}$$

式中 M_{wk}——风荷载产生的弯矩标准值，kN·m；

W_k——风荷载标准值，kN/m^2；

l_a——立杆纵距，m。

（10）单、双排脚手架立杆稳定性计算部位的确定，应符合下列规定：

1）当脚手架采用相同的步距、立杆纵距、立杆横距和连墙件间距时，应计算底层立杆段。

2）当脚手架的步距、立杆纵距、立杆横距和连墙件间距有变化时，除计算底层立杆段外，还必须对出现最大步距或最大立杆纵距、立杆横距、连墙件间距等部位的立杆段进行验算。

（11）单、双排脚手架允许搭设高度[H]，应按下列公式计算，并应取较小值。

不组合风荷载时：
$$[H]=\frac{\varphi Af-(1.2N_{G2k}+1.4\sum N_{Qk})}{1.2g_k} \tag{1.11}$$

组合风荷载时：
$$[H]=\frac{\varphi Af-\left[1.2N_{G2k}+0.9\times1.4\left(\sum N_{Qk}+\frac{M_{wk}}{W}\varphi A\right)\right]}{1.2g_k} \tag{1.12}$$

式中 $[H]$——脚手架允许搭设高度，m；

g_k——立杆承受的每米结构自重标准值，kN/m，可按本书附表4采用。

（12）连墙件杆件的强度及稳定，应满足下列公式的要求：

强度：
$$\sigma=\frac{N_l}{A_c}\leqslant 0.85f \tag{1.13}$$

稳定：
$$\frac{N_l}{\varphi A}\leqslant 0.85f \tag{1.14}$$

$$N_l=N_{lw}+N_0 \tag{1.15}$$

式中 σ——连墙件应力值，N/mm^2；

A_c——连墙件的净截面面积，mm^2；

A——连墙件的毛截面面积，mm^2；

N_l——连墙件轴向力设计值，N；

N_{lw}——风荷载产生的连墙件轴向力设计值，应按式（1.16）的相关规定计算；

N_0——连墙件约束脚手架平面外变形所产生的轴向力。单排架取2kN，双排架取3kN；

φ——连墙件的稳定系数，应根据连墙件长细比按本书附表3取值；

f——连墙件钢材的强度设计值，N/mm^2，应按表1.13采用。

（13）由风荷载产生的连墙件的轴向力设计值，应按下式计算：

$$N_{lw}=1.4w_kA_w \tag{1.16}$$

式中 A_w——单个连墙件所覆盖的脚手架外侧面的迎风面积。

（14）连墙件与脚手架、连墙件与建筑结构连接的连接强度应符合式（1.17）：

$$N_l\leqslant N_v \tag{1.17}$$

式中 N_v——连墙件与脚手架、连墙件与建筑结构连接的抗拉（压）承载力设计值，应根据相应规范规定计算。

（15）当采用钢管扣件做连墙件时，扣件抗滑承载力的验算，应满足式（1.18）要求：

$$N_l\leqslant R_c \tag{1.18}$$

式中 R_c——扣件抗滑承载力设计值，一个直角扣件应取8.0kN。

1.2.2 脚手架搭设准备

1.2.2.1 施工准备

（1）单位工程负责人应按施工组织设计中有关脚手架的要求向架设和使用人员进行技术交底。

（2）应按《建筑施工扣件式钢管脚手架安全技术规范》（JCJ 130—2011）的规定和施工组织设计的要求对钢管扣件脚手板等进行检查验收，不合格产品不得使用。

（3）经检验合格的构配件应按品种、规格、分类堆放整齐、平稳，堆放场地不得有积水。

（4）应清除搭设场地杂物，平整搭设场地，并使排水畅通。

（5）当脚手架基础下有设备基础管沟时，在脚手架使用过程中不应开挖，否则必须采

取加固措施。

1.2.2.2　地基与基础准备

（1）脚手架地基与基础的施工必须根据脚手架搭设高度搭设场地土质情况与《建筑地基基础工程施工质量验收规范》（GB 50202—2002）的有关规定进行。

（2）脚手架底座底面标高宜高于自然地坪50mm。

（3）脚手架基础经验收合格后应按施工组织设计的要求放线定位。

1.2.3　外脚手架搭设

外脚手架是指搭设在外墙外面的脚手架。其主要结构形式有钢管扣件式、碗扣式、门型、方塔式、附着式升降脚手架和悬吊脚手架等。在建筑施工中常用的有扣件式钢管脚手架、碗扣式钢管脚手架和门型脚手架。

1.2.3.1　扣件式钢管脚手架

1. 材料

（1）钢管。根据钢管在脚手架中的位置和作用不同，可分为立杆、纵向水平杆、横向水平杆、连墙杆、剪刀撑、水平斜拉杆等，如图1.43、图1.44所示。

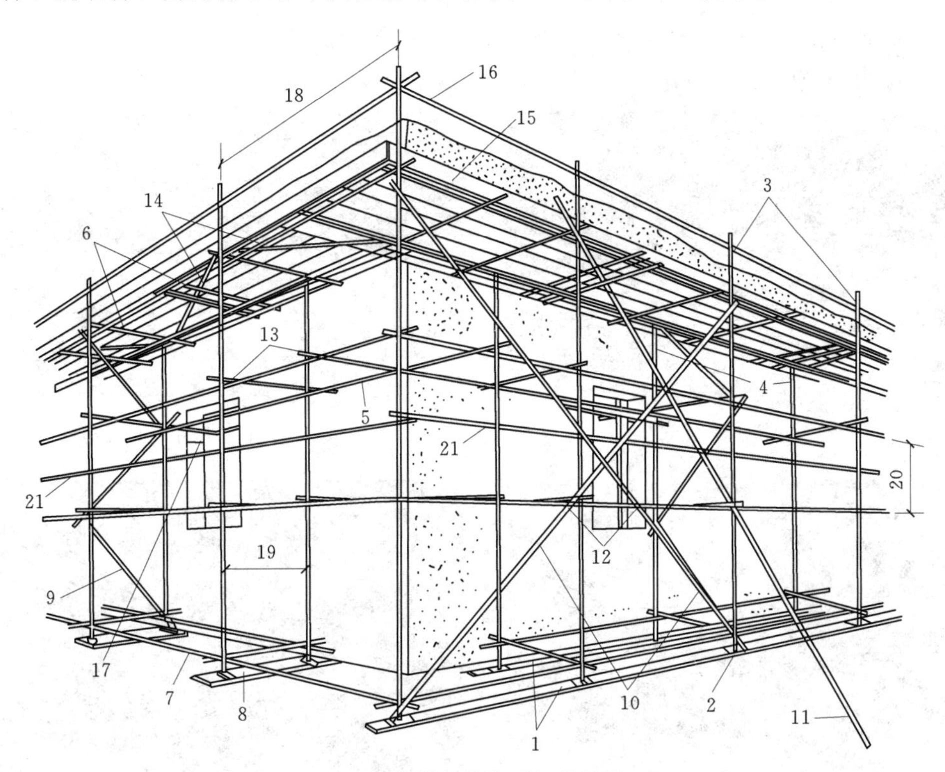

图1.43　扣件式钢管脚手架的组成（一）

1—垫板；2—底座；3—外立柱；4—内立柱；5—纵向水平杆；6—横向水平杆；7—纵向扫地杆；8—横向扫地杆；9—横向斜撑；10—剪刀撑；11—抛撑；12—旋转扣件；13—直角扣件；14—水平斜撑；15—挡脚板；16—防护栏杆；17—连墙固定件；18—纵距（l_a=1.2～2m）；19—横距（l_b=0.9～1.5m）；20—步距（h≤1.8m）；21—扶手杆

1）立杆。立杆平行于建筑物并垂直于地面，将脚手架荷载传递给基础。

2）纵向水平杆（大横杆）。大横杆平行于建筑物并在纵向水平连接各立杆，承受、传递荷载给立杆。从第二个步距开始，在每个步距中间外侧加设一道大横杆，亦称“扶手杆”。

3）横向水平杆（小横杆）。小横杆垂直于建筑物并在横向连接内、外立杆，承受、传递荷载给立杆。

4）剪刀撑。设在脚手架外侧面并与墙面平行的十字交叉斜杆，可增强脚手架的纵向刚度。

5）连墙杆。连接脚手架与建筑物，承受并传递荷载，且可防止脚手架横向失稳。

表 1.18　　脚手架钢管尺寸　　单位：mm

截面尺寸		最大长度	
外径 ϕ	壁厚 t	横向水平杆	其他杆
48	3.5	2200	6500
51	3.0		

6）水平斜拉杆。设在有连墙杆的脚手架内、外立柱间的步架平面内的“之”字形斜杆，可增强脚手架的横向刚度。

(a)小横杆

(b)大横杆

(c)抛撑

(d)立杆

图 1.44　扣件式钢管脚手架的组成（二）

7）纵向水平扫地杆。采用直角扣件固定在距底座上皮不大于200mm处的立杆上，起约束立杆底端在纵向发生位移的作用。

8）横向水平扫地杆。采用直角扣件固定在紧靠纵向扫地杆下方的立杆上的横向水平杆，起约束立杆底端在横向发生位移的作用。

（2）扣件。扣件是钢管与钢管之间的连接件，其基本形式有三种，如图1.45所示。

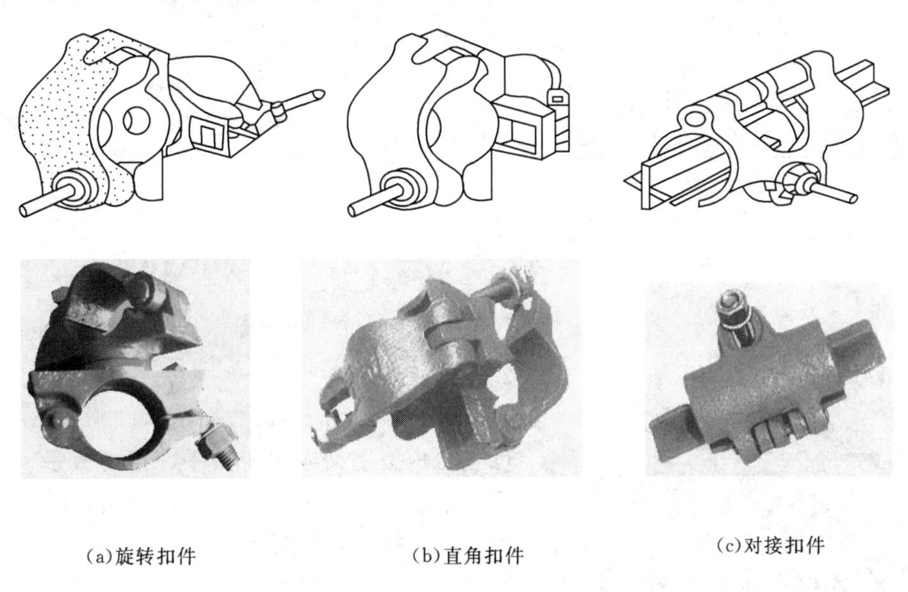

(a)旋转扣件　　(b)直角扣件　　(c)对接扣件

图1.45 扣件形式

（3）脚手板。脚手板是提供施工作业条件并承受和传递荷载给水平杆的板件，可用钢、木、竹等材料制成。脚手板若设于非操作层起安全防护作用，如图1.46所示。

(a)木脚手板

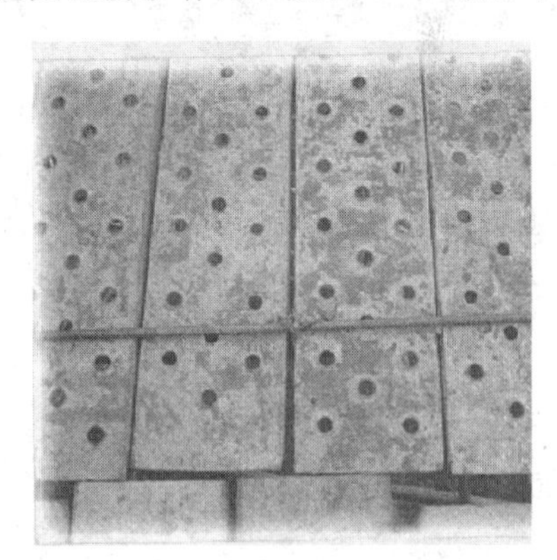

(b)钢脚手板

图1.46 脚手板类型

（4）底座。设在立杆下端，承受并传递立杆荷载给地基，如图1.47所示。

（5）安全网。用来防止人、物坠落，或用来避免、减轻坠落及物击伤害的网具。按其功能分为安全平网、安全立网及密目式安全立网，如图1.48所示。

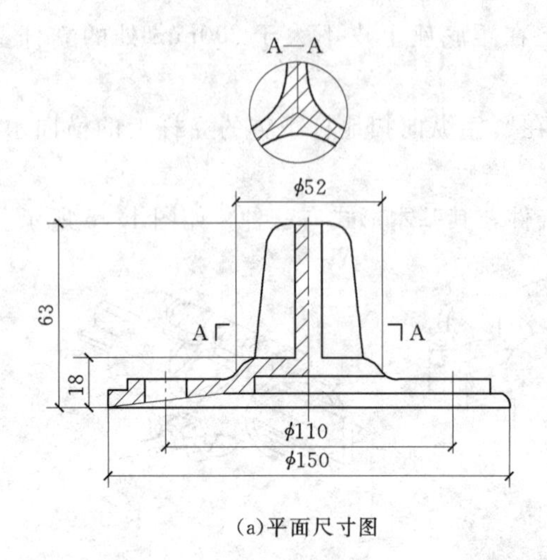

(a)平面尺寸图

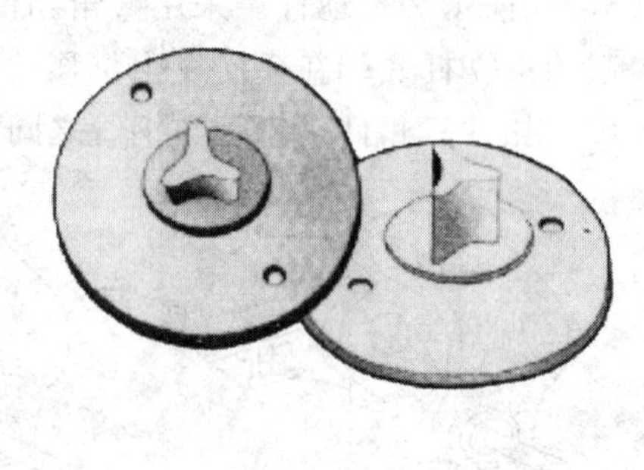

(b)立体图

图 1.47 标准底座示意图（单位：mm）

图 1.48 密目式安全立网

2. 机具

（1）扳手。如图 1.49（a）所示。

（2）力矩扳手又叫扭矩扳手、扭力扳手、扭矩可调扳手，是扳手的一种，一般分为两类：电动力矩扳手和手动力矩扳手，如图 1.49（b）所示。

3. 扣件式钢管脚手架的构造

扣件式钢管脚手架的基本构造形式有单排架和双排架两种构造形式。单排架和双排架一般用于外墙砌筑与装饰。

（1）立杆。横距为 0.9～1.50m，纵距为 1.20～2.0m。脚手架必须设置纵、横向扫地杆。纵向扫地杆应采用直角扣件固定在距钢管底端不大于 200mm 处的立杆上。横向扫地杆应采用直角扣件固定在紧靠纵向

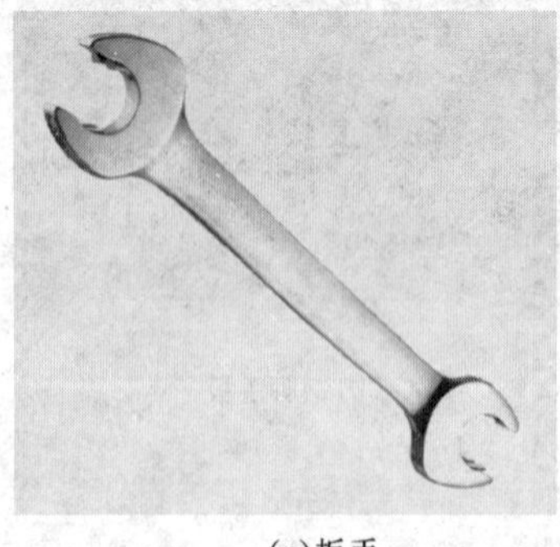

(a)扳手

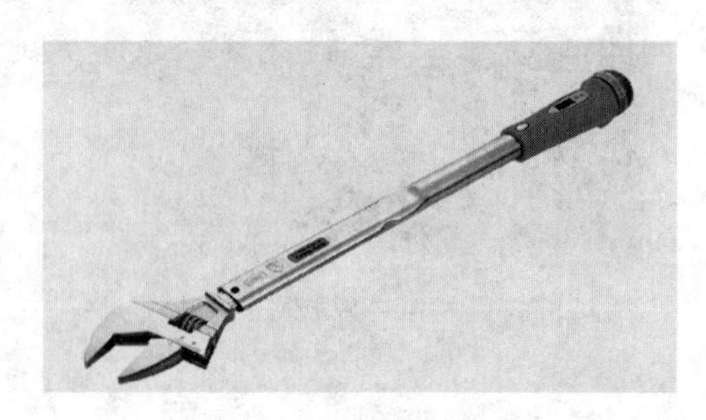

(b)力矩扳手

图 1.49 扳手与力矩扳手

扫地杆下方的立杆上。立杆接长除顶层可以采用搭接外，其余各层必须采用对接扣件

连接。立杆的对接、搭接应满足下列要求：

1）立杆上的对接扣件应交错布置，两相邻立杆的接头应错开一步，其错开的垂直距离不应小于500mm，且与相近的纵向水平杆距离应小于1/3步距。

2）对接扣件距主节点（立杆、大、小、横杆三者的交点）的距离不应大于1/3步距。

3）立杆的搭接长度不应小于1m，用不少于两个旋转扣件固定，端部扣件盖板的边沿至杆端距离不应小于100mm。

（2）纵向水平杆（大横杆）。纵向水平杆的构造应符合下列规定：

1）纵向水平杆宜设置在立杆内侧，其长度不宜小于3跨。

2）纵向水平杆接长宜采用对接扣件连接，也可采用搭接。对接、搭接应符合下列规定：

a. 纵向水平杆的对接扣件应交错布置；两根相邻纵向水平杆的接头不宜设置在同步或同跨内；不同步或不同跨两个相邻接头在水平方向错开的距离不应小于500mm；各接头中心至最近主节点的距离不宜大于纵距的1/3，如图1.50所示。

b. 搭接长度不应小于1m，应等间距设置3个旋转扣件固定，端部扣件盖板边缘至搭接纵向水平杆杆端的距离不应小于100mm。

c. 当使用冲压钢脚手板、木脚手板、竹串片脚手板时，纵向水平杆应作为横向水平杆的支座，用直角扣件固定在立杆上；当使用竹笆脚手板时，纵向水平杆应采用直角扣件固定在横向水平杆上，并应等间距设置，间距不应大于400mm，如图1.51所示。

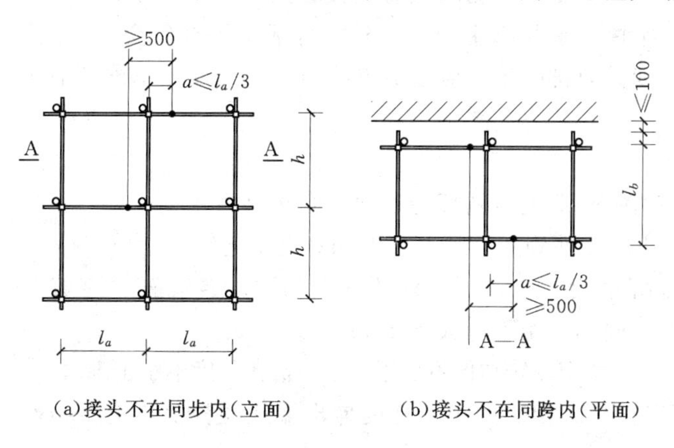

图1.50　纵向水平杆对接接头布置（单位：mm）

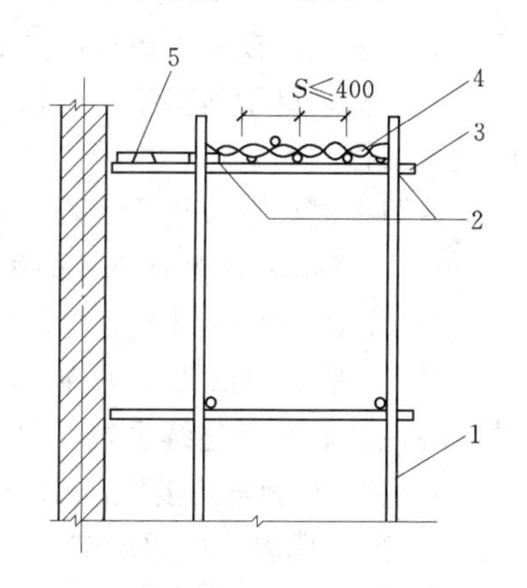

图1.51　铺竹笆脚手板时大横杆的构造
1—立杆；2—大横杆；3—小横杆；
4—竹笆脚手板；5—其他脚手板

（3）横向水平杆（小横杆）。在主节点处必须设置横向水平杆。横向水平杆应放置在纵向水平杆上部，靠墙一端至墙装饰面距离不宜大于100mm。

（4）脚手板。脚手板的设置应符合下列规定：

1）作业层脚手板应铺满、铺稳，离开墙面120～150mm。

2）冲压钢脚手板、木脚手板、竹串片脚手板等，应设置在三根横向水平杆上。当脚手板长度小于2m时，可采用两根横向水平杆支承，但应将脚手板两端与其可靠固定，严防倾翻。这三种脚手板的铺设可采用对接平铺，亦可采用搭接铺设。脚手板对接平铺时，接头处必须设两根横向水平杆，脚手板外伸长应取130～150mm，两块脚手板外伸长度的和不应大于300mm，如图1.52（a）所示；脚手板搭接铺设时，接头必须支在横向水平杆上，搭接长度应大于200mm，其伸出横向水平杆的长度不应小于100mm，如图1.52（b）所示。

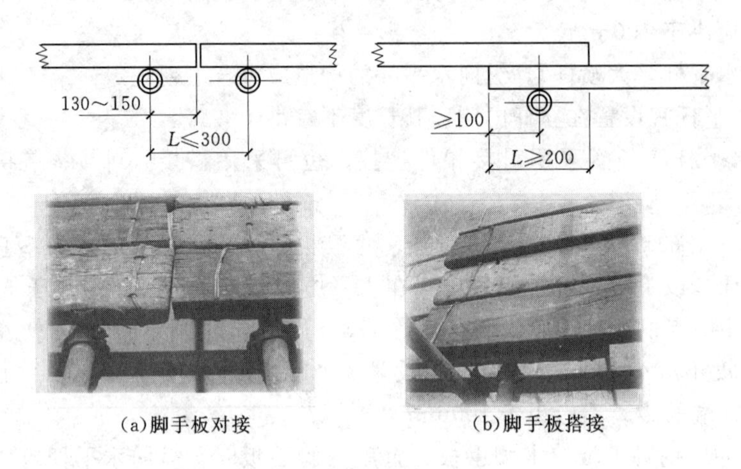

图1.52　脚手板对接、搭接（单位：mm）

（5）剪刀撑和横向支撑。剪刀撑是在脚手架外侧面成对设置的交叉斜杆，可增强脚手架的纵向刚度。横向支撑也叫“之”字撑，是与脚手架内、外立杆或水平杆斜交呈“之”字形的斜杆，可增强脚手架的横向刚度。双排脚手架应设剪刀撑与横向支撑，单排脚手架应设剪刀撑。

剪刀撑的设置应符合下列要求：

1）每道剪刀撑跨越立杆的根数宜在5～7根，斜杆与地面的倾角宜为45°～60°。

2）高度在24m以上的双排脚手架应在外侧立面整个长度和高度上连续设置剪刀撑。

3）高度在24m以下的单、双排脚手架，均必须在外侧立面的两端各设置一道剪刀撑，并应由底至顶连续设置，剪刀撑之间的净距不应大于15m（图1.53）。

4）剪刀撑斜杆的接长宜采用搭接，搭接用旋转扣件不少于两个，搭接长度不小于1m。

5）剪刀撑斜杆应用旋转扣件固定在与之相交的小横杆的伸出端或立杆上，旋转扣件中心线距主节点的距离不宜大于150mm。

横向支撑的设置应符合下列要求：

1）横向支撑的每一道斜杆应在1～2步内，由底至顶呈“之”字形连续布置，两端用旋转扣件固定在立杆上或小横杆上。

2）“一”字形、开口型双排脚手架的两端均必须设置横向斜撑。

3）高度在24m以下的封闭型双排脚手架可不设横向斜撑，高度在24m以上者，除拐角应设置横向支撑外，中间应每隔6跨设置一道。

（6）连墙件。又称连墙杆，是连接脚手架与建筑物的部件，既要承受、传递风荷载，又要防止脚手架横向失稳或倾覆。

连墙件的布置形式、间距大小对脚手架的承载能力有很大影响，它不仅可以防止脚手

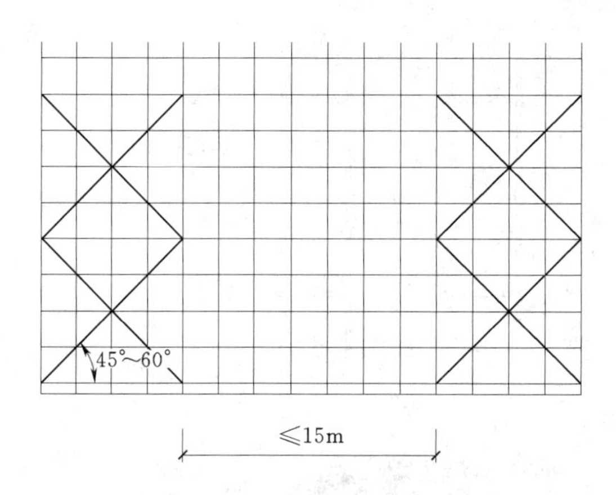

(a)剪刀撑设置

(b)剪刀撑接长节点

图 1.53 剪刀撑设置及剪刀撑接长节点

架的倾覆，而且可加强立杆的刚度和稳定性。连墙件的布置间距可参考表 1.19。

表 1.19　　连墙件布置最大间距

脚手架高度/m		竖向间距 h	水平间距 l_a	每根连墙件覆盖面积/m²
双排	≤50	$3h$	$3l_a$	≤40
	>50	$2h$	$3l_a$	≤27
单排	≤24	$3h$	$3l_a$	≤40

连墙件根据传力性能和构造形式的不同，可分为刚性连墙件和柔性连墙件。通常采用刚性连墙件，使脚手架与建筑物连接可靠（图 1.54）。

4. 扣件式钢管脚手架的搭设与拆除

(1) 扣件式钢管脚手架的搭设。脚手架的搭设要求钢管的规格相同，地基平整夯实：对高层建筑物脚手架的基础要进行验算，脚手架地基的四周排水畅通，立杆底端要设底座或垫木，垫板长度不小于 2 跨，木垫板不小于 50mm 厚，也可用槽钢。

通常，脚手架的搭设顺序为：放置纵向水平扫地杆→逐根树立立杆（随即与扫地杆扣紧）→安装横向水平扫地杆（随即与立杆或纵向水平扫地杆扣紧）→安装第一步纵向水平杆（随即与各立杆扣紧）→安装第一步横向水平杆→安装第二步纵向水平杆→安装第二步

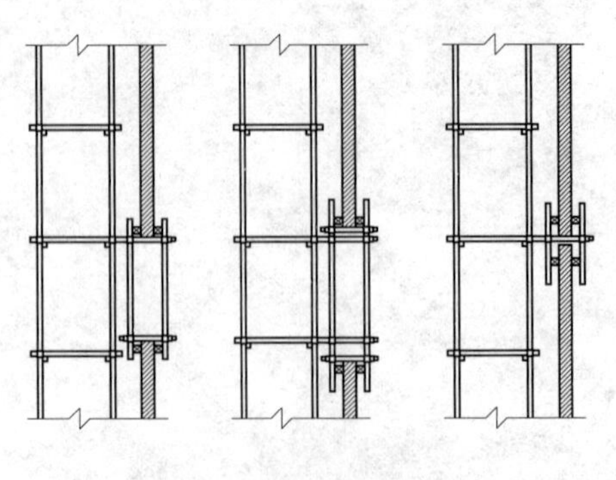

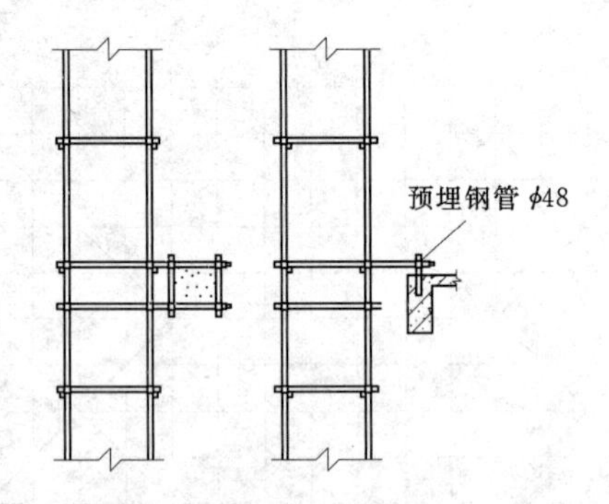

(a)连墙件与板连接

(b)连墙件与柱连接

图 1.54　连墙件常用做法

横向水平杆→加设临时斜撑杆（上端与第二步纵向水平杆扣紧，在装设两道连墙杆后可拆除）→安装第三、第四步纵横向水平杆→安装连墙杆、接长立杆，加设剪刀撑→铺设脚手板→挂安全网……

开始搭设第一节立杆时，每 6 跨应暂设一根抛撑；当搭设至设有连墙件的构造点时，应立即设置连墙件与墙体连接；当装设两道连墙件后抛撑便可拆除；双排脚手架的小横杆靠墙一端应离开墙体装饰面至少 100mm，杆件相交的伸出端长度不小于 100mm，以防止杆件滑脱；扣件规格必须与钢管外径相一致，扣件螺栓拧紧，扭力矩为 40～65N·m；除操作层的脚手板外，宜每隔 1.2m 高满铺一层脚手板，在脚手架全高或高层脚手架的每个高度区段内，铺板不多于 6 层，作业不超过 3 层，或者根据设计搭设。

对于单排架的搭设应在墙体上留脚手眼，但不得在下列墙体或部位留脚手架眼：120mm 厚墙、料石清水墙和独立柱；过梁上与过梁成 60°角的三角形范围内及过梁净跨度 1/2 的高度范围内；宽度小于 1m 的窗间墙；梁或梁垫下及其两侧各 500mm 的范围内；砌体的门窗洞口两侧 200mm（其他砌体为 300mm）和墙转角处 450mm（石砌体为 600mm）的范围内；独立或附墙砖柱；设计上不允许留脚手眼的部位。

（2）扣件式脚手架的拆除。

1）脚手架拆前，应由单位工程负责人对脚手架做全面检查，确认可以拆除后方可实

施拆除。

2）脚手架拆除前应拆除方案并向拆作人员技术交底，清除所有多余物件后，方可拆除。

3）拆除脚手架时，必须划出安全区，设警戒标志，并设专人看管拆除现场。

4）脚手架拆除应按由上而下，后搭者先拆，先搭者后拆的顺序进行：严禁上下同时拆除，先拆横杆，后拆立杆，逐层往下拆除，禁止上下层同时或阶梯形拆除；如果采用分段拆除，其高差不应大于2步架。

5）连墙件只能拆到该层时方可拆除，禁止在拆架前先拆连墙杆；当拆除至最后一节立杆时，应先搭设临时抛撑加固后，再拆除连墙件。

6）拆除后的部件均应成捆用吊具送下或人工搬下，严禁抛扔。

7）局部脚手架如需保留时，应有专项技术措施，经上一级技术负责人批准，安全部门及使用单位验收，办理签字手续后方能使用。

8）拆除到地面的构配件应及时清理、维护并分类堆放，以便运输和保管。

1.2.3.2　碗扣式钢管脚手架

1. 材料

碗扣式钢管脚手架的核心部件是碗口接头，它是由焊在立杆上的下碗扣、可滑动的上碗扣、上碗扣的限位销和焊在横杆上的接头组成，如图1.55和图1.56所示。

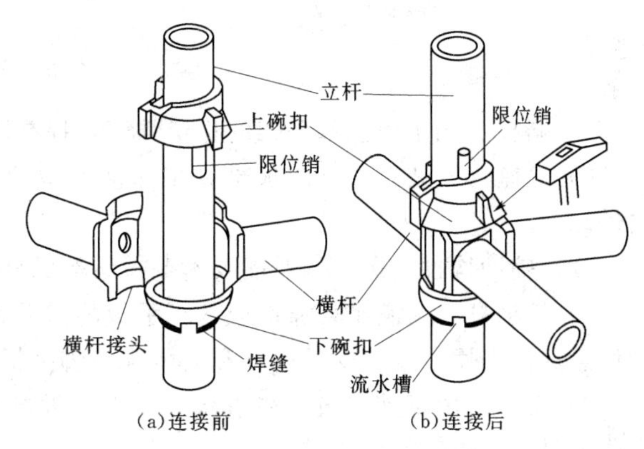

图1.55　碗扣接头

连接时，只需将横杆插入下碗扣内，将上碗扣沿限位销扣下，顺时针旋转，靠近上碗扣螺旋面使之与限位销顶紧，从而将横杆和立杆牢固地连接在一起，形成框架结构，碗扣式接头可同时连接4根横杆，横杆可以相互垂直，也可以偏转成一定的角度，位置随需要确定。该脚手架具有多功能、高功效、承载力大、安全可靠、便于管理等优点。

2. 碗扣式钢脚手架构配件规格及用途

碗扣式钢脚手架的杆件、配件按其用途可分为主要构件、辅助构件和专用构件三类。

(1) 主构件。

1）立杆。由一定长度ϕ48mm×3.5mm钢管上每隔600mm安装碗扣接头，并在其顶端焊接立杆焊接管制成，用作脚手架的垂直承力杆。

2）顶杆。即顶部立杆，在顶端设有立杆的连接管，以便在顶端插入托撑。用作支撑架（柱）、物料提升架等顶端的垂直承力杆。

3）横杆。由一定长度的ϕ48mm×3.5mm钢管两端焊接横杆接头制成，用于立杆横向连接管，或框架水平承力杆。

4）单横杆。仅在ϕ48mm×3.5mm钢管一端焊接横杆接头，用作单排脚手架横向水平杆。

(a) 碗口接头

(b) 碗口式脚手架

图 1.56　碗扣式脚手架

5）斜杆。用于增强脚手架的稳定强度，提高脚手架的承载力。

6）底座。安装在立杆的根部，用作防止立杆下沉并将上部荷载分散传递给地基的构件。

（2）辅助构件。用于作业面及附壁拉结等的杆部件。

1）间横杆。为满足普通钢或木脚手板的需要而专设的杆件，可搭设于主架横杆之间的任意部位，用以减小支承间距和支承挑头脚手板。

2）架梯。由钢踏步板焊在槽钢上制成，两端带有挂钩，可牢固地挂在横杆上，用于作业人员上下脚手架的通道。

3）连墙撑。该构件为脚手架与墙体结构间的连接件，用以加强脚手架抵抗风载及其他永久性水平荷载的能力，提高其稳定性，防止倒塌。

（3）专用构件。

1）悬挑架。由挑杆和撑杆用碗扣接头固定在楼层内支承架上构成。用于其上搭设悬挑脚手架，可直接从楼内挑出，不需在墙体结构设埋件。

2）提升滑轮。用于提升小物料而设计的杆部件，由吊柱、吊架和滑轮等组成。吊柱可插入宽挑梁的垂直杆中固定，与宽挑梁配套使用。

3. 碗扣式钢脚手架的搭设要点

（1）组装顺序。底座→立杆→横杆→斜杆→接头锁紧→脚手板→上层立杆→立杆连接→横杆。

（2）注意事项。

1）立杆、横杆的设置。一般地，双排外脚手架立杆的横向间距取 1.2m，横杆的步距取 1.8m，立杆的纵向间距根据建筑物结构及作用荷载等具体要求确定，常选用 1.2m、1.8m、2.4m 三种尺寸。

2）拐角组架。建筑物的外脚手架，在拐角处两交叉的排架要连在一起，以增加脚手

架的整体稳定性。当双排脚手架拐角为直角时，宜采用横杆直接组架，如图 1.57（a）所示；当双排脚手架拐角为非直角时，可采用钢管扣件组架，如图 1.57（b）所示。

3）斜杆的设置。双排脚手架专用外斜杆设置应符合下列规定：

a. 杆应设在有纵、横向横杆的碗扣节点上。

b. 在封圈的脚手架拐角处及“一”字形脚手架端部应设置竖向通高斜杆。

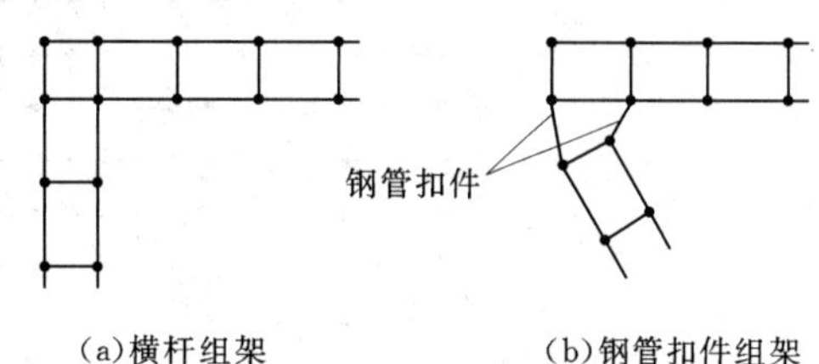

图 1.57 拐角组架

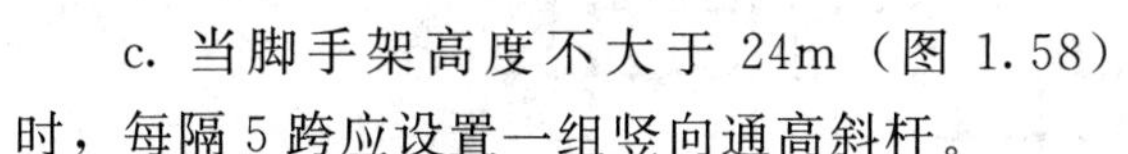

c. 当脚手架高度不大于 24m（图 1.58）时，每隔 5 跨应设置一组竖向通高斜杆。

d. 当脚手架高度大于 24m 时，每隔 3 跨应设置一组竖向通高斜杆。

e. 斜杆应对称设置。

当采用钢管扣件作斜杆时应符合下列规定：

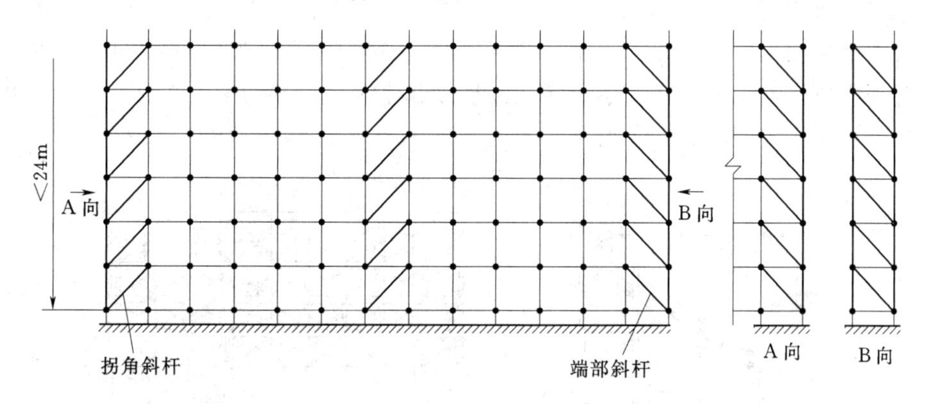

图 1.58 专用外斜杆设置示意

a. 斜杆应每步与立杆扣接，扣接点距碗扣节点的距离不应大于 150mm。当出现不能与立杆扣接时，应与横杆扣紧。

b. 纵向斜杆应在全高方向设置成“八”字形且内外对称，斜杆间距不应大于 2 跨，如图 1.59 所示。

4）连墙件的设置。连墙件的设置应符合下列规定：

a. 连墙件应呈水平设置，当不能呈水平设置时，与脚手架连接的一端应下斜连接。

b. 每层连墙件应在同一平面，其位置应由建筑结构和风荷载计算确定，且水平间距不应大于 4.5m。

c. 连墙件应设置在有横向横杆的碗扣节点处，当采用钢管扣件做连墙件时，连墙件应与立杆连接，连接点距碗扣节点距离不应大于 150mm。

d. 连墙件应采用可承受拉、压荷载的刚性结构，连接应牢固可靠。

1.2.3.3 门式钢管脚手架

门式钢管脚手架是 20 世纪 80 年代初由国外引进的一种多功能型脚手架，它由门架及配件组成。门式钢管脚手架结构设计合理，受力性能好，承载能力高，施工拆装方便，安

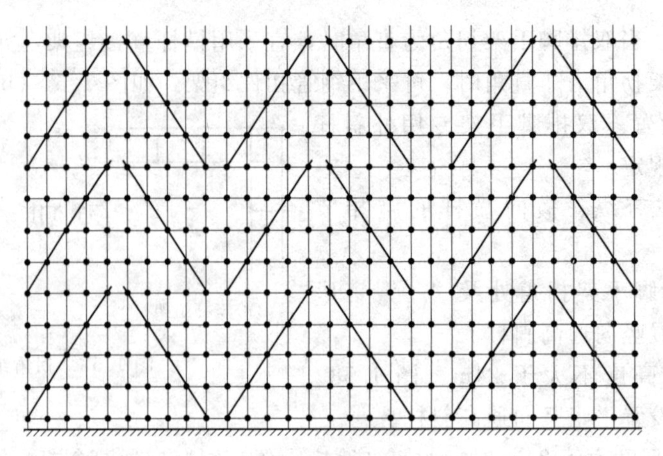

图 1.59　钢管扣件作斜杆设置

全可靠，是目前国际上应用较为广泛的一种脚手架。

1. 门式钢管脚手架主要组成部件

门式脚手架由门架、剪刀撑（交叉拉杆）、水平梁架（平行架）、挂扣式脚手板、连接棒和锁臂等构成基本单元，将基本单元相互连接起来并增设梯型架、栏杆等部件即构成整片脚手架，如图 1.60 和图 1.61 所示。

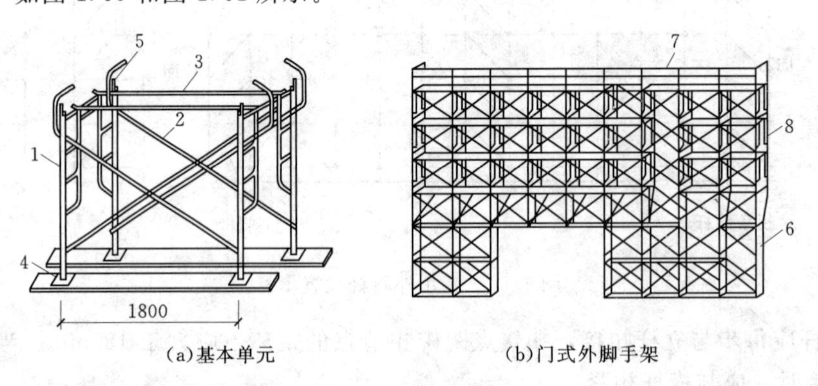

(a)基本单元　(b)门式外脚手架

图 1.60　门式脚手架（一）

1—门架；2—剪刀撑；3—水平梁架；4—螺旋基脚；5—连接棒；6—梯子；7—栏杆；8—脚手板

图 1.61　门式脚手架（二）

2. 门式钢管脚手架的搭设与拆除

（1）搭设。门式脚手架的搭设顺序为：铺放垫木（垫板）→拉线放底座→自一端立门架，并随即装剪刀撑→装水平梁架（或脚手板）→装梯子→装通长大横杆→装连墙件→装连接棒→装上一步门架→装锁臂→重复以上步骤，逐层向上安装→装长剪刀撑→装设顶部栏杆。

（2）拆除。拆除脚手架时，应自上而下进行，各部件拆除的顺序与安装顺序相反，不允许将拆除的部件从高空抛下，而应将拆下的部件收集分类后，用垂直吊运机具运至地面，集中堆放保管。

1.2.3.4　悬挑式脚手架

1. 悬挑式脚手架的概念

悬挑式脚手架是指其垂直方向荷载通过底部型钢支承架传递到主体结构上的施工用外脚手架。其特点是脚手架的自重及其施工荷重全部传递至由建筑物承受，因而搭设不受建筑物高度的限制。主要用于外墙结构、装修和防护，以及在全封闭的高层建筑施工中，以防坠物伤人。悬挑式脚手架与前面几种脚手架相比更为节省材料，具有良好的经济效益。

2. 悬挑式脚手架的常见形式

悬挑脚手架的关键是悬挑支承结构，它必须有足够的强度、刚度和稳定性，并能将脚手架的荷载传递给建筑结构。常见悬挑支承结构的结构形式有两大类。

（1）用型钢作梁挑出（图1.62），端头加钢丝绳（或用钢筋花篮形螺栓拉杆）斜拉，组成悬挑支承结构。由于悬出端支承杆件是斜拉索（或拉杆），又称为斜拉式悬挑外脚手架［图1.63（a）、（b）］。斜拉式悬挑外脚手架，悬出端支承杆件是斜拉钢丝绳受拉绳索，其承载能力由拉索的承载力控制，故断面较小，钢材用量少且自重小，但拉索锚固要求高。

图1.62　悬挑式脚手架

（2）用型钢焊接的三角桁架作为悬挑支承结构，悬出端的支承杆件是三角斜撑压杆，又称为下撑式［图1.63（c）］；下撑式悬挑外脚手架，悬出端支承杆件是斜撑受压杆件，其承载力由压杆稳定性控制，故断面较大，钢材用量多且自重大。

3. 悬挑式脚手架搭设要点

（1）悬挑梁的长度应取悬挑长度的2.5倍，悬挑支承点应设置在结构梁上，不得设置在外伸阳台上或悬挑板上（有加固的除外）；悬挑端应按梁长度起拱0.5%～1.0%。

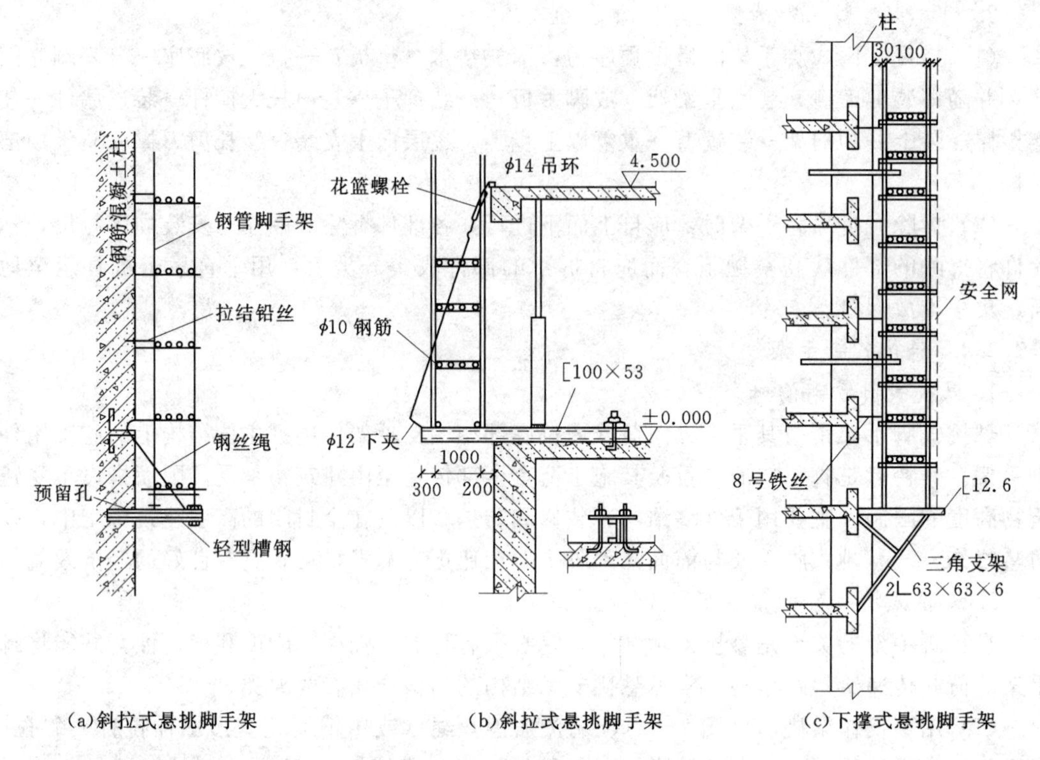

图 1.63 悬挑式脚手架的常见形式（单位：mm）

（2）悬挑脚手架的高度（或分段悬挑搭设的高度）不得超过 24m。

（3）悬挑梁支托式挑脚手架立杆的底部应与挑梁可靠连接固定。

（4）连墙件必须采用刚性构件与主体结构可靠连接，其设置间距为：水平间距≤$3l$；竖向间距≤$2h$。

（5）悬挑脚手架的外侧立面一般均应采用密目网（或其他围护材料）全封闭围护，以确保架上人员操作安全和避免物件坠落。

（6）必须设置可靠的人员上下安全通道（出入口）。

（7）使用中应经常检查脚手架段和悬挑设施的工作情况。当发现异常时，应及时停止作业，进行检查和处理。

1.2.3.5 悬吊式脚手架

悬吊式脚手架也称吊篮，主要用于建筑外墙施工和装修。它是将架子（吊篮）的悬挂点固定在建筑物顶部悬挑出来的结构上，通过设在每个架子上的简易提升机械和钢丝绳，使吊篮升降，以满足施工要求。具有节约大量钢管材料、节省劳力、缩短工期、操作方便灵活、技术经济效益好等优点。吊篮可分为两大类，一类是手动吊篮，利用手扳葫芦进行升降；一类是电动吊篮，利用电动卷扬机进行升降。目前我国多采用手动吊篮。

1. 手动吊篮的基本构造

手动吊篮由支承设施（建筑物顶部悬挑梁或桁架）、吊篮绳（钢丝绳或钢筋链杆）、安全绳、手扳葫芦（或倒链）和吊架组成，如图 1.64 所示。

2. 支设要求

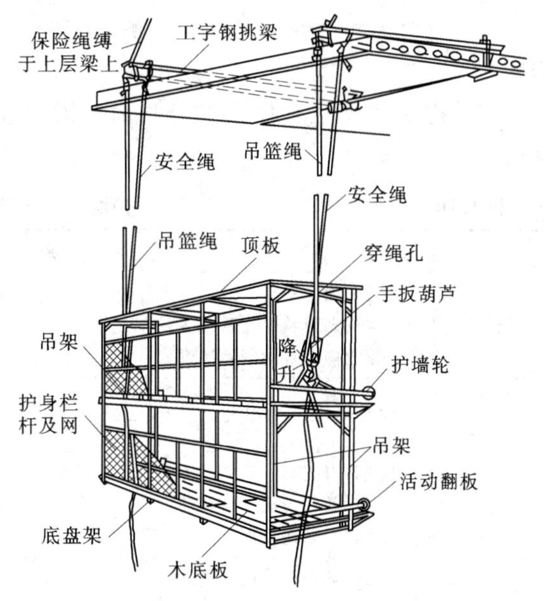

图 1.64 双层作业的手动提升式吊篮示意图

(1) 吊篮内侧与建筑物的间隙为 0.1～0.2m，两吊篮之间的间隙不得大于 0.2m。吊篮的宽度为 0.8～1.0m，高度不宜超过两层，长度不宜大于 8m。吊篮外侧端部防护栏杆高 1.5m，每边栏杆间距不大于 0.5m，挡脚板不低于 0.18m；吊篮内侧必须于 0.6m 和 1.2m 处各设防护栏杆一道。吊篮顶部必须设防护棚，外侧面与两端面用密目网封严。

(2) 吊篮的立杆（或单元片）纵向间距不得大于 2m。通常支承脚手板的横向水平杆间距不宜大于 1m，脚手板必须与横向水平杆绑牢或卡牢，不允许有松动或探头板。

(3) 吊篮内侧两端应装有可伸缩的护墙轮等装置，使吊篮在工作时能靠紧建筑物，以减少架体晃动。同时，超过一层架高的吊篮架要设爬梯，每层架的上下人孔要有盖板。

(4) 吊篮架体的外侧面和两端面应加设剪刀撑或斜撑杆卡牢。

(5) 悬挂吊篮的挑梁，必须按设计规定与建筑结构固定牢靠，挑梁挑出长度应保证悬挂吊篮的钢丝绳（或钢筋链杆）垂直地面。挑梁之间应用纵向水平杆连接成整体，以保证挑梁结构的稳定。

(6) 吊篮绳若用钢筋链杆，其直径不小于 16mm，每节链杆长 800mm，每 5～10 根链杆应相互连成一组，使用时用卡环将各组连接至需要的长度。安全绳均采用直径不小于 13mm 的钢丝绳通长到底布置。

(7) 悬挂吊篮的挑梁必须按设计规定与建筑结构固定牢靠，挑梁挑出长度应保证悬挂吊篮的钢丝绳（或钢筋链杆）垂直地面。挑梁之间应用纵向水平杆连接成整体，以保证挑梁结构的稳定。挑梁与吊篮吊绳连接端应有防止滑脱的保护装置。

3. 操作程序及使用方法

先在地面上用倒链组装好吊篮架体，并在屋顶挑梁上挂好承重钢丝绳和安全绳，然后将承重钢丝绳穿过手扳葫芦的导绳孔向吊钩方向穿入、压紧，往复扳动前进手柄，即可使吊篮提升，往复扳动倒退手柄即可下落：但不可同时扳动上下手柄。如果采用钢筋链杆作承重吊杆，则先把安全绳与钢筋链杆挂在已固定好的屋顶挑梁上，然后把倒链挂在钢筋链杆的链环上，下部吊住吊篮，利用倒链升降。因为倒链行程有限，因此在升降过程中，要多次倒替倒链，人工将倒链升降，如此接力升降。

1.2.3.6 脚手架的质量检验与安全技术

1. 构配件检查与验收

(1) 构配件外观质量检查按表 1.20 执行。

(2) 钢管、扣件的力学性能检测。钢管、扣件的力学性能应按照相关规范标准进行检测。

(3) 构配件尺寸有抽检不合格时应对该全部构配件进行实测，不满足要求的严禁使用。

表 1.20　构配件外观质量检查

项目	要　求	抽检数量	检查方法
钢管	钢管表面应平直光滑，不得有裂缝、结疤、分层、错位、硬弯、毛刺、压痕、深的划道及严重锈蚀等缺陷；钢管严禁打孔外壁使用前必须涂刷防锈漆，钢管内壁宜涂刷防锈漆	全数	目测
钢管外径及壁厚	外径 48mm：壁厚大于等于 3mm	3%	游标卡尺测量
扣件	不允许有裂缝、变形、滑丝的螺栓存在：扣件与钢管接触部位不应有氧化皮；活动部位应能灵活转动，旋转扣件两旋转面间隙应不小于 1mm；扣件表面应进行防锈处理	全数	目测
碗扣	碗扣的铸造件表面应光滑平整，不得有砂眼、缩孔、裂纹、浇冒口残余等缺陷，表面黏砂应清除干净；冲压件不得有毛刺、裂纹、氧化皮等缺陷；碗扣的各焊缝应饱满，不得有未焊透、夹砂、咬肉、裂纹等缺陷	全数	目测
碗扣立杆连接套管	立杆连接套管壁厚不应小于 3.5mm，内径不应大于 60mm，套管长度不应小于 160mm，外伸长度小应小于 110mm	3%	游标卡尺测量
底座及可调托丝杆	可调底座及可调托撑丝杆与螺母捏合长度不得少于 4～5 扣，丝杆直径不小于 36mm，插入立杆内的长度小得小于 150mm	3%	钢板尺测量
脚手板	木脚手板不得有通透疖疤、扭曲变形、劈裂等影响安全使用的缺陷，严禁使用含有表皮的、腐朽的木脚手板	全数	目测
安全网	网绳不得损坏和腐朽，平支安全网宜使用锦纶安全网；密目式阻燃安全网除满足网目要求外，其锁扣间距应控制在 300mm 以内	全数	目测

2. 脚手架的检查与验收

应按照《建筑施工扣件式钢管脚手架安全技术规范》(JGJ 130—2011)、《建筑施工碗扣式脚手架安全技术规范》(JGJ 166—2008) 等相关规范进行检验。重点验收项目如下，验收并作好验收记录记在验收报告内。

(1) 地基基础是否坚实平整，支垫是否符合要求。

(2) 垂直度等技术要求、允许偏差与检验方法是否符合规范要求。

(3) 杆件设置是否齐全，连接件、挂扣件、承力件和与建筑物的固定件是否牢固可靠。

(4) 连墙件的数量、位置和竖向水平间距是否符合要求。

(5) 安全设施（安全网、护栏等)、脚手板、导向和防坠装置是否齐全和安全可靠。

(6) 安装后的扣件，其拧紧螺栓的扭力矩应用扭力扳手抽查，抽样方法应按随机均布原则进行；抽样数目与质量判定标准应按有关规定确定，不合格的必须重新拧紧，直至合格。

3. 脚手架工程安全技术

(1) 脚手架搭设人员必须经国家《特种作业人员安全技术考核管理规则》考核合格和

体检合格后方可持证上岗。

（2）贯彻“安全第一，预防为主”的方针政策，建立健全安全管理体系。

（3）脚手架搭拆前，应作好安全技术交底。搭拆人员必须戴安全帽、系安全带、穿防滑鞋。

（4）脚手架搭拆时，应按《高处作业安全技术规范》（JGJ 80—91）的有关规定执行，地面应设围栏和警戒标志，派专人看守，严禁非工作人员进入现场。

（5）夜间不得进行脚手架的搭设与拆除。

（6）雨雪天及六级以上大风天不得在室外进行脚手架的搭设与拆除。

（7）脚手架作业层架体外立杆内侧应设置上下两道防护栏杆和挡脚板（挡脚笆）。塔吊处或开口的位置应密封严实。

（8）脚手板必须铺设牢靠、严实，并应用安全网双层兜底。

（9）落地式、悬挑式脚手架沿架体外围必须用密目式安全网全封闭，密目式安全网宜设置在脚手架外立杆的内侧，并顺环扣逐个与架体绑扎牢固。

（10）脚手架在使用过程中严禁进行以下作业。

1）在架体上推车。

2）在架体上拉结吊装缆绳。

3）利用架体吊、运物料，支顶模板。

4）物料平台与架体相连接。

5）任意拆除架体结构件或连墙件。

6）拆除或移动架体上安全防护设施。

7）其他影响架体安全的作业。

8）工地临时用电线路的架设及脚手架接地、避雷措施等，应按现行行业标准《施工现场临时用电安全技术规范》（JGJ 46）的有关规定执行。

1.2.4　满堂支撑架搭设

在纵、横方向，由不少于三排立杆并与水平杆、水平剪刀撑、竖向剪刀撑、扣件等构成的承力支架。该架体顶部的钢结构安装等（同类工程）施工荷载通过可调托撑轴心传力给立杆，顶部立杆呈轴心受压状态，简称满堂支撑架。

满堂支撑架立杆步距与立杆间距不宜超过1.2m，立杆伸出顶层水平杆中心线至支撑点的长度 a 不应超过0.5m。满堂支撑架搭设高度不宜超过30m。满堂支撑架立杆、水平杆的构造要求应符合1.1.2节中所述构造要求。

满堂支撑架应根据架体的类型设置剪刀撑，并应符合以下规定。

1. 普通型

（1）在架体外侧周边及内部纵、横向每5～8m应由底至顶设置连续竖向剪刀撑，剪刀撑宽度应为5～8m（图1.65）。

（2）在竖向剪刀撑顶部交点平面应设置连续水平剪刀撑。支撑高度超过8m、或施工总荷载大于15kN/m^2、或集中线荷载大于20kN/m的支撑架，扫地杆的设置层应设置水平剪刀撑。水平剪刀撑至架体底平面距离与水平剪刀撑间距不宜超过8m（图1.65）。

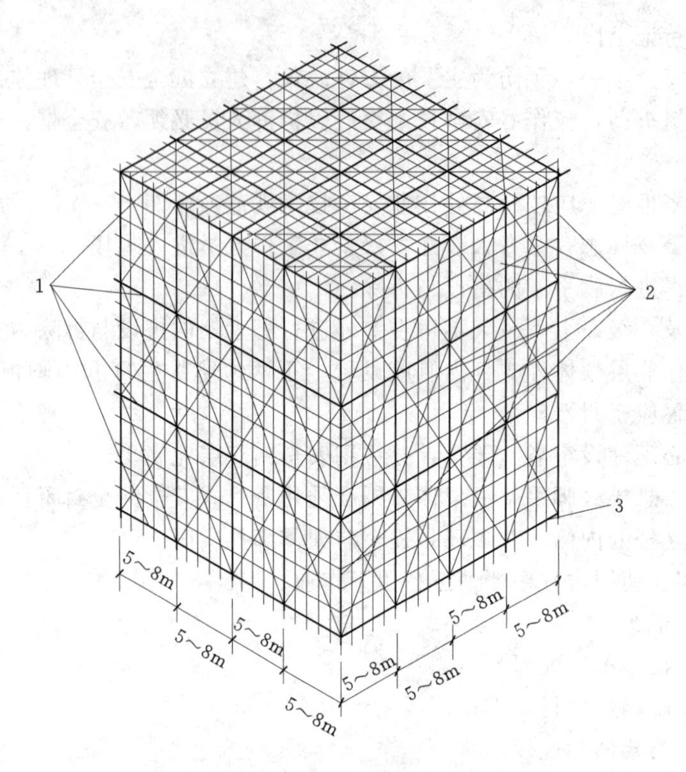

图 1.65　普通型水平、竖向剪刀撑布置图

1—水平剪刀撑；2—竖向剪刀撑；3—扫地杆设置层

2. 加强型

(1) 当立杆纵、横间距为 0.9m×0.9m～1.2m×1.2m 时，在架体外侧周边及内部纵、横向每 4 跨（且不大于 5m），应由底至顶设置连续竖向剪刀撑，剪刀撑宽度应为 4 跨。

(2) 当立杆纵、横间距为 0.6m×0.6m～0.9m×0.9m（含 0.6m×0.6m，0.9m×0.9m）时，在架体外侧周边及内部纵、横向每 5 跨（且不小于 3m），应由底至顶设置连续竖向剪刀撑，剪刀撑宽度应为 5 跨。

(3) 当立杆纵、横间距为 0.4m×0.4m～0.6m×0.6m（含 0.4m×0.4m）时，在架体外侧周边及内部纵、横向每 3～3.2m 应由底至顶设置连续竖向剪刀撑，剪刀撑宽度应为 3～3.2m。

(4) 在竖向剪刀撑顶部交点平面应设置水平剪刀撑，扫地杆的设置层水平剪刀撑的设置应符合普通型第二项的规定，水平剪刀撑至架体底平面距离与水平剪刀撑间距不宜超过 6m，剪刀撑宽度应为 3～5m（图 1.66）。

1.2.5　里脚手架搭设

里脚手架用于在楼层上砌墙、装饰和砌筑围墙等。常用的里脚手架有以下几种。

1. 角钢（钢筋、钢管）折叠式里脚手架

如图 1.67 所示，其架设间距：砌墙时宜为 1～2m；粉刷时宜为 2.2～2.5m。

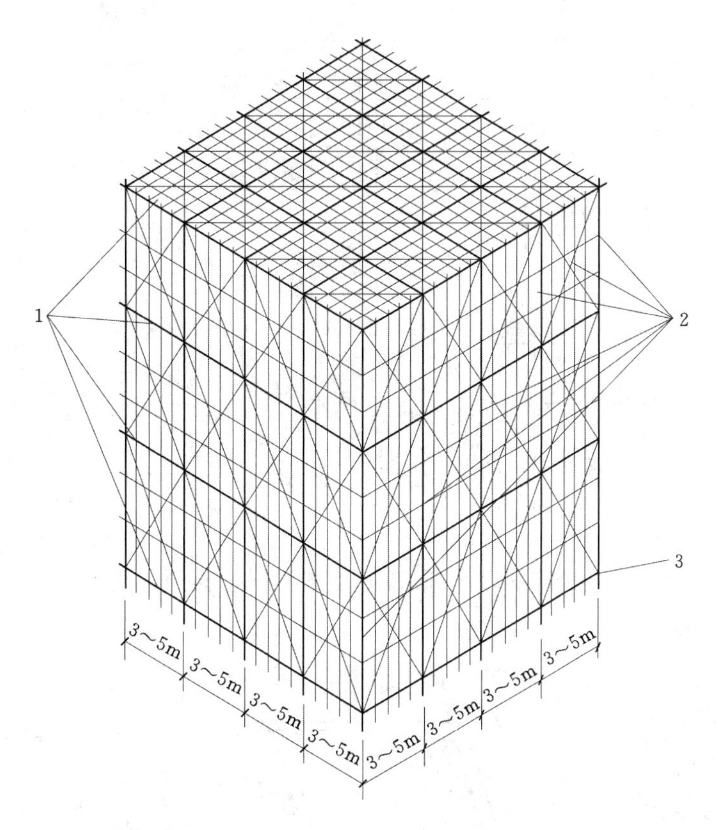

图 1.66 加强型水平、竖向剪刀撑构造布置图

1—水平剪刀撑；2—竖向剪刀撑；3—扫地杆设置层

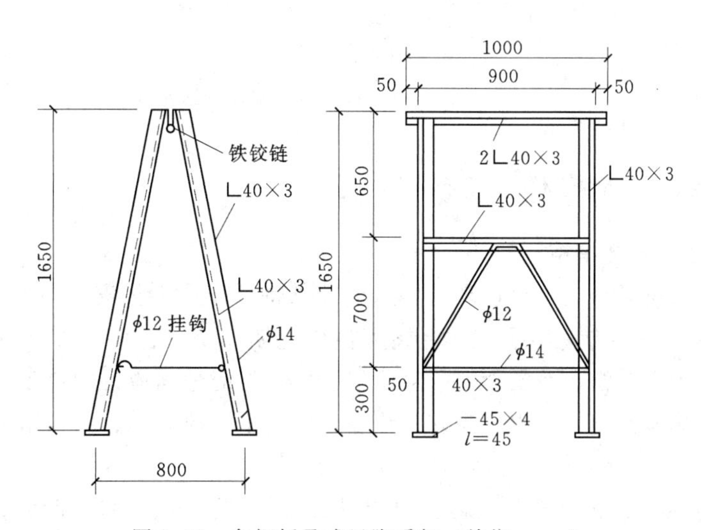

图 1.67 角钢折叠式里脚手架（单位：mm）

2. 支柱式里脚手架

如图 1.68 所示，由若干支柱和横杆组成，上铺脚手板，搭设间距：砌墙时宜为 2.0m；粉刷时不超过 2.5m。

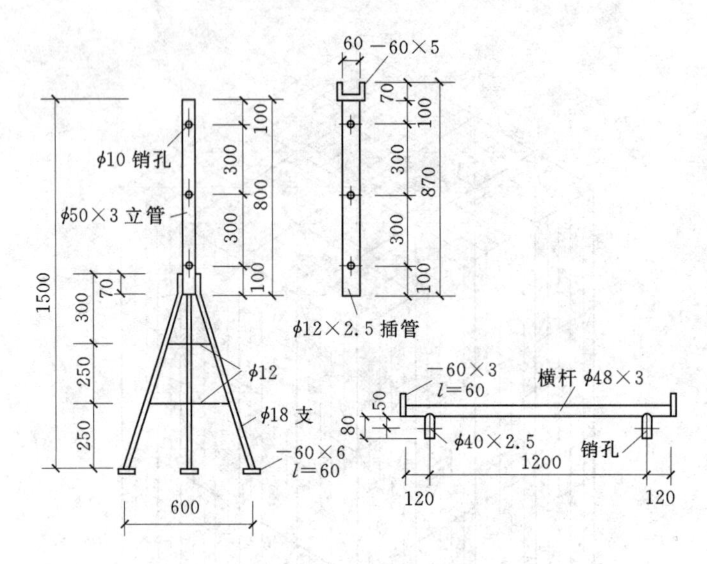

图 1.68　支柱式里脚手架（单位：mm）

3. 木、竹、钢制马凳式里脚手架

如图 1.69 所示，间距不大于 1.5m，上铺脚手板。

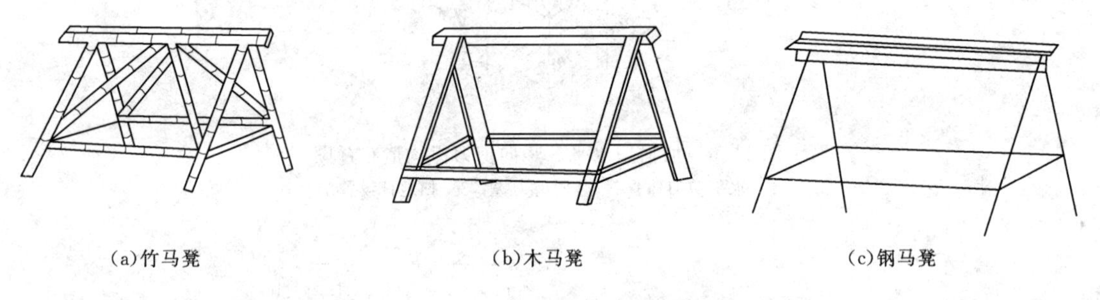

(a)竹马凳　　(b)木马凳　　(c)钢马凳

图 1.69　马凳式里脚手架

1.2.6　脚手架的安全技术

1.2.6.1　脚手架的安全措施

搭拆脚手架人员必须是经过按现行国家标准《特种作业人员安全技术考核管理规则》(GB 5036) 考核合格的专业架子工。上岗人员应定期体检，合格者方可持证上岗。搭拆脚手架人员必须戴安全帽、系安全带、穿防滑鞋。搭拆时地面应设围栏和警戒标志，并派专人看守，严禁非操作人员入内。当有六级及六级以上大风和雾、雨、雪天气时应停止脚手架搭设与拆除作业。

为了确保脚手架施工的安全，脚手架应具备足够的强度、刚度和稳定性。一般情况下，多立杆式外脚手架，施工均布荷载标准规定：维修脚手架为 $1kN/m^2$；装饰脚手架为 $2kN/m^2$；结构脚手架为 $3kN/m^2$。作业层上的施工荷载应符合设计要求，不得超载。不得将模板支架、缆风绳、泵送混凝土和砂浆的输送管等固定在脚手架上；严禁悬挂起重设备。若需超载，则需采取相应措施，并经验算方可使用。使用脚手架时必须沿外墙设置安

全网，以防材料下落伤人和高空操作人员坠落。

过高的脚手架必须有防雷设施，钢脚手架的防雷措施是用接地装置与脚手架连接，一般每隔 50m 设置一处。最远点到接地装置脚手架上的过渡电阻不应超过 10Ω。

在脚手架使用期间，严禁拆除主节点处的纵、横向水平杆，纵、横向扫地杆和连墙件。

脚手架使用中，应定期检查以下项目。

(1) 杆件的设置和连接，连墙件、支撑、门洞桁架等的构造是否符合要求。

(2) 地基是否积水，底座是否松动，立杆是否悬空。

(3) 扣件螺栓是否松动。

(4) 高度在 24m 以上的脚手架，其立杆的沉降与垂直度的偏差是否符合规定。

(5) 安全防护措施是否符合要求。

(6) 是否超载。

1.2.6.2 脚手架工程中的安全事故分析

建筑脚手架在搭设、使用和拆除过程中发生的安全事故，一般都会造成不同程度的人员伤亡和经济损失，甚至出现导致死亡 3 人以上的重大事故，带来严重的后果和不良的影响。在屡发不断、为数颇多的事故中，反复出现的多发事故占了很大的比重。这些事故给予我们的教训是深刻的，从对事故的分析中可以得到许多有益的启示，帮助我们改进技术和管理工作，防止或减少事故的发生。

1. 脚手架工程多发事故的类型

(1) 整架倾倒或局部垮架。

(2) 整架失稳、垂直坍塌。

(3) 人员从脚手架上高处坠落。

(4) 落物伤人（物体打击）。

(5) 不当操作事故（闪失、碰撞等）。

2. 引发事故的直接原因

在造成事故的原因中，有直接原因和间接原因。这两方面原因都很重要，都要查找。在直接原因中有技术方面的、操作和指挥方面的以及自然因素的作用。

诱发以下两类多发事故的主要直接原因如下。

(1) 整架倾倒、垂直坍塌或局部垮架。

1) 构架缺陷。构架缺少必需的结构杆件，未按规定数量和要求设连墙件等。

2) 在使用过程中任意拆除必不可少的杆件和连墙件。

3) 构架尺寸过大、承载能力不足或设计安全度不够或严重超载。

4) 地基出现过大的不均匀沉降。

(2) 人员高空坠落。

1) 作业层未按规定设置围挡防护。

2) 作业层未满铺脚手板或架面与墙之间的间隙过大。脚手板和杆件因搁置不稳、扎结不牢或发生断裂而坠落。

3) 不当操作产生的碰撞和闪失。

4）不当操作大致有以下情形。

a. 用力过猛，致使身体失去平衡。

b. 在架面上拉车退着行走、拥挤碰撞。

c. 集中多人搬运重物或安装较重的构件。

d. 架面上的冰雪未清除，造成滑跌。

1.2.6.3　防止事故发生的措施

（1）必须确保脚手架的构架和防护设施达到承载可靠和使用安全的要求。在编制施工组织设计、技术措施和施工应用中，必须对以下方面作出明确的安排和规定。

1）对脚手架杆配件的质量和允许缺陷的规定。

2）脚手架的构架方案、尺寸以及对控制误差的要求。

3）连墙点的设置方式、布点间距，对支承物的加固要求（需要时）以及某些部位不能设置时的弥补措施。

4）在工程体形和施工要求变化部位的构架措施。

5）作业层铺板和防护的设置要求。

6）对脚手架中荷载大、跨度大、高空间部位的加固措施。

7）对实际使用荷载（包括架上人员、材料机具以及多层同时作业）的限制。

8）对施工过程中需要临时拆除杆部件和拉结件的限制以及在恢复前的安全弥补措施。

9）安全网及其他防（围）护措施的设置要求。

10）脚手架地基或其他支承物的技术要求和处理措施。

（2）必须严格地按照规范、设计要求和有关规定进行脚手架的搭设、使用和拆除，坚决制止乱搭、乱改和乱用情况。在这方面出现的问题很多，难以全面地归纳起来，大致归纳如下。

1）任意改变构架结构及其尺寸。

2）任意改变连墙件设置位置，减少设置数量。

3）使用不合格的杆配件和材料。

4）任意减少铺板数量、防护杆件和设施。

5）在不符合要求的地基和支承物上搭设。

6）不按质量要求搭设，立杆偏斜，连接点松弛。

7）不按规定的程序和要求进行搭设和拆除作业。在搭设时未及时设置拉撑杆件。在拆除时过早地拆除拉结杆件和连接件。

8）在搭、拆作业中未采取安全防护措施，包括不设置防（围）护和不使用安全防护用品。

9）不按规定要求设置安全网。

有关乱用问题：

1）随意增加上架的人员和材料，引起超载。

2）任意拆去构架的杆配件和拉结。

3）任意抽掉、减少作业层脚手板。

4）在架面上任意采取加高措施，增加了荷载，加高部分无可靠固定、不稳定，防护

设施也未相应加高。

5）站在不具备操作条件的横杆或单块板上操作。

6）工人进行搭设和拆除作业不按规定使用安全防护用品。

7）在把脚手架作为支撑和拉结的支承物时，未对构架采用相应的加强措施。

8）在架上搬运超重构件和进行安装作业。

9）在不安全的天气条件（六级以上风天，雷雨和雪天）下继续施工。

10）在长期搁置以后未作检查的情况下重新启用。

（3）必须健全规章制度、加强规范管理、制止和杜绝违章指挥和违章作业。

（4）必须完善防护措施和提高施管人员的自我保护意识和素质。

1.2.6.4　案例及分析

南京中华剧场脚手架倒塌事故

1. 事故简介

2002年1月7日中午，我国南京市中华剧场拆房工地发生意外，用于拆除中华剧场的脚手架倒塌，使5名行人不同程度受伤，如图1.70所示。据现场目击者介绍，当时只听“轰”的一声，剧场的一面墙被拆倒，几乎与此同时，倒下的墙体砸向脚手架，巨大的冲击力将脚手架冲倒。倒下的脚手架又砸到路边的广告牌和行道树。幸亏有一个交通信号灯的杆柱支撑，脚手架才没有全部覆盖到地面。倒下的脚手架原本竖立在剧院南面的人行道上，高近10m，面积约百平方米。当时途经此处的5名行人不同程度被砸伤。其中1名男子头部受伤，满脸是血，伤势较重，被送往大医院。另外4名伤者被就近送医院治疗。

图1.70　脚手架倒塌后的事故现场

2. 事故原因

一面被拆除的墙体砸向脚手架，将脚手架撞倒到人行道和马路上，是使脚手架倒塌的直接原因。

3. 事故的经验与教训

脚手架和模板支撑是施工过程中临时搭建的结构，存在的时间短，也不为普通公众所用，所以在设计和施工过程中往往得不到足够的重视和相应的安全保障，由此引发的各种工程事故屡见不鲜。血的教训提醒所有土木工程从业人员必须保持高度警惕，不可掉以轻心。

《建筑施工扣件式钢管脚手架安全技术规范》（JCJ 130—2011）和国家强制性行业标准《建筑施工安全检查标准》（JGJ 59—2011）是模板支架设计及搭建的主要依据。必须按照上述规范和检查标准对脚手架进行结构设计，计算中应考虑在脚手架构的自重、施工活荷载、水平力、配件的设置情况如安全网、挡脚板和防护栏杆等荷载作用下的效应。用于连接水平杆和横杆的扣件不能传递弯矩，节点只能按铰接考虑。所以为确保脚手架构为一稳定结构，每排纵立面应布设连续的对角线斜撑，每排横立面必须与建筑物有牢固的连接。施工中应严格检查脚手架的搭设质量并做好验收工作。脚手架搭设完成后，架体必须牢固可靠。

脚手架往往具有很高的长细比，自身不是完整的结构，必须依赖与建筑物的连接或缆风绳的支撑才能保持稳定。所以，脚手架事故最常见的就是失稳破坏。并且，这样的支撑不仅在建造和施工时很重要，在拆除时也具有同样的重要性，尤其是当建筑物本身也需要同时拆除时就更应该谨慎规划拆除方案，避免恶性事故发生。脚手架支撑扣件和支撑杆件本身是不能抵抗力矩的，脚手架平面外方向与建筑物的连接也不能限制脚手架平面内的水平位移。所以，除要保证脚手架平面外的可靠支撑外，脚手架平面内的稳定性也必须有连接对角线斜撑系统的保证。

4. 思考题

以小组为单位，每组另外找出一个脚手架事故案例。分析案例，说明事故的原因，列出避免这类事故发生所应采取的措施。向全班进行讲解。

附工程案例

某工程根据施工需求，按照国家验收标准和行业的有关规定，采取落地式钢管脚手架的搭设施工方法。

1. 材料要求

（1）钢管材料。钢管包括立杆、大横杆、小横杆、剪刀撑、附墙杆等。钢管材质用A3AY3，并符合 YB 243—63 标准，GB 700—79 中的 3 号钢要求，外径 48mm，壁厚 3.5mm，每 1000mm 的长度重量为 3.84kg 的钢管。不得有裂缝、变形、凹瘪、弯曲和严重锈蚀现象。

（2）扣件材质。扣件包括直角扣件、旋转扣件、对接扣件及其附件、T 型螺栓、螺母、垫圈等。扣件材质按《普通碳素结构钢技术条件》（GB 968—67）中 A3 钢的规定。使用中发现有夹灰、裂缝、变形铆钉送脱或损坏螺丝有滑下等情况，一律禁止使用。扣件的紧固力矩为 39.2～49N·m。旋转扣件的两旋转面间隙应小于 1mm。本工程脚手架所用的材料严格按照国家标准要求执行。

（3）钢丝绳。钢丝强选用 6×19ø14 光面钢丝绳，强度极限大于等于 1850MPa，破断拉力总和大于等于 134kN。断股、锈蚀严重的钢丝绳不得使用。

（4）脚手板。脚手板采用竹网片或钢筋网片，每道满铺，操作台满铺三步架。做到严密、牢固、铺稳、铺实、铺平，不得有 20mm 以上间隙。

(5) 安全网。本工程的安全网采用密目式安全网，经检验合格后方可使用。

(6) 红白标栏板。采用 18cm 高标准红白栏板。每三层沿建筑物四周设置一道。

2. 脚手架构造

(1) 外脚手架用 ϕ48 钢筋搭设，钢管油两遍红丹漆，立杆间距为 1500mm 每道，横杆间距为 900mm 每道，平桥宽 800mm，建筑物外周的挑出窗台，外架与建筑物距离为 300mm。井架外边距离外轴线最大不能超过 4.5m。首层范围内的平桥高度是 2.1m。二层楼板以上平桥高度为 1.993m，外脚手架在开棚前，必须预先量好长度位置，并按每段位长度以平均 1500mm 做好立杆位置标记，然后才往上搭设。所有直立杆脚手架都要加钢管铁座和 80mm×80mm 木枋作为垫木。

(2) 剪刀撑的杆件连接统一采用搭接的方法，其搭接长度应大于 1000mm，并且每一个搭接接头不得少于 3 个转向扣件作连接，接头部位必须与立杆有效连接。设置第一道拉接前，必须每隔 9m 设置抛撑，以确保已有架体的横向稳定和架体上施工人员的安全。

(3) 架体内侧实施三步一隔离，脚手架搭至顶部即架体的最上三步必须设置黄黑挡脚板，黄黑挡脚板的高度为 180mm，并用 18 号铁丝双股与立杆绑扎牢固。

(4) 硬拉接采用直径 14mm 左右的钢筋在结构混凝土浇制中预埋，外端焊制短钢管，与脚手架连墙件连接。硬拉接采取两步两跨的设置，拉接点的上下排应采取交叉布置。

(5) 架体外侧剪刀撑全罩，绿网全封闭。剪刀撑每隔小于 9m 设置一道，也可根据建筑物的纵、横向平均设置。剪刀撑必须沿架体外侧连续设置至顶部，剪刀撑斜杆与水平夹角为 45°～60°之间，并与立杆用转向扣件联结。

(6) 在架体搭设过程中，剪刀撑应及时跟上架体，不得滞后架体的两步高度，剪刀撑交叉点应控制在同一水平线上和同一垂直线上。

(7) 外脚手架平桥施工，荷载考虑为小于等于 $2kN/m^2$ 之间，但同一垂直面方向两卸荷点之间同时施工不得超过一层，禁止在平桥上堆放木枋、模板、棚料、砖、钢筋等重物。

(8) 外脚手架与建筑物锚固必须每层设置，锚固点水平距离每 3600mm 设一道。

(9) 板面每道均满铺竹跳板并加安全斜挡板。外脚手架外侧全部拉满密目式安全网，且每层平桥外侧用 18cm 高外墙距离为 300mm，每隔两层在外脚手架平桥平楼位置满铺密目安全网将此 300mm 宽的空隙封住。安全网一侧与脚手架用铁丝绑扎，建筑物一侧在结构施工时预留铁丝用以加固外架。

(10) 外脚手架需设防雷措施。利用与脚手架拉结的预留筋同梁钢筋焊接，而梁钢筋以同建筑物的防雷钢筋焊接连通，从而形成一个对地连接的防雷系统。

(11) 钢井架搭设。

1) 钢井架施工电梯平台为每楼层设一道，平台平楼层，采用双管立杆，平台位置均需做钢丝绳斜拉索卸荷和采用和乐码形式和建筑物锚固，基础必须预埋件后才能浇混凝土。

2) 为加强钢井架刚度，在钢井架的内侧面，不能同时有三层标准节都没有斜撑杆的现象，钢井架每三层与建筑物锚固一次，钢井架的 3 个外立面均采用密排竹跳板加安全网围封闭，在平台范围内必须用 ϕ48 钢管做竖向剪刀撑，且竖向剪刀撑外边一端按和乐码形式与建筑物拉结，水平方向亦要设剪刀撑。

3. 脚手架的搭设

（1）施工准备。技术人员应熟悉上部图纸，熟悉各个部位及高度的结构变化，项目部应组织必要的物料进场，其中包括ϕ48×3.5mm钢管、对接卡口、直角扣件、旋转扣件和安全网等，以备外脚手架搭设使用。有关作业班组应组织足够的作业人员，准备外脚手架的搭设。同时在施工前，应当组织有关技术人员和安质人员对作业班组进行作业前技术、安全交底。架子工必须具备国家标准《特种作业人员安全技术考核规则》的条件，经过培训、考核，取得安全操作证并经体检合格后方可从事脚手架安装、拆除作业。

（2）基础处理。地面夯实后，垫木方。

（3）脚手架搭设要求。外脚手架的基本要求是：横平竖直、整齐清晰、图形一致、平竖通顺、连接牢固，受荷安全、有安全操作空间、不变形、不摇晃。

（4）外脚手架搭设顺序。外脚手架的搭设应严格遵循以下顺序：铺木枋→摆放扫地杆→逐根树立杆并与扫地杆扣紧→装扫地小横杆并与立杆和扫地杆扣紧→装第一步大横杆与各立杆扣紧→安装第一步小横杆→安装第二步大横杆→安装第三、四步大横杆与小横杆→安连墙杆→接立杆→加设室外地坪夯实后，再铺木枋。

（5）安全网。脚手架外侧要满挂安全网，立网的下口与立杆或建筑物要牢固的扎结，固定点的间距不大于50cm，下沿设挡脚板，上下两网之间的拼接要严密。立网平网与施工作业面边沿的最大间缝不得大于10cm。

4. 搭设架子注意事项

（1）垂直运输材料。架体的搭设材料主要靠人工传递和部分吊机运输，为确保施工所有材料的输送，施工人员应安全小心配合吊机吊运。人工传递时，要做好自我保护，系好安全带，相呼应，先接后送。严防管件和扣件坠地伤人。

（2）防止管件防坠。本工程脚手架施工时，为防止材料坠地伤人，架体内不得留有孔洞，竹笆必须实施满铺，并且不得用有严重霉、闷、蛀的竹笆，并用18号铁丝双股四点绑扎，不得有松软现象。所有架体内不得留有多余管件、扣件以防滑落伤人。

（3）本工程脚手架的验收，作为施工单位，必须根据项目部的要求，并会同项目部负责人、安全员，对照施工交底、方案、技术措施及搭设要求，逐项进行检查和验收，并对检查情况认真进行记录，验收合格后，挂牌才能交给施工班组进行使用，未经验收合格的脚手架不得使用。

（4）按国家建设部规范和行业要求标准搭设，脚手架具体搭、拆，施工前项目技术负责人应对施工人员进行交底，并通过安全员实施监控，经公司安全部门和现场安全员会同项目负责人逐项进行检查和验收。

（5）脚手架搭设完毕交付使用时，项目部安全员仍对其实施监控、督促脚手使用人员正确使用脚手架。

（6）项目部实施对施工人员的管理。施工现场的管理、材料堆放的协调管理、各工种之间的协调管理。

（7）装饰施工完毕，脚手架拆除时，必须实施搭设前相同的警戒封闭。拆除区域必须有安全监控人员到位实施监控，脚手架拆除以搭设的反顺序进行。按自上而下，先搭的后

拆，后搭的先拆。沿四周绕圈向下拆除，拆除过程中传递材料应先接后松的原则，直至地面。杆件和扣件、竹笆运到地面时应按品种、规格分类堆放整齐和指定地点。

（8）安全宣传。施工人员必须认真贯彻执行国家和行业标准，遵守业主和项目部的有关安全规定以及各项规章制度。认真接收业主、监理的安全检查，并积极认真地接受整改。

5. 安全、文明施工

选择具有丰富施工经验的施工人员，并做好各项安全技术交底，管理人员必须做好对施工人员的安全教育，遵章守纪，服从项目部的各项规章制度，要求安全员、技术人员对在搭设、维护、保养和拆除期间的监督。施工人员必须备齐各类有效证件，必须持特殊工种操作证上岗，戴好安全帽，系好帽带，系好安全带，在整个施工中搞好施工区域内以及宿舍、食堂内的环境卫生。

任务1.3　模板设计与施工

【任务导航】 学习模板的设计及模板的安装及板拆要求；初步具有进行模板设计的能力，能根据具体工程项目选择经济、合理、适用的模板支撑系统，能进行模板工程安装拆除过程中的质量控制及检查验收，能编制模板工程施工方案。学生分组在实训场进行模板的搭设、拆除，交叉组织模拟质检、验收。

混凝土结构的模板工程，是混凝土结构构件施工的重要工具。现浇混凝土结构施工所用模板工程的造价，约占混凝土结构工程总造价的三分之一，总用工量的二分之一。因此，采用先进的模板技术，对于提高工程质量、加快施工速度、提高劳动生产率、降低工程成本和实现文明施工，都具有十分重要的意义。

我国的模板技术，自从20世纪70年代提出“以钢代木”的技术政策以来，现浇混凝土结构所用模板技术已迅速向多体化、体系化方向发展，目前除部分楼板支模，还采用散支散拆外，已形成组合式、工具化、永久式三大系列工业化模板体系，采用木（竹）胶合板模板也有较大的发展。

1.3.1　模板设计

常用的木拼板模板和组合钢模板，在其经验适用范围内一般不需进行设计验算，但对重要结构的模板、特殊形式的模板或超出经验适用范围的一般模板应进行设计或验算，以确保工程质量和施工安全，防止浪费。

1.3.1.1　模板设计内容和原则

模板设计内容主要包括选型、选材、配板、荷载计算、结构设计和绘制模板施工图等。设计的主要原则如下。

（1）实用性。应保证混凝土结构的质量，要求按缝严密、不漏浆，保证构件的形状尺寸和相互位置正确，且要求构造简单、支拆方便。

（2）安全性。保证在施工过程中，不变形、不破坏、不倒塌。

（3）经济性。针对工程结构具体情况，因地制宜，就地取材，在确保工期的前提下，尽量减少一次投入，增加模板周转率，减少支拆用工，实现文明施工。

1.3.1.2 荷载计算

计算模板及其支架的荷载，分为荷载标准值和荷载设计值，后者应以荷载标准值乘以相应的荷载分项系数。

1. 荷载标准值

（1）模板及其支架自重标准值，应根据模板设计图确定。肋形楼板及无梁楼板模板的自重标准值，可按表1.21采用。

表1.21 模板及支架自重标准值 单位：kN/m^2

模板构件名称	木模板	定型组合钢模板	钢框胶合板模板
平板的模板及小棱	0.30	0.50	0.40
楼板模板（其中包括梁的模板）	0.50	0.75	0.60
楼板模板及其支架（楼层高度为4m以下）	0.75	1.10	0.95

（2）新浇筑混凝土自重标准值，对普通混凝土可采用$24kN/m^3$；对其他混凝土，可根据实际重力密度确定。

（3）钢筋自重标准值，根据设计图纸确定。对一般梁板结构每立方米钢筋混凝土的钢筋自重标准值为：楼板$1.1kN/m^3$；框架梁$5kN/m^3$。

（4）施工人员及设备荷载标准值，计算模板及直接支撑模板的小楞时，对均布活荷载取$2.5kN/m^2$，另应以集中荷载$2.5kN/m^2$再行验算，比较两者的弯矩值，按其中较大者取用；计算直接支撑小楞结构构件，均布活荷载取$1.5kN/m^2$；计算支架立柱及其他支撑结构构件时，均布活荷载取$1.0kN/m^2$。

（5）振捣混凝土时产生的荷载标准值，对水平模板可采用$2.0kN/m^2$；对垂直面模板可采用$4.0kN/m^2$。

（6）新浇筑混凝土应对模板侧面压力进行计算。

（7）倾倒混凝土时产生的荷载标准值，对垂直面模板产生的水平荷载标准值，可按表1.22采用。

表1.22 倾倒混凝土时产生的水平荷载标准值 单位：kN/m^2

向模板内供料方法	水平荷载	向模板内供料方法	水平荷载
溜槽、串筒或导管	2	容量为0.2～0.8m^3的运输器具	4
容量小于0.2m^3的运输器具	2	容量为大于0.8m^3的运输器具	6

注 作用范围在有效压头高度以内。

2. 荷载设计值

计算模板及其支架时的荷载设计值，应为荷载标准值乘以相应的荷载分项系数与调整系数求得，荷载分项系数见表1.23。

表1.23　　**模板及支架荷载分项系数**

项　次	荷　载　类　别	γ_i
1	模板及支架自重	1.2
2	新浇筑混凝土自重	
3	钢筋自重	
4	施工人员及施工设备荷载	1.4
5	振捣混凝土时产生的荷载	
6	新浇筑混凝土对模板侧面的压力	1.2
7	倾倒混凝土时产生的荷载	1.4

荷载折减（调整）系数的确定方法如下。

（1）对钢模板及其支架的设计，其荷载设计值可乘以0.85系数予以折减，但其截面塑性发展系数取1.0。

（2）在风荷载作用下验算模板及其支架的稳定性时，其基本风压值可乘以0.8系数予以折减。

3．荷载组合

模板及支架的设计应考虑的荷载如下。

（1）模板及其支架自重。

（2）新浇筑混凝土自重。

（3）钢筋自重。

（4）施工人员及施工设备荷载。

（5）振捣混凝土时产生的荷载。

（6）新浇筑混凝土对模板侧面的压力。

（7）倾倒混凝土时产生的荷载。

上述各项荷载应根据不同的结构构件，按表1.24规定进行荷载组合。

表1.24　　**荷　载　组　合**

模　板　类　别	参与组合的荷载项	
	计算承载能力	验算刚度
平板和薄壳的模板及支架	①，②，③，④	①，②，③
梁和拱模板的底板及支架	①，②，③，⑤	①，②，③
梁、拱、柱（边长≤300mm）、墙（厚≤100mm）的侧面模板	⑤，⑥	⑥
大体积结构，柱（边长＞300mm）、墙（厚＞100mm）的侧面模板	⑥，⑦	⑥

4．模板结构的刚度要求

模板结构除必须保证足够的承载能力外，还应保证有足够的刚度，因此，应验算模板及其支架结构的挠度，其最大变形值不得超过下列规定。

（1）对结构表面外露（不做装修）的模板，为模板构件计算跨度的1/400。

（2）对结构表面隐蔽（做装修）的模板，为模板构件计算跨度的1/250。

(3) 支架的压缩变形值或弹性挠度，为相应的结构计算跨度的1/1000。

支架的立柱或桁架应保持稳定，并用撑拉杆件固定。为防止模板及其支架在风荷载作用下倾倒，应从构造上采取有效措施，如在相互垂直的两个方向加水平及斜拉杆、缆风绳、地锚等。

1.3.2 模板工程安装与拆除

1.3.2.1 模板的基本要求

不论采用哪一种模板，模板的安装支设必须符合下列规定。

(1) 模板及其支架应具有足够的承载能力、刚度和稳定性，能可靠地承受浇筑混凝土的重量、侧压力及施工荷载。

(2) 要保证工程结构和构件各部分形状尺寸和相互位置的正确。

(3) 构造简单，装拆方便，并便于钢筋的绑扎和安装，符合混凝土的浇筑及养护等工艺要求。

(4) 模板的拼（接）缝应严密，不得漏浆。

(5) 清水混凝土工程及装饰混凝土工程所使用的模板，应满足设计要求的效果。

除上述规定外，第一应优先推广清水混凝土模板；第二宜推广“快速脱模”，以提高模板周转率；第三应采取分段流水工艺，减少模板一次投入量。

1.3.2.2 模板安装程序和要求

现浇钢筋混凝土结构模板安装对不同的结构构件模板安装程序及要求既有所不同，又有共同之处。为了保证模板安装质量，方便施工，做到安全生产。按期完成生产任务，必须合理安排安装程序，按照安装要求施工。

各分项工程模板的搭设步骤和注意事项如下。

1. 基础模板

(1) 独立柱基模板。

1) 阶梯式柱基钢模板。如图1.71所示，阶梯式柱基模板下层阶梯钢模板的长度与下层阶梯等长，四角用连接角模拼接，并用角钢三角撑固定。上层阶梯外侧模板较长，用两

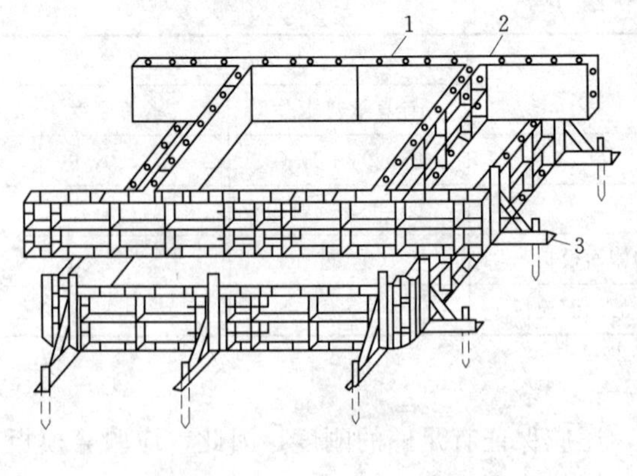

图1.71　阶梯式柱基模板

1—扁钢连接件；2—T形连接件；3—角钢三角撑

块钢模板拼接，拼接处除用两根L形插销外，上下可加扁钢并用U形卡连接。上层阶梯内侧模板长度与阶梯等长，与外侧模板拼接处，上下加T形扁钢板连接。

2）杯形柱基模板。杯形柱基模板基本上与阶形基础相似，阶形基础木模板的施工方法也可参照杯形柱基模板。拉线找中，弹出中心线和边线，找平、做出标高标志。沿边线竖直模板，临时固定，找正校直，用斜撑固定牢固。杯口模板应直拼、外面刨光。杯芯模板位置、标高必须安装准确，固定牢固，防止上浮或偏移。杯芯模板在混凝土浇筑后，一般在混凝土初凝前后即可用锤轻打，撬杠松动，以便混凝土凝固后拔出。基础较深者，应用铅丝或螺栓加固模板。有预埋件者，应准确固定。在模板的顶部中间装杯芯模板。如图1.72（a）所示。杯芯模板分为整体式及装配式，整体式杯芯模板如图1.72（b）所示。装配式杯芯模板一般用于尺寸较大的杯口，其构造如图1.72（c）所示。所有杯芯侧板应采用直板拼钉，不宜用横板，以免拔出困难。

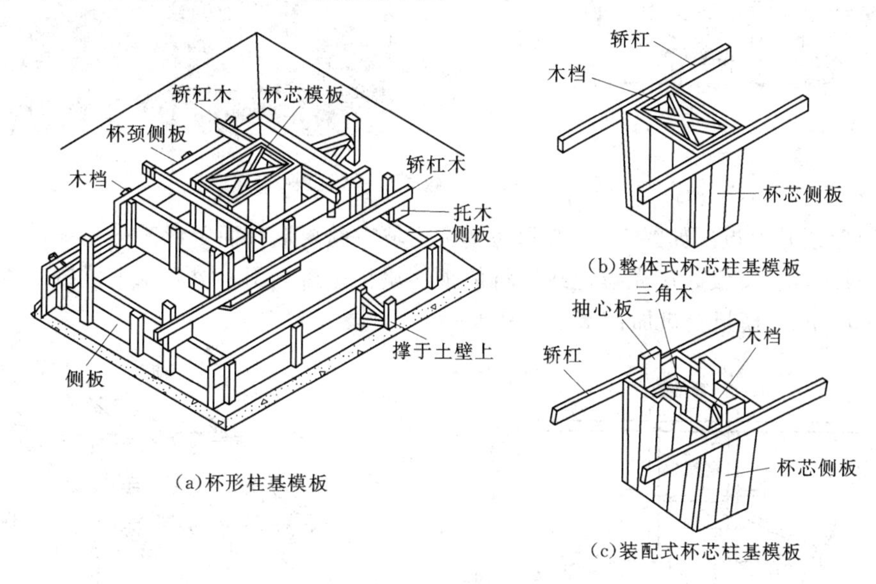

图1.72 杯形柱基模板

3）锥形柱基模板。锥形柱基模板采用矩形和梯形模板拼合而成，如图1.73所示。为了防止浇灌混凝土时将斜面模板抬起，可用铅丝拉系在钢筋上。当锥面不高，斜度不大时，可不用梯形模板，用木蟹、铁板拍出设计斜坡即可。

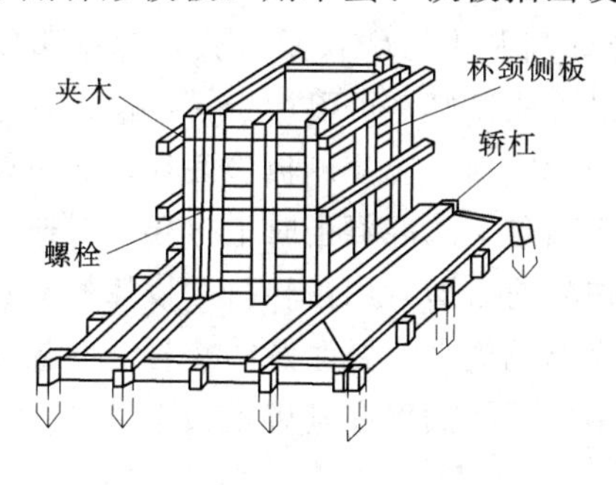

图1.73 锥形杯形基础

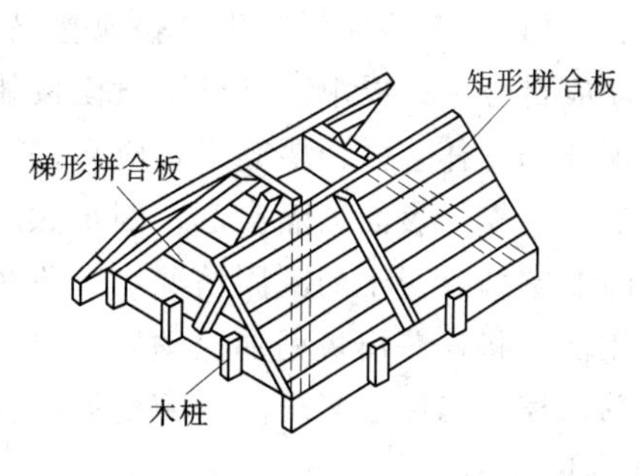

图1.74 杯形长颈柱基模板

4）杯形长颈柱基模板。杯形长颈柱基模板的支模方法与杯形基础模板相同，如图1.74所示。但在长颈部分的模板上，则应用夹木或螺栓箍紧，以防止浇灌混凝土时胀模。

（2）条形基础模板。

1）T形条基模板。T形条基模板由上阶侧模板和下阶侧模板组成，如图1.75所示。上阶侧模板由若干块钢或木模板拼成，用钢或木吊架支承；下阶侧模板也由若干块模板拼成，用支杆支承在基础壁上。

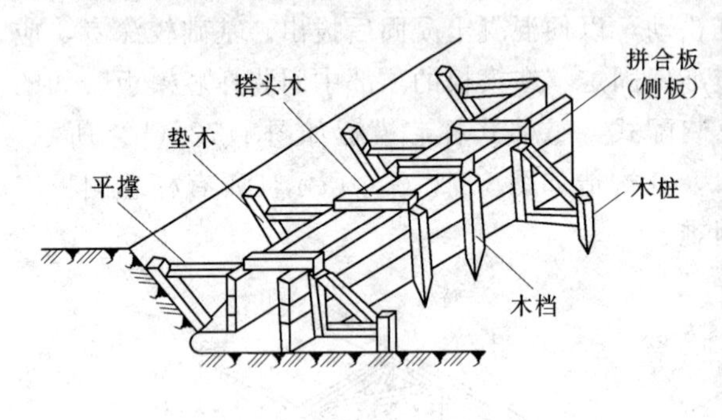

图1.75　矩形截面条形基础模板

2）矩形条基模板。如图1.76所示为基坑边坡时的矩形截面条形基础模板，由两侧的钢或木模板组成。支设时应先拉通线，将侧板逐块校正后，用斜撑和水平撑撑牢，间距约为500～800mm，模板上口加钉水平拉杆。

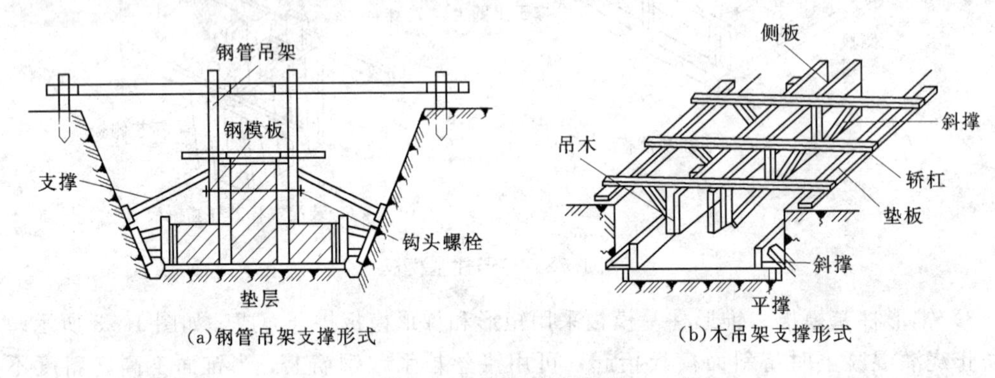

图1.76　条形基础模板

3）施工要点。安装模板前先复查地基垫层标高及中心线位里，弹出基础边线。基础模板面标高应符合设计要求。基础下段模板如果土质良好，可以用土模，但开挖基坑和基槽尺寸必须准确。杯芯模板要刨光，应直拼。如设底板，应使侧板包底板，底板要钻几个孔以便排气。芯模外表面涂隔离剂，四角做成小圆角，灌混凝土时上口要临时遮盖。杯芯模板的拆除要掌握混凝土的凝固情况，一般在初凝前后即可用锤轻打，撬棒松动；较大的芯摸，可用倒链将杯芯模板稍加松动后拔出。浇捣混凝土时要注意防止杯芯模板向上浮升或四面偏移，模板四周混凝土应均衡浇捣。脚手板不能搁置在基础模板上。

2. 柱模板

（1）方形柱模板。方形柱模板截面尺寸不大，但比较高，由四块拼板围成，四角用角

模连接，如图1.77和图1.78所示。每片拼板由若干块钢模板用连接件拼接，柱模板的下端留清理口，若柱较高，可根据需要在板的中部设置混凝土浇筑孔。柱模板外要设置柱箍加固，柱间设置水平和斜向支撑保持稳定。

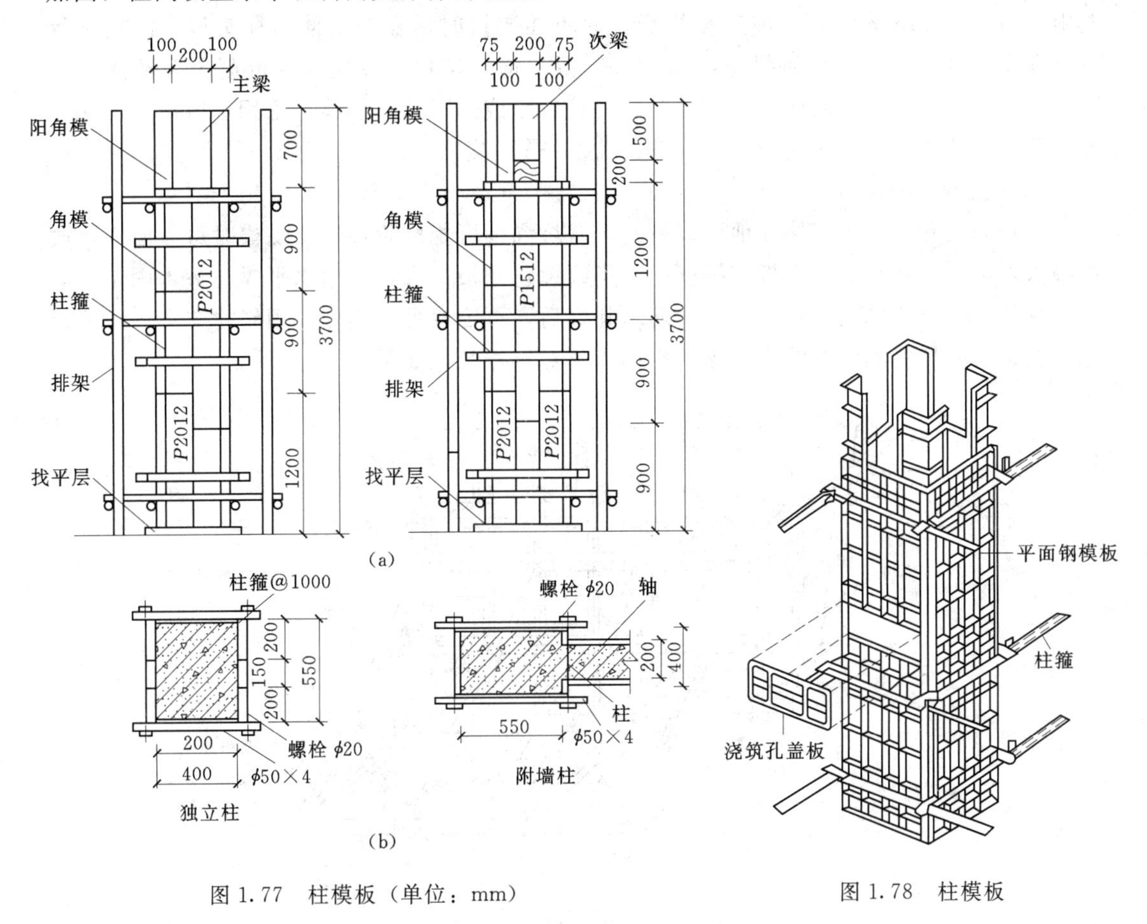

图1.77 柱模板（单位：mm）

图1.78 柱模板

（2）圆形柱模板。由竖直狭条模板和圆弧档做成两个半片组成，其构造如图1.79所示。为了防止混凝土浇灌时侧压力引起模板爆裂，每隔500～1000mm加2股以上8号，10号铁丝箍紧。

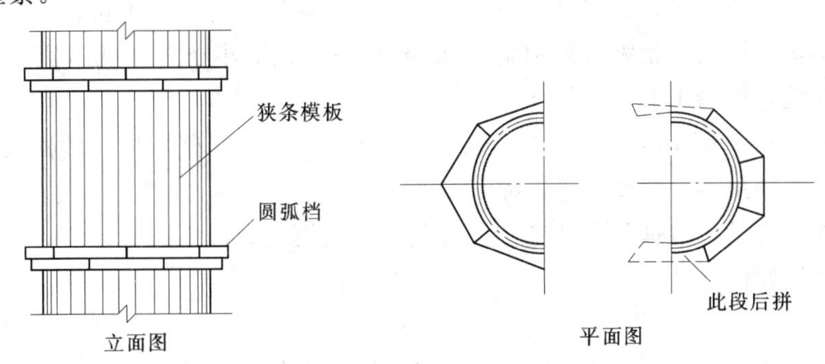

图1.79 圆柱模板

(3) 施工要点。安装时先在堪础面上弹出纵横轴线和四周边线，固定小方盘，在小方盘调整标高，立柱头板。小方盘一侧要留清扫口。对于通排柱模板，应先装两端柱模板，校正固定，拉通长线校正中间各柱模板。柱头板可用厚25～50mm长料木板，门子板一般用厚为25～30mm的短料或定型模板。短料在装钉时，要交错伸出柱头板，以便于拆除及操作人员上下。由地而起每隔1～2m，留一道施工口，以便灌入混凝土及放入振捣器。柱模板宜加柱箍，用四根小方木互相搭接钉牢或用工其式柱箍。采用50mm×100mm方木做立楞的柱模板，每隔500～1000mm加一道柱箍。

3. 墙模板

(1) 一般支模。当墙体在地面以下时，基坑周围可挖成阶梯形。支模时可先沿土阶放置垫木，然后将外侧板沿底板凹槽立起，用线锤将侧板吊直，再用水平撑与垫木固定。必要时在外侧板与垫木间加钉斜撑。钢筋绑扎好后，再安放另面侧板，用斜律支牢。两侧板之间加设长度与墙阵同厚的小木撑，再用铅丝对拉拧紧，如图1.80所示。

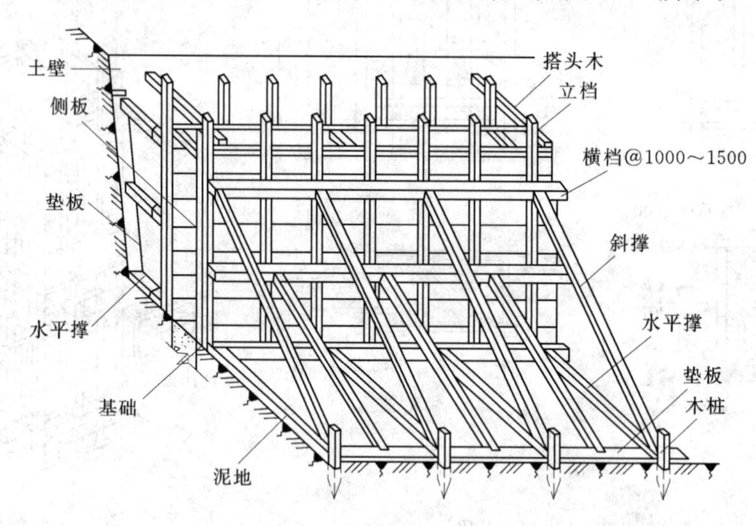

图1.80 墙体模板一般支法

(2) 定型模板墙模。混凝土墙体较多的工程宜采用定型模板施工以利多次周转使用。定型模板可用木模或小型钢模板，以斜撑保持模板的垂直及位置。穿墙螺栓及横档承受浇捣混凝土时的侧压力，采用钢定型模板做墙模，在钢模底部用找平木枋及找平层垫板调整高度，可用调板（即在定型钢模边加阔100mm钢板）或嵌小枋补缝调节宽度，用回形销作上下左右连接，如图1.81所示。

(3) 施工要点。先弹出中心线和两边线，选择一边先装，竖立档、横档及斜撑，钉侧板，在顶部用线锤吊直，拉线找平，撑牢钉紧。

待钢筋绑扎完后，清理干净墙基础，再竖另一边模板，程序同上，但一般均加撑头以保证混凝土墙体厚度。

4. 梁模板

支模前，应先在柱或墙上找好梁中心线和标高。在柱模板的槽口下面钉上托板木，对准中心线，铺设梁底模板。梁模板必须侧板包底板，板边弹线刨直。主梁与次梁的接合

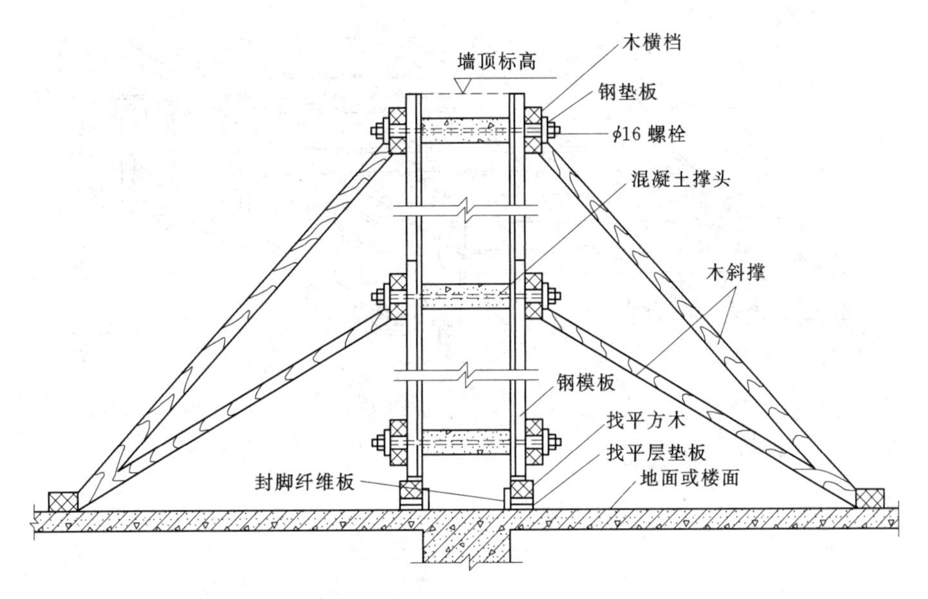

图 1.81 定型模板支模法

处，在主梁侧板上正确锯好次梁的槽口，划好中心线。

梁底支柱的间距，应符合设计要求。梁较高时，可先安装一面侧板，等钢筋绑扎好后再装另一面侧板，如图 1.82 所示。

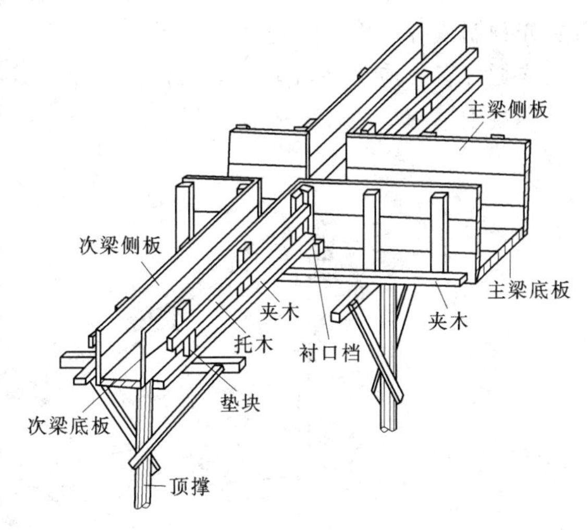

图 1.82 梁模板

5. 楼板模板

根据设计标高，在梁侧板上固定水平大横楞，再在上面搁置平台栏栅，一般可以 50mm×100mm 方木立放，间距 0.5m，下面用支柱支撑，拉结条牵牢。板跨超 2m 者，下面加设大横楞和支柱。平台栏栅找平后，在上面铺钉木板，铺木板时只将两端及接头处钉牢，中间少钉或不钉以利拆模。如采用定型模板，需按其规格距离铺设栏栅，不够一块定型模板，可用木板镶满。采用桁架支模时，应根据载重量确定桁架间距，桁架上弦要放小方木，用铁丝绑紧，两端支撑处要设木楔，在调整标高后钉牢，桁架之间拉结条，保持桁架垂直。挑檐模板支柱一般不落地，采用在下层窗台上用斜撑支撑挑檐部分，也可采用三脚架由砖墙支撑挑檐。挑檐模板必须撑牢拉紧，防止向外倾覆，如图 1.83 所示。

6. 楼梯模板

楼梯模板一般比较复杂，常见的板式和梁式楼梯，其支模工艺基本相同。楼梯模板应根据施工图放出大样，绘制三角样板，锯出三角板，用 50mm×50mm 方木做反扶梯基，在上面由上而下分步、划线，钉好三角板，根据踏步长、高制作踢脚板。找好平台高度，

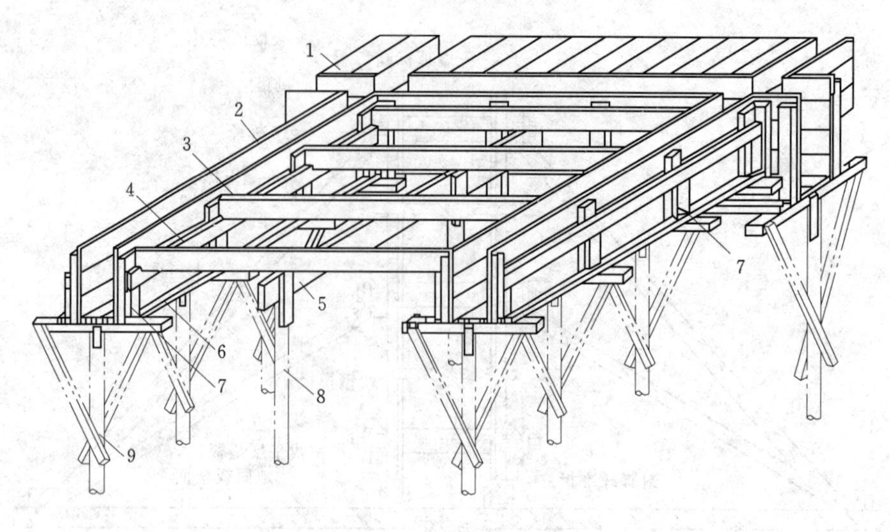

图 1.83　梁及楼板模板

1—楼板模板；2—梁侧模板；3—楞木；4—托木；5—杠木；
6—夹木；7—短撑；8—杠木撑；9—琵琶撑

先安装平台梁和平台板模板，再装楼梯斜梁或楼梯底模板。然后安装楼梯外侧板。栏板模板事先预制成片，将外模钉在外帮板上，钢筋绑好后，再将里模支钉在反扶梯基上。预制栏板或栏杆者，应正确留出预留孔和连接件。模板安装后应仔细检查各部构件是否牢固，在浇混凝土过程中要经常检查，如发现变形、松动等现象，要及时修整加固（图 1.84）。

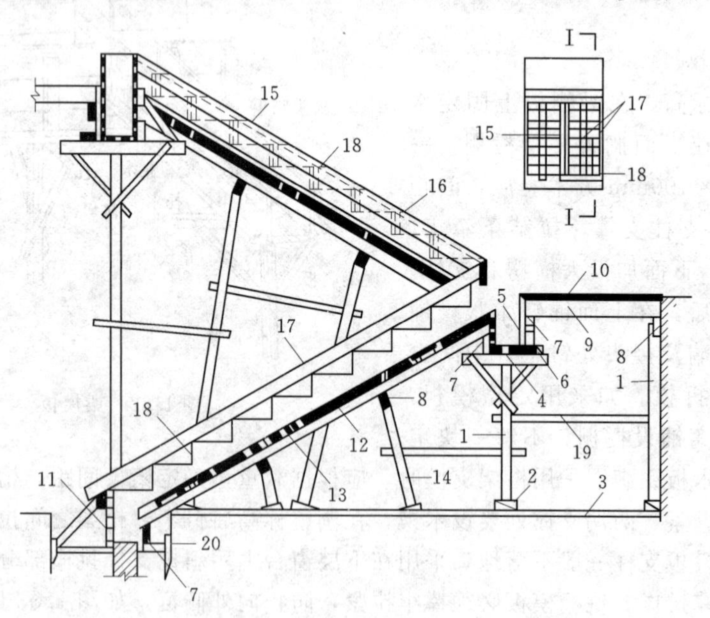

图 1.84　楼梯模板

1—支柱（顶撑）；2—木楔；3—垫板；4—平台梁底板；5—侧板；6—夹木；7—托木；8—杠木；
9—楞木；10—平台底板；11—梯基侧板；12—斜楞木；13—楼梯底板；14—斜向顶撑；
15—外帮板；16—横档木；17—反三角板；18—踏步侧板；19—拉杆；20—木桩

组合钢模板在浇混凝土前，还应检查以下内容。

（1）扣件规格与对拉螺栓、钢楞的配套和紧固情况。

（2）斜撑、支柱的数量和着力点。

（3）钢楞、对拉螺栓及支柱的间距。

（4）各种预埋件和预留孔洞的规格尺寸、数量、位置及固定情况。

（5）模板结构的整体稳定性。

现浇结构模板安装的允许偏差及检验方法见表1.25。

表1.25　现浇结构模板安装的允许偏差及检验方法

项　　目		允许偏差/mm	检　验　方　法
抽线位置		5	钢尺检查
底模上表面标高		±5	水准仪或拉线、钢尺检查
截面内部尺寸	基础	±10	钢尺检查
	柱、墙、梁	+4，−5	钢尺检查
层高垂直度	不大于5m	6	经纬仪或吊线、钢尺检查
	大于5m	8	经纬仪或吊线、钢尺检查
相邻两板表面高低差		2	钢尺检查
表面平整度		5	靠尺和塞尺检查

1.3.2.3　模板工程施工质量及验收要求

1. 基本规定

（1）模板及其支架应根据工程结构形式、荷载大小、地基土类别、施工设备和材料供应等条件进行设计。模板及其支架应具有足够的承载能力、刚度和稳定性，能可靠地承受浇筑混凝土的重量、侧压力以及施工荷载。

（2）在浇筑混凝土之前，应对模板工程进行验收。模板安装和浇筑混凝土时，应对模板及其支架进行观察和维护。发生异常情况时，应按施工技术方案及时进行处理。

（3）模板及其支架拆除的顺序及安全措施应按施工技术方案执行。

2. 模板安装

（1）主控项目。

1）安装现浇结构的上层模板及其支架时，下层楼板应具有承受上层荷载的承载能力，或加设支架；上、下层支架的立柱应对准，并铺设垫板。

检查数量：全数检查。

检验方法：对照模板设计文件和施工技术方案观察。

2）在涂刷模板隔离剂时，不得沾污钢筋和混凝土接槎处。

检查数量：全数检查。

检验方法：观察。

（2）一般项目。

1）模板安装应满足以下要求。

a. 模板的接缝不应漏浆；在浇筑混凝土前，木模板应浇水湿润，但模板内不应有积水。

b. 模板与混凝土的接触面应清理干净并涂刷隔离剂，但不得采用影响结构性能或妨碍装饰工程施工的隔离剂。

c. 浇筑混凝土前，模板内的杂物应清理干净。

d. 对清水混凝土工程及装饰混凝土工程，应使用能达到设计效果的模板。

检查数量：全数检查。

检验方法：观察。

2）用作模板的地坪、胎模等应平整光洁，不得产生影响构件质量的下沉、裂缝、起砂或起鼓。

检查数量：全数检查。

检验方法：观察。

3）对跨度不小于4m的现浇钢筋混凝土梁、板，其模板应按设计要求起拱；当设计无具体要求时，起拱高度宜为跨度的1/1000～3/1000。

检查数量：在同一检验批内，对梁，应抽查构件数量的10%，且不少于3件；对板，应按有代表性的自然间抽查10%，且不少于3间；对大空间结构，板可按纵、横轴线划分检查面，抽查10%，且不少于3面。

检验方法：水准仪或拉线、钢尺检查。

4）固定在模板上的预埋件、预留孔和预留洞均不得遗漏，且应安装牢固，其偏差应符合表1.26的规定。

检查数量：在同一检验批内，对梁、柱和独立基础，应抽查构件数量的10%，且不少于3件；对墙和板，应按有代表性的自然间抽查10%，且不少于3间；对大空间结构，墙可按相邻轴线间高度5m左右划分检查面，板可按纵横轴线划分检查面，抽查10%，且均不少于3面。

检验方法：钢尺检查。

表1.26　　预埋件和预留孔洞的允许偏差

项目		允许偏差/mm
预埋钢板中心线位置		3
预埋管、预留孔中心线位置		3
插筋	中心线位置	5
	外露长度	+10，0
预埋螺栓	中心线位置	2
	外露长度	+10，0
预留洞	中心线位置	10
	尺寸	+10，0

注　检查中心线位置时，应沿纵、横两个方向量测，并取其中的较大值。

5）现浇结构模板安装的偏差应符合表1.27的规定。

表 1.27　　　　现浇结构模板安装的允许偏差及检验方法

项目		允许偏差/mm	检验方法
轴线位置		5	钢尺检查
底模上表面标高		±5	水准仪或拉线、钢尺检查
截面内部尺寸	基础	±10	钢尺检查
	柱、墙、梁	+4，−5	钢尺检查
层高垂直度	不大于5m	6	经纬仪或吊线、钢尺检查
	大于5m	8	经纬仪或吊线、钢尺检查
相邻两板表面高低差		2	钢尺检查
表面平整度		5	2m靠尺和塞尺检查

注　检查轴线位置时，应沿纵、横两个方向量测，并取其中的较大值。

检查数量：在同一检验批内，对梁、柱和独立基础，应抽查构件数量的10%，且不少于3件；对墙和板，应按有代表性的自然间抽查10%，且不少于3间；对大空间结构，墙可按相邻轴线间高度5m左右划分检查面，板可按纵、横轴线划分检查面，抽查10%，且均不少于3面。

6）预制构件模板安装的偏差应符合表1.28的规定。

检查数量：首次使用及大修后的模板应全数检查；使用中的模板应定期检查，并根据使用情况不定期抽查。

表 1.28　　　　预制构件模板安装的允许偏差及检验方法

项目		允许偏差/mm	检验方法
长度	板、梁	±5	钢尺量两角边，取其中较大值
	薄腹梁、桁架	±10	
	柱	0，−10	
	墙板	0，−5	
宽度	板、墙板	0，−5	钢尺量一端及中部，取其中较大值
	梁、薄腹梁、桁架、柱	+2，−5	
高（厚）度	板	+2，−3	钢尺量一端及中部，取其中较大值
	墙板	0，−5	
	梁、薄腹板、桁架、柱	+2，−5	
侧向弯曲	梁、板、柱	l/1000且≤15	拉线、钢尺量最大弯曲处
	墙板、薄腹梁、桁架	l/1500且≤15	
	板的表面平整度	3	2m靠尺和塞尺检查
	相邻两板表面高低差	1	钢尺检查
对角线差	板	7	钢尺量两个对角线
	墙板	5	
翘曲	板、墙板	l/1500	调平尺在两端量测
设计起拱	薄腹梁、桁架、梁	±3	拉线、钢尺量跨中

注　l为构件长度（mm）。

1.3.2.4 模板拆除

1. 模板拆除要求

(1) 底模及其支架拆除时的混凝土强度应符合设计要求，当设计无具体要求时，混凝土强度应符合表 1.29 的规定。

检查数量：全数检查。

检验方法：检查同条件养护试件强度试验报告。

表 1.29　底模拆除时的混凝土强度要求

构件类型	构件跨度/m	达到设计的混凝土立方体抗压强度标准值的百分率/%
板	≤2	≥50
	>2，≤8	≥75
	>8	≥100
梁、拱、壳	≤8	≥75
	>8	≥100
悬臂构件	—	≥100

(2) 对后张法预应力混凝土结构构件，侧模宜在预应力张拉前拆除，底模支架的拆除应按施工技术方案执行，当无具体要求时，不应在结构构件建立预应力前拆除。

检查数量：全数检查。

检验方法：观察。

(3) 后浇带模板的拆除和支顶应按施工技术方案执行。

检查数量：全数检查。

检验方法：观察。

(4) 侧模拆除时的混凝土强度应能保证其表面及棱角不受损伤。

检查数量：全数检查。

检验方法：观察。

(5) 模板拆除时，不应对楼层形成冲击荷载。拆除的模板和支架宜分散堆放并及时清运。

检查数量：全数检查。

检验方法：观察。

2. 现浇混凝土模板拆除

现浇结构的模板及其支架拆除时的混凝土强度，应符合设计要求，当设计无要求时，应符合下列规定。

(1) 侧面模板。一般在混凝土强度能保证其表面及棱角不因拆除模板而受损坏时，方可拆除。

(2) 底面模板及支架。对混凝土的强度要求较严格，应符合设计要求。当设计无具体要求时，混凝土强度应符合表 1.30 规定后，方可拆除。

表 1.30　　底模拆除时的混凝土强度要求

构　件　类　型	构件跨度/m	达到设计的混凝土立方抗压强度标准值的比率/%
板	≤2	≥50
	>2，≤8	≥75
	>8	≥100
梁、拱、壳	≤8	≥75
	>8	≥100
悬臂构件	—	≥100

拆模程序一般应是后支先拆，先支后拆。先拆除非承重部分，后拆除承重部分。重大复杂模板的拆除，事先应制定拆除方案。拆除跨度较大的梁下支柱时，应先从跨中开始，分别拆向两端。工具式支模的梁、板模板的拆除，事先应搭设轻便稳固的脚手架。拆模时应先拆卡具、顺口方木、侧模，再松动木楔，使支柱、桁架平稳下降，逐段抽出底模板和底楞木，最后取下桁架、支柱、托具等。

快速施工的高层建筑的梁和楼板模板，其底模及支柱的拆除时间，应对所用混凝土的强度发展情况分层进行核算，确保下层楼板及梁能安全承载。在拆除模板过程中，如发现混凝土影响结构安全质量时，应暂停拆除。经过处理后，方可继续拆除。已拆除模板及其支架的结构，应在混凝土强度达到设计强度后，才允许承受全部计算荷载。当承受施工荷载大于计算荷载时，必须经过核算，加设临时支撑。拆模时不要过急，不可用力过猛，不应对楼层形成冲击荷载。拆下来的模板和支架宜分散堆放并及时清运。

任务 1.4　钢筋加工与安装

【任务导航】熟悉钢筋的验收与存放，掌握钢筋的配料加工及绑扎安装；能根据工程项目要求进行钢筋进场的检查验收，能进行钢筋的配料及代换计算，能进行钢筋工程的质量控制及检查验收，能编制钢筋工程施工方案。学生分组在实训场进行钢筋的绑扎，交叉组织模拟质检、验收。

1.4.1　钢筋检验与存放

1.4.1.1　检查项目和方法

1. 主控项目

(1) 钢筋进场时，应按《钢筋混凝土用热轧带肋钢筋》(GB 1499—2007) 等的规定抽取试件作为力学性能检验，其质量必须符合有关标准的规定。

检查数量：按进场的批次和产品的抽样检验方案确定。

检验方法：检查产品合格证、出厂检验报告和进场复验报告。

(2) 对有抗震设防要求的框架结构，其纵向受力钢筋的强度应满足设计要求：当设计无具体要求时，对一、二级抗震等级，检验所得的强度实测值应符合下列规定：

1) 钢筋的抗拉强度实测值与屈服强度实测值的比值不应小于 1.25。

2）钢筋的屈服强度实测值与强度标准值的比值不应大于1.3。

检查数量与方法同（1）。

（3）当发现钢筋脆断、焊接性能不良或力学性能显著不正常等现象时，应对该批钢筋进行化学成分检验或其他专项检验。

2. 一般项目

钢筋应平直、无损伤，表面不得有裂纹、油污、颗粒状或片状老锈。

检查数量：进场时和使用前全数检查。

检查方法：观察。

（1）热轧钢筋检验。热轧钢筋进场时，应按批进行检查和验收。每批由同一牌号、同一炉罐号、同一规格的钢筋组成，重量不大于60t。允许由同一牌号、同一冶炼方法、同一浇注方法的不同炉罐号组成混合批，但各炉罐号含碳量之差不得大于0.02%，含锰量之差不大于0.15%。

1）外观检查。从每批钢筋中抽取5%进行外观检查。钢筋表面不得有裂纹、结疤和折叠。钢筋表面允许有凸块，但不得超过横肋的高度，钢筋表面上其他缺陷的深度和高度不得大于所在部位尺寸的允许偏差。

钢筋可按实际重量或公称重量交货。当钢筋按实际重量交货时，应随机抽取10根（6m长）钢筋称重，如重量偏差大于允许偏差，则应与生产厂交涉，以免损害用户利益。

2）力学性能试验。从每批钢筋中任选两根钢筋，每根取两个试件分别进行拉伸试验（包括屈服点、抗拉强度和伸长率）和冷弯试验。

拉伸、冷弯、反弯试验试件不允许进行车削加工。计算钢筋强度时，采用公称横截面面积。反弯试验时，经正向弯曲后的试件应在100℃温度下保温不少于30min，经自然冷却后再进行反向弯曲。当供方能保证钢筋的反弯性能时，正弯后的试件也可在室温下直接进行反向弯曲。

如有一项试验结果不符合要求，则从同一批中另取双倍数量的试件重作各项试验。如仍有一个试件不合格，则该批钢筋为不合格品。

对热轧钢筋的质量有疑问或类别不明时，在使用前应作拉伸和冷弯试验。根据试验结果确定钢筋的类别后，才允许使用。抽样数量应根据实际情况确定。这种钢筋不宜用于主要承重结构的重要部位。

余热处理钢筋的检验同热轧钢筋。

（2）冷轧带肋钢筋检验。冷轧带肋钢筋进场时，应按批进行检查和验收。每批由同一钢号、同一规格和同一级别的钢筋组成，重量不大于50t。

1）每批抽取5%（但不少于5盘或5捆）进行外形尺寸、表面质量和重量偏差的检查。检查结果应符合相关要求，如其中有一盘（捆）不合格，则应对该批钢筋逐盘或逐捆检查。

2）钢筋的力学性能应逐盘、逐捆进行检验。从每盘或每捆取两个试件，一个作拉伸试验，一个作冷弯试验。试验结果如有一项指标不符合要求，则该盘钢筋判为不合格。对每捆钢筋，尚可加倍取样复验判定。

（3）冷轧扭钢筋检验。冷轧扭钢筋进场时，应分批进行检查和验收。每批由同一钢

厂、同一牌号、同一规格的钢筋组成，重量不大于10t。当连续检验10批均为合格时检验批重量可扩大一倍。

1）外观检查。从每批钢筋中抽取5%进行外形尺寸、表面质量和重量偏差的检查。钢筋表面不应有影响钢筋力学性能的裂纹、折叠、结疤、压痕、机械损伤或其他影响使用的缺陷。钢筋的压扁厚度和节距、重量等应符合要求。当重量负偏差大于5%时，该批钢筋判定为不合格。当仅轧扁厚度小于或节距大于规定值，仍可判为合格，但需降直径规格使用，例如公称直径为ϕt14降为ϕt12。

2）力学性能试验。从每批钢筋中随机抽取3根钢筋，各取一个试件。其中，两个试件作拉伸试验，一个试件作冷弯试验。试件长度宜取偶数倍节距，且不应小于4倍节距，同时不小于500mm。

1.4.1.2　钢筋存放

1. 钢筋的储存

（1）运入加工现场的钢筋，必须具有出厂质量证明书或试验报告单，每捆（盘）钢筋均应挂上标牌，标牌上应注有厂标、钢号、产品批号、规格、尺寸等项目，在运输和储存时不得损坏和遗失这些标牌。

（2）到货的钢筋应根据原附质量证明书或试验证明单按不同等级、牌号、规格及生产厂家分批验收检查每批钢筋的外观质量，查看锈蚀程度及有无裂缝、结疤、麻坑、气泡、砸碰伤痕等，并应测量钢筋的直径。不符合质量要求的不得使用，或经研究同意后可降级使用。

（3）验收后的钢筋，应按不同等级、牌号、规格及生产厂家分批、分别堆放，不得混杂，且宜立牌以资识别。钢筋应设专人管理，建立严格的管理制度。

（4）钢筋宜堆放在料棚内，如条件不具备时，应选择地势较高、无积水、无杂草、且高于地面200mm的地方放置，堆放高度应以最下层钢筋不变形为宜，必要时应加遮盖。

（5）钢筋不得和酸、盐、油等物品存放在一起，堆放地点应远离有害气体，以防钢筋锈蚀或污染。

2. 成品钢筋的存放

（1）经检验合格的成品钢筋应尽快运往工地安装使用，不宜长期存放。冷拉调直的钢筋和已除锈的钢筋须注意防锈。

（2）成品钢筋的存放须按使用工程部位、名称、编号、加工时间挂牌存放，不同号的钢筋成品不宜堆放在一起，防止混号和造成成品钢筋变形。

（3）成品钢筋的存放应按当地气候情况采取有效的防锈措施，若存放过程中发生成品钢筋变形或锈蚀，应矫正除锈后重新鉴定，确定处理办法。

（4）锥（直）螺纹连接的钢筋端部螺纹保护帽在存放及运输装卸过程中不得取下。

（5）由于钢筋加工后钢筋弯折部位和冷拉钢筋易生锈，且除锈较为困难；而钢筋生锈时间因各地区气候条件不同而异，因此宜尽快使用。

（6）实践证明，挂牌分号存放是防止成品钢筋混号的有效手段。

（7）我国各地气候差异较大，各工程钢筋成品存放的时间也不尽相同，因此成品的存放应按地区气候条件的不同而采取相应的措施，保证钢筋不变形、不锈蚀。

（8）钢筋锥（直）螺纹连接的成品钢筋因端头有丝扣，在存放过程中容易造成丝扣的损坏，满足不了安装质量的要求，因此规定应对端头丝扣采取有效措施进行保护。

1.4.2 钢筋配料

1.4.2.1 钢筋配料计算

钢筋配料是根据结构施工图，分别计算构件各钢筋的直线下料长度、根数及质量，编制钢筋配料单，作为备料、加工和结算的依据。

1. 钢筋长度

结构施工图中所指钢筋长度是钢筋外缘之间的长度，即外包尺寸，这是施工中量度钢筋长度的基本依据。

2. 混凝土保护层厚度

混凝土结构的耐久性，应根据表 1.31 的环境类别和设计使用年限进行设计。混凝土保护层是指最外层钢筋外缘至混凝土构件表面的距离，其作用是保护钢筋在混凝土结构中不受锈蚀。无设计要求时应符合表 1.32 规定。

表 1.31　　混凝土结构的环境类别

环境类别		条　件
一		室内正常环境
二	a	室内潮湿环境；非严寒和非寒冷地区的露天环境与无侵蚀性的水或土壤直接接触的环境
	b	严寒和寒冷地区的露天环境与无侵蚀性的水或土壤直接接触的环境
三		使用除冰盐的环境；严寒和寒冷地区冬季水位变动的环境；滨海室外环境
四		海水环境
五		受人为或自然的侵蚀性质物影响的环境

表 1.32　　纵向受力钢筋的混凝土保护层最小厚度　　单位：mm

环境等级	板墙壳	梁柱
一	15	20
二 a	20	25
二 b	25	35
三 a	30	40
三 b	40	50

注　1. 混凝土强度等级不大于 C25 时，表中保护层厚度数值应增加 5mm。
2. 钢筋混凝土基础宜设置混凝土垫层，其受力钢筋的混凝土保护层厚度应从垫层顶面算起，且不应小于 40mm。

混凝土的保护层厚度，一般用水泥砂浆垫块或塑料卡垫在钢筋与模板之间来控制。塑料卡的形状有塑料垫块和塑料环圈两种。塑料垫块用于水平构件，塑料环圈用于垂直构件。

3. 弯曲量度差值

钢筋长度的度量方法系指外包尺寸，因此钢筋弯曲以后，存在一个量度差值，在计算

下料长度时必须加以扣除。根据理论推理和实践经验，列于表1.33。

表1.33 钢筋弯曲量度差值

钢筋弯起角度/(°)	30	45	60	90	135
钢筋弯曲调整值	0.35d	0.5d	0.85d	2d	2.5d

注 d为钢筋的直径（mm）。

4. 弯钩增加长度

钢筋的弯钩形式有三种：半圆弯钩、直弯钩及斜弯钩（图1.85）。半圆弯钩是最常用的一种弯钩。直弯钩只用在柱钢筋的下部、箍筋和附加钢筋中，斜弯钩只用在直径较小的钢筋中。

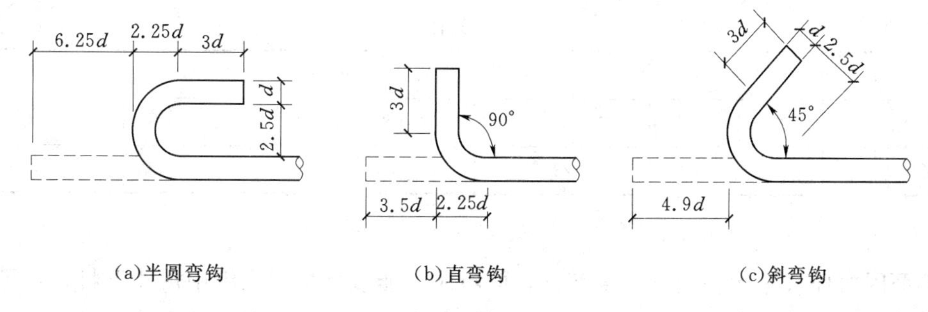

图1.85 钢筋弯钩计算简图

光圆钢筋的弯钩增加长度，按图1.85所示的简图（弯心直径为2.5d、平直部分为3d）计算；半圆弯钩为6.25d，对直弯钩为3.5d，对斜弯钩为4.9d。

在生产实践中，由于实际弯心直径与理论直径有时不一致，钢筋粗细和机具条件不同等而影响平直部分的长短（手工弯钩时平直部分可适当加长，机械弯钩时可适当缩短）因此在实际配料计算时，对弯钩增加长度常根据具体条件，采用经验数据，见表1.34。

表1.34 半圆弯钩增加长度参考表（用机械弯）

钢筋直径/mm	≤6	8～10	12～18	20～28	32～36
一个弯钩长度/mm	40	6d	5.5d	5d	4.5d

5. 弯起钢筋斜长

斜长的计算如图1.86所示，斜长系数见表1.35。

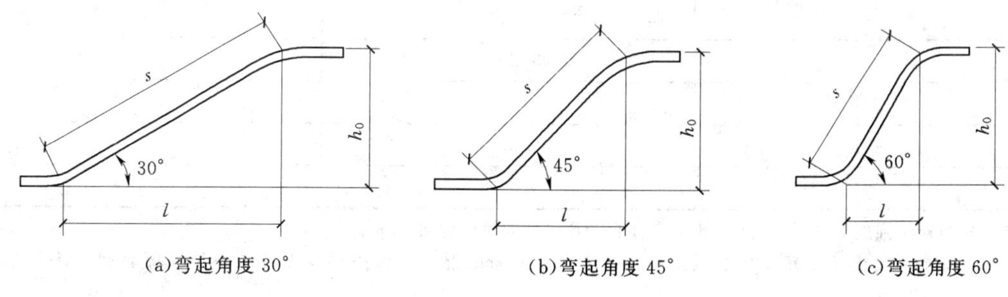

图1.86 弯起筋斜长计算简图

表 1.35　　弯起钢筋斜长计算系数表

弯起角度 α	30°	45°	60°
斜边长度 S	$2h_0$	$1.41h_0$	$1.15h_0$
底边长度 L	$1.732h_0$	h_0	$0.575h_0$
增加长度 $S-L$	$0.268h_0$	$0.41h_0$	$0.585h_0$

注　h_0 为弯直钢筋的外皮高度。

6. 箍筋调整值

即为弯钩增加长度和弯曲调整值两项之差，由箍筋量外包尺寸而定的，如图 1.87 和表 1.36 所示。

表 1.36　　箍筋弯钩增加值

项　目	箍　筋　直　径/mm				
箍筋外包尺寸	5	6	8	10	12
箍筋调整值	19	23	30	38	46

7. 钢筋下料长度计算

钢筋因弯曲或弯钩会使其长度变化，配料时不能直接根据图纸中尺寸下料，须了解混凝土保护层、钢筋弯曲、弯钩等规定，再根据图中尺寸计算其下料长度。

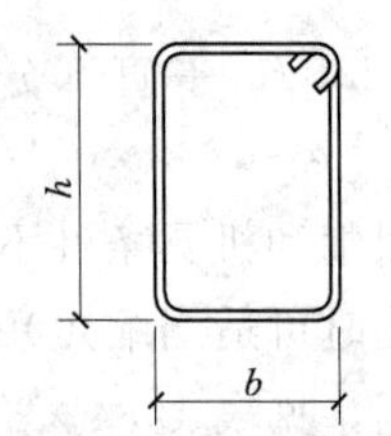

图 1.87　箍筋量度方法

钢筋下料长度计算如下：

钢筋下料长度=外包尺寸+弯钩增长值−弯折量度差值

钢筋下料长度计算的注意事项如下。

(1) 在设计图纸中，钢筋配置的细节问题没有注明时，一般可按构造要求处理。

(2) 配料计算时，要考虑钢筋的形状和尺寸，在满足设计要求的前提下，要有利于加工。

(3) 配料时，还要考虑施工需要的附加钢筋。

(4) 配料时，还要准确的先计算出钢筋的混凝土保护层厚度，可按表 1.37 采用。

表 1.37　　纵向受力钢筋的混凝土保护层最小厚度　　单位：mm

环 境 等 级	板 墙 壳	梁　柱
一	15	20
二 a	20	25
二 b	25	35
三 a	30	40
三 b	40	50

注　1. 混凝土强度等级不大于 C25 时，集中保护层厚度数值应增加 5mm。
2. 钢筋混凝土基础宜设置混凝土垫层，其受力钢筋的混凝土保护层厚度应从垫层顶面算起，且不应小于 40mm。

1.4.2.2　钢筋代换

1. 代换原则

当施工中遇有钢筋品种或规格与设计要求不符时，可参照以下原则进行钢筋代换。

(1) 等强度代换。当构件受强度控制时，钢筋可按强度相等的原则进行代换。

(2) 等面积代换。当构件按最小配筋率配筋时，钢筋可按面积相等的原则进行代换。

(3) 当构件受裂缝宽度或挠度控制时，代换后应进行裂缝宽度或挠度验算。

2. 在钢筋代换中应注意事项

(1) 钢筋代换后，必须满足有关构造规定，如受力钢筋和箍筋的最小直径、间距、根数、锚固长度等。

(2) 由于螺纹钢筋可使裂缝均布，故为了避免裂缝过度集中，对于某些重要构件，如吊车梁、薄腹梁、桁架的受拉杆件等不宜以光面钢筋代换。

(3) 偏心受压构件或偏心受拉构件作钢筋代换时，不取整个截面配筋量计算，而应按受力面（受压或受拉）分别代换。

(4) 代换直径与原设计直径的差值一般可不受限制，只要符合各种构件的有关配筋规定即可。但同一截面内如果配有几种直径的钢筋，相互间差值不宜过大（通常对同级钢筋，直径差值不大于 5mm，以免受力不均。

(5) 代换时必须充分了解设计意图和代换材料的性能，严格遵守现行钢筋混凝土设计规范的各项规定，凡重要构件的钢筋代换，需征得设计单位的同意。

(6) 梁的纵向受力钢筋和弯起钢筋，代换时应分别考虑，以保证梁的正截面和斜截面强度。

(7) 在构件中同时用几种直径的钢筋时，在柱中，较粗的钢筋要放置在四角；在梁中，较粗的钢筋放置在梁侧；在预制板中（如空心楼板），较细的钢筋放置在梁侧。

(8) 当构件按最小配筋率配筋时，可按钢筋面积相等的原则进行代换，称为“等面积代换”，在等面积代换中，不考虑钢筋级别、强度。只考虑代换前后钢筋面积要相等。

(9) 当构件受裂缝宽度或抗裂性要求控制时，代换后应进行裂缝或抗裂性验算。表 1.38 为钢筋抗拉、抗压强度设计值。等强代换时计算用。

表 1.38　钢筋抗拉、抗压强度设计值　　单位：N/mm

牌　号	抗拉强度设计值 f_y	抗压强度设计值 f'_y
HPB300	270	270
HRB335、HRBF335	300	300
HRB400、HRBF400、RRB400	360	360
HRB500、HRBF500	435	435

1.4.2.3　配料计算实例

【例 1.1】　某建筑物简支梁配筋如图 1.88 所示，试计算钢筋下料长度。钢筋保护层取 20mm。（梁编号为 L2 共 10 根。）

【解】　1. 绘出各种钢筋简图

钢筋配料单见表 1.39。

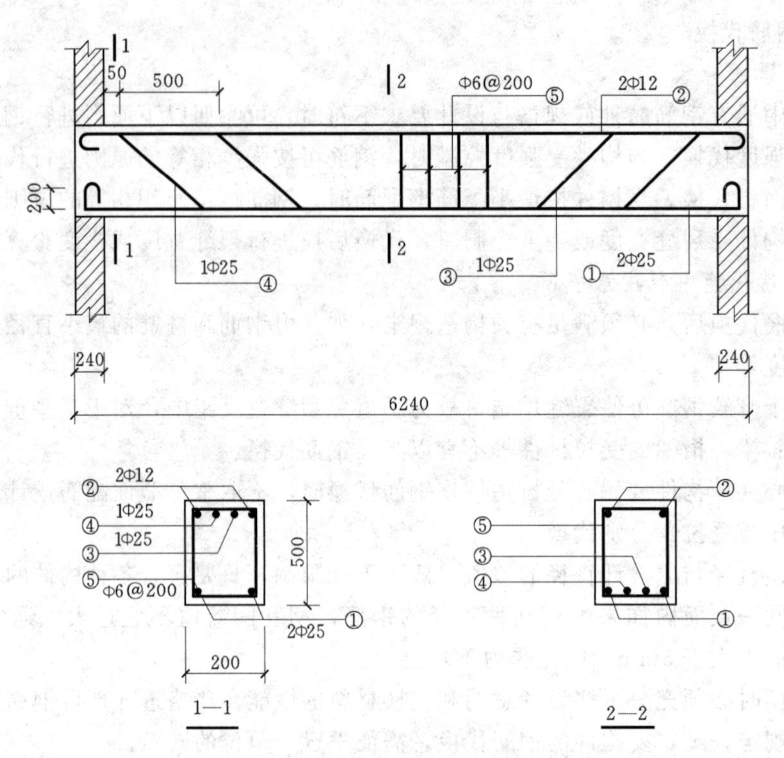

图 1.88　某建筑物简支梁配筋图（单位：mm）

表 1.39　　　　　　　　　　　**钢 筋 配 料 单**

构件名称	钢筋编号	简　图	钢筋符号	直径 /mm	下料长度 /mm	单根根数	合计根数	质量 /kg
L2 梁（共 10 根）	①	200　6190	Φ	25	6802	2	20	523.75
	②	6190	Φ	12	6340	2	20	112.60
	③	765　636　3760	Φ	25	6824	1	10	262.72
	④	265　636　4760	Φ	25	6824	1	10	262.72
	⑤	162　162	Φ	6	1298	32	320	91.78
	合计	Φ6：91.78kg；Φ12：112.60kg；Φ25：1049.19kg						

2. 计算钢筋下料长度

①号钢筋下料长度

$$6240-2\times20+2\times200-2\times2\times25+2\times6.25\times25=6812(\text{mm})$$

②号钢筋下料长度

$$6240-2\times20+2\times6.25\times12=6350(\text{mm})$$

③号弯起钢筋下料长度

上直段钢筋长度　　240＋50＋500－20＝770(mm)

斜段钢筋长度　　(500－2×20)×1.414＝650(mm)

中间直段长度　　6240－2×(240＋50＋500＋450)＝3760(mm)

下料长度　(770＋650)×2＋3760－4×0.5×25＋2×6.25×25＝6863(mm)

a. 钢筋下料长度计算为6863mm。

b. 箍筋下料长度

宽度　　200－2×20＝160(mm)

高度　　500－2×20＝460(mm)

下料长度为　　(160＋460)×2＋23＝1263(mm)

配料计算是一项细致而又重要的工作，因为钢筋加工是以钢筋配料单作为唯一依据的，并且还是提出钢筋加工材料计划，签发工程任务单和限额领料的依据。由于钢筋加工数量往往很大，如果配料发生差错，就会造成钢筋加工错误，其后果是浪费人工、材料，耽误了工期，造成很大损失。所以一定要在配料前认真看懂图纸，仔细计算，配料计算完成以后还要认真进行复核。配料计算完成以后要填写配料单，作为钢筋工进行钢筋加工的依据。

(1) 在设计图纸中，钢筋配置的细节问题没有注明时，一般可按构造要求处理。

(2) 配料计算时，要考虑钢筋的形状和尺寸在满足设计要求的前提下要有利于加工安装。

(3) 配料时，还要考虑施工需要的附加钢筋。例如，后张预应力构件预留孔道定位用的钢筋井字架，基础双层钢筋网中保证上层钢筋网位置用的钢筋撑脚，墙板双层钢筋网中固定钢筋间距用的钢筋撑铁，柱钢筋骨架增加四面斜筋撑等。

1.4.3 钢筋加工

钢筋加工主要包括除锈、调直、切断和弯曲，每一道工序都关系到钢筋混凝土构件的施工质量，各个环节都应严肃对待。

1.4.3.1 钢筋调直

钢筋调直宜采用机械方法，也可采用冷拉方法。

为了提高施工机械化水平，钢筋的调直宜采用钢筋调直切断机，它具有自动调直、定位切断、除锈、清垢等多种功能。钢筋调直切断机按调直原理，可分为孔模式和斜辊式；按切断原理，可分为锤击式和轮剪式；按传动原理，可分为液压式、机械式和数控式；按切断运动方式，可分为固定式和随动式。

1.4.3.2 钢筋切断

1. 钢筋切断机的种类

钢筋下料时需按计算的下料长度切断。钢筋切断可采用钢筋切断机或手动切断器。手动切断器只用于切断直径小于16mm的钢筋；钢筋切断机可切断直径40mm的钢筋。钢筋切断机按工作原理，可分为凸轮式和曲柄连杆式；按传动方式可分为机械式和液压式。

在大中型建筑工程施工中，提倡采用钢筋切断机，它不仅生产效率高，操作方便，而且确保钢筋端面垂直钢筋轴线，不出现马蹄形或翘曲现象，便于钢筋进行焊接或机械连接。钢筋的下料长度力求准确，其允许偏差为±10mm。

机械式钢筋切断机的型号有GQ40，GQ40B，GQ50等；液压式钢筋切断器的型号为G，JSy-16，切断力80kN，可切断直径16mm以下的钢筋。

2. 切断工艺

(1) 将同规格钢筋根据不同长度搭配，统筹排料；一般应先断长料，后断短料，减少短头，减少损耗。

(2) 钢筋切断机的刀片，应由工具钢热处理制成。安装刀片时，螺丝紧固，刀口要密合（间隙不大于0.5mm）；固定刀片与冲切刀片口的距离；对直径延20mm的钢筋宜重叠1～2mm，对直径大于20mm的钢筋宜留5mm左右。

(3) 在切断过程中，如发现钢筋有劈裂、缩头或严重弯头等必须切除；如发现钢筋的硬度与该钢种有较大的出入，应及时向有关人员反映，查明情况。

(4) 钢筋的断口，不得有马蹄形或起弯等现象。

1.4.3.3 钢筋弯曲

1. 钢筋弯钩和弯折的一般规定

(1) 受力钢筋。

1) 光圆钢筋末端应做180°弯钩，其弯弧内直径不应小于钢筋直径的2.5倍，弯钩的弯后平直部分长度不应小于钢筋直径的3倍，但作受压钢筋时可不做弯钩。

2) 当设计要求钢筋末端需做135°弯钩时，HRB335级、HRB400级钢筋的弧内直径D不应小于钢筋直径的4倍，弯钩的弯后平直部分长度应符合设计要求。

3) 钢筋作不大于90°的弯折时，弯折处的弯弧内直径不应小于钢筋直径的5倍。

(2) 箍筋。除焊接封闭环式箍筋外，箍筋的末端应做弯钩。弯钩形式应符合设计要求；当设计无具体要求时，应符合下列规定：

1) 箍筋弯钩的弯弧内直径不小于受力钢筋的直径。

2) 箍筋弯钩的弯折角度对一般结构，不应小于90°；对有抗震等要求的结构应为135°。

3) 箍筋弯后的平直部分长度对一般结构，不宜小于箍筋直径的5倍；对有抗震等级要求的结构，不应小于箍筋直径的10倍。

2. 钢筋弯曲

(1) 划线。钢筋弯曲前，对形状复杂的钢筋（如弯起钢筋），根据钢筋料牌上标明的尺寸，用石笔将各弯曲点位置划出。划线时注意：

1) 根据不同的弯曲角度扣除弯曲调整值，其扣法是从相邻两段长度中各扣一半。

2) 钢筋端部带半圆弯钩时，该段长度划线时增加$0.5d$，d为钢筋直径。划线工作宜从钢筋中线开始向两边进行；两边不对称的钢筋，也可从钢筋一端开始划线，如划到另一端有出入时，则应重新调整。

(2) 钢筋弯曲成型。钢筋在弯曲机上成型时，心轴直径应是钢筋直径的2.5～5.0倍，成型轴宜加偏心轴套，以便适应不同直径的钢筋弯曲需要（图1.89～图1.90）。

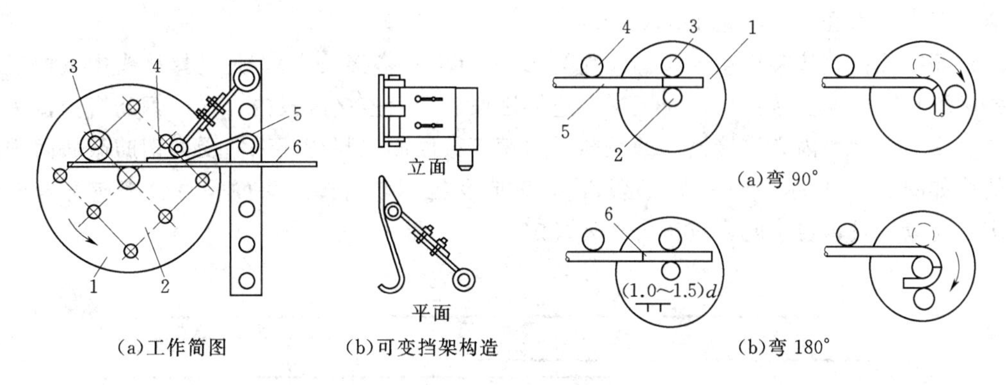

图 1.89　钢筋弯曲成型

1—工作盘；2—心轴；3—成型轴；4—可变挡架；5—插座；6—钢筋

图 1.90　弯曲点线与心轴关系

1—工作盘；2—心轴；3—成型轴；4—固定挡铁；5—钢筋；6—弯曲点线

注意：对 HRB335 级与 HRB400 级钢筋，不能弯过头再弯过来，以免钢筋弯曲点处发生裂纹。

(3) 曲线型钢筋成型。弯制曲线形钢筋时（图 1.91），可在原有钢筋弯曲机的工作盘中央，放置一个十字架和钢套；另外在工作盘四个孔内插上短轴和成型钢套（和中央钢套相切）。插座板上的挡轴钢套尺寸，可根据钢筋曲线形状选用。钢筋成型过程中，成型钢套起顶弯作用，十字架只协助推进。

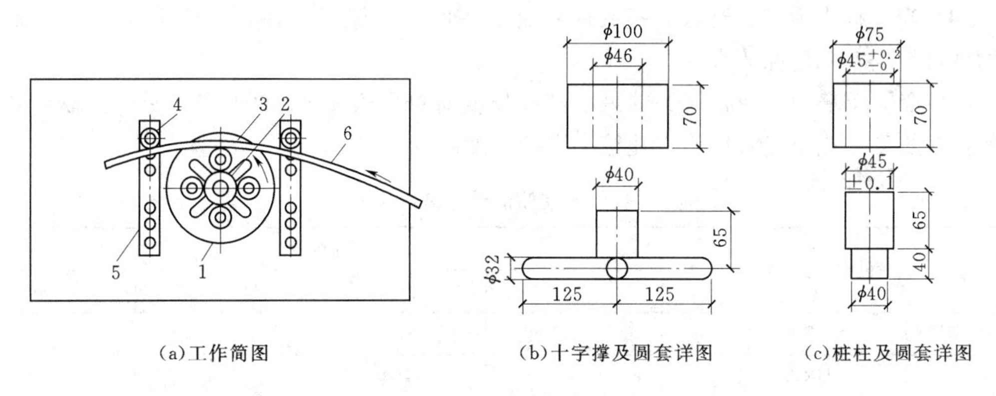

图 1.91　曲线形钢筋成型（单位：mm）

1—工作盘；2—十字撑及圆套；3—桩柱及圆套；4—挡轴圆套；5—插座板；6—钢筋

1.4.4　钢筋连接

钢筋连接方法有绑扎连接、焊接连接和机械连接。绑扎连接由于需要较长的搭接长度，浪费钢筋，且连接不可靠，故宜限制使用；焊接连接的方法较多，成本较低，质量可靠，宜优先选用；机械连接无明火作业，设备简单，节约能源，不受气候条件影响，可全天候施工，连接可靠，技术易于掌握，适用范围广。

1.4.4.1　绑扎连接

采用绑扎连接受力钢筋的绑扎搭接接头宜相互错开。绑扎搭接接头中钢筋的横向净距

不应小于钢筋直径，且不应小于 25mm。

钢筋绑扎搭接接头连接区段的长度为 $1.3l_1$（l_1 为搭接长度），凡搭接接头中点位于该连接区段长度内的搭接接头均属于同一连接区段。同一连接区段内，纵向钢筋搭接接头面积百分率为该区段内有搭接接头的纵向受力钢筋截面面积与全部纵向受力钢筋截面面积的比值，如图 1.92 所示。同一连接区段内，纵向受拉钢筋搭接接头面积百分率应符合设计要求，无设计具体要求时，应符合下列规定。

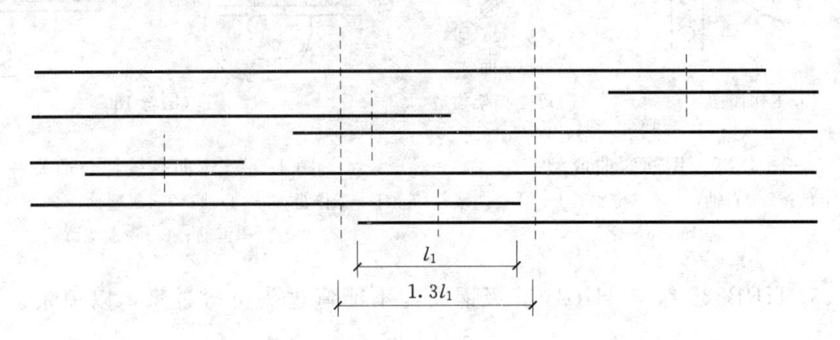

图 1.92 钢筋绑扎搭接接头连接区段及接头面积百分率
（图中所示搭接接头同一连接区段内的搭接钢筋为两根，各钢筋直径相同时，接头面积百分率为 50%）

（1）对梁类、板类及墙类构件，不宜大于 25%。

（2）对柱类构件，不宜大于 50%。

（3）当工程中确有必要增大接头面积百分率时，对梁类构件，不应大于 50%；对其他构件可根据实际情况放宽。

纵向受力钢筋绑扎搭接接头的最小搭接长度应符合表 1.40 的规定。受压钢筋绑扎接头的搭接长度，应取受拉钢筋绑扎接头搭接长度的 0.7 倍。

表 1.40　纵向受拉钢筋的最小搭接长度

钢筋类型		混凝土强度等级			
		C15	C20～C25	C30～C35	≥C40
光圆钢筋	HPB235 级	45d	35d	30d	25d
带肋钢筋	HRB335 级	55d	45d	35d	30d
	HRB400 级、RRB400 级	—	55d	40d	35d

注　两根直径不同钢筋的搭接长度，以较细钢筋的直径计算。

在梁、柱类构件的纵向受力钢筋搭接长度范围内，应按设计要求配置箍筋。当设计无具体要求时，应符合下列规定：箍筋直径不应小于搭接钢筋较大直径的 0.25 倍。受压搭接区段的箍筋间距不应大于搭接钢筋较小直径的 10 倍，且不应大于 200mm。受拉搭接区段的箍筋间距不应大于搭接钢筋较小直径的 5 倍，且不应大于 100mm。

（4）当柱中纵向受力钢筋直径大于 25mm 时，应在搭接接头两个端面外 100mm 范围内各设置两个箍筋，其间距宜为 50mm。

1.4.4.2 焊接连接

钢筋焊接代替钢筋绑扎，可达到节约钢材、改善结构受力性能、提高工效、降低成本

的目的。常用的钢筋焊接方法有闪光对焊、电阻点焊、电弧焊、电渣压力焊、气压焊、埋弧压力焊等，各适用范围见附表6。

1. 闪光对焊

钢筋闪光对焊是利用钢筋对焊机，将两根钢筋安放成对接形式，压紧于两电极之间，通过低电压强电流，把电能转化为热能，使钢筋加热到一定温度后，即施以轴向压力顶锻，产生强烈飞溅，形成闪光，使两根钢筋焊合在一起。

(1) 钢筋闪光对焊工艺种类。钢筋对焊常用的是闪光焊（图1.93）。根据钢筋品种、直径和所用对焊机的功率不同，闪光焊的工艺又可分为连续闪光焊、预热闪光焊、闪光—预热—闪光焊和焊后通电热处理等。根据钢筋品种、直径、焊机功率、施焊部位等因素选用。

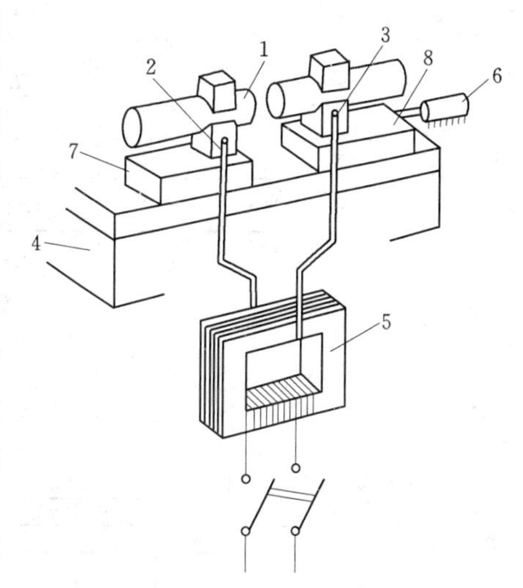

图1.93　钢筋闪光对焊原理
1—焊接的钢筋；2—固定电极；3—可动电极；4—机座；5—变压器；6—平动顶压机构；7—固定支座；8—滑动支座

1) 连续闪光焊。当钢筋直径小于25mm、钢筋级别较低、对焊机容量在80～160kV·A的情况下，可采用连续闪光焊。连续闪光焊的工艺过程，包括连续闪光和轴向顶端，即先将钢筋夹在对焊机电极钳口上，然后闭合电源，使两端钢筋轻微接触，由于钢筋端部凸凹不平，开始仅有较小面积接触，故电流密度和接触电阻很大，这些接触点很快熔化，形成“金属过梁”。“金属过梁”进一步加热，产生金属蒸汽飞溅，形成闪光现象，然后再徐徐移动钢筋保持接头轻微接触，形成连续闪光过程，整个接头同时被加热，直至接头端面烧平、杂质闪掉。接头熔化后，随即施加适当的轴向压力迅速顶锻，使两根钢筋对焊成为一体。

2) 预热闪光焊。由于连续闪光焊对大直径钢筋有一定限制，为了发挥对焊机的效用，对于大于25mm的钢筋，且端面较平整时，可采用预热闪光焊。此种方法实际上是在连续闪光焊之前，增加一个预热过程，以扩大焊接端部热影响区。即在闭合电源后使钢筋两端面交替接触和分开，在钢筋端面的间隙中发出断续的闪光而形成预热过程。当钢筋端部达到预热温度后，随即进行连续闪光和顶锻。

3) 闪光—预热—闪光焊。这种方法是在预热闪光前，再加一次闪光的过程，使钢筋端部预热均匀。

4) 通电热处理。RRB400级钢筋对焊时，应采用预热闪光焊或闪光—预热—闪光焊工艺。当接头拉伸试验结果发生脆性断裂，或弯曲试验不能达到规范要求时，应在对焊机上进行焊后通电处理，以改善接头金属组织和塑性。

通电热处理的方法是：待接头冷却至常温，将两电极钳口调至最大间距，重新夹住钢筋，采用最低的变压器级数，进行脉冲式通电加热，每次脉冲循环，应包括通电时间和间歇时间，一般为3s；当加热至750～850℃，钢筋表面呈橘红色时停止通电，随后在环境温度下自然冷却。

（2）对焊设备及焊接参数（图 1.94）。

1）对焊设备。钢筋闪光对焊的设备是对焊机。对焊机按其形式可分为弹簧顶锻式、杠杆挤压弹簧顶锻式、电动凸轮顶锻式、气压顶锻式等。

2）对焊参数。为了获得良好的对焊接头，应合理选择恰当的焊数参数。闪光对焊工艺参数包括：调伸长度、闪光留量、闪光速度、顶锻留量、顶锻速度、顶锻压力及变压器级次。采用预热闪光焊时，还有预热留量和预热频率等参数。钢筋闪光对焊各项留量，如图 1.94 所示。

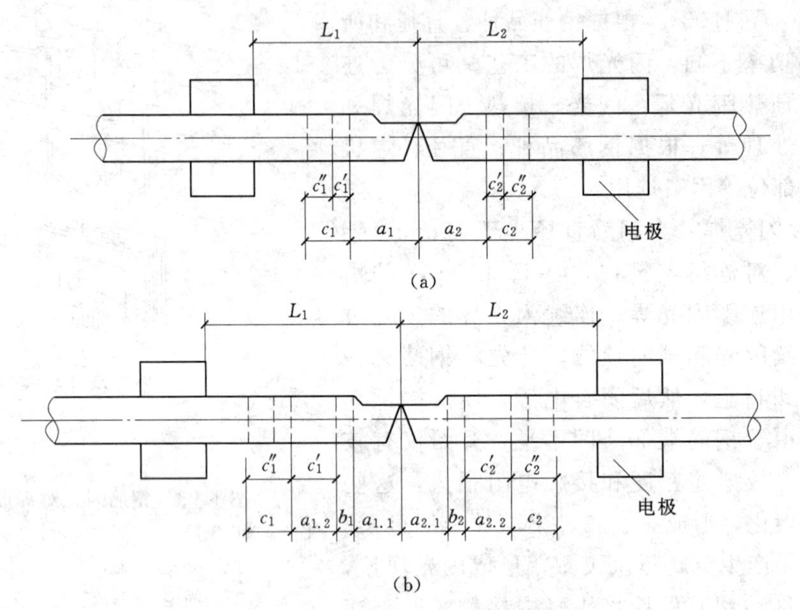

图 1.94　闪光对焊各项留量图解

L_1、L_2—调伸长度；a_1+a_2—烧化留量；b_1+b_2—预热留量；c_1+c_2—顶锻留量；$c'_1+c'_2$—有电顶锻留量；$c''_1+c''_2$—无电顶锻留量；$a_{1.1}+a_{2.1}$——次烧化留量；$a_{1.2}+a_{2.2}$—二次烧化留量

3）调伸长度。它是指钢筋从电极钳口伸出的长度。调伸长度过长时，接头易旁弯、偏心；过短时，则散热不良，接头易脆断。甚至在电极处会发生熔化，同时冷却快，对中碳钢会发生淬火裂纹。所以，应随着钢筋牌号的提高和钢筋直径的加大而增长，主要是缓解接头的温度梯度，防止在热影响区产生淬硬组织。当焊接 HRB400、HRB500 等级别钢筋时，调伸长度宜在 40～60mm 内选用。

4）闪光留量。闪光（烧化）留量是指在闪光过程中，闪出金属所消耗的钢筋长度。闪光留量的选择，应根据焊接工艺方法确定。当连续闪光焊时，闪光过程应较长。烧化留量应等于两根钢筋在断料时切断机刀口严重压伤部分（包括端面的不平整度），再加 8mm。

闪光—预闪光焊时，应区分一次烧化留量和二次烧化留量。一次烧化留量应不小于 10mm。预热闪光焊时的烧化留量应不小于 10mm。

5）闪光速度（又称烧化速度）。它是指闪光过程进行的快慢，闪光速度应随钢筋直径的增大而降低。在闪光过程中，闪光速度是由慢到快，开始时接近于零，而后约为 1mm/

s，终止时达 1.5～2mm/s。这样的闪光比较强烈，能保证两根钢筋间的焊缝金属免受氧化。

6）预热留量。它是指采用预热闪光焊或闪光—预热—闪光焊时，在预热过程中所消耗的钢筋长度。其长度随钢筋直径增大而增加，以保证端部能均匀加热，并达到足够预热温度。宜采用电阻预热法。预热留量应为 1～2mm，预热次数应为 1～4 次；每次预热时间应为 1.5～2s，间歇时间应为 3～4s。

7）预热频率。对 HRB235 级钢筋宜高些，一般为 3～4 次/s；对 HR8335 级、HR8400 级钢筋宜适中，一般为 1～2 次/s。

8）顶锻留量。它是指钢筋顶锻压紧后接头处挤出金属所消耗的钢筋长度。顶锻留量的选择，应使顶锻过程结束时，接头整个断面能获得紧密接触，并具有一定的塑性变形。在进行顶锻时，首先在有电流作用下顶锻，使接头加热均匀、紧密结合，以消除氧化作用，然后在无电流的作用下结束顶锻。因此，顶锻留量又分为有电顶锻留量和无电顶锻留量两项。随着钢筋直径的增大和钢筋级别的提高而增加，其中有电顶锻留量约占 1/3，焊接 RRB400 级钢筋时，顶锻留量宜增大 30%。顶锻留量应为 4～10mm，并应随钢筋直径的增大和钢筋牌号的提高而增加。其中，有电顶锻留量约占 1/3，无电顶锻留量约占 2/3，焊接时必须控制得当。

焊接 HRB500 钢筋时，顶锻留量宜稍微增大，以确保焊接质量。生产中，如果有 RRB400 钢筋需要进行闪光对焊时，与热轧钢筋比较，应减小调伸长度，提高焊接变压器级数，缩短加热时间，快速顶锻，形成快热快冷条件，使热影响区长度控制在钢筋直径的 0.6 倍范围之内。

9）顶锻速度。它是指挤压钢筋接头时的速度。顶锻速度应越快越好，特别是在开始顶锻的 0.1s 内应将钢筋压缩 2～3mm，使焊接口迅速闭合不致氧化；在断电后，以 6mm/s 的速度继续顶锻至终止。总之，顶锻速度要快，压力要适当。

10）变压器级次。它用以调节焊接电流的大小。应根据钢筋级别、直径、焊机容量及焊接工艺方法等具体情况选择。钢筋直径较小，焊接操作技术较熟练时，可选用较高的变压器级次，电压下降 5%左右时，应提高变压器级次一级。

（3）对焊接头的质量检验。钢筋对焊完毕，应对接头质量进行外观检查和力学性能试验。

1）外观检查。钢筋闪光对焊接头的外观检查，应符合下列要求。

a. 每批抽查 10%的接头，且不得少于 10 个。

b. 焊接接头表面无横向裂纹和明显烧伤。

c. 接头处有适当的墩粗和均匀的毛刺。

2）拉伸试验。对闪光对焊的接头，应从每批随机切取 6 个试件，其中 3 个做拉伸试验，3 个做弯曲试验，其拉伸试验结果，应符合下列要求。

a. 3 个试件的抗拉强度，均不得低于该级别钢筋的抗拉强度标准值。

b. 在拉伸试验中，至少有两个试件断于焊缝之外，并呈塑性断裂。

当检验结果有 1 个试件的抗拉强度低于规定指标，或有两个试件在焊缝或热影响区发生脆性断裂时，应取双倍数量的试件进行复验。复验结果，若仍有 1 个试件的抗拉强度不

符合规定指标，或有3个试件呈脆性断裂，则该批接头即为不合格。

3）弯曲试验。弯曲试验的结果，应符合下列要求。

a. 由于对焊时上口与下口的质量不能完全一致，弯曲试验做正弯和反弯两个方向试验。

b. 冷弯不应在焊缝处或热影响区断裂，否则不论其强度多高，均视为不合格。

c. 冷弯后，外侧横向裂缝宽度不得大于0.15mm，对于HRB400级钢筋，不允许有裂纹出现。当试验结果，有两个试件发生破断时，应再取6个试件进行复验。复验结果，当仍有3个试件发生破断，应确认该批接头为不合格品。

2. 电弧焊

钢筋电弧焊是以焊条作为一级，钢筋为另一极，利用焊接电流通过上传产生的电弧热进行焊接的一种熔焊方法。其工作原理是：以焊条作为一极，钢筋为另一极，利用送出的低电压强电流，使焊条与焊件之间产生高温电弧，将焊条与焊件金属熔化，凝固后形成一条焊缝。

（1）钢筋电弧焊接头形式。钢筋电弧焊包括帮条焊、搭接焊、坡口焊、窄间隙焊和熔槽帮条焊等5种接头形式。

1）帮条焊。帮条焊时，用两根一定长度的帮条将受力主筋夹在中间，并采用两端点焊定位，然后用双面焊形成焊缝：宜采用双面焊［图1.95（a)］；当不能进行双面焊时，方可采用单面焊［图1.95（b)］。帮条长度应符合：当帮条牌号与主筋相同时，帮条直径可与主筋相同或小一个规格；当帮条直径与主筋相同时，帮条牌号可与主筋相同或低一个牌号。

帮条焊接头或搭接焊接头的焊缝厚度s不应小于主筋直径的0.3倍；焊缝宽度b不应小于主筋直径的0.8倍。

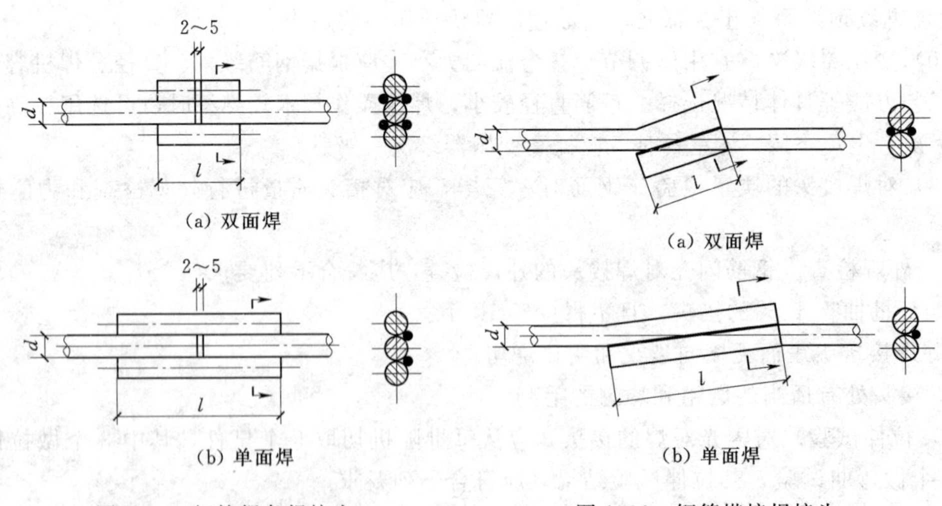

图1.95　钢筋帮条焊接头
d—钢筋直径；l—帮条长度

图1.96　钢筋搭接焊接头
d—钢筋直径；l—搭接长度

2）搭接焊。搭接焊的焊缝厚度、焊缝宽度、搭接长度等技术参数，与帮条焊相同。焊接时应在搭接焊形成焊缝中引弧；在端头收弧前应填满弧坑，并使主焊缝与定位焊缝的

始端和终端熔合，如图 1.96 所示。

3）坡口焊。坡口焊有平焊和立焊两种接头形式（图 1.97）。坡口尖端一侧加焊钢板，钢板厚度宜为 4～6mm，长度宜为 40～60mm。坡口平焊时，钢垫板宽度应为钢筋直径加 10mm；坡口立焊时，钢垫板宽度宜等于钢筋的直径。

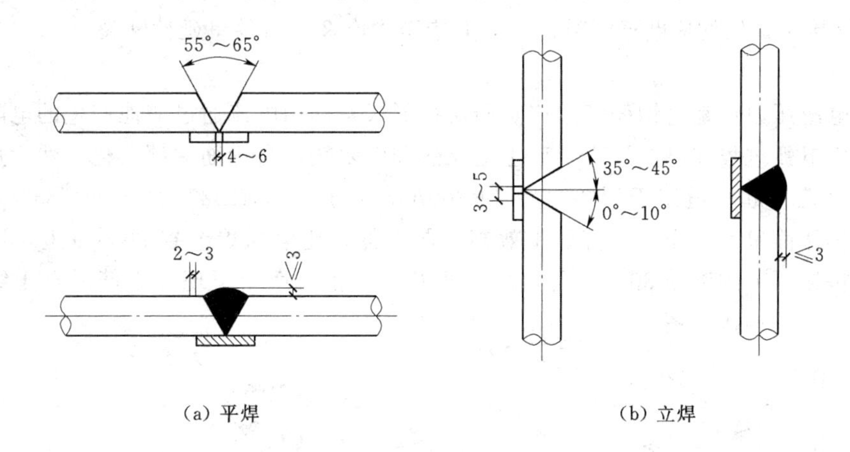

图 1.97　钢筋坡口焊接头

钢筋根部的间隙，坡口平焊时宜为 4～6mm，坡口立焊时宜为 3～5mm，其最大间隙均不宜超过 10mm。

坡口焊接时，焊接根部、坡口端面之间均应熔合一体：钢筋与钢垫板之间，应加焊 2～3 层面焊缝，焊缝的宽度应大于 V 形坡口的边缘 2～3mm，焊缝余高不得大于 3mm，并平缓过渡至钢筋表面。焊接过程中应经常清渣，以免影响焊接质量。当发现接头中有弧坑、气孔及咬边等缺陷时，应立即补焊。

4）熔槽帮条焊。熔槽帮条焊是将两根平口的钢筋水平对接钢做帮条进行焊接。焊接时，应从接缝处垫板引弧后连续施焊，并使钢筋端部熔合，防止未焊透、气孔或夹渣等现象的出现。待焊平检查合格后，再进行焊缝余高的焊接，余高不得大于 3mm，钢筋与角钢垫板之间，应加焊侧面焊缝 1～3 层，焊缝应饱满。

（2）电弧焊接头的质量检验。电弧焊的质量检验，主要包括外观检查和拉伸试验两项。

1）外观检查。电弧焊接头外观检查时，应在清渣后逐个进行目测，其检查结果应符合下列要求。

a. 焊缝表面应平整，不得有凹陷或焊瘤。

b. 焊接接头区域内不得有裂纹。

c. 坡口焊、熔槽帮条焊接头的焊缝余高，不得大于 3mm。

d. 预埋件 T 字接头的钢筋间距偏差不应大于 10mm，钢筋相对钢板的直角偏差不得大于 4°。

e. 焊缝中的咬边深度、气孔、夹渣等缺陷允许值及接头尺寸的允许偏差，应符合规范的规定。

外观检查不合格的接头，经修整或补强后，可提交二次验收。

2）拉伸试验。电弧焊接头进行力学性能试验时，在工厂焊接条件下，以300个同接头形式、同钢筋级别的接头为一批，从成品中每批随机切取3个接头进行拉伸试验，其拉伸试验的结果，应符合下列要求。

a. 3个热轧钢筋接头试件的抗拉强度，均不得低于该级别钢筋的抗拉强度。

b. 3个接头试件均应断于焊缝之外，并应至少有2个试件呈延性断裂。

3. 电渣压力焊

钢筋电渣压力焊是将钢筋安放成竖向对接形式，利用电流通过渣池产生的电阻，在焊剂层下形成电弧过程和电渣过程，产生电弧热和电阻热，将钢筋端部熔化，然后加压使两根钢筋焊合在一起。适用于焊接直径14～40mm的热轧HRB235级～HRB335级钢筋。这种方法操作简单、工作条件好、工效高、成本低，比电弧焊节省80%以上，比绑扎连接和帮条搭接焊节约钢筋30%，可提高工效6～10倍。适用于现浇钢筋混凝土结构中竖向或斜向钢筋的连接（图1.98～图1.100）。

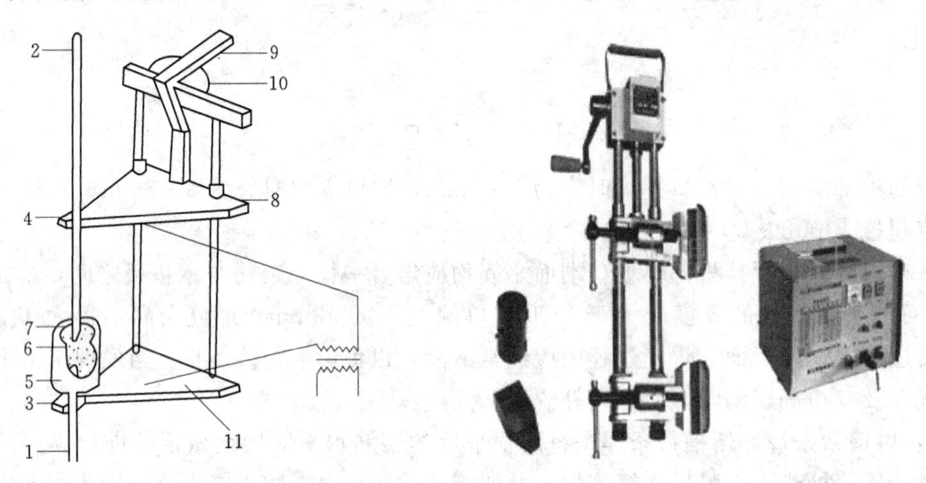

图1.98　电渣焊构造

1、2—钢筋；3—固定电极；4—活动电极；5—药盒；6—导电剂；
7—焊药；8—滑动架；9—手柄；10—支架；11—固定

(1) 焊接设备与焊剂。电渣压力焊的设备为钢筋电渣压力焊机，主要包括焊接电源、焊接机头、焊接夹具、控制箱和焊剂盒等。焊接电源采用BXz-1000型焊接变压器；焊接夹具应具有一定刚度，使用灵巧，坚固耐用，上下钳口同心；控制箱内安有电压表、电流表和信号电铃，能准确控制各项焊接参数；焊剂盒由铁皮制成内径为90～100mm的圆形，与所焊接的钢筋直径大小相适应。

电渣压力焊所用焊剂，一般采用HJ431型焊药。焊剂在使用前必须在250℃温度下烘烤2h，以保证焊剂容易熔化，形成渣池。

焊接机头有杠杆单柱式和丝杆传动式两种。杠杆式单柱焊接机头，有单导柱夹具、手柄、监控表、操作把等组成。下夹具固定在钢筋上，上夹具利用手动杠杆可沿单柱上下滑动，以控制上钢筋的运动和位置。丝杆传动式双柱焊接机头，有伞形齿轮箱，手柄、升降丝杆、夹紧装置、夹具、双导柱等组成。上夹具在双导柱上滑动，利用丝杆螺母的自锁特

性，使上钢筋易定位，夹具定位精度高，卡住钢筋后无需调整对中度，电流通过特制焊把钳直接加在钢筋上。

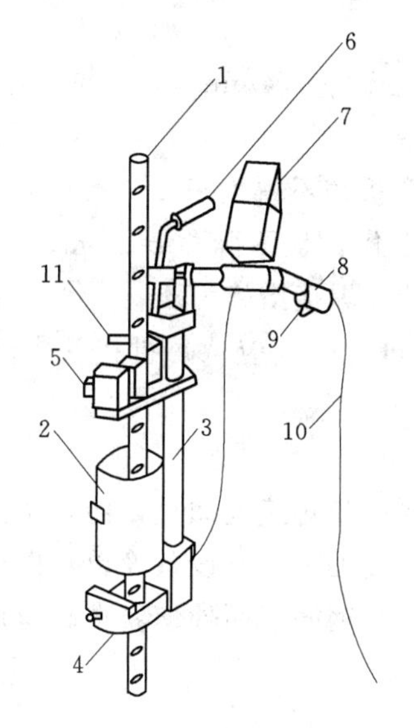

图1.99　杠杆式单柱焊

1—钢筋；2—焊剂盒；3—单导柱；4—固定夹头；5—活动夹头；6—手柄；7—监控仪表；8—操作把；9—开关；10—控制电缆；11—电缆插座

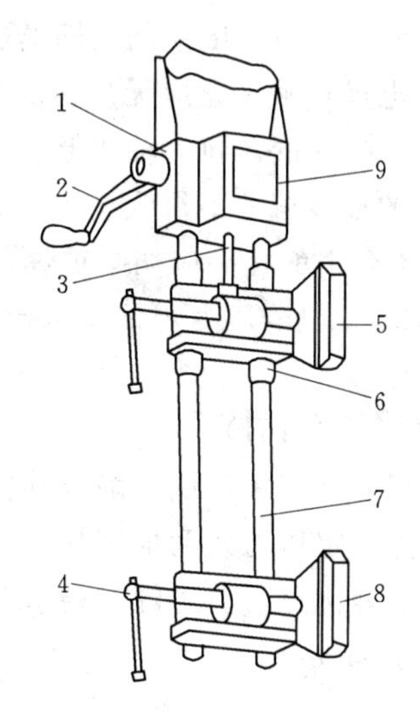

图1.100　杆传动式双柱焊接机头

1—伞形齿形轮箱；2—手柄；3—升降丝杆；4—夹紧装置；5—上夹头；6—导管；7—双导柱；8—下夹头；9—操作盒

（2）焊接参数。钢筋电渣压力焊的焊接参数，主要包括焊接电流、焊接电压和焊接通电时间，这3个焊接参数应符合规范有关规定。

（3）焊接工艺。钢筋电渣压力焊的焊接工艺过程，主要包括端部除锈、固定钢筋、通电引弧、快速施压、焊后清理等工序，具体工艺过程如下。

1）钢筋调直后，对两根钢筋端部120mm范围内，进行认真地除锈和清除杂质工作，以便于很好地焊接。

2）在焊接机头上的上、下夹具，分别夹紧上、下钢筋；钢筋应保持在同一轴线上，一经夹紧不得晃动。

3）采用直接引弧法或铁丝圈引弧法引弧。直接引弧法是通电后迅速将上钢筋提起，使两端头之间的距离为2～4mm引弧；铁丝圈引弧法是将铁丝圈放在上下钢筋端头之间，电流通过铁丝圈与上下钢筋端面的接触点形成短路引弧。

4）引燃电弧后，应先进行电弧过程，然后加快上钢筋的下送速度，使钢筋端面与液态渣池接触，转变为电渣过程，最后在断电的同时，迅速下压上钢筋挤出熔化金属和熔渣。

5）接头焊完毕，应停歇后，方可回收焊剂和卸下焊接夹具，并敲掉渣壳：四周焊包应均匀，凸出钢筋表面的高度应大于或等于4mm。

（4）电渣压力焊接头质量检验。电渣压力焊的质量检验，包括外观检查和拉伸试验。在一般构筑物中，应以300个同级别钢筋接头作为一批；在现浇钢筋混凝土多层结构中，应以每一楼层或施工区段中300个同级别钢筋接头作为一批；不足300个接头的也作为一批。

1）外观检查。电渣压力焊接头，应逐个进行外观检查：其接头外观结果应符合下列要求。

a. 接头处四周焊包凸出钢筋表面的高度，应大于等于4mm。

b. 钢筋与电极接触处，应无烧伤缺陷。

c. 两根钢筋应尽量在同一轴线上，接头处的弯折角不得大于4°。

d. 接头处的轴线偏移不得大于钢筋直径的0.1倍，且不得大于2mm。

外观检查不合格的接头应切除重焊，或采取补强焊接措施。

2）拉伸试验。电渣压力焊接头进行力学性能试验时，应从每批接头中随机切取3个试件做拉伸试验。

4. 气压焊（图1.101）

钢筋气压焊是利用氧乙炔火焰或其他火焰对两钢筋对接处加热，使其达到塑性状态或熔化状态，并施一定压力使两根钢筋焊合。这种焊接工艺具有设备简单、操作方便、质量优良、成本较低等优点，但对焊工要求严格，焊前对钢筋端面处理要求高，被焊两钢筋的直径差不得大于7mm。

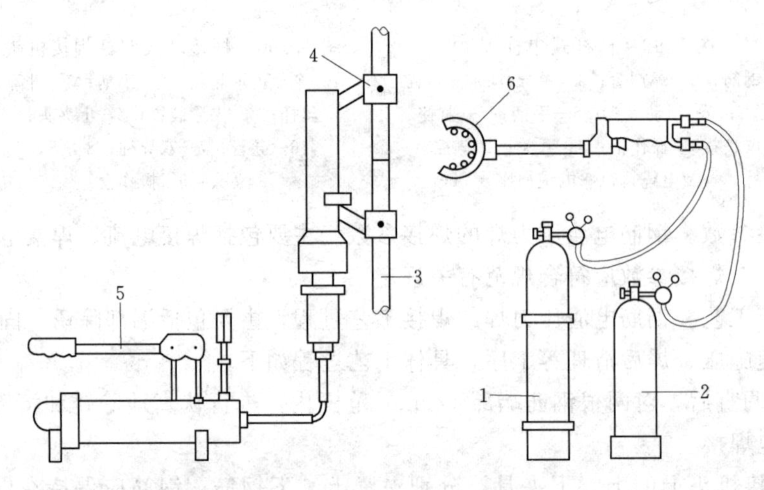

图1.101　钢筋气压焊设备组成

1—氧气瓶；2—乙炔瓶；3—钢筋；4—焊接夹具；5—加压器；6—多嘴环形加热器

（1）焊接设备。钢筋气压焊的设备，主要包括氧、乙炔供气装置、加热器、加压器及焊接夹具等。

供气装置包括氧气瓶、溶解乙炔气瓶（或中压乙炔发生器）、十式回火防止器、减压器及输气胶管等。溶解乙炔气瓶的供气能力，应满足施工现场最大钢筋直径焊接时供气量的要求；当不能满足时，可采用多瓶并联使用。

加热器为一种多嘴环形装置，有混合气管和多火口烤枪组成。氧气和乙炔在混合室内按一定比例混合后，以满足加热圈气体消耗量的需要，应配置多种规格的加热圈，多束火焰应燃烧均匀，调整火焰应方便。

焊接夹具应能牢固夹紧钢筋，当钢筋承受最大轴向压力时，钢筋与夹头之间不得产生

相对滑移，应便于钢筋的安装定位，并在施焊过程中能保持其刚度。

（2）焊接工艺。钢筋处理、安装钢筋、喷焰加热、施加压力等过程。

1）气压焊施焊之前，钢筋端面应切平，并与钢筋轴线垂直。在钢筋端部2倍直径长度范围内，清除其表面上的附着物。钢筋边角毛刺及断面上的铁锈、油污和氧化膜等，应清除干净，并经打磨，使其露出金属光泽，不得有氧化现象。

2）安装焊接夹具和钢筋时，应将两根钢筋分别夹紧，并使两根钢筋的轴线在同一直线上。钢筋安装后应加压顶紧，两根钢筋之间的局部缝隙不得大于3mm。

3）气压焊的开始阶段采用碳化焰，对准两根钢筋接缝处集中加热，并使其内焰包住缝隙，防止端面产生氧化。当加热至两根钢筋缝隙完全密合后，应改用中性焰，以压焊面为中心，在两侧各1倍钢筋直径长度范围内往复宽幅加热。钢筋端面的加热温度，控制在1150～1300℃；钢筋端部表面的加热温度应稍高于该温度，并随钢筋直径大小而产生的温度梯差确定。

4）待钢筋端部达到预定温度后，对钢筋轴向加压到30～40MPa，直到焊缝处对称均匀变粗，其隆起直径为钢筋直径的1.4～1.6倍，变形长度为钢筋直径的1.3～1.5倍。气压焊施压时，应根据钢筋直径和焊接设备等具体条件，选用适宜的加压方式，目前有等压法、二次加压法和三次加压法，常用的是三次加压法。

（3）气压焊接头质量检验。钢筋气压焊接头的质量检验，分为外观检查、拉伸试验和弯曲试验三项。对一般构筑物，以300个接头作为一批：对现浇钢筋混凝土结构，同一楼层中以300个接头作为一批，不足300个接头仍作为一批。

1）外观检查。钢筋气压焊接头应逐个进行外观检查，其检查结果应符合下列要求。

a. 同直径钢筋焊接时，偏心量不得大于钢筋直径的0.15倍，且不得大于4mm；对不同直径钢筋焊接时，应按较小钢筋直径计算。当大于规定值时，应切除重焊。

b. 钢筋的轴线应尽量在同一条直线上，若有弯曲，其轴线弯折角不得大于4。

c. 墩粗直径d不得小于钢筋直径的1.4倍，当小于此规定值时，应重新加热墩粗：墩粗长度L不得小于钢筋直径的1.2倍，且凸起部分应平缓圆滑。

d. 压焊面偏移不得大于钢筋直径的0.2倍，焊接部位不得有环向裂纹或严重烧伤。

2）拉伸试验。从每批接头中随机切取3个接头做拉伸试验，其试验结果应符合下列要求。

a. 试件的抗拉强度均不得小于该级别钢筋规定的抗拉强度。

b. 拉伸断裂应断于压焊面之外，并呈延性断裂。

当有1个试件不符合要求时，应再切取6个试件进行复验：复验结果，当仍有1个试件不符合要求时，应确认该批接头为不合格品。

3）弯曲试验。梁、板的水平钢筋连接中应切取3个试件做弯曲试验，弯曲试验的结果应符合下列要求。

a. 气压焊接头进行弯曲试验时，应将试件受压面的凸起部分消除，并应与钢筋外表面齐平。弯心直径应比原材弯心直径增加1倍钢筋直径，弯曲角度均为90°。

b. 弯曲试验可在万能试验机、手动或电动液压弯曲试验器上进行处在弯曲中心点，弯至900，3个试件均不得在压焊面发生破断。

当试验结果有1个试件不符合要求，应再切取6个试件进行复验。当仍有1个试件不符合要求，应确认该批接头为不合格品。压焊面应复验结果。

1.4.4.3 机械连接

钢筋的机械连接是指通过连接件的机械咬合作用或钢筋端面的承压作用，将一根钢筋的力传递至另一根钢筋的连接方法。钢筋机械连接方法，主要有钢筋锥螺纹套筒连接、钢筋套筒挤压连接、钢筋墩粗直螺纹套筒连接、钢筋滚压直螺纹套筒连接（直接滚压、挤肋滚压、剥肋滚压）等，经过工程实践证明，钢筋锥螺纹套筒连接和钢筋套筒挤压连接，是目前比较成功、深受工程单位欢迎的连接接头形式。

1. 钢筋锥螺纹套筒连接

钢筋锥螺纹接头是一种新型的钢筋机械连接接头技术。国外在20世纪80年代已开始使用，我国于1991年研究成功，1993年被国家科委列入“国家科技成果重点推广计划”，此项新技术已在北京、上海、广东等地推广应用，获得了较大的经济效益（图1.102）。

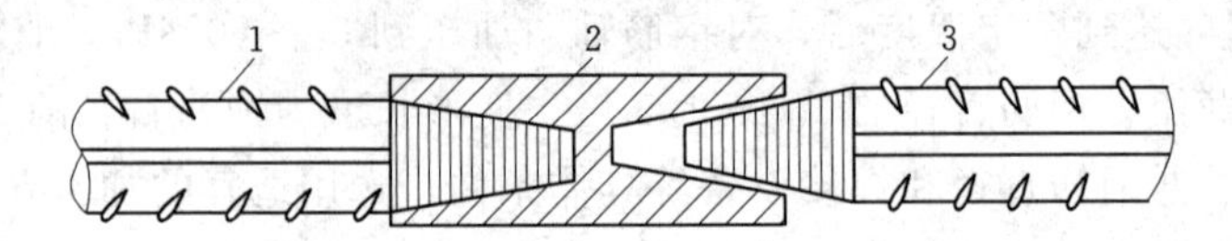

图1.102 钢筋锥螺纹套筒连接

1—已连接的钢筋；2—银螺纹套筒；3—待连接的钢筋

钢筋锥螺纹套筒连接是将所连钢筋的对接端头，在钢筋套丝机上加工成与套筒匹配的锥螺纹，将带锥行内丝的套筒用扭力扳手按一定力矩值把两根钢筋连接成一体。这种连接方法，具有使用范围广、施工工艺简单、施工速度快、综合成本低、连接质量好、利于环境保护等优点。

2. 钢筋套筒挤压连接

带肋钢筋套筒挤压连接是将两根待接钢筋插入钢套筒，用挤压设备沿径向挤压钢套筒，使钢套筒产生塑性变形，依靠变形的钢套筒与被连接钢筋的纵、横肋产生机械咬合而成为一个整体的钢筋连接方法，如图1.103所示。由于是在常温下挤压连接，所以也称为钢筋冷挤压连接。这种连接方法具有操作简单、容易掌握、对中度高、连接速度快、安全可靠、不污染环境、实现文明施工等优点。

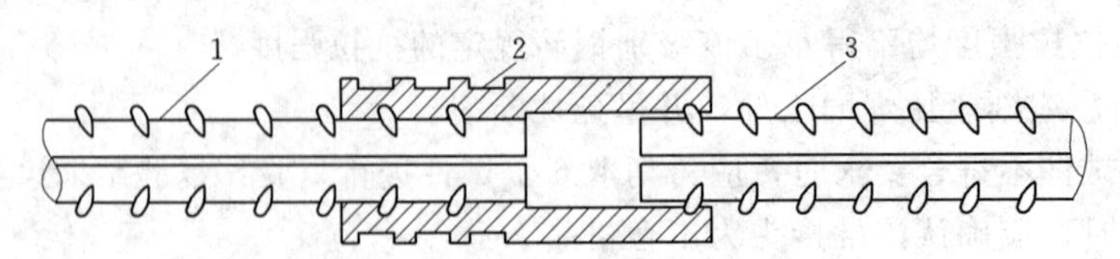

图1.103 钢筋套筒挤压连接

1—已挤压的钢筋；2—钢套筒；3—未挤压的钢筋

1.4.5 钢筋工程安全技术

钢筋工程主要指施工现场的钢筋配料、冷拉与冷拔、加工、焊接、绑扎和安装等工

作。钢筋工程的安全技术要求如下。

(1) 水平或垂直运输钢筋时，要捆扎结实，防止碰人撞物。高空吊运时，要注意不要接触脚手架，模板支撑及其他临时结构物体。周围有电线时，应事先采取可靠措施，确保安全作业。

(2) 高处绑扎和安装钢筋时，不要在脚手架、模板上放置超过必要数量的钢筋，特别是悬臂构件，更要检查顶撑是否稳固。

(3) 在高处安装预制钢筋骨架或绑扎圈梁钢筋时，要在确定脚下安全后在进行操作，不允许站在模板或墙上操作，必要时，操作地点应搭设脚手架。或其他高于3m以上的钢筋时，还应系好安全带。

(4) 钢筋除锈时，要带好口罩、风镜、手套等防护用品，切断钢筋时，要注意不要被机具等弄伤。

(5) 采用机械进行除锈、调直、断料和弯曲等加工时，机械传动装置要设防护罩，并由专人使用和保管。电机等设备要妥善进行保护接地或接零。

(6) 钢筋焊接人员需配戴防护罩、鞋盖、手套和工作帽，防止眼伤和皮肤灼伤。电焊机的电源部分要有保护，避免操作不慎使钢筋和电源接触，发生触电事故。高处焊接要系安全带，必要时应设安全作业台。

任务1.5　混凝土制备与施工

【任务导航】 掌握混凝土的配料、搅拌、运输、浇筑、振捣、养护要求，了解大体积钢筋混凝土结构的浇筑；能进行混凝土施工配料的计算，能进行混凝土工程的质量控制与检查验收，能进行混凝土工程质量缺陷的处理，能编制混凝土工程施工方案。学生分组在实训场进行混凝土工程施工，交叉组织模拟质检、验收。

1.5.1　混凝土配合比设计

混凝土工程施工包括配制、搅拌、运输、浇筑、振捣和养护等工序。各施工工序对混凝土工程质量都有很大的影响。因此，要使混凝土工程施工能保证结构具有设计的外形和尺寸，确保混凝土结构的强度、刚度、密实性、整体性及满足设计和施工的特殊要求，必须要严格保证混凝土工程每道工序的施工质量。

混凝土的配制，应保证结构设计对混凝土强度等级的要求外，还要保证施工对混凝土和易性的要求，并应符合合理使用材料，节约水泥的原则。必要时，还应符合抗冻性、抗渗性等要求。

1. 混凝土的施工配制强度

混凝土配制之前按式(1.19)确定混凝土的施工配制强度，以达到95%的保证率：

$$f_{cu,o}=f_{cu.k}+1.645\sigma \tag{1.19}$$

式中　$f_{cu,o}$——混凝土的配置强度，MPa；

$f_{cu,k}$——混凝土的设计强度等级，MPa；

σ——混凝土强度标准差，MPa；可按施工单位以往的生产质量水平测算，如施工单位无历史资料，可按表1.41选用。

表1.41　　σ　值

混凝土强度等级	<C20	C20～C35	>C35
σ/(N·mm^{-2})	4.0	5.0	6.0

2. 混凝土的施工配制

施工配制必须加以严格控制。因为影响混凝土质量的因素主要有两方面：一是称量不准；二是未按砂、石骨料实际含水率的变化进行施工配合比的换算。这样必然会改变原理论配合比的水胶比、砂石比（含砂率）。当水胶比增大时，混凝土黏聚性、保水性差，而且硬化后多余的水分残留在混凝土中形成水泡，或水分蒸发留下气孔，使混凝土密实性差，强度低。若水胶比减少时，则混凝土流动性差，甚至影响成型后的密实，造成混凝土结构内部松散，表面产生蜂窝、麻面现象。同样，含砂率减少时，则砂浆量不足，不仅会降低混凝土流动性，更严重的是将影响其黏聚性及保水性，产生骨料离析，水泥浆流失，甚至溃散等不良现象。所以，为了确保混凝土的质量，在施工中必须及时进行施工配合比的换算和严格控制称量。

混凝土的配合比是在实验室根据混凝土的施工配制强度经过试配和调整而确定的，称为实验室配合比。实验室配合比是以干燥材料为基准的，工地现场的砂、石一般都含有一定的水分，所以，现场材料的实际称量应按工地砂、石的含水情况调整，调准后的配合比，称为施工配合比。

设实验室配合比为水泥：砂子：石子=1：X：Y，水胶比为$W\backslash C$，并测定砂子的含水量为Wx，石子的含水量为Wy，则施工配合比应为$1:X(1+Wx):Y(1+Wy)$

例：已知某混凝土在实验室配制的混凝土配合比为1：3.5：4.6，水胶比$W/C=0.6$，当混凝土水泥用量$C=280$kg，现场实测砂含水率为2.8%，石子含水率为1.2%。

求：施工配合比及每立方米混凝土各种材料用量。

解：(1) 施工配合比 $1:X(1+Wx):Y(1+Wy)=1:3.5(1+2.8\%):4.6(1+1.2\%)=1:3.6:4.66$

则施工配合比设计每立方米混凝土各组成材料用量：

水泥　　280 (kg)

砂　　$280\times3.6=1008$ (kg)

石子　　$280\times4.66=1304.8$ (kg)

用水量　　$0.6\times280-3.5\times280\times2.8\%-4.6\times280\times1.2\%=125.104$ (kg)

事实上，砂和石的含水量随气候的变化而变化。因此施工中必须经常测定其含水率，调整配合比，控制原材料用量，确保混凝土质量。

(2) 施工配料。求出每立方米混凝土材料用量后，还必须根据工地现有搅拌机出料容量确定每次需用几整袋水泥，然后按水泥用量来计算砂石的每次拌用量。如采用JZ250型搅拌机，出料容量为0.25m^3，出料系数为0.65，则每搅拌一次的装料数量为

水泥　$280\times0.25/0.65=107.7$ (kg)（取用两袋水泥，即100kg）

砂子　$107.7\times3.6=387.72$ (kg)

石子 107.7×4.66=501.88（kg）

水 0.6×107.7−3.5×107.7×2.8%−4.6×107.7×1.2%=48.12（kg）

混凝土配合比一经调整后，就严格按调整后的质量比称量原材料，其质量容许偏差：水泥和外掺混合材料±2%，砂、石（粗细骨料）±3%，水、外加剂溶液±2%。各种衡器应定期校验，经常保持准确，骨料含水率应经常测定。雨天施工时，应增加测定次数。根据理论分析和实践经验，对混凝土的最大水胶比、最小水泥用量做好控制。

1.5.2 混凝土质量要求

1.5.2.1 一般要求

在搅拌工序中，拌制的混凝土拌和物的均匀性应按要求进行检查。在检查混凝土均匀性时，应在搅拌机卸料过程中，从卸料流出的1/4～3/4之间部位采取试样。检测结果应符合下列规定：

（1）混凝土中砂浆密度，两次测值的相对误差不应大于0.8%。

（2）单位体积混凝土中粗骨料含量，两次测值的相对误差不应大于5%。

混凝土搅拌的最短时间应符合附表5的规定，混凝土的搅拌时间，每一工作班至少应抽查两次。混凝土搅拌完毕后，应按下列要求检测混凝土拌和物的各项性能。

（1）混凝土拌和物的稠度，应在搅拌地点和浇筑地点分别取样检测。每工作班不应少于1次。评定时应以浇筑地点为准。在检测坍落度时，还应观察混凝土拌和物的黏聚性和保水性，全面评定拌和物的和易性。

（2）根据需要，如果应检查混凝土拌和物的其他质量指标时，检测结果也应符合各自的要求，如含气量、水胶比和水泥含量等。

结构构件的混凝土强度应按现行国家标准《混凝土强度检验评定标准》（GBJ 107）的规定分批检验评定。检验评定混凝土强度用的混凝土试件的尺寸及强度的尺寸换算系数应按表1.42取用：其标准成型方法、标准养护条件及强度试验方法应符合现行国家标准《普通混凝土力学性能试验方法》（GBJ 81）的规定。

表1.42　　混凝土试件的尺寸及强度的尺寸换算系数

骨料最大粒径/mm	试件尺寸/mm	强度的尺寸换算系数
≤31.5	100×100×100	0.95
≤40	150×150×150	1.00
≤63	200×200×200	1.05

注　对强度等级为C60及以上的混凝土试件，其强度换算系数可通过试验确定。

1.5.2.2 原材料

（1）水泥进场时应对其品种、级别、包装或散装仓号、出厂日期等进行检查，并应对其强度、安定性及其他必要的性能指标进行复验，其质量必须符合现行国家标准《硅酸盐水泥、普通硅酸盐水泥》（GB 175）等的规定。当在使用中对水泥质量有怀疑或水泥出厂超过3个月（快硬硅酸盐水泥超过1个月）时，应进行复验，并按复验结果使用。钢筋混凝土结构、预应力混凝土结构中，严禁使用含氯化物的水泥。

(2) 混凝土中掺用外加剂的质量及应用技术应符合现行国家标准《混凝土外加剂》(GB 8076)、《混凝土外加剂应用技术规范》(GB 50119) 等和有关环境保护的规定。

预应力混凝土结构中，严禁使用含氯化物的外加剂。钢筋混凝土结构中，当使用含氯化物的外加剂时，混凝土中氯化物的总含量应符合现行国家标准《混凝土质量控制标准》(GB 50164) 的规定。

(3) 混凝土中骨料尺寸应符合要求。

1) 混凝土中的粗骨料，其最大颗粒粒径不得超过构件截面最小尺寸的1/4，且不得超过钢筋最小净距的3/4。

2) 对混凝土实心板，骨料的最大粒径不宜超过板厚的1/3，且不得超过40mm。

(4) 拌制混凝土宜采用饮用水。当采用其他水源时，水质应符合国家现行标准《混凝土拌和用水标准》(JGJ 63) 的规定。

1.5.2.3 配合比设计

(1) 混凝土应按国家现行标准《普通混凝土配合比设计规程》(JGJ 55) 的有关规定，根据混凝土强度等级、耐久性和工作性等要求进行配合比设计。

(2) 首次使用的混凝土配合比应进行开盘鉴定，其工作性应满足设计配合比的要求。开始生产时应至少留置一组标准养护试件，作为验证配合比的依据。

(3) 混凝土拌制前，应测定砂、石含水率并根据测试结果调整材料用量，提出施工配合比。

1.5.3 混凝土搅拌

1.5.3.1 搅拌要求

搅拌混凝土前，加水空转数分钟，将积水倒净，使拌筒充分润湿。搅拌第一盘时，考虑到筒壁上的砂浆损失，石子用量应按配合比规定减半。

搅拌好的混凝土要做到基本卸尽。在全部混凝土卸出之前不得再投入拌和料，更不得采取边出料边进料的方法。严格控制水胶比和坍落度，未经试验人员同意不得随意加减用水量。

1.5.3.2 材料配合比

严格掌握混凝土材料配合比。在搅拌机旁挂牌公布，便于检查。混凝土原材料按重量计的允许偏差，不得超过以下规定。

(1) 水泥、外加掺合料±2%。

(2) 粗细骨料±3%。

(3) 水、外加剂溶液±2%。

各种衡器应定时校验，并经常保持准确。骨料含水率应经常测定。雨天施工时，应增加测定次数。

1.5.3.3 搅拌

搅拌装料顺序为石子→水泥→砂。每盘装料数量不得超过搅拌筒标准容量的10%。

在每次用搅拌机拌和第一罐混凝土前，应先开动搅拌机空车运转，运转正常后，再加料搅拌。拌第一罐混凝土时，宜按配合比多加入10%的水泥、水、细骨料的用量；或减

少10%的粗骨料用量，使富裕的砂浆布满鼓筒内壁及搅拌叶片，防止第一罐混凝土拌和物中的砂浆偏少。

在每次用搅拌机开拌之始，应注意监视与检测开拌初始的前二、三罐混凝土拌和物的和易性。如不符合要求时，应立即分析情况并处理，直至拌和物的和易性符合要求，方可持续生产。

当开始按新的配合比进行拌制或原材料有变化时，亦应注意开拌鉴定与检测工作。

搅拌时间：从原料全部投入搅拌机筒时起，至混凝土拌和料开始卸出时止，所经历的时间称作搅拌时间。通过充分搅拌，应使混凝土的各种组成材料混合均匀，颜色一致；高强度等级混凝土、干硬性混凝土更应严格执行。搅拌时间随搅拌机的类型及混凝土拌和物和易性的不同而异。在生产中，应根据混凝土拌和料要求的均匀性、混凝土强度增长的效果及生产效率几种因素，规定合适的搅拌时间。但混凝土搅拌的最短时间，应符合表1.43规定。

表1.43　　混凝土搅拌的最短时间　　单位：s

混凝土坍落度/mm	搅拌机类型	搅拌机容积/L		
		小于250	250～500	大于500
小于及等于30	自落式	90	120	150
	强制式	60	90	120
大于30	自落式	90	90	120
	强制式	60	60	90

注　掺有外加剂时，搅拌时间应适当延长。

在拌和掺有掺合料（如粉煤灰等）的混凝土时，宜先以部分水、水泥及掺合料在机内拌和后，再加入砂、石及剩余水，并适当延长拌和时间。

使用外加剂时，应注意检查核对外加剂品名、生产厂名、牌号等。使用时一般宜先将外加剂制成外加剂溶液，并预加入拌用水中，当采用粉状外加剂时，也可采用定量小包装外加剂另加载体的掺用方式。当用外加剂溶液时，应经常检查外加剂溶液的浓度，并应经常搅拌外加剂溶液，使溶液浓度均匀一致，防止沉淀。溶液中的水量，应包括在拌和用水量内。

混凝土用量不大，而又缺乏机械设备时，可用人工拌制。拌制一般应用铁板或包有白铁皮的木拌板上进行操作，如用木制拌板时，宜将表面刨光，镶拼严密，使不漏浆。拌和要先干拌均匀，再按规定用水量随加水随湿拌至颜色一致，达到石子与水泥浆无分离现象为准。当水胶比不变时，人工拌制要比机械搅拌多耗10%～15%的水泥。

雨期施工期间要勤测粗细骨料的含水量，随时调整用水量和粗细骨料的用量。夏期施工时砂石材料尽可能加以遮盖，至少在使用前不受烈日曝晒，必要时可采用冷水淋洒，使其蒸发散热。冬期施工要防止砂石材料表面冻结，并应清除冰块。

1.5.3.4　泵送混凝土的拌制

泵送混凝土宜采用混凝土搅拌站供应的预拌混凝土，也可在现场设置搅拌站，供应泵送混凝土；但不得采用手工搅拌的混凝土进行泵送。

泵送混凝土的交货检验，应在交货地点，按国家现行《预拌混凝土》（GB 14902）的有关规定，进行交货检验；现场拌制的泵送混凝土供料检验，宜按国家现行标准《预拌混凝土》（GB 14902）的有关规定执行。

在寒冷地区冬期拌制泵送混凝土时，除应满足《混凝土泵送施工技术规程》（JGJ/T 10）的规定外，尚应制定冬期施工措施。

1.5.4 混凝土运输

1.5.4.1 一般要求

（1）混凝土必须在最短的时间内均匀无离析地排出，出料干净、方便，能满足施工的要求，如与混凝土泵联合输送时，其排料速度应能相匹配。

（2）从搅拌输送车运卸的混凝土中，分别取1/4和3/4处试样进行坍落度试验，两个试样的坍落度值之差不得超过3cm。

（3）混凝土搅拌输送车在运送混凝土时，通常的搅动转速为2～4r/min，整个输送过程中拌筒的总转数应控制在300转以内。

（4）若混凝土搅拌输送车采用干料自行搅拌混凝土时，搅拌速度一般应为6～18r/min，搅拌应从混合料和水加入搅拌筒起，直至搅拌结束转数应控制在70～100转。

1.5.4.2 输送时间

混凝土应以最少的转载次数和最短的时间，从搅拌地点运至浇筑地点。混凝土从搅拌机中卸出后到浇筑完毕的延续时间应符合表1.44的要求。

表1.44 混凝土从搅拌机中卸出到浇筑完毕的延续时间

气温/℃	延续时间/min			
	采用搅拌车		其他运输设备	
	≤C30	＞C30	≤C30	＞C30
≤25	120	90	90	75
＞25	90	60	60	45

注 掺有外加剂或采用快硬水泥时延续时间应通过试验确定。

1.5.4.3 输送道路

场内输送道路应尽量平坦，以减少运输时的振荡，避免造成混凝土分层离析。同时还应考虑布置环形回路，施工高峰时宜设专人管理指挥，以免车辆互相拥挤阻塞。临时架设的桥道要牢固，桥板接头须平顺。

浇筑基础时，可采用单向输送主道和单向输送支道的布置方式；浇筑柱子时，可采用来回输送主道和盲肠支道的布置方式；浇筑楼板时，可采用来回输送主道和单向输送支管道结合的布置方式。对于大型混凝土工程，还必须加强现场指挥和调度。

1.5.4.4 季节施工

在风雨或暴热天气输送混凝土，容器上应加遮盖，以防进水或水分蒸发。冬期施工应加以保温。夏季最高气温超过40℃时，应有隔热措施。

1.5.4.5 质量要求

（1）混凝土运送至浇筑地点，如混凝土拌和物出现离析或分层现象，应对混凝土拌和物进行二次搅拌。

（2）混凝土运至浇筑地点时，应检测其稠度，所测稠度值应符合设计和施工要求。其允许偏差值应符合有关标准的规定。

（3）混凝土拌和物运至浇筑地点时的温度，最高不宜超过35℃，最低不宜低于5℃。

1.5.5　混凝土浇筑

1.5.5.1　浇筑前的检查

（1）浇筑混凝土前，应检查和控制模板、钢筋、保护层和预埋件等的尺寸、规格、数量和位置，其偏差值应符合《混凝土结构工程施工质量验收规范》（GB 50204—2011）的规定。此外，还应检查模板支撑的稳定性以及接缝的密合情况。

（2）模板和隐蔽项目应分别进行预检和隐检验收，符合要求时，方可进行浇筑。

1.5.5.2　混凝土浇筑的一般要求

（1）混凝土应在初凝前浇筑，如果出现初凝现象，应再进行一次强力搅拌。

（2）混凝土自由倾落高度不宜超过 3m，否则，应采用串筒、溜槽或振动串筒下料，以防产生离析，如图 1.104 所示。

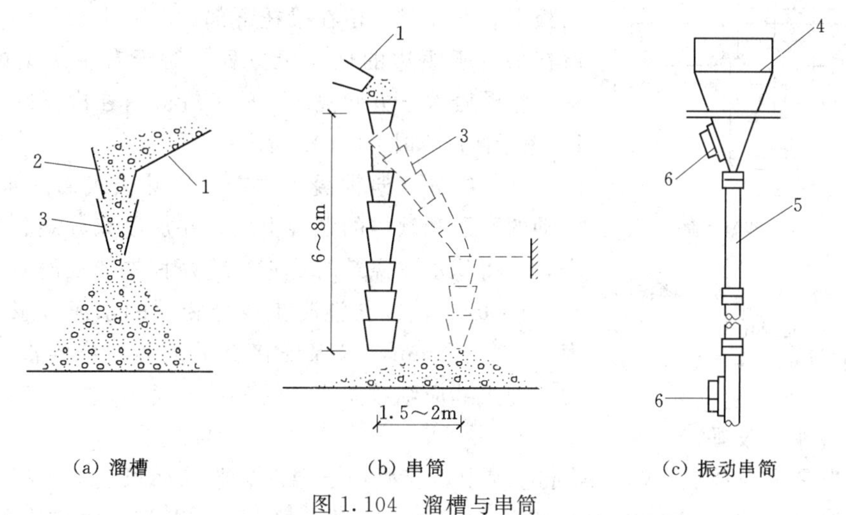

图 1.104　溜槽与串筒

1—溜槽；2—挡板；3—串筒；4—漏斗；5—节管；6—振动器

（3）浇筑竖向结构混凝土前，底部应先浇入 50～100mm 厚与混凝土成分相同的水泥砂浆，以避免产生蜂窝麻面现象。

（4）混凝土浇筑时坍落度，应符合表 1.45 中的规定。

表 1.45　　混凝土浇筑时的坍落度　　单位：mm

项次	结构种类	坍落度
1	基础或地面等垫层、无配筋的厚大结构（挡土墙、基础或厚大的块体）或配筋稀疏的结构	10～30
2	板、梁及大型、中型截面的柱子	30～60
3	配筋密列的结构（薄壁、斗仓、筒仓、细柱等）	50～70
4	配筋特密的结构	70～90

注　1. 本表系指采用机械振捣的坍落度，采用人工捣实时可适当增大。

2. 需要配制大坍落度混凝土时，应掺用外加剂。

3. 曲面或斜结构的混凝土，其坍落度值应根据实际需要另行规定。

4. 为了使混凝土上下层结合良好并振捣密实，混凝土必须分层浇筑，其浇筑厚度应符合规定。

5. 为保证混凝土的整体性，浇筑工作应连续进行。当由于技术上或施工组织上的原因必须间歇时，其间歇的时间应尽可能缩短，并保证在前层混凝土初凝之前，将次层混凝土浇筑完毕。

1.5.5.3 混凝土施工缝

1. 施工缝的留设与处理

如果因技术上的原因或设备、人力的限制，混凝土不能连续浇筑，中间的间歇时间超过混凝土初凝时间，则应留置施工缝。留置施工缝的位置应事先确定。由于该处新旧混凝土的结合力较差，是构件中薄弱环节，故施工缝宜留在结构受力（剪力）较小且便于施工的部位。柱应留水平缝，梁、板应留垂直缝。

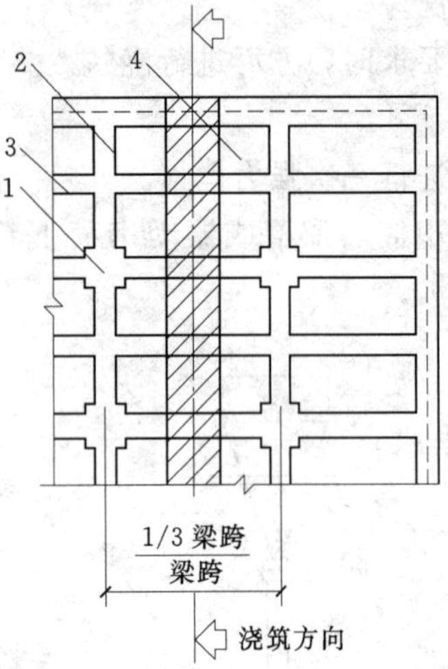

根据施工缝设置的原则，柱子的施工缝宜留在基础的顶面、梁或吊车梁牛腿的下面、吊车梁的上面、无梁楼盖柱帽的下面。框架结构中，如果梁的负筋向下弯入柱内，施工缝也可设置在这些钢筋的下端，以便于绑扎。和板连成整体的大断面梁，应留在楼板底面以下 20～30mm 处，当板下有梁托时，留在梁托下部；单向平板的施工缝，可留在平行于短边的任何位置处；对于有主次梁的楼板结构，宜顺着次梁方向浇筑，施工缝应留在次梁跨度的中间 1/3 范围内，如图 1.105 所示。

图 1.105 浇筑有主次梁楼板的施工缝位置

1—柱；2—主梁；3—次梁；4—板

施工缝处浇筑混凝土之前，应除去表面的水泥薄膜、松动的石子和软弱的混凝土层。并加以充分湿润和冲洗干净，不得积水。浇筑时，施工缝处宜先铺水泥浆（水泥：水=1：0.4），或与混凝土成分相同的水泥砂浆一层，厚度为 10～15mm，以保证接缝的质量。浇筑混凝土过程中，施工缝应细致捣实，使其结合紧密。

2. 后浇带的设置

后浇带是为在现浇钢筋混凝土过程中，克服由于温度、收缩而可能产生有害裂缝而设置的临时施工缝。该缝需根据设计要求保留一段时间后再浇筑，将整个结构连成整体。

后浇带的保留时间应根据设计确定，若设计无要求时，一般应至少保留 28d 以上。后浇带的宽度一般为 700～1000mm，后浇带内的钢筋应完好保存。其构造如图 1.106 所示。

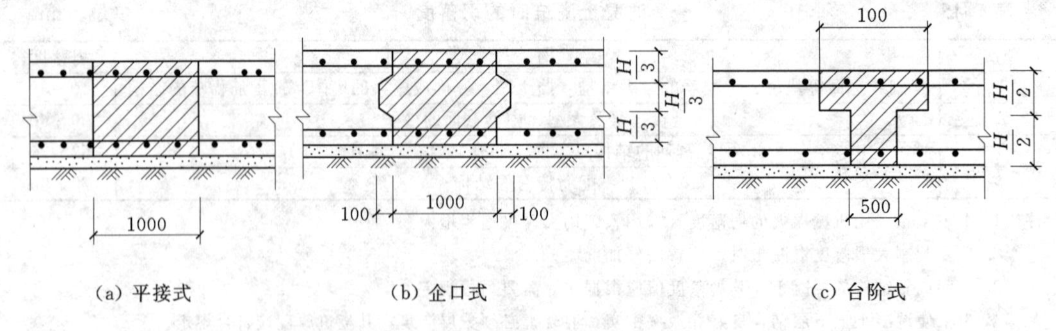

(a) 平接式　(b) 企口式　(c) 台阶式

图 1.106 后浇带构造图（单位：mm）

1.5.5.4　整体结构浇筑

1. 框架结构的整体浇筑

框架结构的主要构件包括基础、柱、梁、板等，其中框架梁、板、柱等构件是沿垂直方向重复出现的。因此，一般按结构层分层施工。如果平面面积较大，还应分段进行，以便各工序组织流水作业。

混凝土浇筑与振捣的一般要求如下。

(1) 混凝土自吊斗口下落的自由倾落高度不得超过2m，浇筑高度如超过3m时必须采取措施，用串桶或溜管等。浇筑混凝土时应分段分层连续进行，浇筑层高度应根据混凝土供应能力，一次浇筑方量，混凝土初凝时间，结构特点、钢筋疏密综合考虑决定，一般为振捣器作用部分长度的1.25倍。

(2) 使用插入式振捣器应快插慢拔，插点要均匀排列，逐点移动，顺序进行，不得遗漏，做到均匀振实。移动间距不大于振捣作用半径的1.5倍（一般为30～40cm）。振捣上一层时应插入下层5～10cm，以使两层混凝土结合牢固。表面振动器（或称平板振动器）的移动间距，应保证振动器的平板覆盖已振实部分的边缘。

(3) 浇筑混凝土应连续进行。如必须间歇，其间歇时间应尽量缩短，并应在前层混凝土初凝之前，将次层混凝土浇筑完毕。间歇的最长时间应按所用水泥品种、气温及混凝土凝结条件确定，一般超过2h应按施工缝处理。当混凝土的凝结时间小于2h时，则应当执行混凝土的初凝时间。

(4) 浇筑混凝土时应经常观察模板、钢筋、预留孔洞、预埋件和插筋等有无移动、变形或堵塞情况，发现问题应立即处理，并应在已浇筑的混凝土初凝前修正完好。

2. 柱的混凝土浇筑

(1) 柱浇筑前底部应先填5～10cm厚与混凝土配合比相同的减石子砂浆，柱混凝土应分层浇筑振捣，使用插入式振捣器时每层厚度不大于50cm，振捣棒不得触动钢筋和预埋件。

(2) 柱高在3m之内，可在柱顶直接下灰浇筑，超过3m时，应采取措施（用串桶）或在模板侧面开洞口安装斜溜槽分段浇筑。每段高度不得超过2m，每段混凝土浇筑后将模板洞封闭严实，并用箍箍牢。

(3) 柱子混凝土的分层厚度应当经过计算后确定，并且应当计算每层混凝土的浇筑量，用专制料斗容器称量，保证混凝土的分层准确，并用混凝土标尺杆计量每层混凝土的浇筑高度，混凝土振捣人员必须配备充足的照明设备，保证振捣人员能够看清混凝土的振捣情况。

(4) 柱子混凝土应一次浇筑完毕，如需留施工缝时应留在主梁下面。无梁楼板应留在柱帽下面。在与梁板整体浇筑时，应在柱浇筑完毕后停歇1～1.5h，使其初步沉实，再继续浇筑。

(5) 浇筑完后，应及时将伸出的搭接钢筋整理到位。

3. 梁、板混凝土浇筑

(1) 梁、板应同时浇筑，浇筑方法应由一端开始用“赶浆法”，即先浇筑梁，根据梁高分层浇筑成阶梯形，当达到板底位置时再与板的混凝土一起浇筑，随着阶梯形不断延伸，梁板混凝土浇筑连续向前进行。

(2) 和板连成整体高度大于1m的梁，允许单独浇筑，其施工缝应留在板底以下2～3mm处。浇捣时，浇筑与振捣必须紧密配合，第一层下料慢些，梁底充分振实后再下二层料，用“赶浆法”保持水泥浆沿梁底包裹石子向前推进，每层均应振实后再下料，梁底及梁帮部位要注意振实，振捣时不得触动钢筋及预埋件。

(3) 梁柱节点钢筋较密时，浇筑此处混凝土时宜用小粒径石子同强度等级的混凝土浇筑，并用小直径振捣棒振捣。

(4) 浇筑板混凝土的虚铺厚度应略大于板厚，用平板振捣器垂直浇筑方向来回振捣，厚板可用插入式振捣器顺浇筑方向托拉振捣，并用铁插尺检查混凝土厚度，振捣完毕后用长木抹子抹平。施工缝处或有预埋件及插筋处用木抹子找平。浇筑板混凝土时不允许用振捣棒铺摊混凝土。

(5) 施工缝位置：宜沿次梁方向浇筑楼板，施工缝应留置在次梁跨度的中间1/3范围内。施工缝的表面应与梁轴线或板面垂直，不得留斜槎。施工缝宜用木板或钢丝网挡牢。

(6) 施工缝处须待已浇筑混凝土的抗压强度不小于1.2MPa时，才允许继续浇筑。在继续浇筑混凝土前，施工缝混凝土表面应凿毛，剔除浮动石子和混凝土软弱层，并用水冲洗干净后，先浇一层同配比减石子砂浆，然后继续浇筑混凝土，应细致操作振实，使新旧混凝土紧密结合。

4. 剪力墙混凝土浇筑

(1) 如柱、墙的混凝土强度等级相同时，可以同时浇筑，反之宜先浇筑柱混凝土，预埋剪力墙锚固筋，待拆柱模后，再绑剪力墙钢筋、支模、浇筑混凝土。

(2) 剪力墙浇筑混凝土前，先在底部均匀浇筑5～10cm厚与墙体混凝土同配水泥砂浆，并用铁锹入模，不应用料斗直接灌入模内。该部分砂浆的用量也应当经过计算，使用容器计量。

(3) 浇筑墙体混凝土应连续进行，间隔时间不应超过2h，每层浇筑厚度按照规范的规定实施，因此必须预先安排好混凝土下料点位置和振捣器操作人员数量。

(4) 振捣棒移动间距应小于40cm，每一振点的延续时间以表面泛浆为度，为使上下层混凝土结合成整体，振捣器应插入下层混凝土5～10cm。振捣时注意钢筋密集及洞口部位，为防止出现漏振，须在洞口两侧同时振捣，下灰高度也要大体一致。大洞口的洞底模板应开口，并在此处浇筑振捣。

(5) 墙体混凝土浇筑高度应高出板底20～30mm。混凝土墙体浇筑完毕之后，将上口甩出的钢筋加以整理，用木抹子按标高线将墙上表面混凝土找平。

5. 楼梯混凝土浇筑

(1) 楼梯段混凝土自下而上浇筑，先振实底板混凝土，达到踏步位置时再与踏步混凝土一起浇捣，不断连续向上推进，并随时用木抹子（或塑料抹子）将踏步上表面抹平。施工缝位置：楼梯混凝土宜连续浇筑完，多层楼梯的施工缝应留置在楼梯段1/3的部位。所有浇筑的混凝土楼板面应当扫毛，扫毛时应当顺一个方向扫，严禁随意扫毛，影响混凝土表面的观感。

(2) 养护。混凝土浇筑完毕后，应在12h以内加以覆盖和浇水，浇水次数应能保持混

凝土有足够的润湿状态，养护期一般不少于7个昼夜。

（3）混凝土试块留置。

1）按照规范规定的试块取样要求做标养试块的取样。

2）同条件试块的取样要分情况对待，拆模试块（1.2MPa，50%，75%设计强度，100%设计强度）；外挂架要求的试块（7.5MPa）。

（4）成品保护。要保证钢筋和垫块的位置正确，不得踩楼板、楼梯的分布筋、弯起钢筋，不碰动预埋件和插筋。在楼板上搭设浇筑混凝土使用的浇筑人行道，保证楼板钢筋的负弯矩钢筋的位置。不用重物冲击模板，不在梁或楼梯踏步侧模板上踩，应搭设跳板，保护模板的牢固和严密。已浇筑楼板、楼梯踏步的上表面混凝土要加以保护，必须在混凝土强度达到1.2MPa以后，方准在面上进行操作及安装结构用的支架和模板。在浇筑混凝土时，要对已经完成的成品进行保护，则浇筑上层混凝土时流下的水泥浆要专人及时的清理干净，洒落的混凝土也要随时清理干净。对阳角等易碰坏的地方，应当有措施。冬期施工在已浇的楼板上覆盖时，要在铺的脚手板上操作，尽量不踏脚印。

（5）应注意的质量问题。

1）蜂窝。原因是混凝土一次下料过厚，振捣不实或漏振，模板有缝隙使水泥浆流失，钢筋较密而混凝土坍落度过小或石子过大，柱、墙根部模板有缝隙，以致混凝土中的砂浆从下部涌出而造成。

2）露筋。原因是钢筋垫缺位移、间距过大、漏放、钢筋紧贴模板、造成露筋，或梁、板底部振捣不实，也可能出现露筋。

3）孔洞。原因是钢筋较密的部位混凝土被卡，未经振捣就继续浇筑上层混凝土。

4）缝隙与夹渣层。施工缝处杂物清理不净或未浇底浆振捣不实等原因，易造成缝隙、夹渣层。

5）梁、柱连接处断面尺寸偏差过大，主要原因是柱接头模板刚度差或支此部位模板时未认真控制断面尺寸。

6）现浇楼板面和楼梯踏步上表面平整度偏差太大。主要原因是混凝土浇筑后，表面不用抹子认真抹平。冬期施工在覆盖保温层时，上人过早或未垫板进行操作。

6. 大体积混凝土的浇筑

大体积混凝土结构整体性要求较高，一般不允许留设施工缝。因此，必须保证混凝土搅拌、运输、浇筑、振捣各工序的协调配合，并根据结构特点、工程量、钢筋疏密等具体情况，分别选用如下浇筑方案，如图1.107所示。

1）全面分层浇筑方案。在整个结构内全面分层浇筑混凝土，待第一层全部浇筑完毕，在初凝前再回来浇筑第二层，如此逐层进行，直至浇筑完成。此浇筑方案适宜于结构平面尺寸不大的情况。

2）分段分层浇筑方案。此浇筑方案适用于厚度不太大，而面积或长度较大的结构。

3）斜面分层浇筑方案。混凝土从结构一端满足其高度浇筑一定长度，并留设坡度为1∶3的浇筑斜面，从斜面下端向上浇筑，逐层进行。此浇筑方案适用于结构的长度超过其厚度3倍的情况。

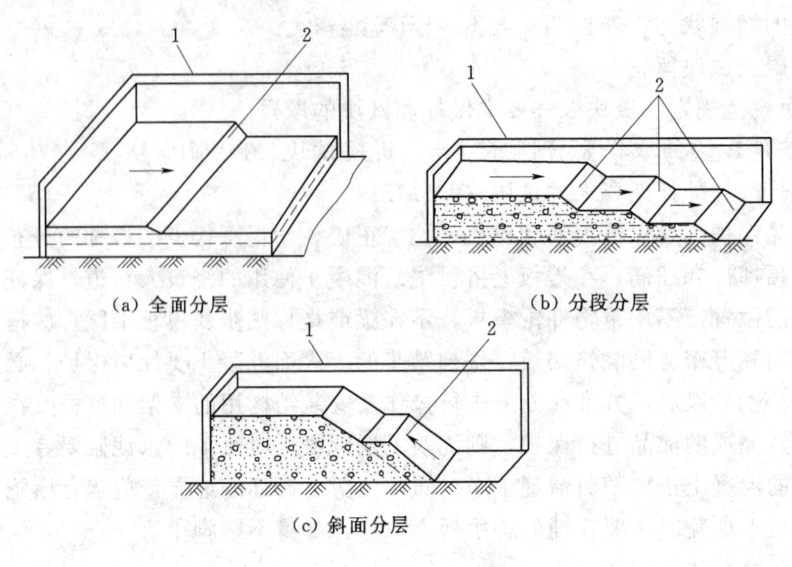

图 1.107　大体积混凝土浇筑方案

1—模板；2—新浇筑的混凝土

7. 水下混凝土浇筑

在水下指定部位直接浇筑混凝土的施工方法。这种方法只适用于静水或流速小的水流条件下。它常用于浇筑围堰、混凝土防渗墙、墩台基础以及水下建筑物的局部修补等工程。水下混凝土浇筑的方法很多，常用的有导管法、压浆法和袋装法，以导管法应用最广。

导管法浇筑时，将导管装置在浇筑部位。顶部有贮料漏斗，并用起重设备吊住，使可升降。开始浇筑时导管底部要接近地基面，下口有以铅丝吊住的球塞，使导管和贮料斗内可灌满混凝土拌和物，然后剪断铅丝使混凝土在自重作用下迅速排出球塞进入水中。浇筑过程中，导管内应经常充满混凝土，并保持导管底口始终埋在已浇的混凝土内。一面均衡地浇筑混凝土，一面缓缓提升导管，直至结束。采用导管法时，骨料的最大粒径要受到限制，混凝土拌和物需具有良好的和易性及较高的坍落度。如水下浇筑的混凝土量较大，将导管法与混凝土泵结合使用可以取得较好的效果。

压浆法是在水下清基、安放模板并封密接缝后，填放粗骨料，埋置压浆管，然后用砂浆泵压送砂浆，施工方法同预填骨料压浆混凝土。

袋装法是将混凝土拌和物装入麻袋到半满程度，缝扎袋口，依次沉放，堆筑在水中预定地点。堆筑时要交错堆放，互相压紧，以增加稳定性。有的国家使用一种水溶性薄膜材料的袋子，柔性较好，并有助于提高堆筑体的整体性。在浇筑水下混凝土时，水下清基、立模、堆砌等工作均需有潜水员配合作业。

1.5.5.5　混凝土振捣

混凝土入模时呈疏松状，里面含有人量的空洞与气泡，必须采用适当的方法在其初凝前振捣密实，满足混凝土的设计要求。混凝土浇筑后振捣是用混凝土振动器的振动力，把混凝土内部的空气排出，使砂子充满石子间的空隙，水泥浆充满砂子间的空隙，以达到混

凝土的密实。只有在工程量很小或不能使用振捣器时，才允许采用人工捣固，一般应采用振动器振捣。常用的振动器有内部振动器（插入式）、外部振动器（附着式）和振动台。

1. 内部振动器

内部振动器也称插入式振动器，它是由电动机、传动装置和振动棒三部分组成。

工作时依靠振动棒插入混凝土产生振动力而捣实混凝土。插入式振动器是建筑工程应用最广泛的一种，常用以振实梁、柱、墙等平面尺寸较小而深度较大的构件和体积较大的混凝土。内部振动器分类方法很多，按振动转子激振原理不同，可分为行星滚锥式和偏心轴式。按操作方式不同，可分为垂直振捣式和斜面振捣式；按驱动方式不同，可分为电动、风动、液压和内燃机驱动等形式；按电动机与振动棒之间的转动形式不同可分为软轴式和直联式。

使用前，应首先检查各部件是否完好，各连接处是否紧固，电动机是否绝缘，电源电压和频率是否符合规定，待一切合格后，方可接通电源进行试运转。振捣时，要做到“快插慢拔”。快插是为了防止将表层混凝土先振实，与下层混凝土发生分层、离析现象。慢拔是为了使混凝土能填埋振动棒的空隙，防止产生孔洞。

作业时，要使振动棒自然沉入混凝土中，不可用力猛插，一般应垂直插入，并插至尚未初凝的下层混凝土中 50～100mm，以利于上下混凝土层相互结合。振动棒插点要均匀排列，可采用“行列式”或“交错式”的次序移动，两个插点的间距不宜大于振动棒有效作用半径的 1.5 倍。振动棒在混凝土内的振捣时间，一般每个插点 20～30s，见到混凝土不再显著下沉，不再出现气泡，表面泛出的水泥浆均匀为止。由于振动棒下部振幅比上部大，为使混凝土振捣均匀，振捣时应将振动棒上下抽动 5～10cm，每插点抽动 3～4 次。振动棒与模板的距离，不得大于其有效作用半径的 0.5 倍，并要避免触及钢筋、模板、芯管、预埋件等，更不能采取通过振动钢筋的方法来促使混凝土振实。振动器软管的弯曲半径不得小于 50cm，并且不得多于两个弯。软管不得有断裂、死弯现象。

2. 外部振动器

外部振动器又称附着式振动器，它是直接安装在模板外侧的横档或竖档上，利用偏心块旋转时所产生的振动力，通过模板传递给混凝土，使之振动密实。

3. 振动台

混凝土振动台又称台式振动器，是一个支撑在弹性支座上的工作平台，是混凝土预制厂的主要成型设备，一般由电动机、齿轮同步器、工作台面、振动子、支撑弹簧等部分组成。台面上安装成型的钢模板，模板内装满混凝土，当振动机构运转时，在振动子的作用下，带动工作台面强迫振动，使混凝土振实成型。

1.5.6　混凝土养护

浇捣后的混凝土所以能硬化是因为水泥水化作用的结果，而水化作用需要适当的湿度和温度。所以浇筑后的混凝土初期阶段的养护非常重要。在混凝土浇筑完毕后，应在 12h 以内加以养护；干硬性混凝土和真空脱水混凝土应于浇筑完毕后立即进行养护。在养护工序中，应控制混凝土处在有利于硬化及强度增长的温度和湿度环境中。使硬化后的混凝土具有必要的强度和耐久性养护方法有：自然养护、蒸汽养护、蓄热养护等。

1.5.6.1 自然养护

对混凝土进行自然养护，是指在自然气温条件下（大于+5℃），对混凝土采取覆盖、浇水湿润、挡风、保温等养护措施。自然养护又可分为覆盖浇水养护和薄膜布养护、薄膜养生液养护等。

1. 覆盖浇水养护

覆盖浇水养护是用吸水保温能力较强的材料（如草帘、芦席、麻袋、锯末等）将混凝土覆盖，经常洒水使其保持湿润。养护时间长短取决于水泥品种，普通硅酸盐水泥和矿渣硅酸盐水泥拌制的混凝土，不少于7d，火山灰质硅酸盐水泥和粉煤灰硅酸盐水泥拌制的混凝土或有抗渗要求的混凝土不少于14d。浇水次数以能保持混凝土具有足够的润湿状态为宜。

2. 薄膜布养护

采用不透水、气的薄膜布（如塑料薄膜布）养护，是用薄膜布把混凝土表面敞露的部分全部严密地覆盖起来，保证混凝土在不失水的情况下得到充足的养护。这种养护方法的优点是不必浇水，操作方便，能重复使用，能提高混凝土的早期强度，加速模具的周转。但应该保持薄膜布内的凝结水。

3. 薄膜养生液养护

混凝土的表面不便浇水或用塑料薄膜布养护有困难时，可采用涂刷薄膜养生液，以防止混凝土内部水分蒸发的方法。薄膜养生液养护是将可成膜的溶液喷洒在混凝土表面上，溶液挥发后在混凝土表面凝结成一层薄膜，使混凝土表面与空气隔绝，封闭混凝土中的水分不再被蒸发，而完成水化作用。这种养护方法一般适用于表面积大的混凝土施工和缺水地区，但应注意薄膜的保护。

1.5.6.2 蒸汽养护

蒸汽养护就是将构件放在充有饱和蒸汽或蒸汽空气混合物的养护室内，在较高的温度和相对湿度的环境中进行养护，以加速混凝土的硬化。蒸汽养护过程分为静停、升温、恒温、降温4个阶段。

（1）静停阶段。混凝土构件成型后在室温下停放养护叫做静停。时间为2～6h，以防止构件表面产生裂缝和疏松现象。

（2）升温阶段。是构件的吸热阶段。升温速度不宜过快，以免构件表面和内部产生过大温差而出现裂纹。对薄壁构件（如多肋楼板、多孔楼板等）每小时不得超过25℃，其他构件不得超过20℃，用干硬性混凝土制作的构件，不得超过40℃。每小时测温1次。

（3）恒温阶段。是升温后温度保持不变的时间。此时强度增长最快，这个阶段应保90%～100%的相对湿度。最高温度不得超过90℃，对普通水泥的养护温度不得超过80℃，时间为3～8h，每2小时测温1次。

（4）降温阶段。是构件散热过程。降温速度不宜过快，每小时不得超过10℃，出池后，构件表面与外界温差不得超过20℃。每小时测温1次。

1.5.7 混凝土裂缝控制的方法

1. 混凝土裂缝的形成和控制

混凝土结构物的裂缝可分为微观裂缝和宏观裂缝。微观裂缝是指那些肉眼看不见的裂

缝，主要有三种，一是骨料与水泥石黏合面上的裂缝，称为黏着裂缝；二是水泥石中自身的裂缝，称为水泥石裂缝；三是骨料本身的裂缝，称为骨料裂缝。微观裂缝在混凝土结构中的分布是不规则、不贯通的。反之，肉眼看得见的裂缝称为宏观裂缝，这类裂缝的范围一般不小于0.05mm。宏观裂缝是微观裂缝扩展而来的。因此在混凝土结构中裂缝是绝对存在的，只是应将其控制在符合规范要求范围内，以不致发展到有害裂缝。

2. 混凝土裂缝产生的主要原因

混凝土结构的宏观裂缝产生的原因主要有三种：一是由外荷载引起的，这是发生最为普遍的一种情况，即按常规计算的主要应力引起的；二是结构次应力引起的裂缝，这是由于结构的实际工作状态与计算假设模型的差异引起的；三是变形应力引起的裂缝，这是由温度、收缩、膨胀、不均匀沉降等因素引起结构变形，当变形受到约束时便产生应力，当此应力超过混凝土抗拉强度时就产生裂缝。

3. 混凝土中产生的收缩

混凝土中产生的收缩主要有以下几种。

(1) 干燥收缩：当混凝土在不饱和空气中失去内部毛细孔和凝胶孔的吸附水时，就会产生干缩，高性能混凝土的孔隙率比普通混凝土低，故干缩率也低。

(2) 塑性收缩。塑性收缩发生在混凝土硬化前的塑性阶段。高强混凝土的水胶比低，自由水分少，矿物细掺合料对水有更高的敏感性，高强混凝土基本不泌水，表面失水更快，所以高强混凝土塑性收缩比普通混凝土更容易产生。

(3) 自收缩。密闭的混凝土内部相对湿度随水泥水化的进展而降低，称为自干燥。自干燥造成毛细孔中的水分不饱和而产生负压，因而引起混凝土的自收缩。高强混凝土由于水胶比低，早期强度较快的发展，会使自由水消耗快，致使孔体系中相对湿度低于80%，而高强混凝土结构较密实，外界水很难渗入补充，导致混凝土产生自收缩。高强混凝土的总收缩中，干缩和自收缩几乎相等，水胶比越低，自收缩所占比例越大。与普通混凝土完全不同，普通混凝土以干缩为主，而高强混凝土以自收缩为主。

(4) 温度收缩。对于强度要求较高的混凝土，水泥用量相对较多，水化热大，温升速率也较大，一般可达35～40℃，加上初始温度可使最高温度超过70～80℃。一般混凝土的热膨胀系数为10×10^{-6}/℃，当温度下降20～25℃时造成的冷缩量为$2\sim2.5\times10^{-4}$，而混凝土的极限拉伸值只有$1\sim1.5\times10^{-4}$，因而冷缩常引起混凝土开裂。

(5) 化学收缩。水泥水化后，固相体积增加，但水泥—水体系的绝对体积则减小，形成许多毛细孔缝，高强混凝土水胶比小，外掺矿物细掺合料，水化程度受到制约，故高强混凝土的化学收缩量小于普通混凝土。

1.5.7.1　大体积混凝土控制温度和收缩裂缝的技术措施

为了有效地控制有害裂缝的出现和发展，必须从控制混凝土的水化升温、延缓降温速率、减小混凝土收缩、提高混凝土的极限拉伸强度、改善约束条件和设计构造等方面全面考虑，结合实际采取措施。

1. 降低水泥水化热和变形

(1) 选用低水化热或中水化热的水泥品种配制混凝土，如矿渣硅酸盐水泥、火山灰质硅酸盐水泥、粉煤灰水泥、复合水泥等。

(2) 充分利用混凝土的后期强度，减少每立方米混凝土中水泥用量。根据试验每增减10kg水泥，其水化热将使混凝土的温度相应升降1℃。

(3) 使用粗骨料，尽量选用粒径较大、级配良好的粗细骨料；控制砂石含泥量；掺加粉煤灰等掺合料或掺加相应的减水剂、缓凝剂，改善和易性、降低水胶比，以达到减少水泥用量、降低水化热的目的。

(4) 在基础内部预埋冷却水管，通入循环冷却水，强制降低混凝土水化热温度。

(5) 在厚大无筋或少筋的大体积混凝土中，掺加总量不超过20%的大石块，减少混凝土的用量，以达到节省水泥和降低水化热的目的。

(6) 在拌和混凝土时，还可掺入适量的微膨胀剂或膨胀水泥，使混凝土得到补偿收缩，减少混凝土的温度应力。

(7) 改善配筋。为了保证每个浇筑层上下均有温度筋，可建议设计人员将分布筋做适当调整。温度筋宜分布细密，一般用ϕ8钢筋，双向配筋，间距15cm。这样可以增强抵抗温度应力的能力。上层钢筋的绑扎，应在浇筑完下层混凝土之后进行。

(8) 设置后浇缝。当大体积混凝土平面尺寸过大时，可以适当设置后浇缝，以减小外应力和温度应力；同时也有利于散热，降低混凝土的内部温度。

2. 降低混凝土温度差

(1) 选择较适宜的气温浇筑大体积混凝土，尽量避开炎热天气浇筑混凝土。夏季可采用低温水或冰水搅拌混凝土，可对骨料喷冷水雾或冷气进行预冷，或对骨料进行覆盖或设置遮阳装置避免日光直晒，运输工具如具备条件也应搭设避阳设施，以降低混凝土拌和物的入模温度。

(2) 掺加相应的缓凝型减水剂，如木质素磺酸钙等。

(3) 在混凝土入模时，采取措施改善和加强模内的通风，加速模内热量的散发。

3. 加强施工中的温度控制

(1) 在混凝土浇筑之后，做好混凝土的保温保湿养护，缓缓降温，充分发挥徐变特性，减低温度应力，夏季应注意避免曝晒，注意保湿，冬期应采取措施保温覆盖，以免发生急剧的温度梯度发生。

(2) 采取长时间的养护，规定合理的拆模时间，延缓降温时间和速度，充分发挥混凝土的“应力松弛效应”。

(3) 加强测温和温度监测与管理，实行信息化控制，随时控制混凝土内的温度变化，内外温差控制在25℃以内，基面温差和基底面温差均控制在20℃以内，及时调整保温及养护措施，使混凝土的温度梯度和湿度不至过大，以有效控制有害裂缝的出现。

(4) 合理安排施工程序，控制混凝土在浇筑过程中均匀上升，避免混凝土拌和物堆积过大高差。在结构完成后及时回填土，避免其侧面长期暴露。

4. 改善约束条件，削减温度应力

(1) 采取分层或分块浇筑大体积混凝土，合理设置水平或垂直施工缝，或在适当的位置设置施工后浇带，以放松约束程度，减少每次浇筑长度的蓄热量，防止水化热的积聚，减少温度应力。

(2) 对大体积混凝土基础与岩石地基，或基础与厚大的混凝土垫层之间设置滑动层，

如采用平面浇沥青胶铺砂、或刷热沥青或铺卷材。在垂直面、键槽部位设置缓冲层，如铺设30～50mm厚沥青木丝板或聚苯乙烯泡沫塑料，以消除嵌固作用，释放约束应力。

5. 提高混凝土的极限拉伸强度

(1) 选择良好级配的粗骨料，严格控制其含泥量，加强混凝土的振捣，提高混凝土密实度和抗拉强度，减小收缩变形，保证施工质量。

(2) 采取二次投料法，二次振捣法，浇筑后及时排除表面积水，加强早期养护，提高混凝土早期或相应龄期的抗拉强度和弹性模量。

(3) 在大体积混凝土基础内设置必要的温度配筋，在截面突变和转折处，底、顶板与墙转折处，孔洞转角及周边，增加斜向构造配筋，以改善应力集中，防止裂缝的出现。

1.5.7.2 现浇混凝土结构质量检查及缺陷修补

(1) 混凝土在拌制和浇筑过程中应按下列规定进行检查。

1) 检查混凝土所用材料的品种、规格和用量每一工作班至少两次。

2) 检查混凝土在浇筑地点的坍落度，每一工作班至少两次。

3) 在每一工作班内，如混凝土配合比由于外界影响有变动时，应及时检查处理。

4) 混凝土的搅拌时间应随时检查：检查混凝土质量应做抗压强度试验。当有特殊要求时，还需做抗冻、抗渗等试验，混凝土抗压极限强度的试块为边长150mm的正立方体。试件应在混凝土浇筑地点随机取样制作，不得挑选。

检查混凝土质量应做抗压强度试验。当有特殊要求时，还需做抗冻、抗渗等试验，混凝土抗压极限强度的试块为边长150mm的正立方体。试件应在混凝土浇筑地点随机取样制作，不得挑选。

(2) 检验评定混凝土强度等级用的混凝土试件组数，应按下列规定留置。

1) 每拌制100盘且不超过100m^{3}的同配合比的混凝土，其取样不得少于1组。

2) 每工作班拌制的同配合比的混凝土不足100盘时，其取样不得少于1组。

3) 现浇楼层，每层取样不得少于1组。

商品混凝土除在搅拌站按上述规定取样外，在混凝土运到施工现场后，还应留置试块。为了检查结构或构件的拆模、出池、出厂、吊装、预应力张拉、放张等需要，还应留置与结构或构件同条件养护的试件，试件组数可按实际需要确定。

每组试块3个试块组成，应在浇筑地点，同盘混凝土中取样制作，取其算术平均值作为该组的强度代表值。但此3个试块中最大和最小强度值，与中间值相比，其差值如有一个超过中间值的15%时，则以中间值作为该组试块的强度代表值；如其差值均超过中间值的15%时，则其试验结果不应作为评定的依据。

(3) 混凝土强度的检验评定。

1) 混凝土强度应分别进行验收。同一验收批的混凝土应由强度等级相同、龄期相同以及生产工艺和配合比基本相同的混凝土组成。同一验收批的混凝土强度，应以同批内全部标准试件的强度代表值来评定。

2) 当混凝土的生产条件在较长时间内能保持一致。且同一品种混凝土的强度变异性保持稳定时，由连续的三组试件代表一个验收批，其强度应同时满足式(1.20)和式(1.21)要求。

$$mf_{cu} \geqslant f_{cu \cdot k} + 0.7\sigma_0 \tag{1.20}$$

$$f_{cu \cdot \min} \geqslant f_{cu \cdot k} - 0.7\sigma_0 \tag{1.21}$$

当混凝土强度等级不超过C20时，强度的最小值尚应满足式（1.22）要求：

$$f_{cu \cdot \min} \geqslant 0.85 f_{cu \cdot k} \tag{1.22}$$

当混凝土强度等级高于C20时，强度的最小值则应满足式（1.23）要求：

$$f_{cu \cdot \min} \geqslant 0.9 f_{cu \cdot k} \tag{1.23}$$

式中 mf_{cu}——同一验收批混凝土立方体抗压强度的平均值，N/mm^2；

$f_{cu \cdot k}$——混凝土立方体抗压强度标准值，N/mm^2；

$f_{cu,\min}$——同一验收批混凝土立方体抗压强度的最小值，N/mm^2；

σ_0——验收批混凝土立方体抗压强度的标准差，N/mm^2；应根据前一个检验期内同一品种混凝土试件的强度数据，按 $\sigma_0 = \frac{0.59}{m}\sum \Delta f_{cu \cdot i}$ 求得；

m——用以确定该验收批混凝土立方体抗压强度标准的数据总批数；

$\Delta f_{cu \cdot i}$——第 i 批试件立方体抗压强度中最大值与最小值之差。

上述检验期超过3个月，且在该期间内强度数据的总批数不得小于15。

3）当混凝土的生产条件在较长时间内不能保持一致、且混凝土强度变异性不能保持稳定时，或在前一检验期内的同一品种混凝土没有足够的数据用以确定验收批混凝土立方体抗压强度的标准差时，应由不少于10组的试件组成一个验收批，其强度应同时满足式（1.24）和式（1.25）要求：

$$mf_{cu} - \lambda_1 sf_{cu} \geqslant 0.9 f_{cu \cdot k} \tag{1.24}$$

$$f_{cu \cdot \min} \geqslant \lambda_2 f_{cu \cdot k} \tag{1.25}$$

式中 sf_{cu}——同一验收批混凝土立方体抗压强度的标准差，N/mm^2；按式（1.26）计算：

$$sf_{cu} = \sqrt{\frac{\sum_{i=1}^{n} f_{cu \cdot i}^2 - nm^2 f_{cu}}{n-1}} \tag{1.26}$$

式中 $f_{cu \cdot i}$——第 i 组混凝土立方体抗压强度值，N/mm^2；

n——一个验收批混凝土试件的组数。

当 sf_{cu} 的计算值小于 $0.06 f_{cu \cdot k}$ 时，取 $sf_{cu} = 0.06 f_{cu \cdot k}$。

λ_1、λ_2——合格判定系数，按表1.46取值。

表1.46　　合格判定系数

试件组数	10～14	15～24	≥25
λ_1	1.70	1.65	1.60
λ_2	0.90	0.85	

对零星生产的顶制构件的混凝土或现场搅拌的批量不大的混凝土，可采用非统计法评定。此时，验收批混凝土的强度必须满足式（1.27）和式（1.28）要求：

$$mf_{cu} \geqslant 1.5 f_{cu \cdot k} \tag{1.27}$$

$$f_{cu \cdot \min} \geqslant 0.95 f_{cu \cdot k} \tag{1.28}$$

式中符号含义同前。

由于抽样检验存在一定的局限性，混凝土的质量评定可能出现误判。因此，如混凝土试块强度不符合上述要求时，允许从结构上钻取或截取混凝土试块进行试压，亦可用回弹仪或超声波仪直接在结构上进行非破损检验。

(4) 混凝土工程常见缺陷。

现浇结构的外观质量缺陷，应由监理（建设）单位、施工单位等各方根据其对结构性能和使用功能影响的严重程度，按表1.47确定。

表1.47　现浇结构外观质量缺陷

名称	现象	严重缺陷	一般缺陷
露筋	构件内钢筋未被混凝土包裹而外露	纵向受力钢筋有露筋	其他钢筋有少量露筋
蜂窝	混凝土表面缺少水泥砂浆而形成石子外露	构件主要受力部位有蜂窝	其他部位有少量蜂窝
孔洞	混凝土中孔穴深度和长度均超过保护层厚度	构件主要受力部位有孔洞	其他部位有少量孔洞
夹渣	混凝土中夹有杂物且深度超过保护层厚度	构件主要受力部位有夹渣	其他部位有少量夹渣
疏松	混凝土中局部不密实	构件主要受力部位有疏松	其他部位有少量疏松
裂缝	缝隙从混凝土表面延伸至混凝土内部	构件主要受力部位有影响结构性能或使用功能的裂缝	其他部位有少量不影响结构性能或使用功能的裂缝
连接部位缺陷	构件连接处混凝土缺陷及连接钢筋、连接件松动	连接部位有影响结构传力性能的缺陷	连接部位有基本不影响结构传力性能的缺陷
外形缺陷	缺棱掉角、棱角不直、翘曲不平、飞边凸肋等	清水混凝土构件有影响使用功能或装饰效果的外形缺陷	其他混凝土构件有不影响使用功能的外形缺陷
外表缺陷	构件表面麻面、掉皮、起砂、沾污等	具有重要装饰效果的清水混凝土表面有外表缺陷	其他混凝土构件有不影响使用功能的外表缺陷

现浇结构拆模后，应由监理（建设）单位、施工单位对外观质量和尺寸偏差进行检查，做出记录，并应及时按施工技术方案对缺陷进行处理。

现浇结构的外观质量不应有严重缺陷。对已经出现的严重缺陷，应由施工单位提出技术处理方案，并经监理（建设）单位认可后进行处理。对经处理的部位，应重新检查验收。现浇结构的外观质量不宜有一般缺陷。对已经出现的一般缺陷，应由施工单位按技术处理方案进行处理，并重新检查验收。

(5) 尺寸偏差。

现浇结构不应有影响结构性能和使用功能的尺寸偏差。混凝土设备基础不应有影响结构性能和设备安装的尺寸偏差。对超过尺寸允许偏差且影响结构性能和安装、使用功能的部位，应由施工单位提出技术处理方案，并经监理（建设）单位认可后进行处理。对经处理的部位，应重新检查验收。

现浇结构和混凝土设备基础拆模后的尺寸偏差应符合表1.48、表1.49的规定。

表 1.48　　现浇结构尺寸允许偏差和检验方法

项目			允许偏差/mm	检验方法
轴线位置	基础		15	钢尺检查
	独立基础		10	
	墙、柱、梁		8	
	剪力墙		5	
垂直度	层高	≤5m	8	经纬仪或吊线、钢尺检查
		>5m	10	经纬仪或吊线、钢尺检查
	全高 H		H/1000 且≤30	经纬仪、钢尺检查
标高	层高		±10	水准仪或拉线、钢尺检查
	全高		±30	
截面尺寸			+8，−5	钢尺检查
电梯井	井筒长、宽对定位中心线		+25，0	钢尺检查
	井筒全高（H）垂直度		H/1000 且≤30	经纬仪、钢尺检查
表面平整度			8	2m 靠尺和塞尺检查
预埋设施中心线位置	预埋件		10	钢尺检查
	预埋螺栓		5	
	预埋管		5	
预留洞中心线位置			15	钢尺检查

注　检查轴线、中心线位置时，应沿纵、横两个方向量测，并取其中的较大值。

表 1.49　　混凝土设备基础尺寸允许偏差和检验方法

项目		允许偏差/mm	检验方法
坐标位置		20	钢尺检查
不同平面的标高		0，20	水准仪或拉线、钢尺检查
平面外形尺寸		±20	钢尺检查
凸台上平面外形尺寸		0，−20	钢尺检查
凹穴尺寸		+20，0	钢尺检查
平面水平度	每米	5	水平尺、塞尺检查
	全长	10	水准仪或拉线、钢尺检查
垂直度	每米	5	经纬仪或吊线、钢尺检查
	全高	10	
预埋地脚螺栓	标高（顶部）	+20，0	水准仪或拉线、钢尺检查
	中心距	±2	钢尺检查
预埋地脚螺栓孔	中心线位置	10	钢尺检查
	深度	+20，0	钢尺检查
	孔垂直度	10	吊线、钢尺检查
预埋活动地脚螺栓锚板	标高	+20，0	水准仪或拉线、钢尺检查
	中心线位置	5	钢尺检查
	带槽锚板平整度	5	钢尺、塞尺检查
	带螺纹孔锚板平整度	2	钢尺、塞尺检查

注　检查坐标、中心线位置时，应沿纵、横两个方向量测，并取其中的较大值。

附导航项目施工方案

1. 项目概况

(1) 建筑名称：某学院图书馆，建设地点：广西南宁市武鸣县；建设单位：某学院。

(2) 工程规模：总建筑面积：地上 24780.45m^2，建筑基底面积：6207.08m^2，其中：电教中心建筑面积 2100m^2，教室类面积：8000m^2，图书馆面积：14680.45m^2。

(3) 建筑层数和建筑高度：地上六层，建筑总高度：23.95m。

(4) 建筑工程等级：二级，耐火等级：二级，基础结构：独立基础。

(5) 本工程屋面防水等级为二级，结构设计使用年限为 50 年。

2. 施工顺序

(1) 本工程以土方开挖、平整→基础工程施工→主体→装修为施工主线，施工总体部署如图 1.108 所示。

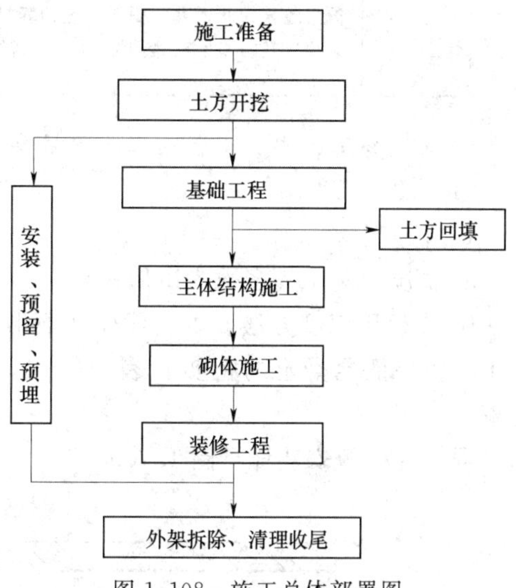

图 1.108　施工总体部署图

(2) 基础工程。基础：场地平整→放线、定位→基础开挖→支模→浇筑混凝土垫层→绑扎独立基础钢筋→安装独立基础模板→安装基础梁模板→绑扎基础梁钢筋→浇筑基础混凝土→基础墙体→构造柱、基础梁混凝土→混凝土养护→回填土。

(3) 结构：主体结构层施工流程：抄平放线→柱绑筋、支模（验收）→柱浇混凝土、养护、拆模→梁板支模、扎筋→验收、浇混凝土、养护（各专业预留预埋）→梁板支撑、模板拆除→向上提升周转使用。

3. 施工方案选择（表 1.50）

表 1.50　施工方案选择

序号	分项工程	施工方案选择及部署
1	土方工程	开挖基坑暂按 1∶0.5 放坡进行，由于不是大面积开挖，所以采用 3 台挖掘机开挖土方，人工清底。为提高工作效率，挖土、垫层、砖模、土方回填等工序应划分工作面进行流水穿插作业
2	模板工程	我司以经济、合理、先进的原则，为本工程各类构件选用了以下所列的模板支顶体系。 构件名称 / 采用模板 / 采用支顶： 基础承台、地梁 / 木模 / 木枋 矩形柱 / 组合钢木模板 / 对拉螺栓、钢管支撑 梁、板 / 胶合板模板 / 钢管支顶 楼梯 / 胶合板模板 / 钢管支顶
3	钢筋工程	钢筋全部在现场加工厂加工。安装时，按图纸设计和规范要求进行钢筋绑扎与连接，钢筋保护层垫块建议采用新型材料—塑料保层垫块，以提高工作效率

续表

序号	分项工程	施工方案选择及部署
4	混凝土工程	(1) 混凝土的供应——混凝土的供应能否及时满足工程所需，是本工程能否按时优质地完成的关键之一。按现场的实际情况，我司就近择优选择一到两个混凝土公司向本工程供料，确保满足工程混凝土的需要。 (2) 混凝土的找平——当楼面面积较大时，我司均会投入专业找平机械进行大面积混凝土找平作业，确保本工程高质量高效率地按时完成。 (3) 混凝土的养护——为了尽可能达到高质量的清水混凝土要求，必须有切实可行的混凝土养护措施。为此，大面积混凝土的养护采用浇水覆盖养护法，楼板和柱采用淋水养护。浇混凝土后必须让其静候生息养护 24 小时，除放线外不能进行任何作业

4. 关键施工技术、工艺及工程项目实施的重点、难点分析和解决方案

(1) 模板工程。

1) 柱支模。

a. 概况。本工程多数为矩形柱柱。

b. 支模用料及方法。本工程柱截面形式有矩形，柱混凝土拟尽量按清水混凝土标准施工，以保证混凝土的密实和表面美观，模板采用 F－70 系列组合模板，采用钢管做柱箍。

异形柱模板安装详见图 1.109。

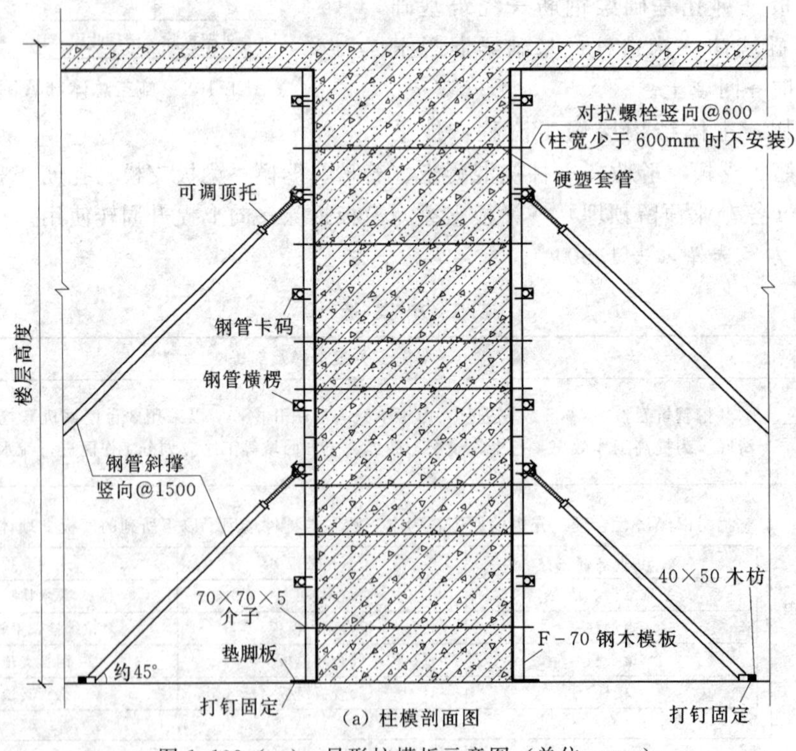

(a) 柱模剖面图

图 1.109（一） 异形柱模板示意图（单位：mm）

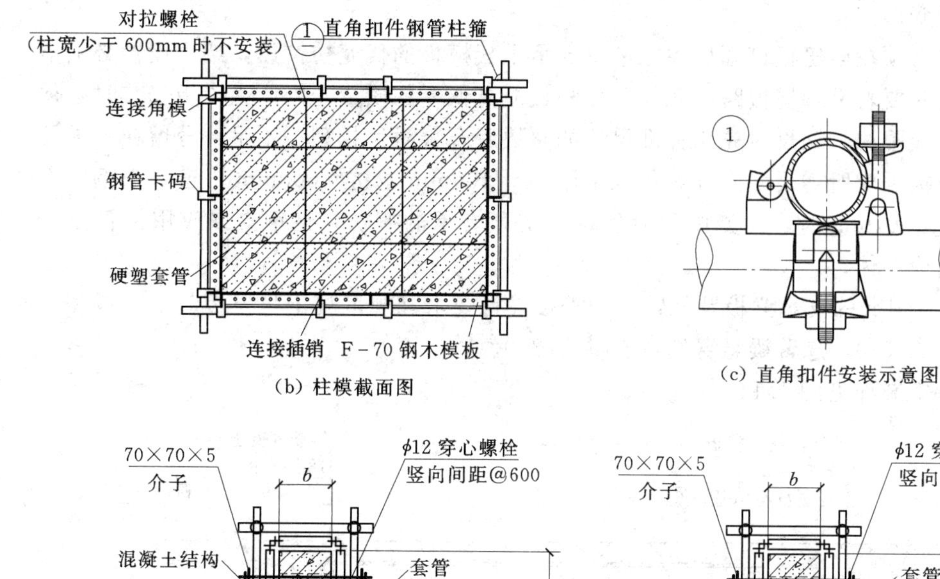

（b）柱模截面图

（c）直角扣件安装示意图

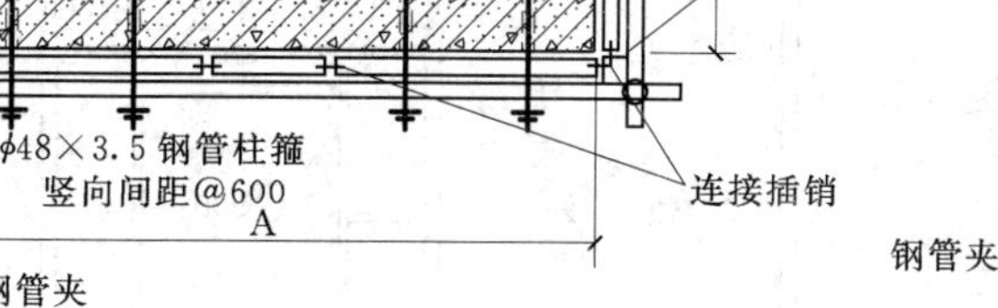

说明：

1. 使用材料：F-70模板，连接角模，连接插销，ϕ12穿心螺栓，柱钢箍用槽钢或ϕ48～ϕ51钢管制作。
2. 柱截面内A或B>900时，还必须采用穿心螺栓，并使用硬塑料套管，穿心螺栓可以重复使用。穿心螺栓和套管尺寸按实际确定。
3. 柱斜撑可以用圆形，木枋或钢管，根据现场材料选用。

图1.109（二）　异形柱模板示意图（单位：mm）

2）梁板支模。

a. 支模用料及方法。

一般梁板支模。楼层模为便于配置模板，梁底、梁侧和楼板底采用18mm厚建筑夹板，梁底支顶门式架次梁@915mm一道。垂直高度设2道水平支撑，水平支撑采用钢管，纵横设置。支撑安装时要注意留出施工通道，以方便检查和加固。框架梁截面尺寸较大，因此凡梁高超过700mm、梁宽超过250mm者，其门式架距离不得超过@600mm一道。

b. 梁模板安装。

梁模板安装应先钉接头板，校企加固后，进行底板及支撑系统的安装。梁傍压脚必须钉压脚板，支撑水平角度大于45°，梁傍板要求平顺垂直通光，拉水支撑牢固，建筑物外侧梁傍采取加枋钉拉水的方式，使傍板能均匀受力，严禁借外排栅作支撑。以免振捣混凝土时发生模板变形。

侧板安装必须在梁傍板钉固后才能进行支承平板模板的代笼枋铺设，架廊设置必须牢固，平板铺设时要着重掌握板跨的几何尺寸和板缝高低差的质量，因此在平板安装时必须遵循傍板边拉线限位，铺设时先用标准尺寸的整块胶合板对称排列，不足部分留在中央及两端，用胶合板锯成所需尺寸嵌补。代笼采用 80×100mm 木枋@600mm 一道，当板的主龙骨跨度超过 1500mm 时，代笼中间应加设钢支顶支承的搁枋，且钢支顶应用钢管拉水与梁支顶联结成一体。

凡跨度大于 4m 的支承梁板及悬臂梁均需按设计要求和规范规定将模板起拱。板和梁跨中起拱量为 $L/600$，悬臂梁悬臂端点起拱 $L/300$。

梁板模板安装详见图 1.110。

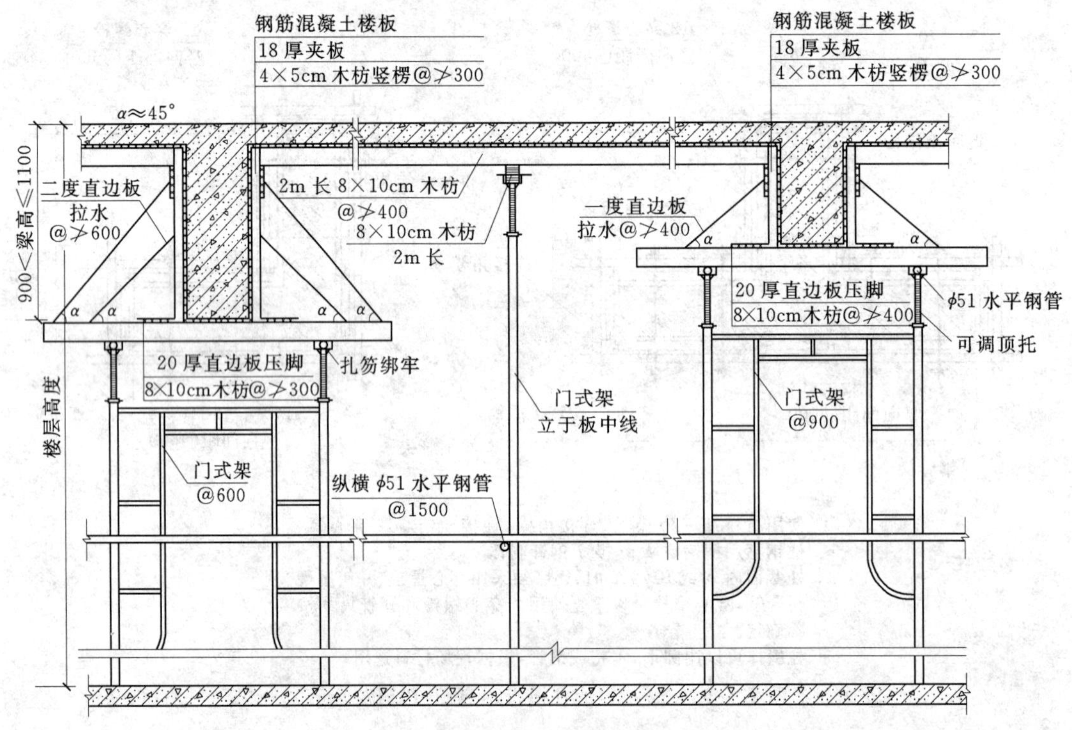

图 1.110　梁板模板安装图（单位：mm）

3）楼梯支模。先立平台梁、平台板的模板以及梯基的侧板。在平台梁和柱基侧板上钉托木，将搁栅支于托木上，搁栅的间距为 400～500mm，断面为 50×100mm。搁栅下立牵杠及牵杠撑，牵杠断面为 50×150mm，牵杠撑间距为 1～1.2m，其下垫通长垫板。

牵杠应与搁栅相垂直。牵杠撑之间应用拉杆相互拉结。然后在搁栅上铺梯段底板，底板厚为 25～30mm。底板纵向应与搁栅相垂直。在底板上划梯段宽度线，依线立外帮板，外帮板可用夹木或斜撑固定。

再在靠墙的一面立反三角木，反三角木的两端与平台梁和梯基的侧板钉牢。然后在反三角木与外帮板之间逐块钉踏步侧板，踏步侧板一头钉在外帮板的木档上，另一头钉在反三角木的侧面上。

梯段两侧设外帮板，梯段中间加设反三角木。

楼梯模板的安装详见图 1.111。

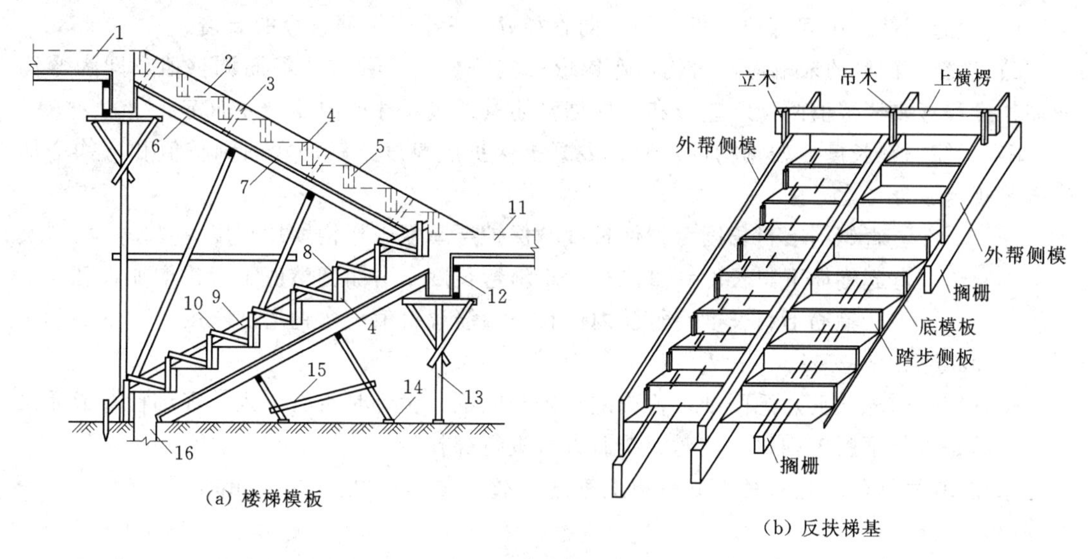

(a) 楼梯模板

(b) 反扶梯基

图 1.111　楼梯模板支撑示意图

1—楼面；2—外帮侧板；3—木档；4—侧步挡板；5—档木；6—搁栅；7—楼梯底板；
8—吊木；9—斜撑；10—反扶梯基；11—休息平台；12—托木；13—琵琶撑；
14—垫板；15—牵杠撑；16—基础

(2) 钢筋工程。

1) 质量控制。

a. 钢筋制作。

钢筋加工制作时，要将钢筋加工表与设计图复核，检查下料表是否有错误和遗漏，对每种钢筋要按下料表检查是否达到要求，经过这两道检查后，再按下料表放出实样，试制合格后方可成批制作，加工好的钢筋要挂牌堆放整齐有序。

施工中如需要钢筋代换时，必须先充分了解设计意图和代换材料性能，严格遵守现行钢筋混凝土设计规范的各种规定，并不得以等面积的高强度钢筋代换低强度的钢筋。凡重要部位的钢筋代换，须征得设计单位同意，并有书面通知时方可代换。

(a) 钢筋表面应洁净，黏着的油污、泥土、浮锈使用前必须清理干净，可结合冷拉工艺除锈。

(b) 钢筋调直，可用机械或人工调直。经调直后的钢筋不得有局部弯曲、死弯、小波浪形，其表面伤痕不应使钢筋截面减小 5%。

(c) 钢筋切断应根据钢筋号、直径、长度和数量，长短搭配，先断长料后断短料，尽量减少和缩短钢筋短头，以节约钢材。

(d) 钢筋弯钩或弯曲。

a) 钢筋弯钩。形式有三种，分别为半圆弯钩、直弯钩及斜弯钩。钢筋弯曲后，弯曲处内皮收缩。外皮延伸、轴线长度不变，弯曲处形成圆弧，弯起后尺寸不大于下料尺寸，应考虑弯曲调整值。

钢筋弯心直径为2.5d，平直部分为3d。钢筋弯钩增加长度的理论计算值：对装半圆弯钩为6.25d，对直弯钩为3.5d，对斜弯钩为4.9d。

b）弯起钢筋。中间部位弯折处的弯曲直径d，不小于钢筋直径的5倍。

c）箍筋。箍筋的末端应作弯钩，弯钩形式应符合设计要求。箍筋调整值，即为弯钩增加长度和弯曲调整值两项之差或和，根据箍筋量外包尺寸或内皮尺寸而定。

d）钢筋下料长度应根据构件尺寸、混凝土保护层厚度、钢筋弯曲调整值和弯钩增加长度等规定综合考虑。

直钢筋下料长度＝构件长度－保护层厚度＋弯钩增加长度

弯起钢筋下料长度＝直段长度＋斜弯长度－弯曲调整值＋弯钩增加长度

箍筋下料长度＝箍筋内周长＋箍筋调整值＋弯钩增加长度

b. 钢筋绑扎与安装。

钢筋绑扎前先认真熟悉图纸，检查配料表与图纸，设计是否有出入，仔细检查成品尺寸、形状是否与下料表相符。核对无误后方可进行绑扎。

采用20号铁丝绑扎直径12mm以上钢筋，22号铁丝绑扎直径10mm以下钢筋。

（a）柱。

a）竖向钢筋的弯钩应朝向柱心，角部钢筋的弯钩平面与模板面夹角，对矩形柱应为45°角，截面小的柱，用插入振动器时，弯钩和模板所成的角度不小于15°。

b）箍筋的接头应交错排列垂直放置。箍筋转角与竖向钢筋交叉点均应扎牢（箍筋平直部分与竖向钢筋交叉点可每隔一根互成梅花式扎牢）。绑扎箍筋时，铁线扣要相互成八字形绑扎。

c）柱筋绑扎时应吊线控制垂直度，并严格控制主筋间距。柱筋搭接处的箍筋及柱立筋应满扎，其余可梅花点绑扎。

d）当梁高范围内柱（墙）纵筋斜度$b/a \leqslant 1/6$时，可不设接头插筋；当$b/a > 1/6$时，应增设上下柱（墙）纵筋的连接插筋，锚入柱（墙）内，如图1.112所示。

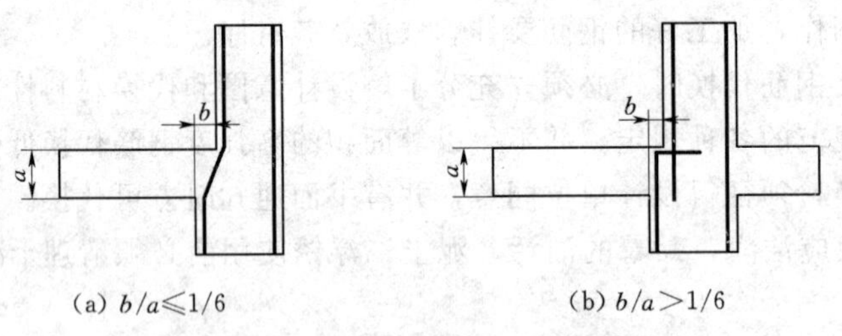

(a) $b/a \leqslant 1/6$　　(b) $b/a > 1/6$

图1.112　柱（墙）纵筋的连接插筋示意

e）下层柱的竖向钢筋露出楼面部分，宜用工具或柱箍将其收进一个柱筋直径，以利上层柱的钢筋搭接，并与上层梁板筋焊接。当上下层柱截面有变化时，其下层柱钢筋的露出部分，必须在绑扎梁钢筋之前，先行收分准确。

（b）墙。

a）墙的钢筋网绑扎同基础。钢筋有180°弯钩时，弯钩应朝向混凝土内。

b）采用双层钢筋网时，在两层钢筋之间，应设置撑铁（钩）以固定钢筋的间距。

c）墙筋绑扎时应吊线控制垂直度，并严格控制主筋间距。剪力墙上下三道水平筋处

应满扎，其余可梅花点绑扎。

d）为了保证钢筋位置的正确，竖向受力筋外绑一道水平筋或箍筋，并将其与竖筋点焊，以固定墙、柱筋的位置，在点焊固定时要用线锤校正。

e）外墙浇筑后严禁开洞，所有洞口预埋件及埋管均应预留，洞边加筋及墙、柱内预留钢筋做防雷接地引线，应焊成通路。其位置、数量及做法详见安装施工图，焊接工作应选派合格的焊工进行，不得损伤结构钢筋，水电安装的预埋，土建必须配合，不能错埋和漏埋。

（c）梁与板。

a）纵向受力钢筋出现双层或多层排列时，两排钢筋之间应垫以直径25mm的短钢筋，如纵向钢筋直径大于25mm时，短钢筋直径规格与纵向钢筋相同规格。

b）箍筋的接头应交错设置，并与两根架立筋绑扎，悬臂飘梁则箍筋接头在下，其余做法与柱相同。梁主筋外角处与箍筋应满扎，其余可梅花点绑扎。

c）板的钢筋网绑扎与基础相同，但应注意板上部的负钢筋（面加筋）要防止被踩下。特别是雨篷、挑檐、阳台、窗台等悬臂板，要严格控制负筋位置，在板根部与端部必须加设板凳铁，确保负筋的有效高度。

d）板、次梁与主梁交叉处，板的钢筋在上，次梁的钢筋在中层，主梁的钢筋在下，当有圈梁或垫梁时，主梁钢筋在上。

e）楼板钢筋的弯起点，如加工厂（场）在加工没有起弯时，设计图纸又无特殊注明的，可按以下规定弯起钢筋，板的边跨支座按跨度$1/10L$为弯起点。板的中跨及连续多跨可按支座中线$1/6L$为弯起点（L为板的中—中跨度）。

f）框架梁节点处钢筋穿插十分稠密时，应注意梁顶面主筋间的净间距要有留有30mm，以利于灌筑混凝土。

g）钢筋的绑扎接头应符合下列规定：①搭接长度的末端距钢筋弯折处，不得小于钢筋直径的10倍，接头不宜位于构件最大弯矩处；②受拉区域内，Ⅰ级钢筋绑扎接头的末端应做弯钩；③钢筋搭接处，应在中心和两端用铁丝扎牢；④受拉钢筋绑扎接头的搭接长度，应符合结构设计要求；⑤受力钢筋的混凝土保护层厚度，应符合结构设计要求。

h）板筋绑扎前须先按设计图要求间距弹线，按线绑扎，控制质量。

i）为了保证钢筋位置的正确，根据设计要求，板筋采用钢筋马凳纵横@600予以支撑。

c. 钢筋闪光焊。

（a）对焊工艺。根据钢筋品种、直径和所用焊机功率大小选用连续闪光焊、预热闪光焊、闪光—预热—闪光焊。对于可焊性差的钢筋，对焊后宜采用通电热处理措施，以改善接头塑性。

a）连续闪光焊。工艺过程包括连续闪光和顶锻过程。施焊时，先闭合一次电路，使两钢筋端面轻微接触，此时端面的间隙中即喷射出火花般熔化的金属微粒—闪光，接着徐徐移动钢筋使两端面仍保持轻微接触。形成连续闪光。当闪光到预定的长度，使钢筋端头加热到将近熔点时，就以一定的压力迅速进行顶锻，再灭电顶锻到一定长度，焊接接头即告完成。

b）预热闪光焊。工艺过程包括一次闪光、预热。二次闪光及顶锻等过程。一次闪光是将钢筋端面闪平。

预热方法如下两种：①连续闪光预热是使两钢筋端面交替地轻微接触和分开，发出断续闪光来实现预热；②电阻预热是在两钢筋端面一直紧密接触用脉冲电流或交替紧密接触与分开，产生电阻热（不闪光）来实现预热，此法所需功率较大。二次闪光与顶锻过程同连续闪光焊。

c）闪光—预热—闪光焊。是在预热闪光焊前加一次闪光过程。

工艺过程包括一次闪光、预热、二次闪光及顶锻过程，施焊时首先连续闪光，使钢筋端部闪平，然后同预热闪光焊。焊接钢筋直径较粗时，宜用此法。

d）焊后通电热处理。方法是焊毕松开夹具，放大钳口距，再夹紧钢筋，接头降温至暗黑后，即采取低频脉冲式通电加热，当加热至钢筋表面呈暗红色或橘红式时，通电结束，松开夹具，待钢筋冷后取下钢筋。

e）钢筋闪光对焊参数：①对焊电流参数，根据焊接电流和时间不同，分为强参数（即大电流和短时间）和弱参数（即电流较小和时间较长）两种；②闪光对焊参数，为了获得良好的对焊接头，应合理选择对焊参数。

焊接参数包括：调伸长度、闪光留量、闪光速度、顶锻留量、顶锻速度、顶锻压力及变压级次。采用预热闪光焊时，还要有预热留量与预热频率等参数。

（b）对焊操作要求。

Ⅱ级钢钢筋对焊：Ⅱ级钢筋的可焊性较好，焊接参数的适应性较宽，只要保证焊缝质量，拉弯时断裂在热影响区就较小。因而，其操作关键是掌握合适的顶锻。

采用预热闪光焊时，其操作要点为：一次闪光，闪平为准；预热充分，频率要高；二次闪光，短、稳、强烈；顶锻过程，快速有力。

（c）对焊注意事项。

a）对焊前应清除钢筋端头约150mm范围的铁锈污泥等，防止夹具和钢筋间接触不良而引起“打火”。钢筋端头有弯曲应予调直及切除。

b）当调换焊工或更换焊接钢筋的规格和品种时，应先制作对焊试件（不小于2个）进行冷弯试验，合格后，方能成批焊接。

c）焊接参数应根据钢筋特性、气温高低、电压。焊机性能等情况由操作焊工自行修正。

d）焊接完成，应保持接头红色变为黑色才能松开夹具，平稳地取出钢筋，以免引起接头弯曲。当焊接后张预应力钢筋时，焊后趁热将焊缝毛刺打掉，利于钢筋穿入孔道。

e）不同直径钢筋对焊，其两截面之比不宜大于1.5倍。

f）焊接场地应有防风防雨措施。

d. 电弧焊。钢筋电弧焊分帮条焊、搭接焊、坡口焊和熔槽四种接头形式。

（a）帮条焊。帮条焊适用于Ⅰ、Ⅱ级钢筋的接驳，帮条宜采用与主筋同级别、同直径的钢筋制作，其操作要点如下。

a）先将主筋和帮条间用四点定位焊固定，离端部约20mm，主筋间隙留2～5mm。

b）施焊应在帮条内侧开始打弧，收弧时弧坑应填满，并向帮条一侧拉出灭弧。

c）尽量施水平焊，需多层焊时，第一层焊的电流可以稍大，以增加焙化深度，焊完一层之后，应将焊渣清除干净。

d）当需要立焊时，焊接电流应比平焊减少10%～15%。

e）当不能进行双面焊时，可采用单面焊接，但帮条长度要比双面焊加大一倍。

(b）搭接焊。搭接焊只适用于Ⅰ、Ⅱ、Ⅲ级钢筋的焊接，其制作要点除注意对钢筋搭接部位的预弯和安装，应确保两钢筋轴线相重合之外，其余则与帮条焊工艺基本相同。

(c）坡口焊。坡口焊对接分坡口平焊和坡口立焊对接。

a）钢筋坡口平焊宜采用V形坡口，坡口角度为55°～65°。

b）坡口面加工要平顺，污物、氧化铁锈要清除干净，并利用垫板进行定位焊，垫板长度取为40～60mm，宽度为钢筋直径加10mm，坡口根部间隙平焊取4～6mm，操作工艺应注意以下几点：①首先由坡口根部引弧，横向施焊数层，接着焊条作之字形运弧，将坡口逐层堆焊填满，焊接时适当控制速度以避免接头产生过热，亦可将几个接头轮流施焊；②每填满一层焊缝，都要把焊渣清除干净，再焊下一层，直至焊缝金属略高于钢筋直径0.1d为止，焊缝加强宽度比坡口边缘加宽2～3mm为宜。

c）钢筋坡口立焊对接。钢筋V形坡口立焊时，坡口角度约为35°～55°，其中下筋为0°～10°，上筋为35°～45°；立焊对接垫板的装配和定位焊与坡口平焊基本相同，但根部间隙取3～5mm；坡口立焊首先在下部钢筋端面上引弧，并在该端面上堆焊一层，使下部钢筋逐渐加热，然后用快速短小的横向焊缝把上下钢筋端面焊接起来，当焊缝超过钢筋直径的一半时，焊条摆动宜采用立焊的运弧方式，一层一层地把坡口填满，其加强高和加强宽与坡口平焊相同。

e. 竖向钢筋电渣压力焊。电渣压力焊是利用电流通过渣池产生的电阻热将钢筋端部熔化，然后施加压力使钢筋焊合。

(a）电渣压力焊接工艺。电渣压力焊接工艺分为“造渣过程”和“电渣过程”，这两个过程是不间断的连续操作过程。

a）“造渣过程”是接通电源后，上、下钢筋端面之间产生电弧，焊剂在电弧周围熔化，在电弧热能的作用下，焊剂溶化逐渐增多，形成一定深度渣地，在形成渣池的同时电弧的作用把钢筋端面逐渐烧平。

b）“电渣过程”是把上钢筋端头浸入渣池中，利用电阻热能使钢筋端面熔化，在钢筋端面形成有利于焊接的形状和熔化层，待钢筋溶化量达到规定后，立即断电顶压，排出全部溶渣和溶化金属，完成焊接过程。

(b）电渣压力焊施焊接工艺程序：安装焊接钢筋→安装引弧铁丝球→缠绕石棉绳装上焊剂盒→装放焊剂→接通电源，“造渣”工作电压40～50V，“电渣”工作电压20～25V→造渣过程形成渣池→电渣过程钢筋端面溶化→切断电源顶压钢筋完成焊接→卸出焊剂拆卸焊盒→拆除夹具。

a）焊接钢筋时，用焊接夹具分别钳固上下的待焊接的钢筋，上、下钢筋安装时，中心线要一致。

b）安放引弧铁丝球。抬起上钢筋，将预先准备好的铁丝球安放在上。下钢筋焊接端面的中间位置，放下上钢筋，轻压铁丝球，使接触良好。放下钢筋时，要防止铁丝球被压扁变形。

c）装上焊剂盒。先在安装焊剂盒底部的位置缠上石棉绳然后再装上焊剂盒，并往焊剂盒满装焊剂。安装焊剂盒时，焊接口宜位于焊剂盒的中部，石棉绳缠绕应严密，防止焊剂泄漏。

d）接通电源，引弧造渣。按下开关，接通电源，在接通电源的同时将上钢筋微微向上提，引燃电弧，同时进行“造渣延时读数，计算造渣通电时间。造渣过程”工作电压控制在40～50V之间，造渣通电时间约占整个焊接过程所电时间的3/4。

e）电渣过程。随着造渣过程结束，即时转入“电渣过程”的同时进行“电渣延时读数”，计算电渣通电时间，并降低上钢筋，把上钢筋的端部插入渣池中，徐徐下送上钢筋，直至“电渣过程”结束。“电渣过程”工作电压控制在20～25V之间，电渣通电时间约占整个焊接过程所需时间的1/4。

f）顶压钢筋，完成焊接：“电渣过程”延时完成，电渣过程结束，即切断电源，同时迅速顶压钢筋，形成焊接接头。

g）卸出焊剂，拆除焊剂盒、石棉绳及夹具。卸出焊剂时，应将料斗卡在剂盒下方，回收的焊剂应除去溶渣及杂物，受潮的焊剂应烘。焙干燥后，可重复使用。

h）钢筋焊接完成后，应及时进行焊接接头外观检查，外观检查不合格的接头，应切除重焊。

2）质量标准。

a. 保证项目。

（a）钢筋的材质、规格及焊条类型应符合钢筋工程的设计和施工规范，有材质及产品合格证书和物理性能检验，对于进口钢材需增加化学性能检定，检验合格后方能使用。

（b）钢筋的规格、形状、尺寸、数量、间距、锚固长度、接头位置、保护层厚度必须符合设计要求和施工规范的规定。

（c）焊工必须持相应等级焊工证才允许上岗操作。

（d）在焊接前应预先用相同的材料、焊接条件及参数，制作两个抗拉试件，其试验结果大于该类别钢筋的抗拉强度时，才允许正式施焊，此时可不再从成品抽样取试件。

b. 基本项目。

（a）钢筋、骨架绑扎，缺扣、松扣不超过应绑扎数的10%，且不应集中。

（b）钢筋弯钩的朝向正确，绑扎接头符合施工规范的规定，搭接长度不小于规定值。

（c）所有焊接接头必须进行外观检验，其要求是：焊缝表面平顺，没有较明显的咬边、凹陷、焊瘤、夹渣及气孔，严禁有裂纹出现。

c. 机械性能试验、检查方法。根据焊件的机械性能的有关规定进行取样送检。

（3）混凝土工程。本工程混凝土采用商品混凝土由混凝土运输车运到现场。混凝土水平及垂直运输采用混凝土输送泵为主，塔吊为辅助。

1）自拌混凝土生产。自拌混凝土用于低标号零星混凝土的现场拌制。

a. 根据配合比确定的每盘（槽）各种材料用量，均要过秤。

b. 装料顺序：一般先装石子，再装水泥，最后装砂子，需加掺合料时，应与水泥一并加入。

c. 混凝土搅拌的最短时间根据施工规范要求确定，掺有外加剂时，搅拌时间应适当延长。粉煤灰混凝土的搅拌时间宜比基准混凝土延长10～30s。

2）混凝土运输。

a. 混凝土在现场运输工具有手推车、吊斗、泵送等。

b. 混凝土自搅拌机中卸出后，应及时运到浇筑地点，延续时间不能超过初凝时间。在运输过程中，要防止混凝土离析、水泥浆流失、坍落度变化以及产生初凝等现象。如混凝土运到浇筑地点有离析现象不得用于主体结构。

c. 混凝土运输道路应平整顺畅，若有凸凹不平，应铺垫桥枋。在楼板施工时，更应铺设专用桥道严禁手推车和人员踩踏钢筋。

3）混凝土浇筑。

a. 各部位混凝土浇筑。

（a）柱墙混凝土浇筑。

柱墙混凝土在楼面模板安装后，钢筋绑扎前进行，以减轻工人的劳动强度，节省工期。梁板与柱、墙的水平施工缝留置在梁、板底50mm位置处，柱和墙混凝土浇筑采用导管下料，使混凝土倾落的自由高度小于2m，确保混凝土不离析。一次连续浇灌高度不宜超过0.5m，待混凝土经振捣沉积、收缩完成后再进行第二次混凝土浇灌，但应在前层混凝土初凝之前，将次层混凝土浇筑完毕，一般不再留置施工缝。要加强柱四角和根部混凝土振捣，防止漏捣造成根部结合不良，接角残缺现象出现。新老混凝土施工缝处理应符合规范要求，严格控制混凝土的振捣时间，不得震动钢筋及模板，以保证混凝土质量。

（b）楼面梁板混凝土浇筑。梁、板结构的混凝土浇筑，要在浇筑前在板的四周模板弹出板厚平水线，并钉上标记，在板跨中每距1500mm焊接平水标志筋，并在钢筋端头油上红漆，作为衡量板厚和平水的标尺，为避免产生施工的冷缝，混凝土应连续浇注，一般控制在4h之间，超过时间视为施工缝。楼板混凝土采用混凝土泵输送管布料，采用平板振捣器捣实，其移动间距应保证振动器的平板能覆盖已振实部分的边缘。随打随压光，当混凝土面收水后再进行二次压光，以减少裂缝的产生。混凝土浇筑由窄边开始向阔边推进，混凝土浇筑从楼面一向尽端处开始，作后退拆管法施工：并分段成带状浇筑，带宽5m左右。要求混凝土的初凝时间以卸车起计不小于4h，在正常情况下先浇部分混凝土在初凝前将得到覆盖，不会在混凝土带之间出现施工冷缝。整个施工段混凝土浇筑控制在10h左右完成，每一施工段计划连续进行，不留设施工缝。为保证混凝土的密实，梁浇筑采用振捣振捣时，间距应控制在500mm左右，插入时间控制在10s，以表面翻浆冒出气泡为宜。使用时应尽量避免碰撞钢筋、模板，并注意“快插慢拔不漏点”，上、下混凝土振捣搭接不少于50mm。

浇筑楼面混凝土采用A字凳搭设水平走桥，严禁施工人员辗压钢筋。楼梯浇混凝土，不得将混凝土泵输送管混凝土直接喷射模板，应打铲浇灌，均匀布料，并用灰匙清理执平。专门派瓦工把高出的混凝土铲出、抹平，同时在模板边“插浆”，消除蜂窝，终凝前，严禁人员上落。

浇筑混凝土时应注意保持钢筋位置和有内模结构的模板位置准确及混凝土保护层控制，特别要注意负筋的位置，设专人负责检查并及时校正。

混凝土的养护在浇筑完后12h以内对其进行覆盖和采用浇水湿养护，养护时间不得少于7d。要确保浇混凝土后静养护24h，然后才能在其上面进行施工。

（c）墙壁混凝土浇筑。混凝土壁采用斜面推进，由一边开始，向另一端浇筑，根据泵送时自然形成的流淌，在浇筑面的前、中、后各布置一支桩动棒，第一道布置在出料口，负责出管混凝土的振捣，使之顺利通过面筋流入下层，第二道设置在流淌斜坡的中间部位，负责将斜面混凝土振捣密实，第二道设置在斜坡脚及底面钢筋处，确保混凝土流入下层钢筋的底部，确保下层混凝土振捣密实。

（d）施工缝的留设和处理。柱与墙的水平施工缝留置在梁板底500mm位置处。

梁板混凝土计划连续进行，不留施工缝，如因施工环境影响，需留设施工缝，则施工缝位置，应沿次梁方向浇筑梁板，施工缝应留置在次梁跨度的中间1/3范围内。施工缝的表面应与梁轴线和板面垂直，不得留斜槎，施工缝宜用钢丝网挡牢。

（e）混凝土找平方法。在层板、顶板面混凝土浇筑前，在墙、柱竖向钢筋上测设出标高控制线，用平板振动器振捣后，采用机械抹光施工工艺一次性抹光，采用圆盘式抹光机，并使用一台水准仪随时复测整平，保证板混凝土面的平整。

（f）混凝土的养护

混凝土在浇捣完毕后12h之内进行覆盖和浇水养护，各不同部位的养护方法和养护时间要求如下。

a）混凝土板采用蓄水养护。

b）竖向构件上拆模后随即涂刷养护液进行保水养护。

c）楼板采用洒水湿润养护，养护时间不少7d。

d）屋面板采用覆盖薄膜并洒水养护，养护时间不少于14d。

b. 不同强度等级混凝土浇捣的处理。

（a）第一次将墙柱高强度等级混凝土一次性浇筑至梁底50mm部位。

（b）浇筑梁板混凝土时，首先浇筑墙柱部位高强度混凝土，并且将高强度混凝土浇筑范围扩大至墙柱四周出1/2梁高的位置，在这一部位采用专用“快易收口网”封堵，保证在高强度混凝土初凝前梁板部位混凝土的连续浇筑，如图1.113所示。

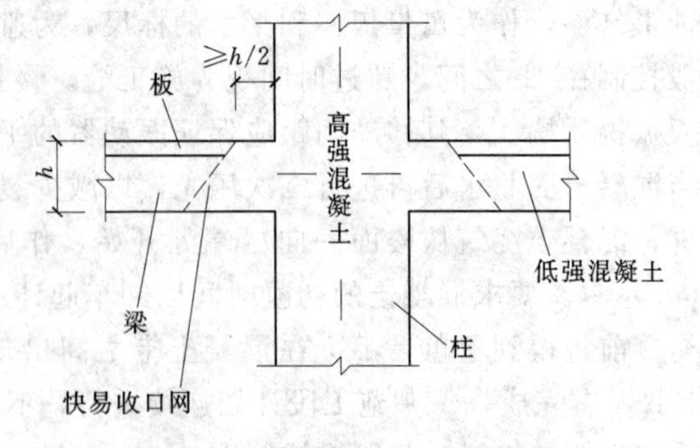

图1.113　框架结构梁柱节点示意

（c）为了绝对保证施工过程中的级配正确，浇捣柱头和其范围混凝土时利用塔吊进行混凝土的垂直运输，而梁板混凝土则利用输进泵进行运输。

4）混凝土的泵送施工。混凝土泵送，除了泵送机械的性能要满足泵送高度要求外，混凝土配合比的优化是最关键的因素。因此泵送混凝土，对建筑工程是十分重要。

a. 混凝土的供应。本工程混凝土采用商品混凝土，配制的混凝土不仅要满足物理学性能，还需满足流动性好，包裹性好，可泵性好，缓凝时间适宜的要求。商品混凝土供应商应对水泥品种、外加剂品种、石子规格、外加剂掺加、用水量、水泥用量以及混凝土坍落度的损失、凝结时间、强度、弹性模量、含气量、搅拌工艺等进行试验，以研制出施工所需的低水胶比的混凝土。

水泥供应商以通过ISO9002质量体系认证的水泥供应商作为选择供应对象，并选择多一个供应商以作备用。

b. 混凝土质量的检定。

（a）混凝土的取样、试件制作、养护和试验、强度检验评定，必须符合规范的标准。

（b）混凝土供应到现场准备卸料前应进行8～12转/min搅拌2min，保证混凝土均匀后方能卸料。

（c）现场取样应以搅拌车卸料1/4后至3/4前的混凝土作为取样标准，并按规定留取试件。现场泵送坍落度120～150mm，初凝时间不低于6h。

（d）试样取样后，需进行混凝土坍落度、含气量、入模温度、可泵性等有关测试。

（e）送至现场的预拌混凝土，一旦发现原材料、混凝土拌和物不能满足和可能不满足规定要求时，应立即采取有效的措施进行调整。

（f）如混凝土出现严重的离析、假凝、坍落度损失过大及混凝土出现水化反应时（初凝后）等的混凝土不得使用在工程上，应定为不合格品，并应及时退货和找出原因。

c. 混凝土的泵送技术。

（a）泵机的选择。混凝土泵的主要技术参数是排量和出口压力。出口压力大，输送能力强。排量大小则可根据实际使用情况而定。

本工程混凝土施工设置3台泵机，位置在各个门口附近位置摆放。泵机最大泵送压力7.5MPa（中压）最大混凝土泵送量50m³/h。

（b）泵和泵管的布置和安装。

a）凡管道经过位置要平整，接驳口处应用木枋垫稳，不要直接放于钢筋、模板上。横平竖直，尽量减少弯管。

b）向下布管时，水平夹角应小于15°，在斜管端有一段较长的水平管，凡弯管位处要加支顶或缆绳锚固。

c）垂直布管，要求泵机的水平管长度大于25m，在此长度范围内浇注混凝土座，用管码将每条管牢固地固定在混凝土座上。

d）在垂直管的弯位，要加牢固的支承座，每条垂直管要用管码牢固地扶装在柱上。

e）楼层布管原则应由远到近（对泵机而言），泵送完的管要马上冲洗。管与管之间要密封良好，不允许跑气漏浆。

（c）泵送混凝土施工技术。

a）泵机操作人员应进行严格培训，经考验取得合格证者方可上岗作业。

b）泵送前，应先开机用水润湿管道，而后泵送水泥砂浆，当输送管壁处于充分湿润时，再开始泵送混凝土。

c）混凝土应保证连续供应，以保证连续泵送。当发现供应脱节不能连续泵送时，泵机不能停止工作，应每隔 4～5min 使泵正、反转两个冲程，把料从管道抽回重新拌合，再泵入管道，同时开动料斗中的搅拌器，搅拌 3～4 转，防止混凝土离析。

d）对停水、停电要有有效的应急措施，设置发电机和蓄水池。

e）在泵送混凝土过程中，应使料斗内持续充满混凝土，防止吸入空气，一旦吸入空气，应立即将泵机反转，使混凝土返回料斗，除去空气后再正转泵送。

f）炎热天气应对输送管道采用保湿降温，用湿麻袋覆盖，并保持不断淋水降温。

g）加强混凝土浇筑后的养护工作。设置专人定时洒水，潮湿养护。

h）每次浇筑混凝土前搞好技术交底，使参与施工的人员都明确高强混凝土质量控制的重要性和做法，施工过程，项目部管理人员在每一环节跟班监控确保执行。

思　考　题

1.1　试述模板的作用。对模板及其支架的基本要求有哪些？

1.2　模板有哪些类型？各有何特点？

1.3　试述定型组合钢模板的组成及配板原则。

1.4　钢筋的种类有哪些？如何验收钢筋？

1.5　钢筋加工包括哪些工序？

1.6　如何计算钢筋的下料长度？

1.7　如何进行钢筋的代换？

1.8　钢筋连接的方法有哪些？各有什么特点？

1.9　钢筋的绑扎有哪些一般规定？绑扎接头有哪些具体要求？

1.10　钢筋安装要检查的内容有哪些？

1.11　为什么要进行施工配合比的换算？如何换算？

1.12　混凝土搅拌制度包括哪些方面？如何合理确定？

1.13　混凝土运输的基本要求有哪些？

1.14　试述混凝土结构施工缝的留设原则、留设位置及处理方法。

1.15　试述大体积混凝土的浇筑时的降温措施。

1.16　混凝土振动器有哪几种？各自的适用范围是什么？

1.17　为什么混凝土浇筑后要进行养护？常用的养护方法有哪些？

习　题

1.1　某混凝土实验室配合比为 1∶2.54∶5.12，$W/C=0.62$，每立方混凝土水泥用量为 280kg，实测现场砂含水率为 3%，石含水率 1%，试求：（1）施工配合比为多少？（2）当用 250L（出料容量）搅拌机搅拌时，每拌一次投料水泥、砂、石、水各多少？

1.2　计算如图 1.114 所示钢筋的下料长度。

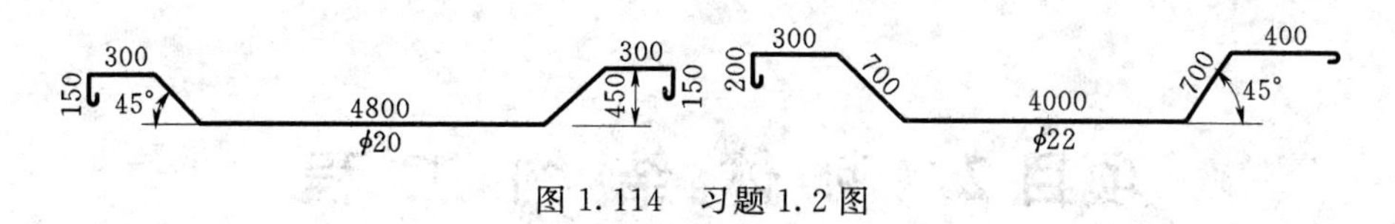

图1.114　习题1.2图

1.3　自选一简支梁配筋图，编制钢筋配料单并计算钢筋用量。

项目2 砌体结构工程

砌体结构工程是指砖、石及各类型砌块为主的结构工程，这种结构具有就地取材，保温隔热、隔音、耐火性能好，节约钢材和水泥，不需要大型施工机械，施工组织简单等优点。缺点是以砖石为主的砌体结构自重大，以手工操作为主，劳动强度大，生产效率低，而且墙体用砖量大，烧结黏土砖占用农田多，所以采用新型墙体材料代替普通黏土砖改善砌体施工工艺，已经成为砌筑工程改革的重要方向。

【学习目标】

通过本项目的学习，能够掌握砌体工程施工方法及操作技能，掌握现行规范的技术要求；初步具有验收砖、石、砌块材料，控制砌体工程质量的能力，能根据现场条件合理选择砌体工程施工方案和施工工艺，能对施工质量和施工安全进行监控；能灵活处理建筑工程施工过程中出现的各种问题，具有管理协调能力。

【项目导航】

1. 项目概况

某工程外形为一字形，尺寸为67.14m×12.84m，建筑面积为4738.67m²，为六层砖混结构，住宅楼设三个单元，一梯两户，三室两厅，一厨两卫，标准层高2.90m，顶层层高3.0m，建筑物高度18.25m，室内外高差为－0.750m。抗震设防烈度为Ⅷ度。

结构：基础为钢筋混凝土条形基础，砖混结构，±0.000以下采用MU10烧结煤矸石砖、M10水泥砂浆，±0.000以上采用MU10烧结煤矸石砖、M7.5混合砂浆砂，基础垫层混凝土强度等级为C10，其余混凝土强度等级为C20。

门窗：进户防盗门，阳台为塑钢门其余为木门，塑钢窗。

地面：水泥砂浆楼地面。

内粉：内墙、天棚混合砂浆粉刷批腻子，公共部分刷乳胶漆。

外粉：水泥砂浆抹灰刷乳胶漆两遍。

屋面：70厚水泥膨胀珍珠岩保温，SBS卷材防水。

2. 主体工程施工步骤

材料机具及作业条件准备→脚手架的搭设→绑扎一层构造柱钢筋→砌墙→支构造柱模板→浇构造柱混凝土→拆模→安装圈梁、梁、板、梯模板→绑扎圈梁、梁、板、梯钢筋→浇注混凝土→二层→……→顶层。

3. 主要工作任务

材料机具准备（包括砌体工程和钢筋混凝土工程）、脚手架设计与搭设、砌体工程施工、模板工程施工、钢筋工程施工、混凝土工程施工、质量检查与验收。

任务2.1 材料机具准备

【任务导航】 学习砌筑用砖、石、砌块、砂浆等材料的种类、性质与质量要求等，熟悉常用的砌筑与质量检测工具、垂直运输机械等；能够选用符合图纸要求的各种砌筑材料，熟悉各种材料的性质及使用要求；能对砂浆的原材料进行质量监控，能选择经济、合理的机械设备。

2.1.1 材料准备

构成砌体结构的材料主要包括块材和砂浆，必要时尚需要混凝土和钢筋。混凝土一般采用C20强度等级，钢筋一般采用HPB300、HRB335和HRB400强度等级或冷拔低碳钢丝。

2.1.1.1 块材

1. 砖

砌筑用砖有烧结普通砖、烧结多孔砖、烧结空心砖和蒸压灰砂砖、炉渣砖等。

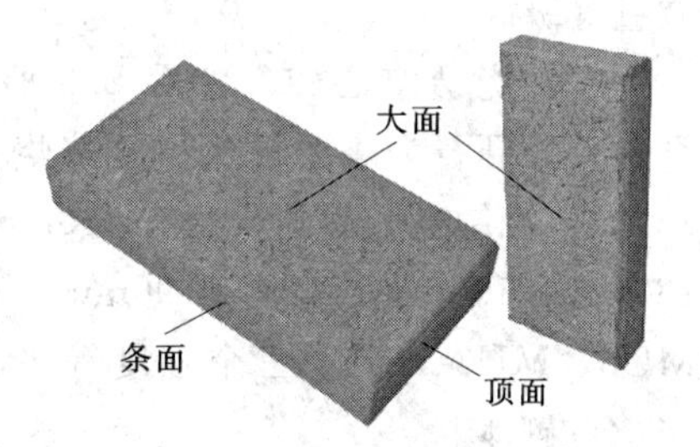

图2.1 烧结普通砖

(1) 烧结普通砖。如图2.1所示。以黏土、页岩、煤矸石、粉煤灰为主要原料，经过焙烧而成的实心的孔洞率不大于15%的砖统称烧结普通砖。烧结普通砖规格为240mm×115mm×53mm，具有这种尺寸的砖称为“标准砖”。烧结普通砖根据抗压强度分为MU10、MU15、MU20、MU25、MU30五个强度等级。黏土砖因不符合节能、环保和保护农田的要求，正被限用或禁用。烧结普通砖的外观质量应符合表2.1要求。

表2.1 砖的外观质量 单位：mm

项目		优等品	一等品	合格品
两条面高度差不大于		2	3	5
弯曲不大于		2	3	5
杂质凸出高度不大于		2	3	5
缺棱掉角的三个破坏尺寸不得同时大于		15	20	30
裂纹长度不大于	a. 大面上宽度方向及其延伸至条面的长度	70	70	110
	b. 大面上长度方向及其延伸至顶面的长度或条顶面上水平裂纹的长度	100	100	150
完整面不得小于		一条面和一顶面	一条面和一顶面	——
颜色		基本一致	——	——

注 1. 为装饰而施加的色差、凹凸纹、拉毛、压光等不算作缺陷。
2. 凡有下列缺陷之一者，不得称为完整面：
(1) 缺损在条面或顶面上造成的破坏面尺寸同时大于10mm×10mm。
(2) 条面或顶面上裂纹宽度大于1mm，其长度超过30mm。
(3) 压陷、黏底、焦花在条面或顶面上的凹陷或突出超过2mm，区域尺寸同时大于10mm×10mm。

烧结普通砖根据尺寸偏差、外观质量、泛霜和石灰爆裂分为优等品、一等品、合格品三个质量等级。优等品适用于清水墙，一等品、合格品可用于混水墙。

图 2.2 烧结多孔砖

(2) 烧结多孔砖。如图 2.2 所示。烧结多孔砖是以黏土、页岩、煤矸石、粉煤灰为主要原料，经焙烧而成的承重多孔砖，孔洞率不小于 25%，孔洞小而多，简称多孔砖。多孔砖自重轻、保温隔热性能好，节约原料和能源。

烧结多孔砖常用的规格尺寸为 240mm×115mm×90mm，多用于多层房屋的承重墙体。烧结多孔砖的强度等级与烧结普通砖相同。

烧结多孔砖根据尺寸偏差、外观质量、强度等级和物理性能分为优等品、一等品、合格品三个质量等级。

图 2.3 烧结空心砖

(3) 烧结空心砖。如图 2.3 所示。烧结空心砖是以黏土、页岩、煤矸石为主要原料、经焙烧而成的空心砖（孔洞率大于 35%）。烧结空心砖的长度有 240mm、290mm；宽度有 140mm、180mm、190mm；高度有 90mm、115mm。根据抗压强度分为 MU5、MU3、MU2 三个强度等级。强度等级较低，故只用于非承重砌体。

(4) 蒸压灰砂砖。如图 2.4 所示。蒸压灰砂空心砖以石灰、砂为主要原料，经坯料制备、压制成型、蒸压养护而制成的孔洞率大于 15%的空心砖。

图 2.4 蒸压灰砂砖

蒸压灰砂空心砖根据抗压强度分为 MU25、MU20、MU15、MU10、MU7.5 五个强度等级。其尺寸规格与烧结普通砖相同。同样，由于强度等级较高，也可用于承重砌体。

2. 砌块

砌块是形体大于砌墙砖的人造块材。使用砌块可以充分利用地方资源和工业废渣，节

省黏土资源和改善环境，并可提高劳动生产率降低工程造价，因此，应用较广。常用的小型砌块主要有混凝土空心砌块和加气混凝土砌块。

砌块按形状来分有实心砌块和空心砌块两种。按制作原料可分为粉煤灰、加气混凝土、混凝土、硅酸盐、石膏砌块等数种；按规格来分有小型砌块、中型砌块和大型砌块。砌块高度在115～380mm之间的称小型砌块，高度在380～980m之间的称中型砌块，高度大于980mm的称大型砌块。常用的小型砌块主要有混凝土空心砌块和加气混凝土砌块。

（1）混凝土空心砌块。如图2.5所示。工程中经常使用的小型混凝土空心砌块强度分为MU20、MU15、MU10、MU7.5、MU5五个等级。由普通硅酸盐水泥、中砂和粒径不大于20mm的石子作为原料，经配制、拌和、成型、蒸养而成，表观密度为1000kg/m^3，空心率为58%～64%。也有的混凝土空心砌块用轻质煤渣、矿渣制成。

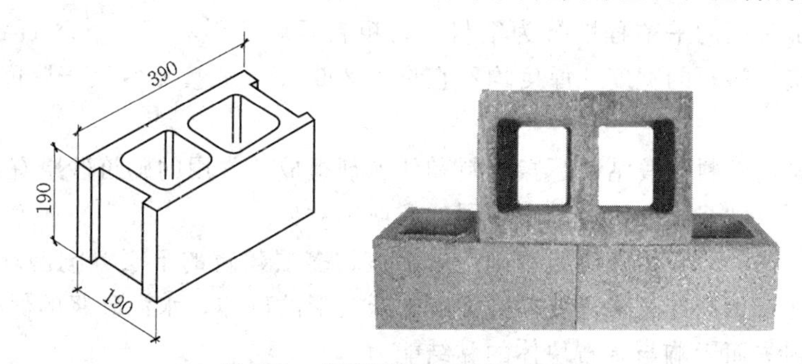

图2.5　普通混凝土小型空心砌块

（2）加气混凝土砌块。加气混凝土砌块以水泥、矿渣、砂、石灰等为主要原料，加入发气剂，经搅拌成型、蒸压养护而成的实心砌块。加气混凝土砌块具有表观密度小、保温效果好、吸声好、规格可变，以及可锯、可割等优点。加气混凝土砌块按其抗压强度分为A1、A2、A2.5、A3.5、A5、A7.5、A10七个强度等级，广泛应用于框架填充墙。

3. 石材（图2.6）

(a) 毛石

(b) 料石

图2.6　石材

石材分为毛石和料石两大类。

砌筑用毛石应呈块状，其中部厚度不宜小于200mm。料石按其加工面的平整程度分为细料石、半细料石、粗料石和毛料石四种。各种砌筑用料石的宽度和厚度均不宜小于200mm，而长度不宜大于厚度的4倍，即800mm。

石材的强度等级可用边长为70mm的块立方体试块的抗压强度平均值表示石材的强度等级分为MU100、MU80、MU60、MU50、MU40、MU30、MU20等七级。

用于砌体房屋中的石材多为花岗石和石灰石，其密度一般大于1800kg/m³，称为重石，它具有坚固耐久、色泽美观、抗冻耐磨等优点，通常用于刚性基础，挡土墙、承重墙体、桥梁沟渠，隧道衬砌等处，因其传热性较高，寒冷地区的外墙应增加厚度，才能满足保温要求。石材的缺点是自重大，加工困难，质脆致密，抗拉强度低，黏结能力弱，毛石砌体在地震区不宜采用。

毛石分为乱毛石和平毛石。乱毛石是指形状不规则的石块；平毛石是指形状不规则，但有两个平面大致平行的石块。毛石应呈块状，其中部厚度不宜小于150mm。

料石按其加工面的平整程度分为细料石、粗料石和毛料石三种。料石各面的加工要求，应符合规定。料石的宽度、厚度均不宜小于200mm，长度不宜大于厚度的4倍。

2.1.1.2　砂浆

砌筑砂浆是由骨料、胶结料、掺合料和外加剂组成。常用的砌筑砂浆有水泥砂浆和水泥混合砂浆及石灰砂浆，分别适用于不同的环境和对象。

(1) 水泥砂浆。一般用做砌筑基础、地下室、多层建筑的下层等潮湿环境中的砌体，以及水塔、烟囱、钢筋砖过梁等要求高强度、低变形的砌体。水泥砂浆的保水性较差，砌筑时会因水分损失而影响与砖石块体的黏结能力。

(2) 水泥混合砂浆简称混合砂浆。通常由水泥、石灰膏、砂加水拌制而成。混合砂浆具有较好的和易性，尤其是保水性，具有一定的强度可耐久性，常用做砌筑地面以上的砖石砌体。混合砂浆中的石灰膏主要是起塑化作用，其代用品很多，有电石膏、粉煤灰、黏土及微沫剂等。

(3) 石灰砂浆又称白灰砂浆。由石灰膏、砂加水拌制而成的气硬性胶结料，强度低，使用上受到一定限制。

(4) 其他砂浆。

1) 防水砂浆。在水泥砂浆中加入3%～5%的防水剂制成防水砂浆。防水砂浆应用于需要防水的砌体（如地下室、砖砌水池、化粪池），也广泛用于房基的防潮。

2) 嵌缝砂浆。一般使用水泥砂浆，也有用白灰砂浆的。其主要特点是砂子必须用细砂或特细砂，以利于勾缝。

3) 聚合物砂浆。它是一种掺入一定量高分子聚合物的砂浆，一般用于有特殊要求的砌筑物。

1. 对原材料的要求

(1) 水泥（图2.7）。要按照设计规定的品种、标号选用。水泥必须具有出厂检验证明书，水泥应按品种、强度等级、出厂日期分别堆放并保持干燥，出厂日期不得超过3个月。当在使用中对水泥质量有怀疑或水泥出厂超过3个月（快硬硅酸盐水泥超过1个月）时，应复查试验，不同品种的水泥，不得混合使用。

(2) 砂。宜用中砂，并应过筛，不得含有草根等杂物，其中毛石砌体宜用粗砂。砂的

(a) 散装水泥的存放 (b) 袋装水泥的存放

图 2.7 水泥存放

含泥量不应超过 5%（M5 以下水泥混合砂浆，含泥量不应超过 10%）。

（3）石灰膏。生石灰熟化成石灰膏时，应用孔径不大于 3mm×3mm 的网过滤，熟化时间不得少于 7d，磨细生石灰粉的熟化时间不得小于 2d。沉淀池中贮存的石灰膏，应采取防止干燥、冻结和污染的措施。配制水泥石灰砂浆时，不得采用脱水硬化的石灰膏。

（4）水。拌制砂浆用水应为不含有害物质的洁净水。

（5）其他。掺入砂浆的有机塑化剂、早强剂、缓凝剂、防冻剂等，应经检验和试配符合要求后，方可使用。

2. 砂浆技术要求

砌筑砂浆的强度等级宜采用 M20、M15、M10、M7.5、M5、M2.5。水泥砂浆拌和物的密度不宜小于 1900kg/m^3；水泥混合砂浆拌和物的密度不宜小于 1800kg/m^3；砌筑砂浆的分层度不得大于 30mm。水泥砂浆中水泥用量不应小于 200kg/m^3；水泥混合砂浆中水泥和掺加料总量宜为 300～350kg/m^3。

3. 砂浆强度等级

砂浆强度等级是用边长力 70.7mm 的立方体试块，以标准养护在（20±3）℃温度和相对湿度为 90%以上，龄期为 28d 的抗压强度为准。其强度等级为 M2.5、M5、M7.5、M10、M15 五个等级。砌筑砂浆应通过试配确定配合比，当砌筑砂浆的组成材料有变更时，其配合比应重新确定。

4. 砂浆的制备与使用要求

砌筑砂浆应通过试配确定配合比。现场拌制砂浆时，各组成材料应采用重量计量，配料要准确。砂的含水率应及时测定，并适当调整配合比例。砌筑砂浆应采用砂浆搅拌机进行拌制。砂浆搅拌机可选用活门卸料式、倾翻卸料式或立式，其出料容量常用 200L。

拌和时间，自投料完算起搅拌时间应符合下列规定：

（1）水泥砂浆和水泥混合砂浆不得少于 2min。

（2）水泥粉煤灰砂浆和掺用外加剂的砂浆不得少于 3min。

（3）掺用有机塑化剂的砂浆，其搅拌方法、搅拌时间应符合先行行业标准《砌筑砂浆增塑剂》（JC/T 164）的有关规定。

拌制水泥砂浆，应先将砂与水泥干拌均匀，再加水拌和均匀。拌制水泥混合砂浆，应先将砂与水泥干拌均匀，再加掺加料（石灰膏、黏土膏）和水拌和均匀。掺用外加剂时，应先将外加剂按规定浓度溶于水中，在拌和水投入时投入外加剂溶液，外加剂不得直接投入拌制的砂浆中。

砂浆拌成后和使用时，均应盛入储灰器中。如砂浆出现泌水现象，应在砌筑前再次拌和。

现场拌制的砂浆应随拌随用，拌制的砂浆应在 3h 内使用完毕；当施工期间最高气温超过 30℃时，应在 2h 内使用完毕；对掺用缓凝剂的砂浆，其使用时间可根据具体情况延长。

5. 砌筑砂浆质量要求

砌筑砂浆试块强度验收时其强度合格标准必须符合以下规定。

同一验收批砂浆试块抗压强度平均值必须大于或等于设计强度等级所对应的立方体抗压强度；同一验收批砂浆试块抗压强度的最小一组平均值必须大于或等于设计强度所对应的立方体抗压强度的 0.75 倍。

抽检数量：每一检验批且不超过 $250m^3$ 砌体的各种类型及强度等级的砌筑砂浆，每台搅拌机应至少抽检一次。

检验方法：在砂浆搅拌机出料口随机取样制作砂浆试块（同盘砂浆只应制作一组试块），最后检查试块强度试验报告单。

当施工中或验收时出现下列情况，可采用现场检验方法对砂浆和砌体强度进行原位检测或取样检测，并判定其强度。

（1）砂浆试块缺乏代表性或试块数量不足。

（2）对砂浆试块的试验结果有怀疑或有争议。

（3）砂浆试块的试验结果，不能满足设计要求。

2.1.2 机具准备

2.1.2.1 砌筑与质量检测工具准备

1. 瓦刀（图 2.8）

瓦刀又称泥刀，是个人使用及保管的工具，用于涂抹、摊铺砂浆、砍削砖块、打灰条等。

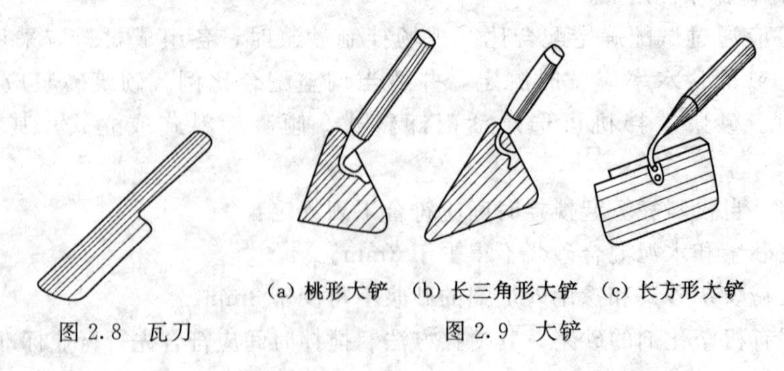

(a) 桃形大铲 (b) 长三角形大铲 (c) 长方形大铲

图 2.8 瓦刀　　图 2.9 大铲

2. 大铲（图 2.9）

用于铲灰、铺灰和刮浆的工具，也可以在操作中用它随时调和砂浆。大铲以桃形居

多，也有长三角和长方形。它是实施“三一”（一铲灰、一块砖、一揉挤）砌筑法的关键工具。

3. 托线板（图 2.10）

托线板又称靠尺板，用于检查墙面垂直和平整度。由施工单位用木材自制，长 1.2～1.5m，也有铝制商品。

4. 线锤

线锤吊挂垂直使用，主要与托线板配合使用，如图 2.10 所示。

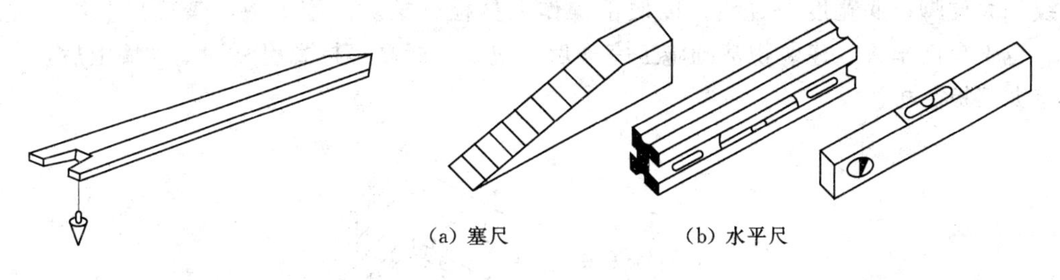
(a) 塞尺　(b) 水平尺

图 2.10　托线板与线锤

图 2.11　塞尺和水平尺

5. 塞尺

塞尺与托线板配合使用，来测定墙、柱的垂直、平整度的偏差。塞尺上每一格表示厚度方向 1mm（图 2.11）。使用时，托线板一侧紧贴于墙面或柱面上，由于墙面或柱面的平整度不够，必然与托线板产生一定的缝隙，用塞尺轻轻塞进缝隙，塞进格数就表示墙面或柱面偏差的数值。

6. 水平尺

水平尺用铁和铝合金制成，中间镶嵌玻璃水准管，用来检查砌体水平位置的偏差，如图 2.11 所示。

7. 准线

准线指砌墙时拉的细线。一般使用直径为 0.5～1mm 的小白线、麻线、尼龙线或弦线，用于砌体砌筑时拉水平用，另外也用来检查水平缝的平直度。

8. 方尺

用木材制成的同角尺，有阴角和阳角两种，分别用于检查砌体转角的方整程度，方尺形状如图 2.12 所示。

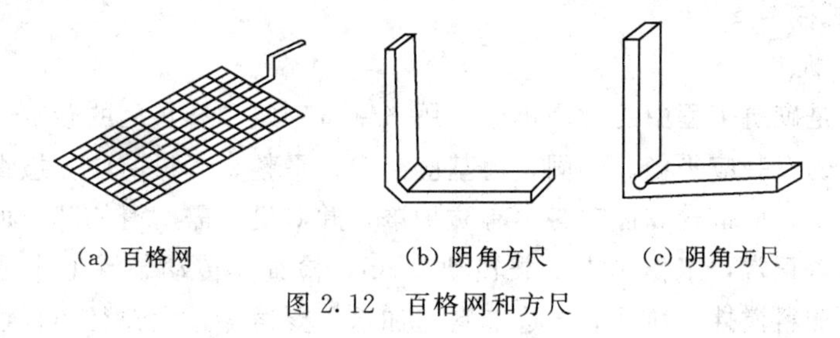
(a) 百格网　(b) 阴角方尺　(c) 阴角方尺

图 2.12　百格网和方尺

9. 百格网

用于检查砌体水平缝砂浆饱满度的工具，可用铁丝编制锡焊而成，也有在有机玻璃上划格而成，其规格为一块标准砖的大面尺寸。将其长宽方向各分成 10 格，画成 100 个小格，故称为百格网，如图 2.12 所示。

10. 龙门板

龙门板是在房屋定位放线后，砌筑时定轴线、中心线的标准，如图 2.13 所示。施工定位时一般要求板顶部的高程即为建筑物的相对标高±0.000。在板上划出轴线位置，以画“中”字示意，板顶面还要钉一根 20～25mm 长的钉子。当在两个相对的龙门板之间拉上准线，则该线就表示为建筑物的轴线。有的在“中”字的两侧还分别划出墙身宽度位置线和大放脚排底宽度位置线，以便于操作人员检查核对。施工中严禁碰撞和踩踏龙门板，也不允许坐人。建筑物基础施工完毕后，把轴线标高等标志引测到基础墙上后，方可拆除龙门板、桩。

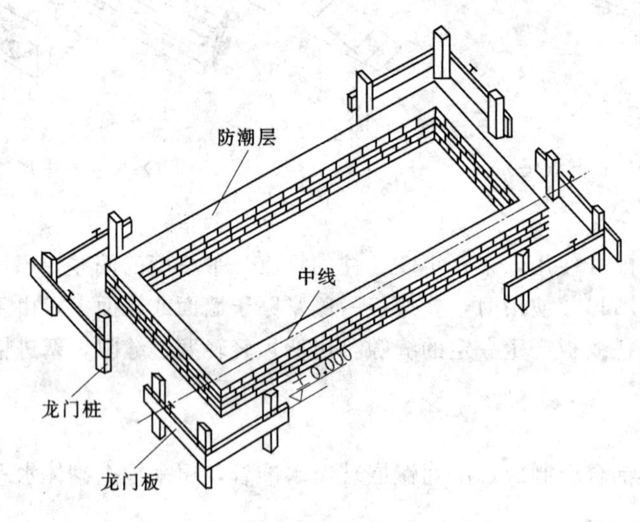

图 2.13 龙门板

11. 皮数杆

皮数杆是砌筑砌体在高度方向的基准。一般由施工人员经过计算排画，经质检人员检验合格后方可使用。皮数杆的设置要根据房屋大小和平面复杂程度而定，一般要求转角处和施工段分界处设立皮数杆。当为一道通长的墙身时，皮数杆的间距要求不大于 20m，如图 2.14 所示。

2.1.2.2 常用机械准备

1. 砂浆搅拌机

砂浆搅拌机是砌筑工程中的常用机械，用来制备砌筑和抹灰用的砂浆。

砂浆搅拌机的安装应平稳、牢固，地基应夯实、平整。开机前应先检查电气设备的绝缘和接地是否良好，皮带轮和齿轮必须有防护罩，并对机械需润滑的部位加油润滑，及检查机械各部件是否正常，工作时先空载转动 1min，检查其传动装置工作是否正常，在确保正常状态后再加料搅拌。搅拌时要边加料边加水，要避免过大粒径的颗粒卡住叶片；加料时，操作工具（如铁锹）不能碰撞搅拌叶片，更不能在转动时把工具伸进机内扒料；工作完毕必须把搅拌机清洗干净。机器应设置在工作棚内，以防雨淋日晒。

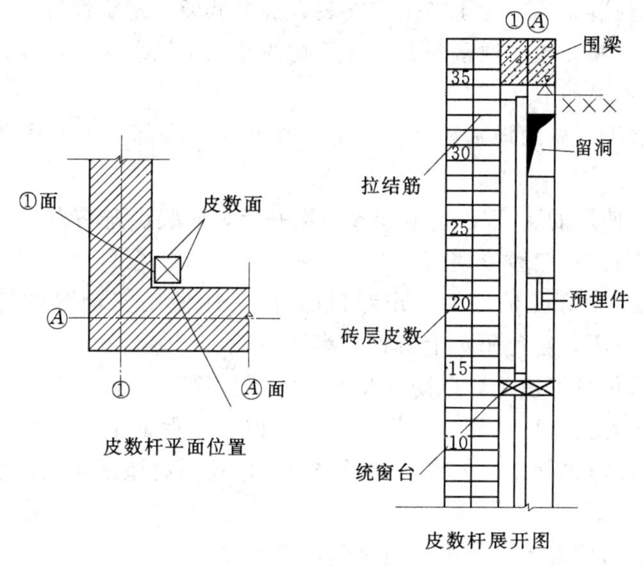

图 2.14 皮数杆

(a)HJ350 砂浆搅拌机 (b)JQ250 砂浆搅拌机

图 2.15 砂浆搅拌机

2. 垂直运输机械

垂直运输设施是指担负垂直运输建筑材料和供人员上下的机械设备。建筑工程施工的垂直运输工程量很大，如在施工中需要运输大量的建筑材料、周转工具及人员等。常用的垂直运输设施有井架、龙门架、塔式起重机、施工电梯等。

(1) 井架。井架是砌筑工程中最常用的垂直运输设备，可用型钢或钢管加工成定型产品，或用其他脚手架部件（如扣件式、碗扣式和门式钢管脚手架等）搭设。

井架由架体、天轮梁、缆风绳、吊盘、卷扬机及索具构成，搭设高度可达60m。为了扩大起重运输服务范围，常在井架上安装悬臂桅杆，桅杆长5～10m，起升载荷0.5～1t，工作幅度2.5～5m。当井架高度在15m以下时设缆风绳一道；高度在15m以上时，每增高10m增设一道。每道缆风绳至少四根，每角一根，采用直径9mm的钢丝绳，与地面呈30°～45°夹角拉牢。

井架的优点是构造简单、易于加工和安装、价格低廉、稳定性好、运输量大；缺点是缆风绳多、影响施工和交通。通常附着于建筑物的井架不设缆风绳，仅设附墙拉结。

井架使用注意事项如下。

1）井架必须立于可靠的地基和基座之上。井架立柱底部应设底座和垫木，其处理要求同建筑外脚手架。

2）在雷雨季节使用的、高度超过 30m 的钢井架，应装设避雷电装置；没有装设避雷装置的井架，在雷雨天气应暂停使用。

3）井架自地面 5m 以上的四周（出料口除外），应使用安全网或其他遮挡材料（竹笆、篷布等）进行封闭，避免吊盘上材料坠落伤人。

4）必须采取限位自停措施，以防吊盘上升时“冒顶”。

5）应设置安全卷扬机作业棚。卷扬机的设置位置应保证不会受到场内运输和其他现场作业的干扰，不在塔吊起重时的回转半径之内，以免吊物坠落伤人，卷扬机司机能清楚地观察吊盘的升降情况。

6）吊盘不得长时间悬于井架中，应及时落至地面。

（2）龙门架。龙门架是由两组格构式立杆和横梁（天轮梁）组合而成的门形起重设备。龙门架通常单独设置，采用缆风绳进行固定，卷扬机通过上下导向滑轮（天轮、地轮）使吊盘在两立杆间沿导轨升降。龙门架的安装与拆除必须编制专项施工方案，并应由有资质的队伍施工。

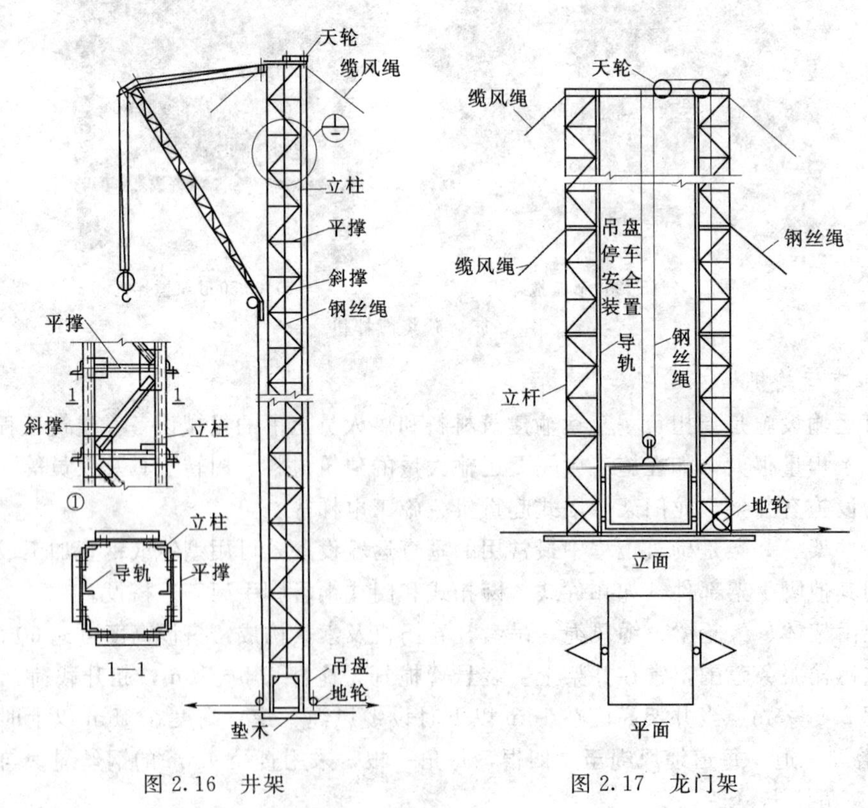

图 2.16　井架

图 2.17　龙门架

龙门架依靠缆风绳保证其稳定性。当龙门架高度在15m以下时设一道缆风绳，四角拉住；当龙门架高度超过15m时，每增高5～6m应增设一道缆风绳。

龙门架为工具式垂直运输设备，具有构造简单、装拆方便；具有停位装置，能保证停位准确等优点，起重高度一般为15～30m，起重量为0.6～1.2t，适合于中小型工程。

(3) 塔式起重机。塔式起重机俗称塔吊。它是由竖直塔身、起重臂、平衡臂、基座、平衡座、卷扬机及电气设备组成的较庞大的机器。由于它具有能回转360°及较高的起重高度，形成了一个很大的工作空间，是垂直运输机械中工作效能较高的设备。塔式起垂机有固定式和行走式两类。

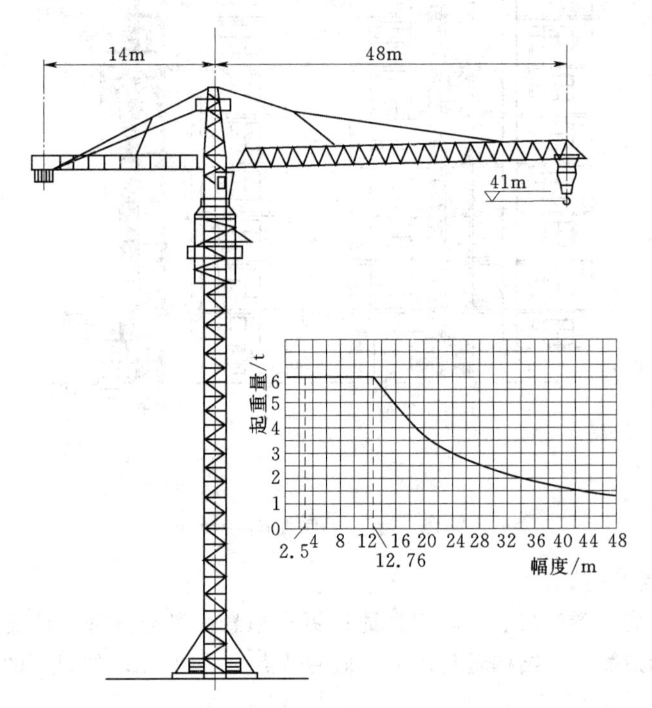

图2.18 QTZ63型塔式起重机的外形结构和起重特性

(4) 施工电梯。

施工电梯是高层建筑施工中安装于建筑物外部、供运送施工人员和建筑器材用的垂直提升机械（即附壁式升降机）。施工电梯附着在外墙或其他结构部位上，随建筑物升高，架设高度可达200m或以上。采用施工电梯运送施工人员上下楼层，可节省工时，减轻工人体力消耗，提高劳动生产率。因此，施工电梯被认为是高层建筑施工不可缺少的关键设备之一。

施工电梯按其驱动方式，可分为齿轮齿条驱动式和绳轮驱动式两种。

齿轮齿条驱动式电梯是利用安装在吊箱（笼）上的齿轮与安装在塔架立杆上的齿条相咬合，当电动机经过变速机构带动齿轮转动式吊箱（笼）即沿塔架升降。齿轮齿条驱动式电梯按吊箱（笼）数量可分为单吊箱式和双吊箱式。该类型电梯装有高性能的限速装置，具有安全可靠、能自升接高的特点，作为人货两用电梯可载货1000～2000kg，可乘员12～24人。其高度随着主体结构施工而接高，可达100～150m以上，适用于25层特别是

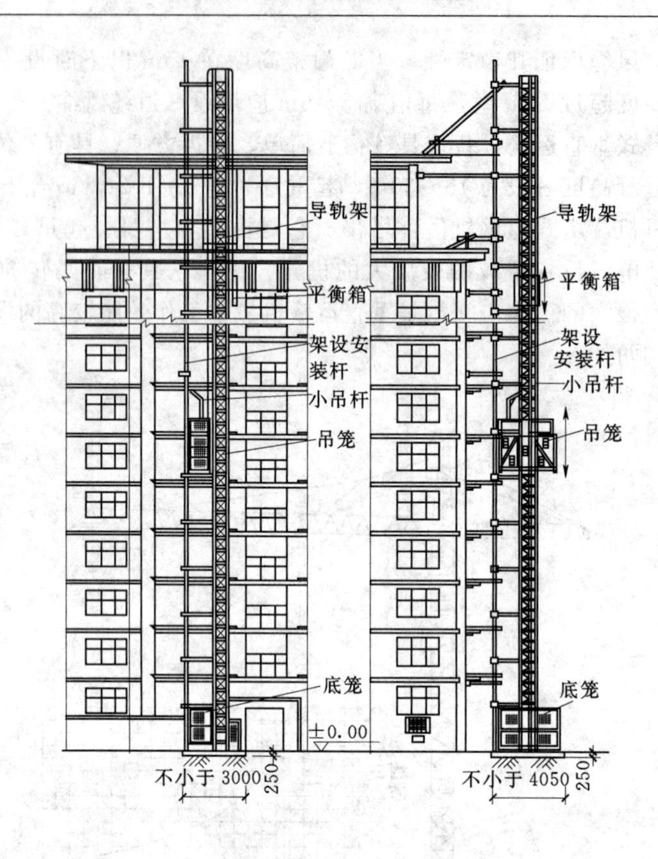

图 2.19 施工电梯（单位：mm）

30层以上的高层建筑施工。

绳轮驱动式是利用卷扬机、滑轮组，通过钢丝绳悬吊吊箱升降。该类型电梯为单吊箱，具有安全可靠，构造简单、结构轻巧、造价低的特点、适用于20层以下的高层建筑施工。

任务 2.2 砖砌体工程施工

【任务导航】 学习砖砌体砌筑前的准备工作，砖砌体的组砌形式、砌筑工艺、砌筑方法及质量要求；能根据要求选择合理的组砌方式和砌筑方法；能进行砖砌体工程质量控制与检查验收，能编写砖砌体工程施工方案。学生分组在实训场进行砖墙砌筑，交叉组织模拟质检、验收。

2.2.1 砌筑前的准备工作

2.2.1.1 材料

1. 砖

用于清水墙、柱表面的砖，应边角整齐，色泽均匀。

砖的品种、强度等级、规格尺寸等必须符合设计要求。

在常温施工时，砌砖前一天或半天（视气温情况而定），应将砖浇水湿润，烧结普通

砖含水率宜为10%～15%，以浸入砖内深度15～20mm为宜。

一般不宜用干砖砌筑，因为干砖在与砂浆接触时，过多吸收砂浆中的水分，使砂浆流动性降低，影响黏结力，增加砌筑困难，同时不能满足水泥硬化时所需要的水分，影响砌体的强度。用水浇砖还能把砖面上的粉尘、泥上冲掉，有利于砖与砂浆的黏结。但浇水不宜过多，如砖浇得过湿，在表面就会形成一层水膜，这些水膜影响砂浆与砖的黏结，使流动性增大，会出现砖浮滑、不稳和坠灰现象，使灰缝不平整，墙面不平直。

2. 砂子

配制M5以下的砂浆，砂的含泥量不超过10%；配制M5以上的砂浆，砂的含泥量不超过5%。砂中不得含有草根等杂物。

中砂应提前过5mm筛孔的筛。因砂中往往含有石粒，用混有石粒的砂子砌墙，灰缝不易控制均匀，砂浆中的石粒会顶住砖，不能同灰缝同时压缩，造成砖局部受压，容易断裂，影响砌体强度。

3. 水泥

水泥宜采用普通硅酸盐水泥或矿渣硅酸盐水泥，并应有出场合格证或实验报告。砌筑砂浆用水泥的强度等级应根据设计要求进行选择。砂浆中采用的水泥，其强度等级不小于32.5级，宜采用42.5级。水泥进场使用时，应对其品种、等级、包装或散装仓号、出场日期等进行检查，并应对其强度、安定性及其他必要的性能指标进行复检，其质量必须符合现行国家标准《通用硅酸盐水泥》(GB 175)的有关规定。

4. 掺合料

指石灰膏、电石青、粉煤灰和磨细生石灰粉等。石灰膏应在砌筑前一周淋好，使其充分熟化（不少于7d）。

5. 其他材料

如拉结钢筋、预埋件、木砖（刷防腐剂）、防水粉、门窗框等。

2.2.1.2 工具

砌筑常用的工具，如大铲、瓦刀、砖夹子、靠尺板、筛子、小推车、灰桶、小线等，应事先准备齐全。

2.2.1.3 作业条件准备

(1) 完成室外及房心间填土，并安装好暖气沟盖板。

(2) 办完地基、基础工程的隐蔽检查手续。

(3) 按标高抹好（铺设完）基础防水层。

(4) 弹好墙身位置线、轴线、门窗洞口位置线，经检验符合设计图纸要求，并办完预检手续。

(5) 按标高立好皮数杆，其间距以15～20mm为宜，并办理预检手续。皮数杆立在墙的大角处、内外墙交接处、楼梯间及洞口多的地方。在砌筑时要先检查皮数杆的±0.000标高与抄平桩上的±0.000是否重合，门和窗口上下标高是否一致。各皮数杆±0.000标高是否在同一水平上，检查合格后才能砌砖。

(6) 在熟悉图纸的基础上，要弄清已砌基础和复核的轴线、开间尺寸、门窗洞口位置是否与图纸相符；墙体是清水墙还是混水墙；轴线是正中还是偏中；楼梯与墙体的关系，有无圈梁及阳台挑梁；门窗过梁的构造等。

（7）砂浆配合比已由试验室做好试配，准备好砂浆试模。

2.2.2 烧结普通砖砌体施工

2.2.2.1 砌筑前准备

选砖：用于清水墙、柱表面的砖，应边角整齐，色泽均匀。

砖浇水：砖应提前1～2d浇水湿润，烧结普通砖含水率宜为10%～15%。

校核放线尺寸：砌筑基础前，应用钢尺校核放线尺寸，允许偏差应符合表1.5的规定。

清理：清除砌筑部位处所残存的砂浆、杂物等。

表2.2　放线尺寸允许偏差

长度 L、宽度 B/m	允许偏差/mm
L（或 B）≤30	±5
30≤L（或 B）≤60	±10
60≤L（或 B）≤90	±15
L（或 B）>90	±20

2.2.2.2 砖墙

1. 普通砖墙的组砌形式

（1）一顺一丁砌法［图2.20（a）］。由一皮顺砖与一皮丁砖相互交替砌筑而成，上下皮间的竖缝相互错开1/4砖长。这种砌法各皮间错缝搭接牢靠，墙体整体性较好，操作中变化小，易于掌握，砌筑时墙面也容易控制平直，但竖缝不易对齐，在墙的转角，丁字接头，门窗洞口等处都要用到“七分头”的非整砖来进行错缝搭接，因此砌筑效率受到一定限制。这种砌法在砌筑中采用较多。

（2）三顺一丁砌法［图2.20（b）］。由三皮顺砖与一皮顶砖相互交替叠砌而成。上下皮顺砖搭接为1/2砖长，同时要求檐墙与山墙的顶砖层不在同一皮以利于搭接。这种砌法出面砖较少，同时在墙的转角、丁字与十字接头，门窗洞口处砍砖较少，故可提高工效。但由于顺砖层较多反面墙面的平整度不易控制，当砖较湿或砂浆较稀时，顺砖层不易砌平且容易向外挤出，影响质量。此法砌出的墙体，抗压强度接近一顺一丁砌法，受拉受剪力学性能均较“一顺一丁”为强。在头角处用“七分头”调整错缝搭按时，通常在顶砖层采用“内七分头”。

（3）梅花丁砌法［图2.20（c）］。又叫沙包式，是在同一皮砖层内一块顺砖一块丁砖间隔砌筑（转角处不受此限），上下两皮间竖缝错开1/4砖长，上皮丁砖坐中于下皮顺砖。该砌法内外竖缝每皮都能错开，故抗压整体性较好，墙面容易控制平整，竖缝易于对齐，尤其是当砖长、宽比例出现差异时。这种砌法因丁、顺砖交替频繁，所以在砌筑时比较费工且容易出错。此法砌出的墙体抗拉强度不如“三顺一丁”，但外形整齐美观。通常，梅花丁砌法用于砌筑外墙。在头角处用“七分头”调整错缝搭接时，必须采用“外七分头”。

（4）两平一侧。连砌两皮顺砖或丁砖，然后贴一层侧砖（条面朝下），顺砖层上下皮

搭接1/2砖长，丁砖层上下皮搭接1/4砖长，每砌两皮砖后，将平砌砖和侧砖里外互换。适合于砌180mm（3/4砖），如图2.20（d）所示。

（5）全顺。全部采用顺砖砌筑，每皮砖搭接1/2砖长，适用于120mm厚半砖墙砌筑，如图2.20（e）所示。

（6）全丁。全部采用丁砖砌筑，每皮砖上下搭接1/4砖长，适用于烟囱和窨井的砌筑，如图2.20（f）所示。

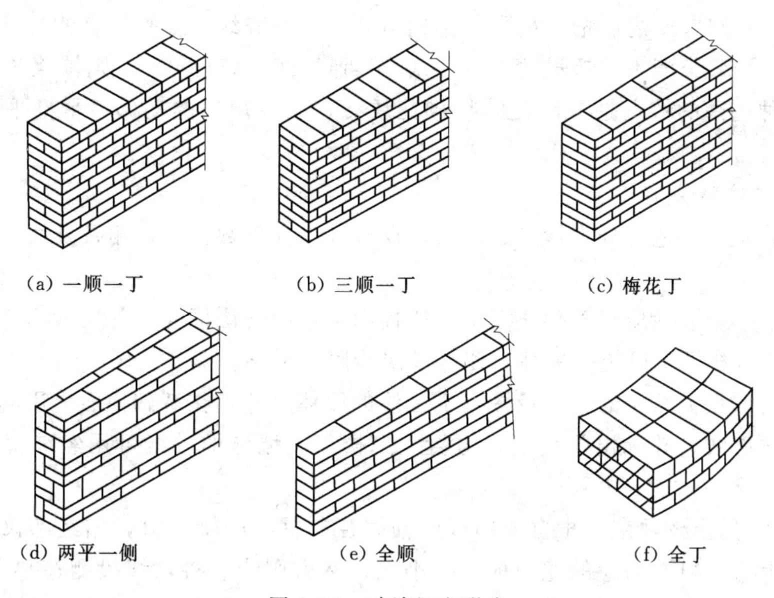

图2.20 砖墙组砌形式

2. 砖砌体的砌筑方法

砖砌体最常用的砌筑方法有“三一”砌砖法和铺浆法。

砌筑宜采用“三一”砌法（又叫大铲砌筑法）即采用一铲灰、一块砖、一挤揉的砌法，其操作顺序如下。

（1）铲灰取砖。砌墙时操作者应顺墙斜站，砌筑方向是由前向后退着砌，这样易于随时检查已砌好的墙面是否平直。铲灰时，取灰量应根据灰缝厚度，以满足一块砖的需要量为标准。取砖时应随拿随挑选。左手拿砖与右手舀砂浆同时进行，以减少弯腰次数，争取砌筑时间。

（2）铺灰。一般地，灰浆不要铺得太长，长度约比一块砖稍长10～20mm，宽约80～90mm，灰口要缩进外墙20mm。铺好的灰不要用铲来回去扒或用铲角抠点灰去打头缝，这样容易造成水平灰缝不饱满。

用大铲砌筑时，所用砂浆稠度为70～90mm较适宜。不能太稠，否则不易揉砖，竖缝也填不满；但也不能太稀，否则大铲不易舀上砂浆，操作不便。

（3）揉挤。灰浆铺好后，左手拿砖在离已砌好的砖约有30～40mm处，开始平放并稍稍蹭着灰面，将灰浆刮起一点到砖顶头的竖缝里，然后将砖在灰浆上揉一揉，顺手用大铲把挤出墙面的灰刮起来，甩到竖缝里。揉砖时，眼要上看线，下看墙面。揉砖的目的是使砂浆饱满。砂浆铺的薄，要轻揉，砂浆铺得厚，揉时稍用一些劲，并根据铺浆及砖的位置还要前后或左右揉，总之揉到下齐砖棱上齐线为适宜。

“三一”砌砖法的特点：由于铺出的砂浆面积相当一块砖的大小，并且随即就揉砖，因此灰缝容易饱满，黏结力强，能保证砌筑质量。在挤砌时随手刮去挤出墙面的砂浆，使墙面保持清洁。但这种操作法一般都是单人操作，操作过程中取砖，铲灰，铺灰，转身，弯腰的动作较多，劳动强度大，又耗费时间，影响砌筑效率。

铺浆法即用灰勺、大铲或铺灰器在墙顶上铺一段砂浆，然后双手拿砖或单手拿砖，用砖挤入砂浆中一定厚度之后把砖放平，达到下齐边、上齐线、横平竖直的要求。当采用铺浆法砌筑时，铺浆长度不宜超过750mm，施工期间气温超过30℃，则铺浆长度不宜超过500mm。这种砌法的特点是可以连续挤砌几块砖，减少烦琐的动作，平推平挤可使灰缝饱满，效率高。

3. 砖砌体的砌筑工艺

砖砌体的施工工艺可分为抄平、放线、摆砖样、立皮数杆、盘角及挂线、砌筑、勾缝与清理等。

(1) 抄平。砌墙前应在基础防潮层上或楼面上定出各层标高，并用M7.5水泥砂浆或C10细石混凝土找平，以统一标高，使各段砖墙底部平整。

(2) 放线。根据给定的轴线及图纸上标注的墙体尺寸，在基础顶面上用墨线弹出墙的轴线和墙的宽度线，并标出门窗洞口位置。二楼以上墙体的轴线可用经纬仪或垂球往上引测。

1) 基础垫层上的放线。根据龙门板或轴线控制桩上的轴线钉，用经纬仪将基础轴线投测在垫层上（也可在对应的龙门板间拉小线，然后用线坠将轴线投测在垫层上）。再根据轴线按基础底宽，用墨线标出基础边线，作为基础砌筑的依据。

基础放线是保证墙体平面位置的关键工序，是体现定位测量精度的主要环节，稍有疏忽就会造成错位。所以，在放线过程中要充分重视以下环节：①龙门板在挖槽的过程中易被碰动。因此，在投线前要对控制桩、龙门板进行复查，避免问题的发生。②对于偏中基础，要注意偏中的方向。③附墙垛、烟囱、温度缝、洞口等特殊部位要标清楚，防止遗忘。④基础砌体宽度不准出现负值。

2) 基础顶面上的放线。建筑物的基础施工完成之后，应进行复核。利用定位主轴线的位置来检查砌好的基础有无偏移，以避免在进行上部结构放线后，墙身按轴线砌时出现半面墙跨空的情形。只有经过复核，认为下部基础施工合格，才能在基础防潮层上正式放线。

在基础墙检查合格之后，依据墙上的主轴线，用小线在防潮层面上将两头拉通。然后，将线反复弹几次检查无障碍之后，抽一人在小线通过的地方选几个点划上红痕，间距10～15m，便于墨斗弹线。若墙的长度较短，也可直接用墨斗弹出。先将各主要墙的轴线弹出，检查一下尺寸，再将其余所有墙的轴线都弹出来。如果上部结构墙的厚度比基础窄还应将墙的边线也弹出来。

轴线放完之后，检查无误，再根据图纸上标出的门、窗口位置，在基础墙上量出尺寸，用墨线弹出门口的大小，并打上交错的斜线以示洞口，不必砌砖，窗口一般画在墙的侧立面上，用箭头表示其位置及宽度尺寸。同时在门、窗口的放线处还应注上宽、高尺

寸。如门口为宽 1m、高 2.7m 时，标成 1000×2700，同理，窗口如宽 1.5m、高 1.8m 时，标成 1500×1800。窗台的高度在皮数杆上有标志。这样使瓦工砌砖时做到心中有数。如图 2.21 所示。

主结构墙线放完之后，对于非承重的隔墙线，也要同时放出。虽然在施工主体结构时，隔断墙不能同时施工，但为了使瓦工能准确预留马牙槎及拉结钢筋的位置，同时放出隔墙线也是必需的。

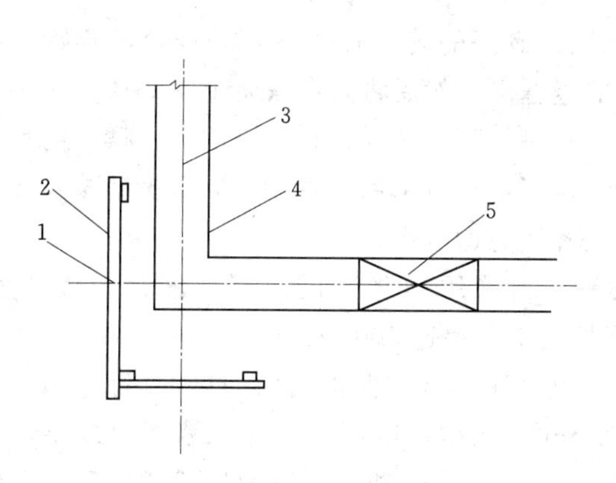

图 2.21 墙身放线图

1—墙轴线标志；2—龙门板；3—墙轴线；4—墙边线；5—门洞位置标线

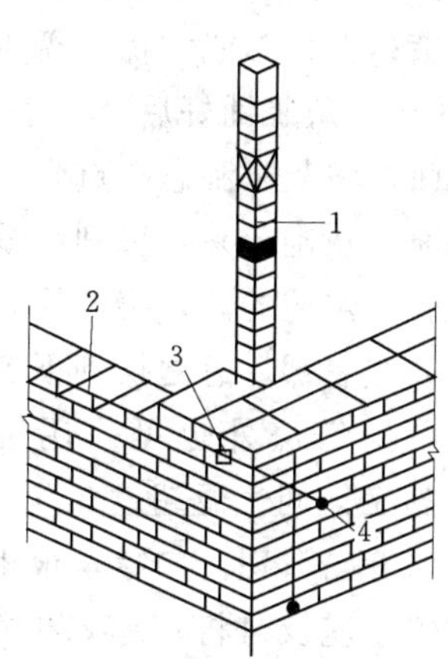

图 2.22 皮数杆示意图

1—皮数杆；2—准线；3—竹片；4—圆铁钉

(3) 摆砖样。摆砖样也称撂底，是在弹好线的基面上按选定的组砌方式先用干砖试摆，目的在于核对所弹出的墨线在门窗洞口、墙垛等处是否符合砖模数，以便借助灰缝调整，使砖的排列和砖缝宽度均匀合理。摆砖时，山墙摆丁砖，檐墙摆顺砖，即“山丁檐跑”。

摆砖结束后，用砂浆把干摆的砖砌好，砌筑时注意其平面位置不得移动。

(4) 立皮数杆。砌墙前要立好皮数杆，如图 2.22 所示。皮数杆，又叫线杆，一般是用方木做成，上面划有砖的皮数、灰缝厚度，门窗、楼板、圈梁、过梁、屋架等构件的位置及建筑物墙体上各种预留洞口和加筋的高度，用以控制墙体的竖向尺寸。

皮数杆应立在墙的转角，内外墙交接处、楼梯间及墙面变化较多的部位，间距一般为 10～15m。立皮数杆时可用水准仪测定标高，使各皮数杆立在同一标高上并确保竖直。

(5) 盘角及挂线。墙体砌砖时，应根据皮数杆先在转角及交接处砌几皮砖，并保证其垂直平整，称为盘角。然后再在其间拉准线，依准线逐皮砌筑中间部分。盘角主要是根据皮数杆控制标高，依靠线锤、托线板等使之垂直。中间部分墙身主要依靠准线使之灰缝平直，一般一砖墙以内单面挂线即可。

(6) 砌筑。砌筑宜采用“三一”砌法（又叫大铲砌筑法）即采用一铲灰、一块砖、一挤揉的砌法。其操作顺序为：

1) 铲灰取砖。砌墙时操作者应顺墙斜站，砌筑方向是由前向后退着砌，这样易于随时检查已砌好的墙面是否平直。铲灰时，取灰量应根据灰缝厚度，以满足一块砖的需要量为标准。取砖时应随拿随挑选。左手拿砖与右手舀砂浆，同时进行，以减少弯腰次数，争取砌筑时间。

2）铺灰。一般地，灰浆不要铺得太长，长度约比一块砖稍长10～20mm，宽约80～90mm，灰口要缩进外墙20mm。铺好的灰不要用铲来回去扒或用铲角抠点灰去打头缝，这样容易造成水平灰缝不饱满。

用大铲砌筑时，所用砂浆稠度为70～90mm较适宜。不能太稠，否则不易揉砖，竖缝也填不满；但也不能太稀，否则大铲不易舀上砂浆，操作不便。

3）揉挤。灰浆铺好后，左手拿砖在离已砌好的砖约有30～40mm处，开始平放并稍稍蹭着灰面，将灰浆刮志一点到砖顶头的竖缝里，然后将砖在灰浆上揉一揉，顺手用大铲把挤出墙面的灰刮起来，甩到竖缝里。揉砖时，眼要上看线，下看墙面。揉砖的目的是使砂浆饱满。砂浆铺的薄，要轻揉，砂浆铺得厚，揉时稍用一些劲，并根据铺浆及砖的位置还要前后或左右揉，总之揉到下齐砖棱上齐线为适宜。

除三一砌筑法外也可采用铺浆法等。当采用铺浆法砌筑时，铺浆长度不宜超过750mm，施工期间气温超过30℃，铺浆长度不宜超过500mm。

（7）勾缝与清理。勾缝是很重要的一道工序，具有保护墙面和增加墙面美观的作用。对于清水墙，应及时将灰缝划出深为10mm的沟槽，以便于勾缝。墙面勾缝要求横平竖直、深浅一致、搭接平顺。勾缝宜采用1∶1.5的水泥砂浆。缝的形式通常采用凹缝，深度4～5mm内墙也可用原浆勾缝，但必须随砌随勾，并使灰缝光滑密实。勾缝完成后，应及时对墙面和落地灰进行清理。

4. 砖砌体施工的技术要点

（1）各层标高的传递及控制。楼层或楼面标高应在楼梯间吊钢尺，用水准仪直接读取传递。每层楼的墙体砌到一定高度后，用水准仪在各内墙面分别进行抄平，并在墙面上弹出离室内地面高500mm的水平线，俗称“50线”，以控制后续施工各部位的高度。

（2）施工洞口的留设。为了方便材料运输和人员通过，常在外墙和单元分隔墙上留设临时性施工洞口，施工洞口的留设应符合规范要求。洞口侧边离交接处墙面不应小于500mm，洞口的净宽不应超过1m，且宽度超过300mm的洞口上部，应设置过梁。抗震设防烈度为9度的地区建筑物的临时性施工洞口位置，应会同设计单位确定。

（3）减少不均匀沉降。砌体不均匀沉降对结构危害很大，因此在砌体施工时要予以注意。砌体分段施工时，相邻施工段的高差，不得超过一个楼层，也不得大于4m。柱和墙上严禁施加大的集中荷载（如架设起重机），以减少灰缝变形而导致砌体沉降。现场施工时，砖墙每日砌筑的高度不宜超过1.8m，雨天施工时每日砌筑高度不宜超过1.2m。

（4）构造柱施工。构造柱与墙体连接处应砌成马牙槎，马牙槎应先退后进。预留的拉结钢筋位置应正确，施工中不得任意弯折。每一马牙槎高度不应超过300mm，沿墙高每500mm设置2ϕ6水平拉结钢筋每边伸入墙内不宜小于1m，如图2.23所示。构造柱的施工程序是先砌墙后浇筑混凝土。构造柱两侧模板必须紧贴墙面，支撑牢固，如图2.24所示。构造柱混凝土保护层宜为20mm，且不应小于15mm。浇灌构造柱混凝土前，应清除落地灰、砖渣等杂物，并将砌体留槎部位和模板浇水湿润。在结合面处先注入50～100mm厚与混凝土同成分的水泥砂浆，再分段浇灌，采用插入式振捣棒振捣混凝土。振

捣时，应避免触碰砖墙。

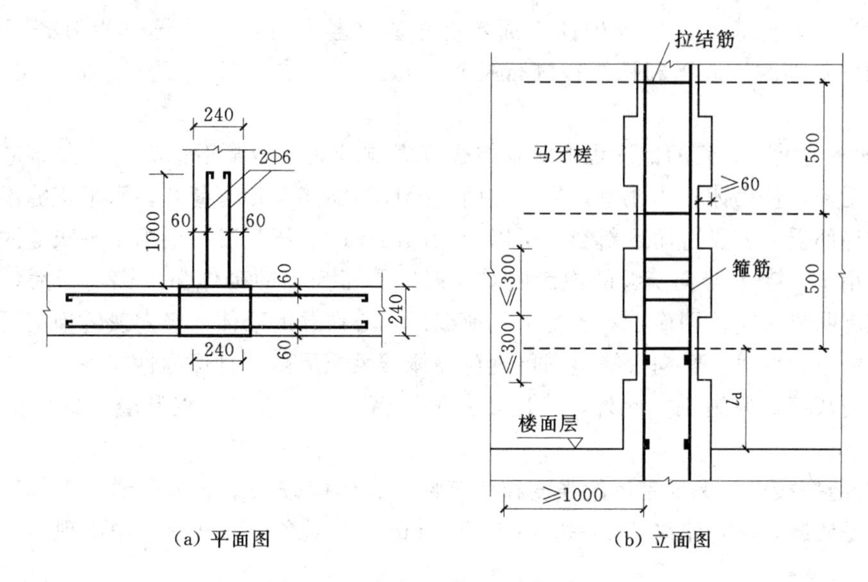

(a) 平面图　　(b) 立面图

图 2.23　砖墙马牙槎（单位：mm）

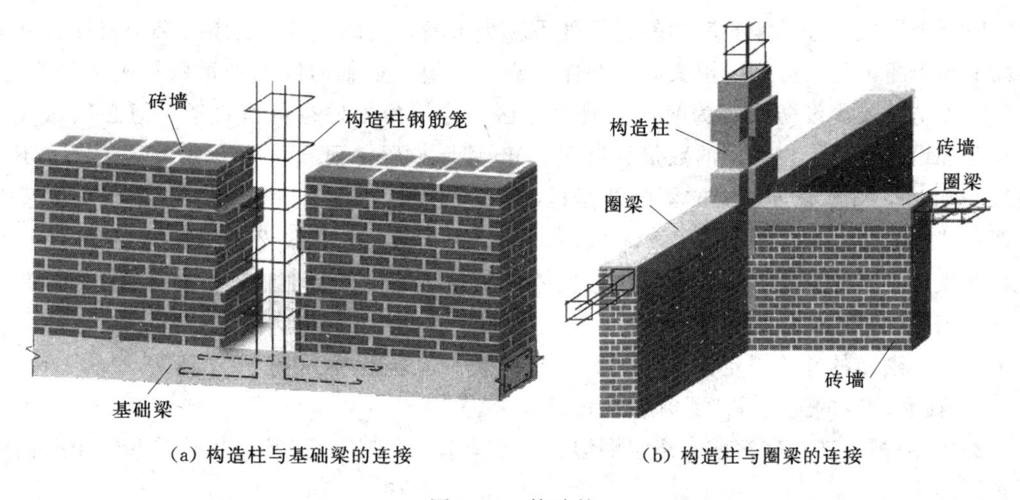

(a) 构造柱与基础梁的连接　　(b) 构造柱与圈梁的连接

图 2.24　构造柱

(5) 其他技术要点。240mm厚承重墙的每层墙的最上一皮砖，应整砖丁砌。设计要求的洞口、管道、沟槽应于砌筑时正确留出或预埋，未经设计同意，不得打凿墙体和在墙体上开凿水平沟槽；尚未施工楼板活屋面的墙或柱，当可能遇到大风时，其允许自由高度应满足相关规定。否则必须采用临时支撑等有效措施。

5. 砖砌体的质量要求

(1) 砖砌体砌筑质量的基本要求。砖砌体的砌筑质量应符合《砌体结构工程施工质量验收规范》(GB 50203—2011) 的要求，做到横平竖直、灰浆饱满、错缝搭接、接槎可靠。

1) 横平竖直。横平，即要求每一皮砖必须在同一水平面上，每块砖必须摆平。为此，首先应将基础或楼面抄平，砌筑时严格按皮数杆层层挂水平准线并要拉紧，每块砖按准线砌平。竖直，即要求砌体表面轮廓垂直平整，且竖向灰缝垂直对齐。因而在砌筑过程中要随时用线锤和托线板进行检查，做到“三皮一吊、五皮一靠”，以保证砌筑质量。

2）砂浆饱满。砂浆的饱满程度对砌体强度影响较大。砂浆不饱满，一方面造成砖块间黏结不紧密，使砌体整体性差，另一方面使砖块不能均匀传递荷载。水平灰缝不饱满会引起砖块局部受弯、受剪而致断裂，所以为保证砌体的抗压强度，要求水平灰缝的砂浆饱满度不得小于80%。竖向灰缝的饱满度对一般以承压为主的砌体强度影响不大，但对其抗剪强度有明显影响。因而，对于受水平荷载或偏心荷载的砌体，竖向灰缝饱满可提高其横向抵抗能力。同时，竖向灰缝饱满可避免砌体透风、漏雨，且保温性能好，所以施工时应保证竖向灰缝砂浆饱满。此外，还应使灰缝厚薄均匀。水平灰缝和竖缝的厚度规定为（10±2）mm。

3）错缝搭接。为保证砌体的强度和稳定性，砌体应按一定的组砌形式进行砌筑。其基本要求是错缝搭接，错缝长度一般不少于60mm，并避免墙面和内缝中出现连续的竖向通缝。

4）接槎可靠。砖墙的转角处和交接处一般应同时砌筑，若不能同时砌筑，应将留置的临时间断做成斜槎。实心墙的斜槎长度不应小于墙高度的2/3。接槎时必须将接槎处的表面清理干净，浇水湿润，填实砂浆并保持灰缝子直。如临时间断处留斜槎确有困难时，非抗震设防及抗震设防烈度为Ⅵ度、Ⅶ度地区，除转角处外也可留直槎，但必须做成凸槎，并加设拉结筋。拉结筋的数量为每120mm墙厚放置一根$\phi 6$的钢筋，间距沿墙高不得超过500mm，埋入长度从墙的留槎处算起，每边均不得少于500mm（对抗震设防烈度为Ⅵ度、Ⅶ度地区，不得小于1000mm），末端应有90°弯钩，如图2.25所示。砌体的转角处和交接处应同时砌筑，以保证墙体的整体性和砌体结构的抗震性能。如不能同时砌筑，应按规定留槎并做好接槎处理。

（2）砖砌体的有关规定。

1）砖和砂浆的强度等级必须符合设计要求。

2）普通黏土砖在砌筑前应浇水润湿，含水率宜为10%～15%，灰砂砖和粉煤灰砖可不必润湿。

3）砂浆的配合比应采用重量比，石灰膏或其他塑化剂的掺量应适量，微沫剂的掺量（按100%纯度计）应通过试验确定。

4）限定砂浆的使用时间。水泥砂浆在3h内使用完毕；混合砂浆在4h内使用完毕。如气温超过30℃时使用时间相应减少1h。

2.2.2.3 砖柱

承重独立砖柱，截面尺寸不应小于240mm×370mm。砖柱的断面多为方形和矩形，其砌筑形式应使柱面上下皮的竖缝相互错开1/2或1/4砖长，柱心无通天缝，严禁采用包心砌法（即先砌四周后填心的砌法），如图2.26所示，且应少砍砖，并尽量利用二分头（即1/4砖长）。

砖柱的水平灰缝厚度和垂直灰缝宽度宜为10mm，但不应小于8mm，也不应大于

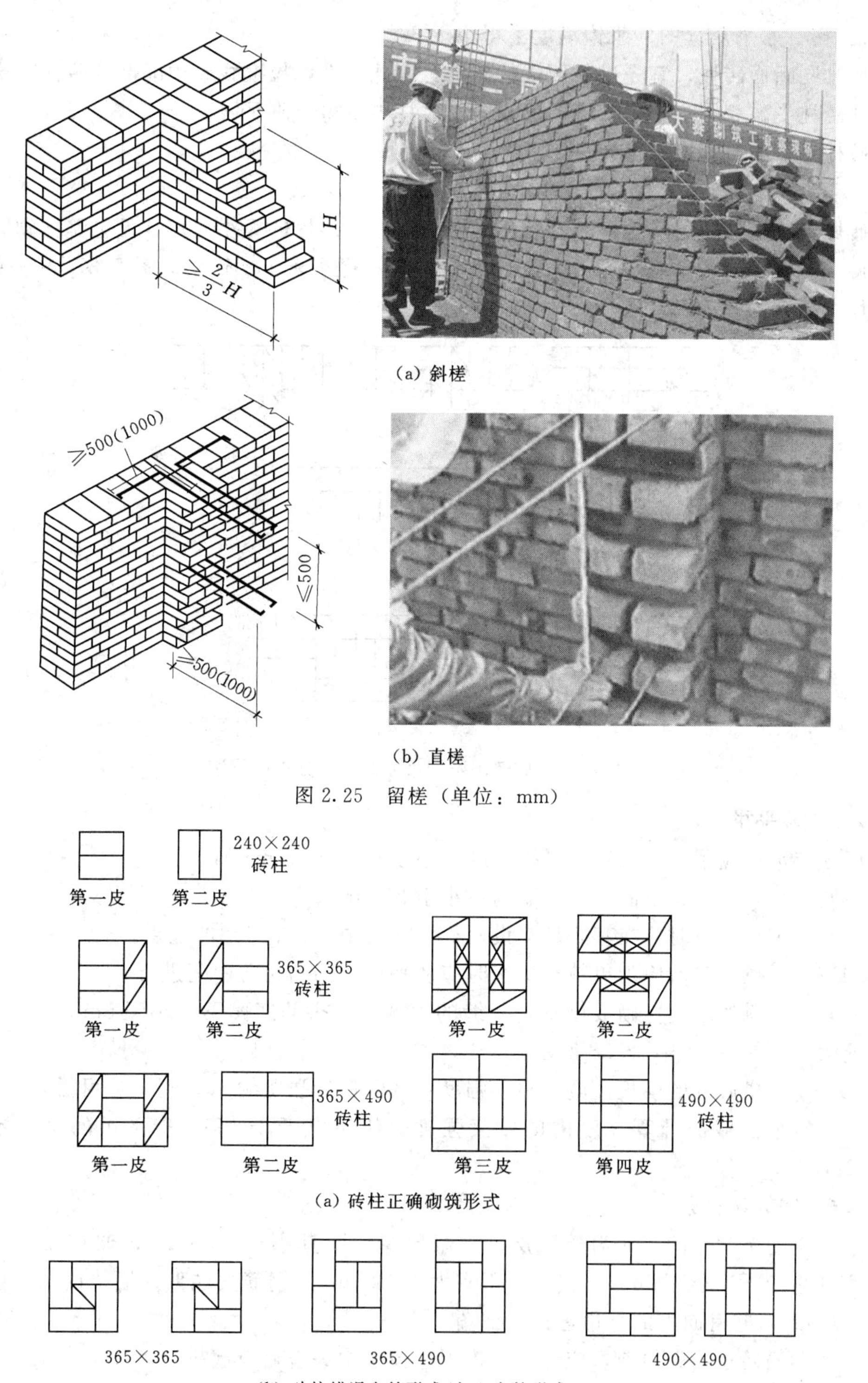

(a) 斜槎

(b) 直槎

图 2.25 留槎（单位：mm）

(a) 砖柱正确砌筑形式

(b) 砖柱错误砌筑形式(包心砌筑形式)

图 2.26 不同断面砖柱分皮砌法（单位：mm）

12mm。砖柱水平灰缝的砂浆饱满度不得小于80%。

成排同断面砖柱，宜先砌成两端的砖柱，以此为准，拉准线砌中间部分砖柱，这样可保证各砖柱皮数相同，水平灰缝厚度相同。砖柱中不得留脚手眼。

砖柱每日砌筑高度不得超过1.8m。

2.2.2.4 砖垛

砖垛又称壁柱、附墙柱。其砌筑形式应由墙厚和砖垛的大小而定。无论哪种砌筑形式都应使垛与墙体同时砌筑、逐皮搭砌，搭砌长度不得小于1/2砖长。图2.27是一砖墙附不同尺寸砖垛的分皮砌筑法。

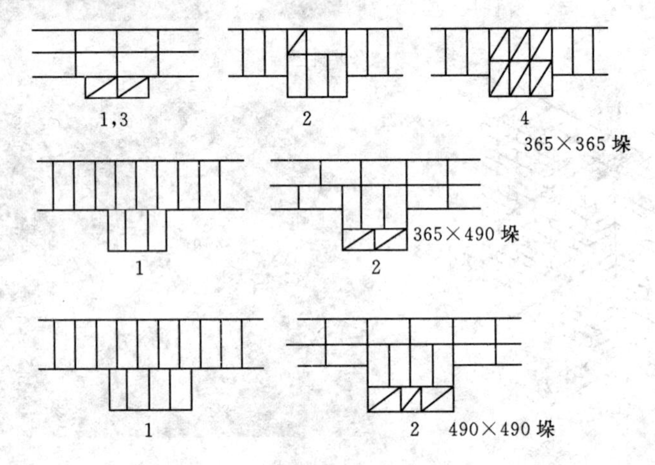

图2.27 一砖墙附不同尺寸砖垛的分皮砌筑法

2.2.2.5 砖平拱

(1) 砖平拱应用整砖侧砌，平拱高度不小于砖长（240mm）。

(2) 砖平拱的拱脚下面应伸入墙内不小于20mm。

(3) 砖平拱砌筑时应在其底部支设模板。模板中央应有1%的起拱。

(4) 砖平拱的砖数应为单数。砌筑时应从平拱两端同时向中间进行。

(5) 砖平拱的灰缝应砌成楔形，灰缝的宽度在平拱的底面不应小于5mm；在平拱顶面不应大于15mm。如图2.28所示。

(6) 砖平拱底部的模板。应在砂浆强度不低于设计强度的50%时，方可拆除。

(7) 砖平拱截面计算高度内的砂浆强度等级不宜低干M5。砖平拱的跨度不得超过1.2m。

2.2.2.6 钢筋砖过梁

(1) 钢筋砖过梁的底面为砂浆层，砂浆层厚度不宜小于30mm。砂浆层中应配置钢筋，钢筋直径不应小于5mm，其间距不宜大于120mm，钢筋两端伸入墙体内的长度不宜小于250mm，并有向上的直角弯钩，如图2.29所示。

(2) 钢筋砖过梁砌筑前，应先支设模板，模板中央应略有起拱。

(3) 砌筑时宜先铺15mm厚的砂浆层，把钢筋放在砂浆层上，使其弯钩向上，然后再铺15mm厚的砂浆层，使钢筋位于30mm厚的砂浆层中间。之后，按墙体砌筑形式与墙体同时砌砖。

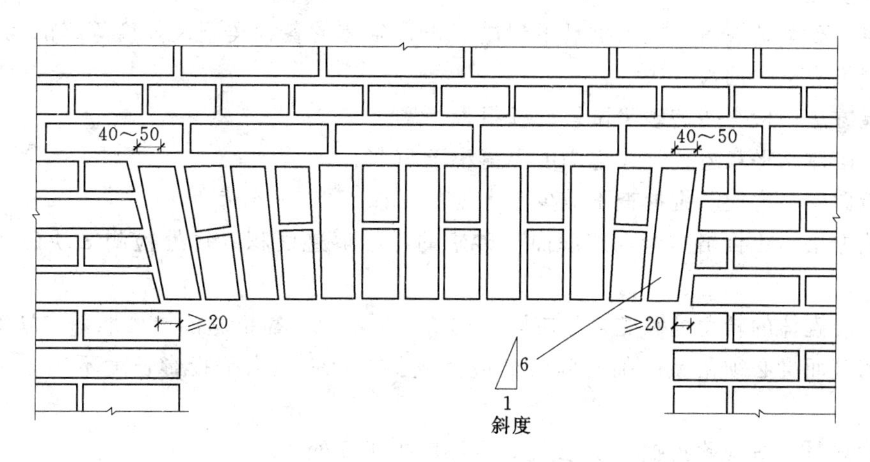

图 2.28 砖平拱（单位：mm）

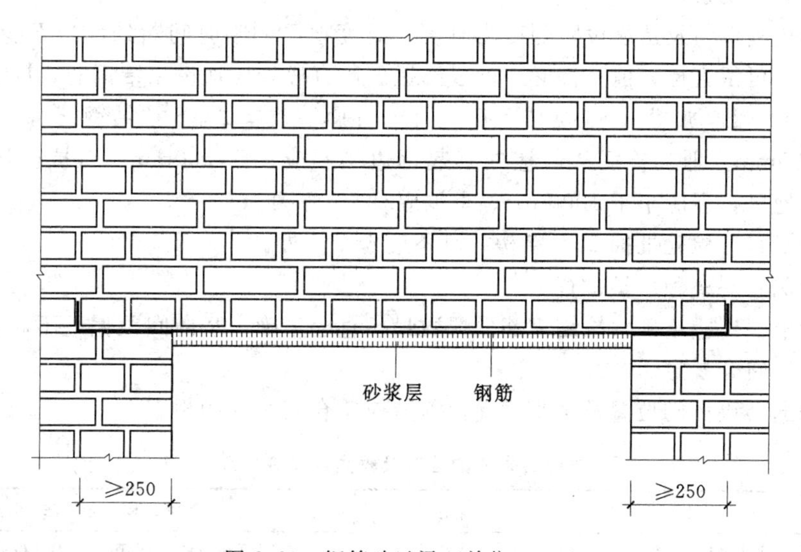

图 2.29 钢筋砖过梁（单位：mm）

（4）钢筋砖过梁截面计算高度内（7 皮砖高）的砂浆强度不宜低于 M5。

（5）钢筋砖过梁的跨度不应超过 1.5m。

（6）钢筋砖过梁底部的模板，应在砂浆强度不低于设计强度的 50%时，方可拆除。

2.2.2.7 烧结普通砖砌体质量检查

烧结普通砖砌体的质量分为合格与不合格两个等级。

烧结普通砖砌体质量合格应达到以下规定。

（1）主控项目应全部符合规定。

（2）一般项目应有 80%及以上的抽检处符合规定，或偏差值在允许偏差范围以内。

达不到上述规定，则为质量不合格。

烧结普通砖砌体的主控项目如下。

（1）砖和砂浆的强度等级必须符合设计要求。

抽检数量：每一生产厂家的砖到现场后，按烧结普通砖 15 万块为一验收批，抽检数量为一组。砂浆试块每一检验批且不超过 250m³ 砌体的各种类型及强度等级的砌筑砂浆，每台搅拌机应至少抽检一次。

检验方法：检查砖和砂浆试块试验报告。

(2) 砌体水平灰缝的砂浆饱满度不得小于 80%。

抽检数量：每检验批抽查不应少于 5 处。

检验方法：用百格网检查砖底面与砂浆的黏结痕迹面积。每处检测 3 块砖，取其平均值。

(3) 砖砌体的转角处和交接处应同时砌筑，严禁无可靠措施的内外墙分砌施工。对不能同时砌筑而又必须留置的临时间断处应砌成斜槎，斜槎水平投影长度不应小于高度的 2/3。

抽检数量：每检验批抽 20%接槎，且不应少于 5 处。

检验方法：观察检查。

(4) 非抗震设防及抗震设防烈度为Ⅵ度、Ⅶ度地区的临时间断处，当不能留斜槎时，除转角处外，可留直槎，但直槎必须做成凸槎。留直搓处应加设拉结钢筋，拉结钢筋的数量为每 120mm 墙厚放置 1Φ6 拉结钢筋（120mm 厚墙放置 2Φ6 拉结钢筋），间距沿墙高不应超过 500mm。埋入长度从留槎处算起每边均不应小于 500mm，对抗震设防烈度Ⅵ度、Ⅶ度的地区，不应小于 1000mm。末端应有 90°弯钩。

抽检数量：每检验批抽 20%接槎，且不应少于 5 处。

检验方法：观察和尺量检查。

合格标准：留槎正确，拉结钢筋设置数量、直径正确，竖向间距偏差不超过 100mm，留置长度基本符合规定。

(5) 普通砖砌体的位置及垂直度允许偏差应符合表 2.3 的规定。

表 2.3　　普通砖砌体的位置及垂直度允许偏差

<table>
<tr><th>项次</th><th colspan="3">项　目</th><th>允许偏差/mm</th><th>检　验　方　法</th></tr>
<tr><td>1</td><td colspan="3">轴线位置偏移</td><td>10</td><td>用经纬仪和尺检查或用其他测量仪器检查</td></tr>
<tr><td rowspan="3">2</td><td rowspan="3">垂直度</td><td colspan="2">每层</td><td>5</td><td>用 2m 托线板检查</td></tr>
<tr><td rowspan="2">全高</td><td>≤10m</td><td>10</td><td rowspan="2">用经纬仪、吊线和尺检查，或用其他测量仪器检查</td></tr>
<tr><td>>10m</td><td>20</td></tr>
</table>

抽检数量：轴线查全部承重墙柱；外墙垂直度全高查阳角，不应少于 4 处，每层每 20m 查一处；内墙按有代表性的自然间抽 10%，但不应少于 3 间，每间不应少于 2 处，柱不少于 5 根。

烧结普通砖砌体一般项目如下。

(1) 砖砌体组砌方法应正确，上、下错缝，内外搭砌，砖柱不得采用包心砌法。

抽检数量：外墙每 20m 抽查一处，每处 3～5m，且不应少于 3 处；内墙按有代表性的自然间抽 10%，且不应少于 3 间。

检验方法：观察检查。

合格标准：除符合本条要求外，清水墙、窗间墙无通缝；混水墙中长度大于或等于

300mm 的通缝每间不超过 3 处，且不得位于同一面墙体上。

（2）砖砌体的灰缝应横平竖直，厚薄均匀。水平灰缝厚度宜为 10mm，但不应小于 8mm，也不应大于 12mm。

抽检数量：每步脚手架施工的砌体，每 20m 抽查 1 处。

检验方法：用尺量 10 皮砖砌体高度折算。

（3）普通砖砌体的一般尺寸允许偏差应符合表 2.4 的规定。

表 2.4　　砖砌体的尺寸和位置的允许偏差

项次	项　　目			允许偏差/mm			检 验 方 法
				基础	墙	柱	
1	轴线位置偏移			10	10	10	用经纬仪和尺检查或用其他测量仪器检查
2	基础顶面和楼面标高			±15	±15	±15	用水平仪和尺检查
3	垂直度	每层		—	5	5	用 2m 托线板检查
		全高	≤10m	—	10	20	用经纬仪、吊线和尺检查，或用其他测量仪器检查
			>10m	—	20	20	
4	表面平整度	清水墙、柱		—	5	5	用 2m 靠尺和楔形塞尺检查
		混水墙、柱		—	8	8	
5	门窗洞口高、宽（后塞口）			—	±5	—	用尺检查
6	水平灰缝厚度（10 皮砖累计）			—	±8	—	与皮数杆比较，用尺检查
7	外墙上下窗口偏移			—	20	—	以底层窗口为准，用经纬仪或吊线检查
8	水平灰缝平直度	清水墙		—	7	—	拉 10m 线和尺检查
		混水墙		—	10	—	
9	清水墙游丁走缝			—	20	—	吊线和尺检查，以每层第一皮砖为准

2.2.3 烧结多孔砖砌体施工

2.2.3.1 多孔砖墙施工

砌筑清水墙的多孔砖，应边角整齐、色泽均匀。

在常温状态下，多孔砖应提前 1～2d 浇水湿润。砌筑时砖的含水率宜控制在 10%～15%。

对抗震设防地区的多孔砖墙应采用“三一”砌砖法砌筑；对非抗震设防地区的多孔砖墙可采用铺浆法砌筑，铺浆长度不得超过 750mm；当施工期间最高气温高于 30℃时，铺浆长度不得超过 500mm。

方形多孔砖一般采用全顺砌法，多孔砖中手抓孔应平行于墙面，上下皮垂直灰缝相互错开半砖长。

矩形多孔砖宜采用一顺一丁或梅花丁的砌筑形式，上下皮垂直灰缝相互错开 1/4 砖长（图 2.30）。

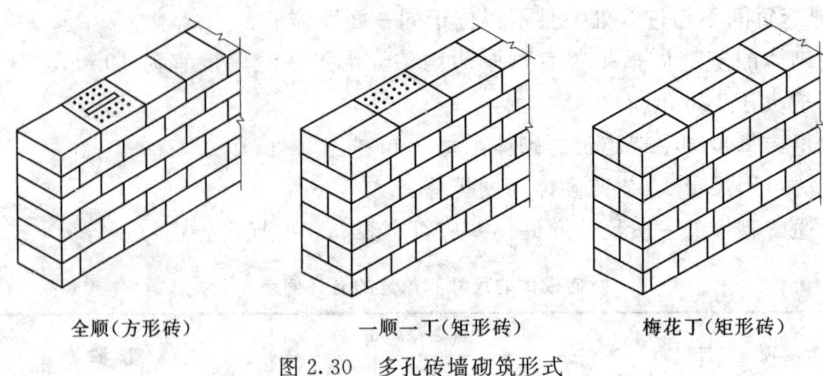

图 2.30　多孔砖墙砌筑形式

方形多孔砖墙的转角处，应加砌配砖（半砖），配砖位于砖墙外角（图 2.31）。

方形多孔砖的交接处，应隔皮加砌配砖（半砖），配砖位于砖墙交接处外侧（图 2.32）

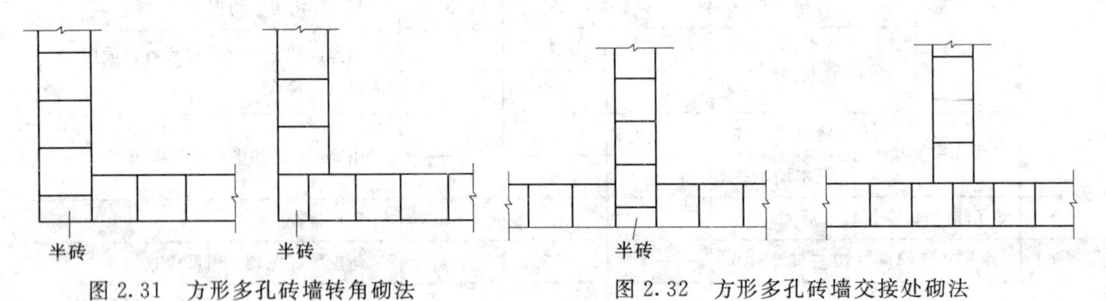

图 2.31　方形多孔砖墙转角砌法　　图 2.32　方形多孔砖墙交接处砌法

矩形多孔砖墙的转角处和交接处砌法同烧结普通砖墙转角处和交接处相应砌法。

多孔砖墙的灰缝应横平竖直。水平灰缝厚度和垂直灰缝宽度宜为 10mm，但不应小于 8mm，也不应大于 12mm。

多孔砖墙灰缝砂浆应饱满。水平灰缝的砂浆饱满度不得低于 80%，垂直灰缝宜采用加浆填灌方法，使其砂浆饱满。除设置构造柱的部位外，多孔砖墙的转角处和交接处应同时砌筑，对不能时砌筑又必须留置的临时间断处，应砌成斜槎（图 2.33）。

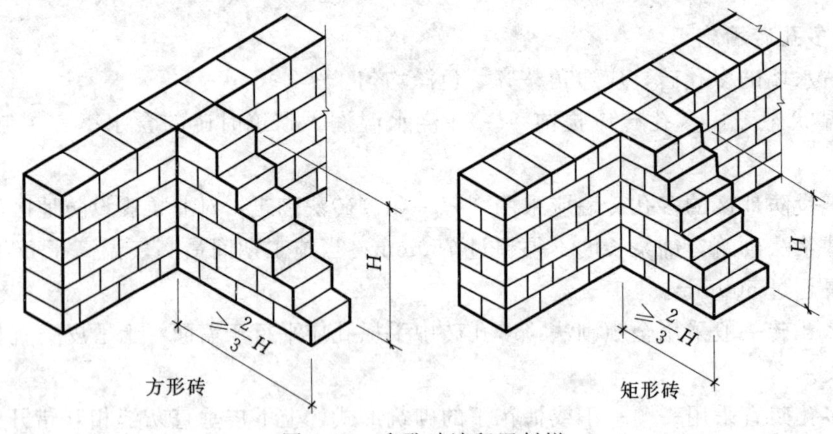

图 2.33　多孔砖墙留置斜槎

施工中需在多孔砖墙中留设临时洞日，其侧边离交接处的墙面不应小于 0.5m，洞口顶部宜设置钢筋砖过梁或钢筋混凝土过梁。

多孔砖墙中留设脚手眼的规定同烧结普通砖墙中留设脚手眼的规定。

多孔砖墙每日砌筑高度不得超过 1.8m，雨天施工时，不宜超过 1.2m。

2.2.3.2 多孔砖砌体质量检查

多孔砖砌体的质量分为合格和不合格两个等级。

多孔砖砌体质量合格标准及主控项目、一般项目的规定与烧结普通砖砌体基本相同。其不同之处在以下几方面。

(1) 主控项目的第 1 条，抽检数量按 5 万块多孔砖为一验收批。

(2) 主控项目的第 4 条取消。

(3) 一般项目第 3 条，砖砌体一般尺寸允许偏差表中增加水平灰缝厚度（10 皮砖累计数）一个项目，允许偏差为±8mm，检验方法：与皮数杆比较，用尺检查。

2.2.4 烧结空心砖砌体施工

2.2.4.1 空心砖墙施工

砌筑空心砖墙时，砖应提前 1～2d 浇水，湿润砌筑时砖的含水率宜为 10%～15%。空心砖墙应侧砌，其孔洞呈水平方向，上下皮垂直灰缝相互错开 1/2 砖长。空心砖墙底部宜砌 3 皮烧结普通砖（图 2.34）。

空心砖墙与烧结普通砖交接处，应以普通砖墙引出不小于 240mm 长与空心砖墙相接，并与隔 2 皮空心砖高在交接处的水平灰缝中设置 2Φ6 钢筋作为拉结筋，拉结钢筋在空心砖墙中的长度不小于空心砖长加 240mm（图 2.35）。

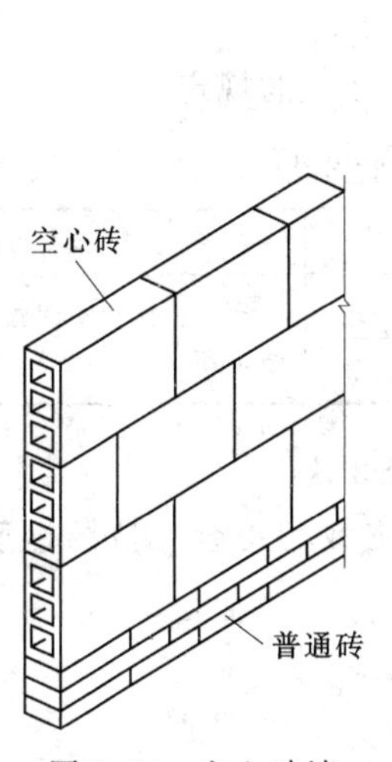

图 2.34 空心砖墙

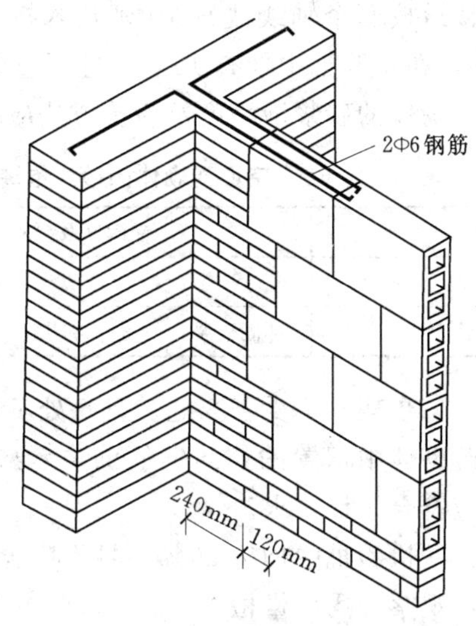

图 2.35 空心砖墙与普通砖墙交接处

空心砖墙的转角处，应用烧结普通砖砌筑，砌筑长度角边不小于 240mm。

空心砖墙砌筑不得留置槎或直槎，中途停歇时，应将墙顶砌平。在转角处、交接处，空心砖与普通砖应同时砌起。

空心砖墙中不得留置脚手眼，不得对空心砖进行砍凿。

2.2.4.2 空心砖砌体质量检查

空心砖砌体的质量分为合格和不合格两个等级。

空心砖砌体质量合格应符合以下规定：

(1) 主控项目全部符合规定。

(2) 一般项目应有 80%及以上的抽检处符合规定或偏差值在允许偏差范围以内。

空心砖砌体主控项目：

砖和砌筑砂浆的强度等级应符合设计要求。

检验方法：检查砖的产品合格证书、产品性能检测报告和砂浆试块试验报告。

空心砖砌体一般项目如下。

(1) 空心砖砌体一般尺寸的允许偏差应符合表 2.5 的规定。

表 2.5　　空心砖砌体一般尺寸允许偏差

项次	项目		允许偏差/mm	检验方法
1	轴线位移		10	用尺检查
	垂直度	小于或等于 3m	5	用 2m 托线板或吊线、尺检查
		大于 3m	10	
2	表面平整度		8	用 2m 靠尺和楔形塞尺检查
3	门窗洞口高、宽（后塞口）		±5	用尺检查
4	外墙上、下窗口偏移		20	用经纬仪或吊线检查

抽检数量：对表中 1、2 项，在检验批的标准间中随机抽查 10%，但不应少于 3 间。大面积房间和楼道按两个轴线或每 10 延长米按一标准间计数。每间检验不应少于 3 处。对表中 3、4 项，在检验批中抽查 10%，且不应少于 5 处。

(2) 空心砖砌体的砂浆饱满度及检验方法应符合表 2.6 的规定。

表 2.6　　空心砖砌体的砂浆饱满度及检验方法

灰缝	饱满度及要求	检验方法
水平灰缝	≥80%	用百格网检查砖底面砂浆的黏结痕迹面积
垂直灰缝	填满砂浆，不得有透明缝、瞎缝、假缝	

抽检数量：每步架子不少于 3 处，且每处不应少于 3 块。

(3) 空心砖砌体中留置的拉结钢筋的位置应与砖皮数相符合。拉结钢筋应置于灰缝中，埋置长度应符合设计要求。

抽检数量：在检验批中抽检 20%，且不应少于 5 处。

检验方法：观察和用尺量检查。

(4) 空心砖砌筑时应错缝搭砌，搭砌长度宜为空心砖长的 1/2，但不应小于空心砖长的 1/3。

抽检数量：在检验批的标准间中抽查 10%，且不应少于 3 间。

检验方法：观察和尺量检查。

(5) 空心砖砌体的灰缝厚度和宽度应正确。水平灰缝厚度和垂直灰缝宽度应为8～12mm。

抽检数量：在检验批的标准间中抽查10%，且不应少于3间。

检验方法：用尺量5皮空心砖的高度和2m砌体长度折算。

(6) 空心砖墙砌至接近梁、板底时，应留一定空隙，待空心砖砌筑完并应至少间隔7d后，再将其补砌挤紧。

抽检数量：每验收批抽10%墙片（每两柱间的空心砖墙为一墙片），且不应少于3片墙。

检验方法：观察检查。

2.2.5 砖砌体常见质量问题分析

(1) 砂浆强度不稳定。

现象：砂浆强度低于设计强度标准值，有时砂浆强度波动较大，匀质性差。

主要原因：材料计量不准确；砂浆中塑化材料或微沫剂掺量过多；砂浆搅拌不均；砂浆使用时间超过规定；水泥分布不均匀等。

预防措施：建立材料的计量制度和计量工具校验、维修、保管制度；减少计量误差，对塑化材料（石灰膏等）宜调成标准稠度（120mm）进行称量，再折算成标准容积；砂浆尽量采用机械搅拌，分两次投料（先加入部分砂子、水和全部塑化材料，拌匀后再投入其余的砂子和全部水泥进行搅拌），保证搅拌均匀；砂浆应按需要搅拌，宜在当班用完。

(2) 砖缝砂浆不饱满，砂浆与砖黏结不良。

现象：砖缝的砂浆饱满度达不到80%的要求，砖与砂浆之间黏结不牢。

主要原因：低强度等级的砂浆，如水泥砂浆，因和易性差，砌筑时挤浆费劲，操作者用大铲或瓦刀铺刮砂浆后易使底灰产生空穴，砂浆不饱满；用干砖砌墙，使砂浆早期脱水而降低强度，使砖的黏结力下降，而干砖表面的粉屑又起隔离作用，减弱了砖与砂浆层的黏结；用铺浆法砌筑时，因铺浆过长，砌筑速度跟不上，砂浆中的水分被底砖吸收，使砌上的砖层与砂浆失去钻结；砌清水墙时，为了省去刮缝工序，采取了大缩口的铺灰方法，使砌体砖缝缩口深度达20mm以上，既降低了砂浆饱满度，又增加了勾缝的工作量。

预防措施：改善砂浆的和易性；改进砌筑方法，不应采取铺浆法或摆砖砌筑，应推广三一砌砖法，即使用大铲，一块砖、一铲灰、一挤揉的砌筑方法；当采用铺浆法砌筑时，必须控制铺浆的长度。一般气温情况下不得超过750mm；当施工期间气温超过30℃时，不得超过500mm；严禁用干砖砌墙。砌筑前1～2天应将砖浇湿，使砌筑时烧结普通砖和多孔砖的含水率达到10%～15%，灰砂砖和粉煤灰砖的含水率达到8%～12%；冬期施工时，在正温条件下应将砖面适当湿润后砌筑。负温下施工无法浇砖时，应适当增大砂浆的稠度。对于9度抗震设防地区，在严冬无法浇砖时不能进行砌筑。

(3) 砖墙墙面游丁走缝。

现象：砖墙面上下砖层之间竖缝产生错位，丁砖竖缝歪斜，宽窄不匀，丁不压中。清水墙窗台部位与窗间墙部位的上下竖缝错位、搬家。

主要原因：砖的规格不统一，每块砖长、宽尺寸误差大，操作中未掌握控制砖缝的标准，开始砌墙摆砖时，没有考虑窗口位置对砖竖缝的影响，当砌至窗台处分窗口尺寸时，窗的边线不在竖缝位置上。

预防措施：砌墙时用同一规格的砖，如规格不一，则应弄清现场用砖情况，统一摆砖确定组砌方法，调整竖缝宽度；提高操作人员技术水平，强调丁压中即丁砖的中线与下层条砖的中线重合；摆砖时应将窗口位置引出，使窗的竖缝尽量与窗口边线相齐，如果窗口宽度不符合砖的模数，砌砖时要打好七分头，排匀立缝，保持窗间墙处上下竖缝不错位。

（4）清水墙面水平缝不直，墙面凹凸不平。

现象：同一条水平缝宽度不一致，个别砖层冒线砌筑；水平缝下垂；墙体中部（两步脚手架交接处）凹凸不平。

主要原因：砖的两个条面大小不等，使灰缝的宽度不一致，个别砖大条面偏大较多，不易将灰缝砂浆压薄，从而出现冒线砌筑。所砌墙体长度超过 20m，挂线不紧，挂线产生下垂，灰缝就出现下垂现象。由于第一步架墙体出现垂直偏差，接砌第二步架时进行了调整，两步架交接处出现凹凸不平。

预防措施：砌砖应采取小面跟线，挂线长度超过 15～20m 时，应加垫线。墙面砌至脚手架排木搭设部位时，预留脚手眼，并继续砌至高出脚手架板面一层砖。挂立线应由下面一步架墙面引伸，以立线延至下部墙面至少 500mm，挂立线吊直后，拉紧平线，用线锤吊平线和立线，当线锤与平线、立线相重，则可认为立线正确无误。

（5）“螺丝”墙。

现象：砌完一个层高的墙体时，同一砖层的标高差一皮砖的厚度而不能咬圈。

主要原因：砌筑时没有按皮数杆控制砖的层数。每当砌至基础面和预制混凝土楼板上接砌砖墙时，由于标高偏差大，皮数杆往往不能与砖层吻合，需要在砌筑中用灰缝厚度逐步调整。如果砌同一层砖时，误将负偏差当作正偏差，砌砖时反而压薄灰缝，在砌至层高赶上皮数时，与相邻位置正好差一皮砖。

预防措施：砌筑前应先测定所砌部位基面标高误差，通过调整灰缝厚度来调整墙体标高。

标高误差宜分配在一步架的各层砖缝中，逐层调整；操作时挂线两端应相互呼应，并经常检查与皮数杆的砌层号是否相符。

各层标高除可用皮数杆控制外，还可用在室内弹出的水平线来控制，即当底层砌到一定高度后，用水准仪根据龙门板上的±0.000 标高，在室内墙角引测出标高控制点（一般比室内地坪高 200～500mm），然后根据该控制点弹出水平线，作为楼板标高的控制线。以此线到该层墙顶的高度计算出砖的皮数，并在皮数杆上画出每皮砖和砖缝的厚度，作为砌砖的依据。此外，在建筑物四周外墙下引测±0.000 标高，画上标志，当第二层墙砌到一定高度，从底层用尺往上量出第二层的标高的控制点，并用水准仪以引上的第一个控制点为准，定出各墙面水平线，用以控制第二层楼板标高。

2.2.6 砌体工程安全技术

砌筑操作前必须检查操作环境是否符合安全要求，道路是否畅通，机具是否完好牢固，安全设施和防护用品是否齐全，经检查符合要求后方可施工。

砌基础时，应检查和经常注意基槽（坑）土质的变化情况。堆放砖石材料应离槽（坑）边1m以上。砌墙高度超过1.2m时，应搭设脚手架。在一层以上或砌墙高度超过4m时，采用里脚手架必须搭设安全网，采用外脚手架应设护身栏杆和挡脚手板。架上堆放材料不得超过规定荷载标准值，堆砖高度不得超过三皮侧砖，同一块脚手板上的操作人员不得超过两人。不准站在墙顶上做画线、刮缝及清扫墙面或检查大角垂直等工作。不准用不稳固的工具或物体在脚手板面上操作。

（1）严禁在墙上站立划线、刮缝、清扫墙柱面和检查大角垂直等工作。

（2）砍砖时应向内打，以免落砖伤人。

（3）不得砌筑过胸高度的墙面。

（4）不准用不稳定的工具或物体在脚手板面上垫高进行工作。

（5）从砖垛上取砖时，防止垛倒伤人。

（6）砖石运输车辆距离，在平道上不小于2m，坡道上不小于10m。

（7）用于垂直运输的吊笼、滑车、绳索、刹车等，必须满足负荷要求，牢固无损；吊运时不得超载，并须经常检查，发现问题及时修理。

（8）用起吊机吊砖要用砖笼，吊砂浆的料斗不能装得过满。吊杆回转范围内不得有人停留，吊件落到架子上时，砌筑人员要暂停操作，并避开一边。

（9）已砌好的山墙，应临时用联系杆（如擦条等）放置各跨山墙上，使其联系稳定，或采取其他有效的加固措施。

（10）冬期施工时，脚手板上如有冰霜、积雪，应先清除后才能上架子进行操作。

附工程案例

1. 工程概况

本工程为全现浇剪力墙结构，局部砌筑工程在混凝土主体施工后根据总进度计划插入施工，其具体形式见表2.7。

表2.7　　砌筑形式及材料作法

序号	部位	墙体材料	砌筑材料
1	地下室内墙	240mm或120mm厚墙实心砖墙，250mm、200mm厚陶粒空心砌块墙体，竖井100mm厚陶粒空心砌块	材料为MU7.5机制黏土砖，M5水泥砂浆
2	地面以上内墙	除注明者外，均采用200mm厚陶粒空心砌块墙体，墙厚标注240mm、120mm者均为实心砖墙，墙厚标注250mm者为陶粒空心砌块，竖井中100mm厚墙体为陶粒实心砌块	材料为MU7.5机制黏土砖，M5混合砂浆

2. 施工准备

（1）墙体砌筑测量放线。

1）控制轴线的测设。每层根据施工现场提供的基准控制点和结构施工预留的激光洞，使用经纬仪对各楼层预留的基准点和轴线位置校核合格后，进行楼层内的细部控制线的引测。

2）楼层内各位置线的引测。依据建筑图中的尺寸要求，自控制轴线引测出隔墙等位置控制线，门窗洞口、水电设备预留洞口的位置线，并经复核无误后用红色油漆在留洞等位置斜对角描出三角控制标志，以防破坏。水电设备的预留洞口，控制线测设完成后应经各专业人员复核后方可施工。

3）高程控制线引测。

依据结构施工时留设的标高控制点，并校核合格后，采用50m钢卷尺竖向传递，每层必须经交圈闭合检查，误差不超过5mm。交圈利用水准仪测放出50cm线，作为各楼层的标高控制线。

（2）材料准备及材料要求。

1）砖的品种。

a. 240mm及120mm厚实心砖墙采用外形尺寸240mm×115mm×53mm的普通机制黏土砖，强度等级不低于MU7.5级。

b. 陶粒空心砌块规格有300mm、200mm、250mm厚三种及100厚实心陶粒砌块，陶粒空心砖的容重不大于7.5kN/m³，强度符合设计要求。

2）砂浆种类。地下室内砌墙为M5级水泥砂浆，地面以上砌墙为M5级水泥石灰混合砂浆，砖的品种、规格、强度等级必须符合设计要求，规格一致，并有出厂证明、实验报告单。

3）水泥的品种。采用32.5号普通硅酸盐水泥或矿渣硅酸盐水泥，并有出厂证明、实验报告。

4）砂。采用中砂。砂浆的砂子含泥量小于5%，使用前用5mm孔径的筛子过筛，不得含草根等杂物。

5）掺合料。白石灰膏熟化时间不少于7天，水应用自来水。

6）其他材料。拉结钢筋、预埋件、木砖等，提前做好防腐处理。

（3）主要机具。搅拌机、手推车、磅秤、外用电梯、砖笼、胶皮管、筛子、大铲、瓦刀、扁子、托线板、线坠、小白线、卷尺、铁水平尺、皮数杆、小水桶、砖夹子、扫帚等。

（4）作业条件。

1）完成室外回填土，基础、主体工程结构验收完毕，并经有关部门验收合格。

2）弹好墙身线、轴线，根据现场砖的实际规格尺寸，再弹出门窗洞口位置线，经验线符合设计图纸的尺寸要求，办完预检手续。

3）立皮数杆。用30mm×40mm木料制作，皮数杆上门窗洞口、木砖、拉接筋、圈梁、过梁的尺寸标高。按标高立好皮数杆，皮数杆的间距15m，转角处距墙皮或墙角50mm设置皮数杆。皮数杆应垂直、牢固、标高一致，经复核，办理预检手续。

4）根据最下面第一皮砖的标高，拉通线检查，如水平缝厚度超过20mm，用细石混凝土找平，不得用水泥砂浆找平或砍砖包合子找平。

5）砂浆由实验做好试配，准备好试模。

3. 砌体施工

（1）操作工艺。

1）工艺流程：作业准备→确定组砌方式→墙体打膨胀螺丝、焊接→排砖→砌砖→验收

2）墙体放线：砌体施工前，应将基础面或楼层结构面按标高找平，依据砌筑图放出

第一皮砌块的轴线、砌体边线和洞口线。

3）打膨胀螺丝，焊接水平拉筋。（详见下面的说明）

4）拌制砌筑砂浆。砂浆现场采用1台砂浆搅拌机拌和，其容量200L。

a. 砂浆配合比用重量比，计量精度为，水泥±2%，砂掺合料±5%。

b. 砂浆的抽样频率应符合下列规定。

a）每一工作班每台搅拌机取样不得少于一组。

b）每一楼层的每一分项工程取样不得少于一组。

c）每一楼层或250m^{3}砌体中同强度等级和品种的砂浆取样不得少于一组。

d）每组6块，砂浆材料、配比变动时，应重新制作试块。

5）搅拌机投料顺序：砂→水泥→掺合料→水。即搅拌水泥砂浆时，先将砂及水泥投入，搅拌均匀后，再加入水搅拌均匀。搅拌混合砂浆时，先将砂及水泥投入，搅拌均匀后，再投入石灰膏加入水搅拌均匀。水泥砂浆和水泥混合砂浆搅拌时间不得少于2min，砂浆随办随用，水泥砂浆在拌成后3h内使用完毕，水泥混合砂浆在拌成后4h内使用完毕，当施工期间最高气温超过30℃时，必须在拌成后2h和3h内使用完毕，严禁使用过夜砂浆。

6）砌块排列。按砌块排列图在砌体线范围内分块定尺、划线，排列砌块的方法和要求如下。

a. 砌块砌体在砌筑前，应根据工程设计施工图，结合砌块的品种、规格、绘制砌体砌块的排列图，经审核无误，按图排列砌块。

b. 砌块排列上、下皮应错缝搭砌，搭砌长度为砌块的1/2，不得小于砌块高度的1/3，也不应小于150mm，如果搭错缝长度满足不了规定的搭接要求，应根据砌体构造设计规定采取压砌钢筋网片的措施。

c. 外墙转角及纵横墙交接处，应将砌块分皮咬槎，交错搭砌。

d. 砌块就位与校正。砌块砌筑前一天进行浇水湿润，冲去浮尘，清除砌块表面的杂物后方可吊、运就位。砌筑就位应先远后近、先下后上、先外后内。每层开始时，应从转角处或定位砌块处开始，应吊砌一皮、校正一皮，皮皮拉线控制砌体标高和墙面平整度。

（2）墙体砌筑的留槎。外墙转角处应同时砌筑，内外墙交接处可以留直搓或斜槎，留直槎必须接规范要求预植拉结筋；斜槎长度不应小于墙体高度的2/3，槎子必须平直、通顺，分段位置应在变形缝或门窗口角处。隔墙或柱不同时砌筑可留阳槎加预植拉接筋，沿墙高度每50cm预留Φ6钢筋2根，其埋入长度从墙的留槎算起一般每边均不小于500mm，末端应加变钩。

（3）墙体拉接筋的位置。

1）水平拉接。在填充墙体与混凝土墙体交接处应设置墙体拉接筋，拉接筋的设置标高由楼层在层面0.5m起至柱顶止，拉接筋规格及数量2Φ6@500，伸入砖墙1000mm，端头应90°的弯钩，如图2.36所示。

2）过梁。门窗洞顶部应设置过梁，伸入墙体不少于240mm，同时在宽度不大于800mm的洞口也可采用钢筋过梁处理，即采用2Φ18（伸入墙体不小于240）外包30mm厚1∶3的水泥砂浆，当洞口紧贴墙边时，过梁改为现浇构件，利用结构施工预留插筋10d焊接接长。

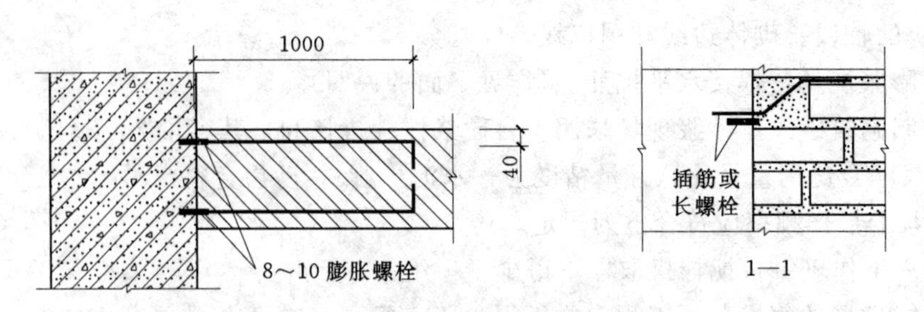

图 2.36　填充墙体与混凝土墙体拉接筋设置

（4）质量标准。

1）砖砌体的灰缝应横平竖直、厚度均匀，并应填满砂浆，砂浆饱满度不小于80%。墙体砌筑时，填充墙与框架柱之间的缝隙应采用砂浆填满。预留拉结筋的数量、长度均符合设计要求和施工规范规定，留置间距偏差不超过一皮砖，见表2.8。

表 2.8　　陶粒混凝土空心砌块外观质量控制

项目			允许偏差
尺寸允许偏差/mm		长度不大于	±3
		宽度不大于	±3
		高度不大于	±3
外观质量		最小外壁厚/mm	30
		最小肋厚/mm	25
		弯曲不大于/mm	2
	缺棱掉角	个数不大于	2
	缺棱掉角	三个方向投影尺寸最小值不大于/mm	20
		裂纹延伸的投影尺寸累计不大于/mm	20

2）允许偏差项目（表2.9）。

表 2.9　　允许偏差项目表

项次	项目			标准允许偏差/mm	检查方法
1	轴线位置偏移			10	用经纬仪或拉尺和尺量检查
2	墙砌体顶面标高			±15	用水准仪和尺量检查
3	垂直度	每层		5	用2m托线板检查
		全高	≤10m	10	用经纬仪或吊线和尺量检查
			>10m	20	
4	表面平整度	混水墙、柱		8	用2m靠尺和楔形塞尺检查
5	水平灰缝平直度	混水墙		10	用10m拉线和尺量检查
6	水平灰缝厚度（10皮砖累计数）			±8	与皮数杆比较尺量检查
7	门窗洞口（后塞口）	宽度		±5	吊线和尺量检查，以底层第一皮砖为准
		门口高度		±15　−5	尺量检查
8	预留构造柱截面（宽度、深度）			±10	尺量检查
9	外墙上下窗口偏移			20	用经纬仪或吊线检查以底层窗口为准

（5）成品保护及质量保证措施。

1）墙体拉接筋及各种预埋件、暖卫、电气管线等，均应注意保护，不得任意拆改或损坏。

2）砂浆稠度应适宜，砌墙时应防止砂浆溅脏墙面。

3）拆除施工脚手架时，注意保护墙体及门窗口角。

4）做好技术交底，严格按照设计图纸、施工方案、国家行业标准及相关规范要求进行施工。

5）砌筑材料、砌筑砂浆符合施工方案、设计图纸要求及相关规范要求。

6）每个楼层相同配比砂浆均需做砂浆取样。

7）为确保灰缝大小均匀，立皮数杆时要保证高度一致，盘角时的灰缝要掌握均匀，砌砖时小线拉紧，防止一层线松，一层线紧。

8）砌筑材料技术资料齐全。

9）按照方案要求工序进行施工，对施工中不符合方案要求的要立刻进行整改。

10）设置专人负责砌筑工程质量，施工中做好自检。

11）不得使用过期水泥，计量要准确，保证砂浆的搅拌时间，砂浆试块的制作、养护、试压应符合有关规定。

12）为确保拉接筋位置，应预先计算砖行模数、位置、标高控制线，不得将拉接筋弯折使用。

（6）安全技术措施、文明施工。

1）操作前进行安全检查，现场操作环境、安全措施和防护用品及机具符合要求后方可施工。

2）砌筑墙体时应搭设脚手架。

3）脚手架上堆砖高度不得超过3皮侧砖，同一块脚手板上操作人员不得超过两人。

4）施工中不得踩踏砌体。

5）使用双笼电梯运载砌块时不得超载。

6）人工上下传递砌块时，应搭设递砖架子，架子的站人板宽应不得小于60cm。

7）在砌块砌体上不得吊挂重物，也不宜作为其他临时施工设施、支撑的支承点。

任务2.3　砌块砌体工程施工

【任务导航】　学习砌块砌筑前的准备工作，砌块砌筑工艺、砌筑方法及质量要求；能进行砌块砌体工程质量控制与检查验收，能编写砌体工程施工方案。学生分组在实训场进行砌块砌体砌筑，交叉组织模拟质检、验收。

为了节约能源，保护土地资源，变废为宝，适应建筑业的发展需要，出现了许多新型墙体材料，普通混凝土小型空心砌块和以煤渣、陶粒为粗骨料的轻骨料混凝土小型空心砌块两者统称为混凝土小型空心砌块，简称小砌块，是常见的新型墙体材料。小砌块作为替代实心黏土砖的主导墙体材料之一，具有自重轻、强度高，施工操作方便、不需要特殊的设备和工具，机械化和工业化程度高、施工速度快，并能节约砂浆和大量利用工业废料等优点而被广泛应用。小砌块其主规格为 390mm×190mm×190mm，还有一些辅助规格的砌块配合使用。

2.3.1 砌筑前的准备工作

1. 材料准备

（1）砌块。根据设计要求准备好所用的砌块，并了解最大砌块的单块重量，确定砌块的运输方式。

（2）砖。当砌块模数不能符合设计尺寸的要求时，应用烧结普通砖来调整。

（3）其他材料。水泥、砂子、掺合料等，要求同普通砖砌体的要求。

（4）木砖、拉结筋等的准备。另外，了解水、暖、电等工件的预埋的准备情况。

2. 场地准备及砌块堆放

由于砌块比砖要大得多，搬运不易，同时砌块又有多种规格，因此砌块砌筑时对场地的要求就显得更为突出。

（1）砌块堆放场地不仅要地势高、平整、夯实、利于排水，而且要考虑到砌块的装卸和搬运，并考虑到运输到操作地点和配合操作顺序，杜绝二次搬运。

（2）砌块的规格数量要配套。不同规格的砌块应分别码放，堆垛上应有标志，垛与垛之间应留有通道，以使运输装卸车辆通行。

（3）砌块应上下皮交错叠放，堆放高度一般不宜超过 3m。

（4）堆垛应尽量设在垂直运输设备工作回转半径范围内。

（5）现场应配套储存足够数量的砌块，以确保施工顺利进行。

3. 施工机具准备

小砌块砌筑施工所用机具的准备内容包括垂直、水平运输机械的准备，吊装机械的准备，小型砌块也可以采用人力杠抬。除了砖瓦工常用的工具外，还要准备索具和夹具（图 2.37），手撬棒、木锤、抿子、灌缝夹板、钢筋夹头，也可用木制的摊灰尺来铺摊砂浆。

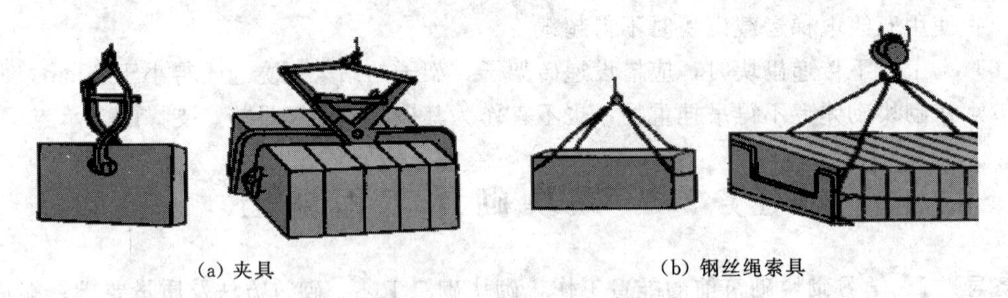

(a) 夹具　　(b) 钢丝绳索具

图 2.37　夹具和索具

4. 技术准备

（1）编绘砌块排块图。编制小砌块排块图是施工作业准备的一项首要工作，如图 2.38 所示。小砌块施工前，必须按房屋设计图编绘小砌块平、立面排块图。排列时应根据小砌块规格、灰缝厚度和宽度、门窗洞口尺寸、过梁与圈梁或连系梁的高度、柱的位置、预留洞大小、管线、开关敷设部位等进行对孔、错缝搭接排列，并以主规格小砌块为主，辅以相应的辅助块。

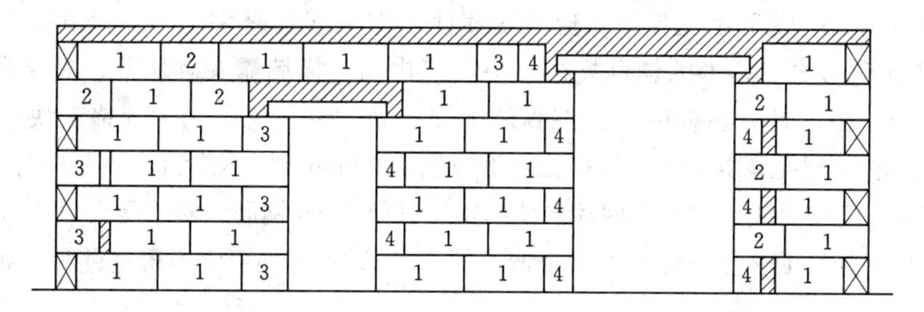

图 2.38 砌块排块图

1—主规格小砌块；2～4—辅助规格小砌块

(2) 与施工机械的配合。砌块砌筑不仅要与井架等垂直运输机械配合好，还可能一与小型楼面起重机械配合，尤其是大中型砌块更是如此。与机械配合时，一要弄清机械操作与本工种的相互关系；二要了解机械设备的性能，如回转半径、起重高度、起重量等。只有了解清楚以后才能做到配合默契、安全操作、提高工效。

(3) 拌制砂浆。砌筑所用砌筑砂浆强度等级不得低于 M5，并应符合设计要求。小砌块基础砌体必须采用水泥砂浆砌筑，地坪以上的小砌块墙体应采用水泥混合砂浆砌筑。砌筑砂浆配合比应符合国家现行标准的规定，并须经试验按重量比配制。砌筑砂浆应采用机械搅拌拌和时间自投料完算起不得少于 2min。当掺有外加剂时不得少于 3min，当掺有机塑化剂时宜为 3～5min，并均应在初凝前使用完毕，当竖缝宽度超过 3cm 时，要灌筑细石混凝土，砌筑砂浆的稠度要控制在 7～8cm。

2.3.2 砌块砌筑施工

1. 混凝土小型空心砌块墙砌筑形式

小型空心砌块砌体砌筑形式只有全顺一种。墙厚等于砌块的宽度，上下皮竖缝相互错开 1/2 主规格小砌块长度。

混凝土空心砌块墙厚等于砌块的宽度，其立面砌筑形式只有全顺一种，上下皮竖缝相互错开 1/2 砌块长，上下皮砌块空洞相互对准。空心砌块墙的转角处，应隔皮纵、横墙砌块相互搭砌，即隔皮纵、横墙砌块墙面露头（图 2.39）。

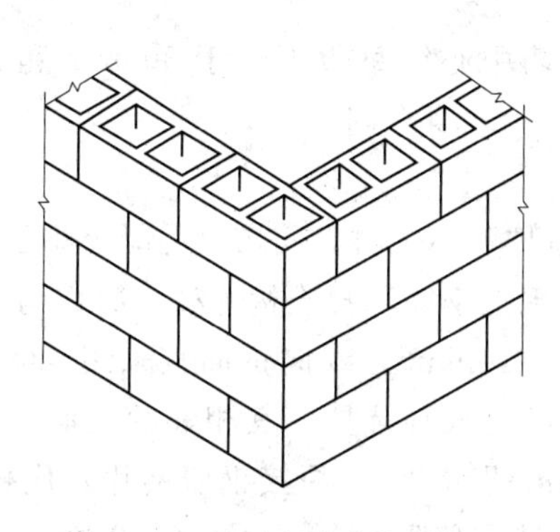

图 2.39 空心砌块墙转角砌法

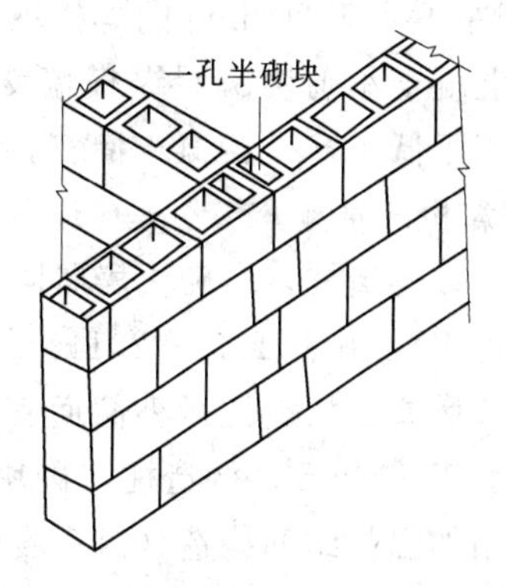

图 2.40 混凝土空心砌块墙 T 字交接处砌法（无芯柱）

空心砌块墙的“T”字交接处，应隔皮使横墙砌块端部露头。当该处无芯柱时，应在纵墙上交接处砌两块一孔半的辅助规格砌块，隔皮砌在横墙露头砌块下，其半孔应位下中间（图 2.40）。当该处有芯柱时，应在纵墙上交接处砌一块三孔的大规格砌块（图 2.41）。

小砌块墙体应对孔错缝搭砌，搭接长度不应小于 90mm。如不能满足该要求时，应在砌块的水平灰缝中设置拉结钢筋或钢筋网片。拉结钢筋可用 2Φ6 钢筋，钢筋网片可用直径 4mm 的钢筋焊接而成。加筋的长度不应小于 700mm（图 2.42），但竖向通缝不得超过两皮砌块。

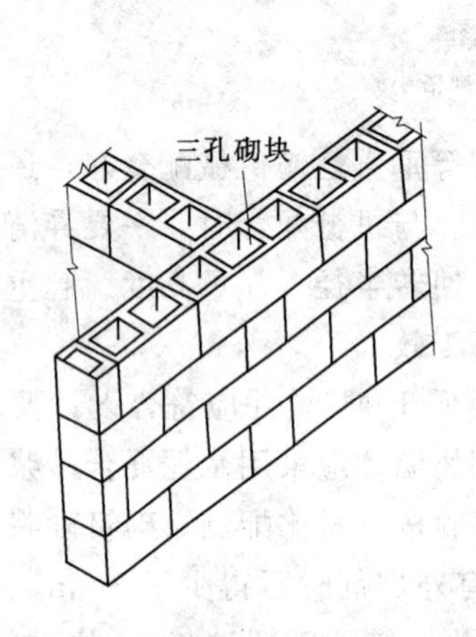

图 2.41　混凝土空心砌块墙 T 字交接处砌法（有芯柱）

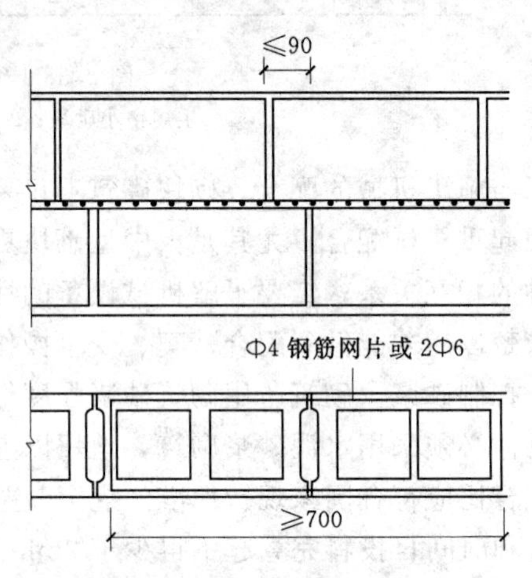

图 2.42　混凝土空心砌块墙灰缝中设置拉结钢筋或网片

2. 一般构造要求

（1）对于 5 层及以上民用房屋的底层，应采用强度等级不低于 MU7.5 的砌块和 M5.0 的砌筑砂浆。

（2）对于地面以下或防潮层以下的砌体、潮湿房间的墙，所用材料的最低强度等级应符合《混凝土小型空心砌块建筑技术规程》（JGJT 14—2011）的要求。

（3）底层室内地面以下或防潮层以下的砌体，应采用 C20 混凝土灌实砌体的孔洞。

（4）小砌块墙与后砌隔墙交接处，应沿墙高每 400mm 在水平灰缝内设置不少于 2Φ4、横筋间距不大于 200mm 的焊接钢筋网片。

（5）混凝土小砌块房屋纵横墙交接处，距墙中心线每边不小于 300mm 范围内的孔洞，应采用不低于 C20 混凝土灌实，灌实高度应为墙身全高。

3. 抗震构造措施

（1）设置构造柱。小砌块房屋同时设置构造柱和芯柱时，应按《混凝土小型空心砌块建筑技术规程》（JGJ/T 14—2011）的要求设置现浇钢筋混凝土构造柱（简称构造柱）。

小砌块房屋的构造柱最小截面宜为 190mm×190mm，纵向钢筋宜采用 4Φ12，箍筋间距不宜大于 200mm。构造柱与砌块墙连接处应砌成马牙槎，其相邻的孔洞，Ⅵ度时宜填实或采用加强拉结筋构造（沿高度每隔 200mm 设置 2Φ4 焊接钢筋网片）代替马牙槎，Ⅶ度时应填实，Ⅷ度时应填实并插筋 1Φ12，沿墙高每隔 600mm 应设置 2Φ4 焊接钢筋网片，每边伸入墙内不宜小于 1m。构造柱必须与圈梁连接，在柱与圈梁相交的节点处应加

密柱的箍筋，加密范围在圈梁上下均不应小于450mm或1/6层高，箍筋间距不宜大于100mm。构造柱可不单独设置基础，但应伸入室外地面下500mm，或与埋深小于500mm的基础圈梁相连。

（2）设置芯柱。小砌块房屋采用芯柱做法时，应按《混凝土小型空心砌块建筑技术规程》（JGJ/T 14—2011）的要求设置。

墙体的芯柱，应符合下列构造要求。

1）芯柱的竖向插筋应贯通墙身且与圈梁连接，插筋的规格及数量应符合规范要求。

2）芯柱混凝土应贯通楼板，当采用装配式钢筋混凝土楼盖时，应优先采用适当设置钢筋混凝土板带的方法，或采用贯通措施。

3）在房屋的第一、第一层和顶层，Ⅵ、Ⅶ、Ⅷ度时芯柱的最大净距分别不宜大于2.0m，1.6m，1.2m。

4）芯柱应伸入室外地面下500mm或与埋深小于500mm的基础圈梁相连。

（3）设置圈梁。小砌块房屋各楼层均应设置现浇钢筋混凝土圈梁，不得采用槽形小砌块作模，并应按《混凝土小型空心砌块建筑技术规程》（JGJ/T 14—2011）的要求设置。圈梁宽度不应小于190mm，配筋不应少于4Φ12。现浇或装配整体式钢筋混凝土楼、屋盖与墙体有可靠连接，可不另设圈梁，但楼板沿墙体周边应加强配筋并应与相应的构造柱可靠连接。

4. 小砌块砌体施工

（1）砌块砌筑前必须根据砌块尺寸和灰缝厚度计算皮数和排数，制作皮数杆，并将其立于墙的转角处和交接处，皮数杆间距宜小于15m。

（2）小砌块砌筑前不得浇水，在施工期间气候异常炎热干燥时，可在砌筑前稍喷水湿润。

（3）墙体砌筑应从外墙转角定位处开始砌筑，砌筑时应底面朝上反砌。上下皮小砌块应对孔，竖缝应相互错开1/2主规格小砌块长度。使用多排孔小砌块砌筑墙体时，应错缝搭砌，搭接长度不应小于主规格小砌块长度的1/4。否则，应在此水平灰缝中设4ϕ4钢筋点焊网片，网片两端与竖缝的距离不得小于400mm。竖向通缝不得超过两皮小砌块。

（4）190mm厚度的小砌块内外墙和纵横墙必须同时砌筑并相互交错搭接。临时间断处应砌成斜槎，斜槎水平投影长度不应小于斜槎高度。严禁留直槎。

（5）隔墙顶接触梁板底的部位应采用实心小砌块斜砌楔紧（图2.43），房屋顶层的内隔墙应离该处屋面板板底15mm，缝内采用1∶3石灰砂浆或弹性腻子嵌塞。

（6）砌体灰缝和砂浆应满足下列要求：①砌体灰缝应做到横平竖直，全部灰缝应填铺砂浆。砂浆饱满度不宜低于90%。水平灰缝厚度和垂直灰缝宽度应控制在8～12mm。拉结筋或钢筋网片必须埋置在砂浆中。砌筑时，墙面必须用原浆做勾缝处理。缺灰处应补浆压实，并宜做成凹缝，凹进墙面2mm。②砌筑砂浆必须搅拌均匀，随拌随用，一般应在4h内使用完毕。砌筑时一次铺灰长度不宜超过2块主规格砌块的长度。砂浆应按设计要求，采用重量比配置。在每一楼层或250m^{3}的砌体中，对每种强度等级的砂浆应制作不少于一组试块。

（7）对设计规定或施工所需的孔洞、管道、沟槽和预埋件等，应在砌筑时进行预留或

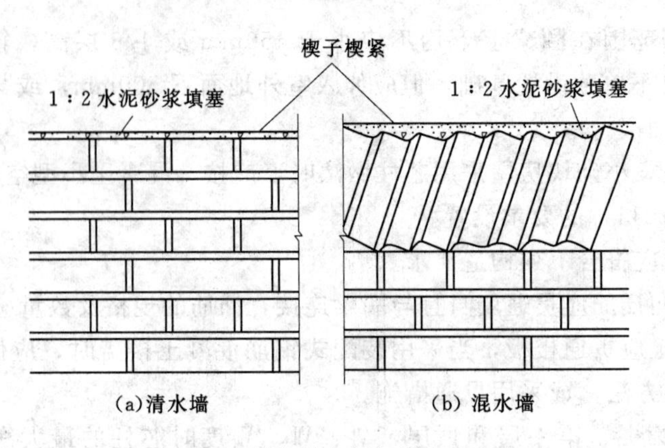

图 2.43　填充墙与框架梁底的砌法

预埋，不得在已砌筑的墙体上打洞和凿槽。照明、电信、闭路电视等线路可采用内穿 12 号铁丝的白色增强塑料竹。水平管线宜预埋于专供水平竹用的实心带凹槽小砌块内，也可敷设在圈梁模板内侧或现浇混凝土楼板（屋面板）中。竖向管线应随墙体砌筑埋设在小砌块孔洞内。管线出口处应采用 U 形小砌块（190mm×190mm×190mm）竖砌，内埋开关、插座或接线盒等配件，四周用水泥砂浆填实。冷、热水水平竹可采用实心带凹槽的小砌块进行敷设。立管宜安装在 E 字形小砌块中的一个开口孔洞中。待管道试水验收合格后，采用 C20 混凝土浇灌封闭。

（8）小砌块墙体砌筑应采用双排外脚手架或里脚手架进行施工，严禁在砌筑的墙体上设脚手孔洞。每天砌筑高度应控制在 1.4m 或一步脚手架高度内。每砌完一楼层后，应校核墙体的轴线尺寸和标高，在允许范围内的轴线及标高偏差可在楼板面上予以校正。小砌块砌体尺寸和位置允许偏差，参见表 2.10。严禁雨天施工，雨后施工时，应复核墙体的垂直度。

表 2.10　　小砌块砌体尺寸和位置允许偏差

序号	项　目			允许偏差/mm	检　查　方　法
1	轴线位置偏移			10	用经纬仪或拉线和尺量检查
2	基础和砌体顶面标高			±15	用水准仪和尺量检查
3	垂直度	每层		5	用线锤和 2m 托线板检查
		全高	≤10m	10	用经纬仪或重锤挂线和尺量检查
			>10m	20	
4	表面平整度	清水墙、柱		6	用 2m 靠尺和塞尺检查
		混水墙、柱		6	
5	水平灰缝平直度	清水墙 10m 以内		7	用 10m 拉线和尺量检查
		混水墙 10m 以内		10	
6	水平灰缝厚度（连续五皮砌块累计）			±10	与皮数杆比较，尺量检查
7	垂直灰缝宽度（水平方向连续五皮砌块累计）			±15	用尺量检查
8	门窗洞口（后塞口）	宽度		±5	用尺量检查
		高度		±5	
9	外墙窗上下窗口偏移			20	以底层窗口为准，用经纬仪或吊线检查

5. 芯柱施工

在楼面砌筑第一皮砌块时，在芯柱位置侧面应预留孔以清除砌块芯柱内杂物。芯柱钢筋的搭接长度不应小于45d（不小于500mm）。芯柱混凝土应在砌完一个楼层高度后连续浇灌，之前应先注入50mm厚的水泥砂浆，混凝土坍落度应不小于70mm，分层（300～500mm）浇灌并捣实。芯柱混凝土应与圈梁同时浇灌，在芯柱位置，楼板应留缺口，注意保证上下楼层的芯柱连成整体。振捣混凝土宜用软轴插入式振动器。浇筑混凝土时，砌块砌筑砂浆的强度应达到1MPa以上。

6. 构造柱施工

(1) 构造柱的施工程序为：绑扎钢筋、砌砖墙、支模、浇灌混凝土柱。

(2) 构造柱钢筋规格、数量、位置必须正确，绑扎前必须进行除锈和调直处理。

(3) 构造柱从基础到顶层必须垂直，对准轴线，在逐层安装模板前，必须根据柱轴线随时校正竖筋的位置和垂直度。

(4) 构造柱的模板可用木模或钢模，在每层砖墙砌好后，立即支模。模板必须与所在墙的两侧严密贴紧，支撑牢靠，防止板缝漏浆。

(5) 在浇筑构造柱混凝土前，必须将砖砌体和模板洒水湿润，并将模板内的落地灰、砖渣和其他杂物清除干净。

(6) 构造柱的混凝土坍落度宜为50～70mm，以保证浇捣密实，亦可根据施工条件、季节不同，在保证浇捣密实的条件下加以调整。

(7) 构造柱的混凝土浇筑可分段进行，每段高度不宜大于2m。在施工条件较好并能确保浇筑密实时，亦可每层一次浇筑完毕。

(8) 浇捣构造柱混凝土时，宜用插入式振捣棒，分层捣实。振捣棒随振随拔，每次振捣层的厚度不应超过振捣棒长度的1.25倍。振捣时，振捣棒应避免直接碰触砖墙，并严禁通过砖墙传振。

(9) 构造柱混凝土保护层厚度宜为20mm，且不小于15mm。

(10) 在砌完一层墙后和浇筑该层柱混凝土前，应及时对已砌好的独立墙加稳定支撑，必须在该层柱混凝土浇完之后，才能进行上一层的施工。

2.3.3 混凝土小砌块砌体质量检查

混凝土小型空心砌块砌体的质量分为合格和不合格两个等级。

混凝土小型空心砌块砌体的质量合格应符合以下规定。

(1) 主控项目全部符合规定。

(2) 一般项目应80%及以上抽检处符合规定或偏差值在允许的偏差范围内。

混凝土小型空心砌块砌体的主控项目如下。

(1) 施工所用小砌块和砂浆的强度等级必须符合设计要求。

抽检数量：每一生产厂家，每1万块小砌块至少应抽检一组。用于多层以上的建筑基础和底层小砌块的抽检数量不应少于两组。砂浆试块的抽检数量同砖砌体的有关规定。

检验方法：查小砌块和砂浆试块的试验报告。

(2) 施工所用的砂浆宜选用专用的小砌块砌筑砂浆。砌体水平灰缝的砂浆饱满度应按净面积计算不得低于90%，竖向灰缝的砂浆饱满度不得小于80%，竖缝凹槽部位应用砌筑砂浆填实，不得出现瞎缝、透明缝。

抽检数量：每检验批不应少于3处。

检验方法：用专用百格网检测小砌块与砂浆黏结痕迹，每处检测3块小砌块，取其平均值。

混凝土小砌块砌体的质量分为合格和不合格两个等级。

混凝土小砌块砌体质量合格应符合以下规定。

(1) 主控项目全部符合规定。

(2) 一般项目应有80%及以上的抽检处符合规定或偏差值在允许偏差范围内。

混凝土小砌块砌体主控项目。

(1) 小砌块和砂浆的强度等级必须符合设计要求。

抽检数量：每一生产厂家，每1万块小砌块至少应抽检一组。用于多层建筑基础和底层的小砌块抽检数量不应少于2组。砂浆试块的抽检数量：每一检验批且不超过250m^{3}砌体的各种类型及强度等级的砌筑砂浆，每台搅拌机应至少抽检一次。

检验方法：查小砌块和砂浆试块试验报告。

(2) 砌体水平灰缝的砂浆饱满度，应按净面积计算不得低于90%，竖向灰缝饱满度不得小于80%，竖向缝凹槽部位应用砌筑砂浆填实，不得出现瞎缝、透明缝。

抽检数量：每检验批不应少于3处。

检验方法：用专用百格网检测小砌块与砂浆黏结痕迹，每处检测3块小砌块，取其平均值。

(3) 墙体转角处和纵横墙交接处应同时砌筑。临时间断处应砌成斜槎，斜槎水平投影长度不应小于高度的2/3。

抽检数量：每检验批抽20%接槎，且不应少于5处。

检验方法：观察检查。砌体的轴线偏移和垂直度偏差应符合表2.11的规定。

表2.11　　混凝土小砌块砌体的轴线及垂直度允许偏差

<table>
<tr><th>序号</th><th colspan="3">项　　目</th><th>允许偏差/mm</th><th>检　验　方　法</th></tr>
<tr><td>1</td><td colspan="3">轴线位置偏移</td><td>10</td><td>用经纬仪和尺检查或用其他测量仪器检查</td></tr>
<tr><td rowspan="3">2</td><td rowspan="3">垂直度</td><td colspan="2">每层</td><td>5</td><td>用2m托线板检查</td></tr>
<tr><td rowspan="2">全高</td><td>≤10m</td><td>10</td><td rowspan="2">用经纬仪、吊线和尺检查，或用其他测量仪器检查</td></tr>
<tr><td>>10m</td><td>20</td></tr>
</table>

抽检数量：轴线查全部承重墙柱；外墙垂直度全高查阳角，不应少于4处，每层每20m查一处；内墙按有代表性的自然间抽10%，但不应少于3间，每间不应少于2处，柱不少于5根。

混凝土小砌块砌体一般项目。

(1) 砌体的水平灰缝厚度和竖向灰缝宽度宜为10mm，但不应大于12mm，也不应小

于 8mm。

抽检数量：每层楼的检测点不应少于 3 处。

检验方法：用尺量 5 皮小砌块的高度和 2m 砌体长度折算。

(2) 小砌块砌体的一般尺寸允许偏差应符合表 2.12 的规定。

表 2.12　　小砌块砌体一般尺寸允许偏差

序号	项　　目		允许偏差/mm	检验方法	抽检数量
1	基础顶面和楼面标高		±15	用水平仪和尺检查	不应少于 5 处
2	表面平整度	清水墙	5	用 2m 靠尺和楔形塞尺检查	有代表性自然间 10%，但不应少于 3 间，每间不应少于 2 处
		混水墙	8		
3	门窗洞口高、宽（后塞口）		±5	用尺检查	检验批洞口的 10%，且不应少于 5 处
4	外墙上下窗口偏移		20	以底层窗口为准，用经纬仪或吊线检查	检验批的 10%，且不应少于 5 处
5	水平灰缝平直度	清水墙	7	拉 10m 线和尺检查	有代表性自然间 10%，但不应少于 3 间，每间不应少于 2 处
		混水墙	10		

附工程案例

某工程主体结构部分混凝土小型空心砌块砌筑技术交底记录（表 2.13）。

表 2.13　　技 术 交 底 记 录

工程名称	某节能大厦	分部工程	主体结构
分项工程名称	混凝土小型空心砌块砌筑	施工单位	某集团
1. 依据标准 《建筑工程施工质量验收统一标准》(GB 50300—2001) 《砌体工程施工质量验收规范》(GB 50203—2002) 《砌体结构设计规范》(GB 50003—2001)（2002 年局部修订） 《建筑地基基础工程施工质量验收规范》(GB 50202—2002) 《砌筑砂浆配合比设计规程》(JGJ 98—2000) 2. 施工准备 2.1　材料及要求 2.1.1　砌块 混凝土小型空心砌块的规格、尺寸及孔型、空心率应满足设计强度等级和建筑热工要求。 2.1.2　砌筑用砂浆 主要是水泥、中砂、石灰膏、外加剂等材料配制的砂浆。 2.2　主要机具 2.2.1　机械 塔式起重机、卷扬机及井架、切割机。 2.2.2　工具 夹具、手锯、灰斗、吊篮、大铲、小撬棍、手推车。			
交底单位		接收单位	
交底人		接收人	

续表

工程名称	某节能大厦	分部工程	主体结构
分项工程名称	混凝土小型空心砌块砌筑	施工单位	某集团

2.3 作业条件

2.3.1 中型砌块砌筑施工前，应结合砌体和砌块的特点、设计图纸要求及现场具体条件，编制施工方案，准备好施工机具，做好施工平面布置，划分施工段，安排好施工流水、工序交叉衔接施工。

2.3.2 中型砌块砌筑施工前，必须做完基础工程，办完隐检预检手续。

2.3.3 放好砌体墙身位置线、门窗口等位置线，经验线符合设计图纸要求，预检合格。

2.3.4 按砌筑操作需要，找好标高，立好杆尺杆。

2.3.5 搭设好操作和卸料架子。

2.3.6 配制异形尺寸砌块（同材割制）：砂浆经试配确定配合比，准备好试模。

3. 操作工艺

3.1 工艺流程

墙体放线→制备砂浆→砌块排列→铺砂浆→砌块就位→砌块浇水→校正→砂筑镶砖→竖缝灌砂浆→勾缝。

3.2 墙体放线

砌体施工前，应将基础面或楼层结构面按标高找平，依据砌筑图放出第一皮砌块的轴线、砌体边线和洞口线。

3.3 砌块排列

按砌块排列图在墙体线范围内分块定尺、划线，排列砌块的方法和要求如下。

3.3.1 砌块砌体在砌筑前，应根据工程设计施工图，结合砌块的品种、规格、绘制砌体砌块的排列图，经审核无误，按图排列砌块。

3.3.2 砌块排列应从地基或基础面、±0.00面排列，排列时尽可能采用主规格的砌块，砌体中主规格砌块应占总量的75%～80%。

3.3.3 砌块排列上、下皮应错缝搭砌，搭砌长度一般为砌块的1/2，不得小于砌块高的1/3，也不应小于150mm，如果搭错缝长度满足不了规定的压搭要求，应采取压砌钢筋网片的措施，具体构造按设计规定。

3.3.4 外墙转角及纵横墙交接处，应将砌块分皮咬槎，交错搭砌，如果不能咬槎时，按设计要求采取其他的构造措施，砌体垂直缝与门窗洞口边线应避开同缝，且不得采用砖镶砌。

3.3.5 砌体水平灰缝厚度一般为15mm，如果加钢筋网片的砌体，水平灰缝厚度为20～25mm，垂直灰缝宽度为20mm。大于30mm的垂直缝，应用C20的细石混凝土灌实。

3.3.6 砌块排列尽量不镶砖或少镶砖，必须镶砖时，应用整砖平砌，且尽量分散，镶砌砖的强度不应小于砖块强度等级。

3.3.7 砌块墙体与结构构件位置有矛盾时，应先满足构件布置。

3.4 制配砂浆

按设计要求的砂浆品种、强度制配砂浆，配合比应由试验室确定，采用重量比，计量精度为水泥±2%，砂、灰膏控制在±5%以内，应采用机械搅拌，搅拌时间不少于1.5min。

3.5 铺砂浆

将搅拌好的砂浆，通过吊斗、灰车运至砌筑地点，在砌块就位前，用大铲、灰勺进行分块铺灰，较小的砌块量大铺灰长度不得超过1500mm。

3.6 砌块就位与校正

砌块砌筑前一天应进行浇水湿润，冲去浮尘，清除砌块表面的杂物后方可吊、运就位。砌筑就位应先远后近、先下后上、先外后内，每层开始时，应从转角处或定位砌块处开始，应吊砌一皮、校正一皮，皮皮拉线控制砌体标高和墙面平整度。

砌块安装时，起吊砌块应避免偏心，使砌块底面能水平下落，就位时由人手扶控制，对准位置，缓慢地下落，经小撬棒微撬，用托线板挂直、核正为止。

交底单位		接收单位	
交底人		接收人	

续表

工程名称	某节能大厦	分部工程	主体结构
分项工程名称	混凝土小型空心砌块砌筑	施工单位	某集团

3.7 砌筑镶砖

用普通黏土砖镶砌前后一皮砖，必须选用无横裂的整砖，顶砖镶砌，不得使用半砖。

3.8 竖缝灌砂浆

每砌一皮砌块，就位校正后，用砂浆灌垂直缝，随后进行灰缝的勒缝（原浆勾缝），深度一般为3～5mm。

4. 质量标准

5. 成品保护

5.1 先装门窗框时，在砌筑过程应对所立之框进行保护：后装门窗框时，应注意固定框的埋件牢固，不可损坏、不可使其松动。

5.2 砌体上的设备槽孔以预留为主，因漏埋或未预留时，应采取措施，不因剔凿而损坏砌体的完整性。

5.3 砌筑施工应及时清除落地砂浆。

5.4 拆除施工架子时，注意保护墙体及门窗口角。

混凝土小型空心砌块砌体工程质量检验标准

项号	序号	项　目	允许偏差/mm	检　验　方　法
主控项目	1	小砌块强度等级	设计要求MU	检查出厂合格证、试验报告
	2	砂浆强度等级	设计要求M	
	3	砌筑留槎	第6.2.3条	观察（每检验批抽20%接槎，且≥5处）
	4	水平灰缝饱满度	≥90%	用百格网检查（每检验批不少于3处，每处3块砖）
	5	竖向灰缝饱满度	≥80%	
	6	轴线位移	≤10mm	检查全部承重墙
	7	垂直度（每层）	≤5mm	经纬仪、吊线和尺量检查
一般项目	1	水平灰缝厚度竖向宽度	8～12mm	尺量（每个检验批不少于3处，用尺量小砌块5皮高度的砌体，检查2mm砌体长度的竖向灰缝折算）
	2	基础顶面和楼面标高	+15mm	用水平仪检测
	3	表面平整度	清水5mm 混水8mm	用2m靠尺及塞尺测量
	4	门窗洞口	+5mm	吊线或经纬仪检查
	5	窗口偏移	20mm	拉10m线尺量检查
	6	水平灰缝平直度	10mm	10m线和尺量

6. 应注意的质量问题

6.1 砌体黏结不牢：原因是砌块浇水、清理不好，砌块砌筑时一次铺砂浆的面积过大，校正不及时。砌块在砌筑使用的前一天，应充分浇水湿润，随吊运随将砌块表面清理干净，砌块就位后应及时校正，紧跟着用砂浆（或细石混凝土）灌竖缝。

6.2 第一皮砌块底铺砂浆厚度不均匀：原因是基底未事先用细石混凝土找平标高，必然造成砌筑时灰缝厚度不一，应注意砌筑基底找平。

6.3 拉结钢筋或压砌钢筋网片不符合设计要求：应按设计和规范的规定，设置拉结带和拉结钢筋及压砌钢筋网片。

6.4 砌体错缝不符合设计和规范的规定：未按砌块排列组砌图施工。应注意砌块的规格并正确的组砌。

6.5 砌体偏差超规定：控制每皮砌块高度不准确。应严格按标识杆高度控制，掌握铺灰厚度。

7. 质量记录

7.1 砌块、原材料出厂合格证。

7.2 施工试验报告。

7.3 施工组砌图资料。

7.4 质量检验评定资料。

交底单位		接收单位	
交底人		接收人	

任务2.4　石砌体工程施工

【任务导航】 学习石砌体砌筑前的准备工作，石砌体施工工艺与砌筑方法及质量要求；能进行石砌体工程质量控制与检查验收，能编写砌体工程施工方案。学生分组在实训场组织模拟石砌体砌筑质检、验收。

在有石料来源的地区，常采用毛石、料石或卵石作为建筑材料。

毛石一般可分为乱毛石和平毛石。乱毛石系指形状不规则的石块，平毛石虽形状不规则，但大致有两个面是平行的。料石按其加工后的表面平整度分为细料石、半细料石、粗料石和毛粗石（块石）四种。毛石、卵石多用于基础、围墙、护坡等，料石多用于墙身、墙角等的砌体中。选择石料时，应选择组织紧密、裂痕较少、不易风化的硬石。

石砌体具有强度高、防潮、耐磨性强、耐风化腐蚀等特点，它是一种很好的天然建筑材料。但是对于一些有震动荷载的房屋、地震烈度为Ⅶ度以上的地区，以及地基有可能产生较大沉降的建筑物，不宜采用毛石砌筑。

2.4.1　砌筑前的准备工作

1. 毛石（图2.44）

在砌筑前应将石料表面泥垢冲洗掉，冬天要将表面霜雪清扫干净。石面上有泥垢或霜雪，选择石料时，应选择组织紧密、裂痕较少、不易风化的硬石。在砌筑前应将石料表面泥垢冲洗掉，冬天要将表面霜雪清扫干净。石面上有泥垢或霜雪，石块不能和砂浆很好黏结。天气炎热时，在砌筑前石料应浇水湿润，否则砂浆中水分很快被石料吸收，会影响砂浆与石料的黏结。

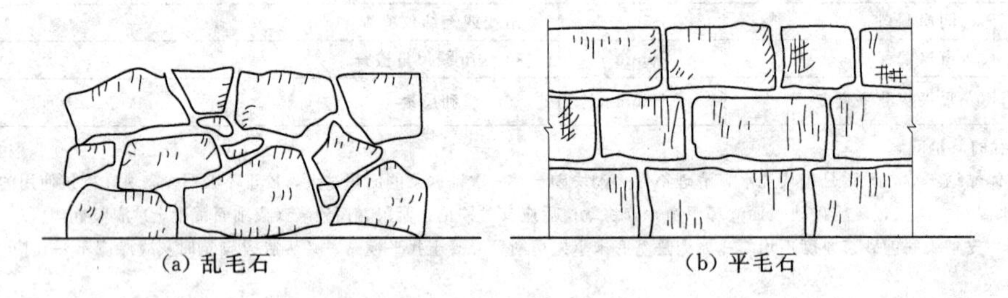

图2.44　毛石砌体

2. 砂浆

砌石使用的砂浆，一般与砌砖所用砂浆相同，常用砂浆的强度等级有M2.5、M5和M7.5，但由于石料的吸水率较砖小，所以用的砂浆稠度应较砌砖时所用的小。当地下水位较高时，石砌体经常处于地下水位以下，或地下水位经常变化处，以及处于土质潮湿的情况下，应该用水泥砂浆代替混合砂浆。

3. 工具

砌石使用的工具除瓦工常用工具外，还有手锤、大锤、小撬棍、勾缝抿子等。

2.4.2 石砌体砌筑施工

2.4.2.1 毛石砌体施工

1. 毛石砌体砌筑要点

毛石砌体应采用铺浆法砌筑。砂浆必须饱满，叠砌面的黏灰面积（即砂浆饱满度）应大于80%。

毛石砌体宜分皮卧砌，各皮石块间应利用毛石自然形状经敲打修整使能与先砌毛石基本吻合、搭砌紧密；毛石应上下错缝，内外搭砌，不得采用外面侧立毛石中间填心的砌筑方法：中间不得有铲口石（尖石倾斜向外的石块）、斧刃石（尖石向下的石块）和过桥石（仅在两端搭砌的石块），如图2.45所示。

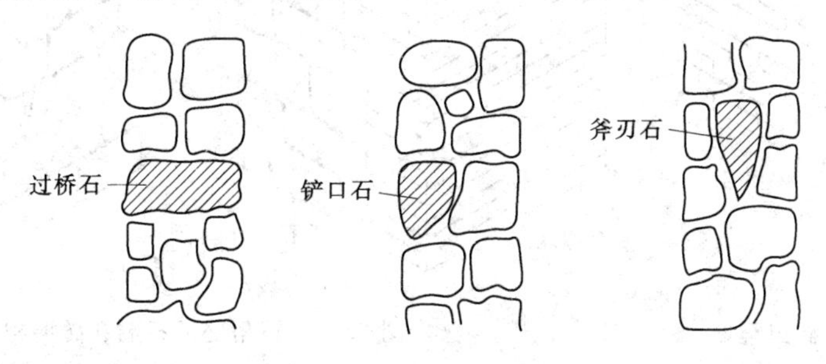

图2.45 铲口石、斧刃石、过桥石示意图

毛石砌体的灰缝厚度宜为20～30mm，石块间不得有相互接触现象。石块间较大的空隙应先填塞砂浆后用碎石块嵌实，不得采用先摆碎石块后塞砂浆或干填碎石块的方法。

2. 毛石基础

砌筑毛石基础的第一皮石块坐浆，并将石块的大面向下。毛石基础的转角处、交接处应用较大的平毛石砌筑。毛石基础的扩大部分，如做成阶梯形，上级阶梯的石块应至少压砌下级阶梯石块的1/2，相邻阶梯的毛石应相互错缝搭砌（图2.46）。

毛石基础必须设置拉结石。拉结石应均匀分布。毛石基础同皮内每隔2m左右设置一块。

拉结石长度：如基础宽度等于或小于400mm，应与基础宽度相等；如基础宽度大于400mm，可用两块拉结石内外搭接，搭接长度不应小于150mm，且其中一块拉结石长度不应小于基础宽度的2/3。

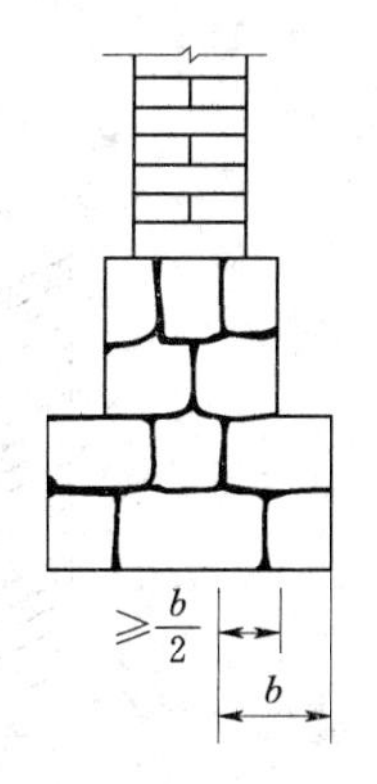

图2.46 阶梯形毛石基础

3. 毛石墙

毛石墙的第一皮及转角处、交接处和洞口处，应用较大的平毛石砌筑。每个楼层墙体的最上一皮，宜用较大的毛石砌筑。毛石墙必须设置拉结石。拉结石应均匀分布，相互错开。毛石墙一般每0.7m² 墙面至少设置一块，且同皮内拉结石的中距不应大于2m。

拉结石的长度：如墙厚等于或小于400mm，应与墙厚相等，如墙厚大于400mm，可用两块拉结石内外搭接，搭接长度不应小于150mm，且其中一块拉结石长度不应小于墙厚的2/3。毛石墙每日约砌筑高度，不应超过1.2m。在毛石和烧结普通砖的组合墙中，毛石砌体与砖砌体应同时砌筑，并每隔4～6皮砖用2～3皮丁砖与毛石砌体拉结砌合，两种砌体间的空隙应用砂浆填满（图2.47）。

毛石墙和砖墙相接的转角处和交接处应同时砌筑。转角处应自纵墙（或横墙）每隔4～6皮砖高度引出不小于120mm与横墙（或纵墙）相接（图2.48）。

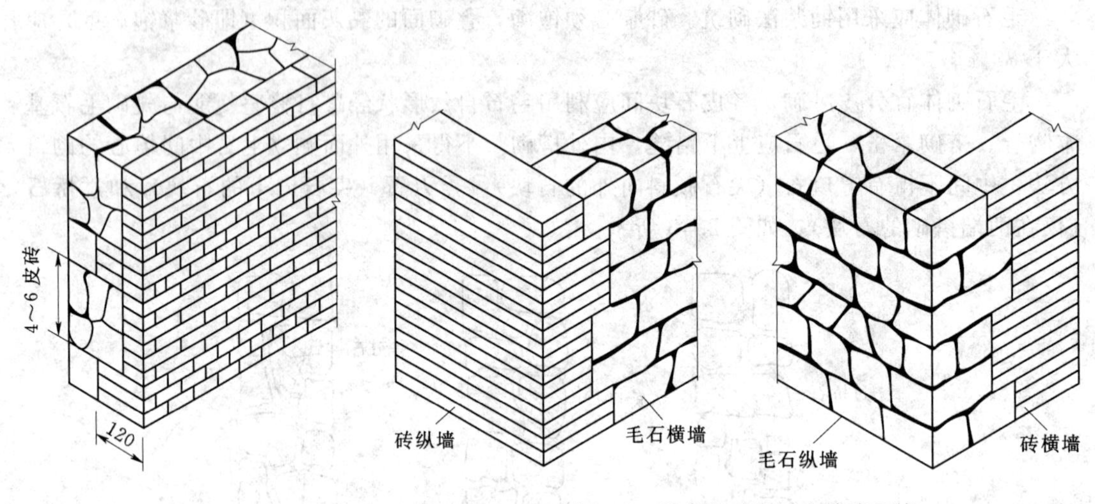

图2.47 毛石与砖组合墙（单位：mm）

图2.48 转角处毛石墙和砖墙相接

交接处应自纵墙每隔4～6皮砖高度引出不小于120mm与横墙相接（图2.49）。

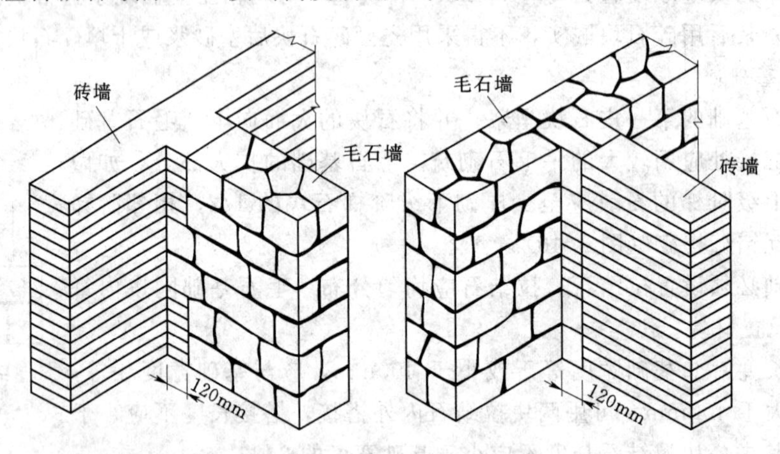

图2.49 毛石与砖墙交接处

毛石墙的转角处和交接处应同时砌筑。对不能同砌筑而又必须留置的临时间断处，应砌成踏步槎。

2.4.2.2 料石砌体施工

1. 料石砌体砌筑要点

料石砌体应采用铺浆法砌筑，料石应放置平稳，砂浆必须饱满。砂浆铺设厚度应略高于规定灰缝厚度，其高出厚度：细料石宜为3～5mm；粗料石、毛料石宜为6～8mm。

料石砌体的灰缝厚度：细料石砌体不宜大于5mm；粗料石和毛料石砌体不宜大

于 20mm。

料石砌体的水平灰缝和竖向灰缝的砂浆饱满度均应大于 80%。

料石砌体上下皮料石的竖向灰缝应相互错开，错开长度应不小于料石宽度的 1/2。

2. 料石基础

料石基础的第一皮料石应坐浆丁砌，以上各层料石可按一顺一丁进行砌筑。

阶梯形料石基础，上级阶梯的料石至少压砌下级阶梯料石的 1/3（图 2.50）。

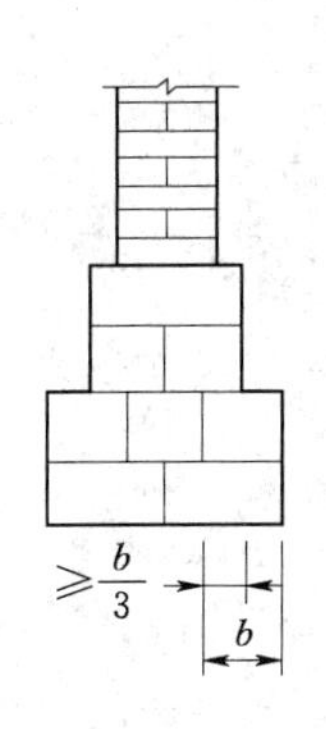

图 2.50　料石基础

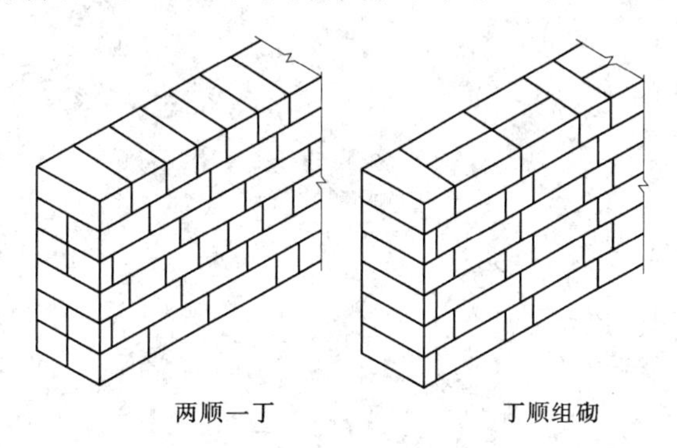

图 2.51　料石墙砌筑形式

3. 料石墙

料石墙厚度等于一块料石宽度时，可采用全顺砌筑形式。

料石墙厚度等于两块料石宽度时，可采用两顺一丁或丁顺组砌的砌筑形式，两顺一丁是两皮顺石与一皮丁石相间（图 2.51）。

丁顺组砌是同皮内顺石与丁石相间，可一块顺石与丁石相间或两块顺石与一块丁石相间。

在料石和毛石或砖的组合墙中，料石砌体和毛石砌体或砖砌体应同时砌筑，并每隔 2～3 皮料石层用丁砌层与毛石砌体或砖砌体拉结砌合。丁砌料石的长度宜与组合墙厚度相同（图 2.52）。

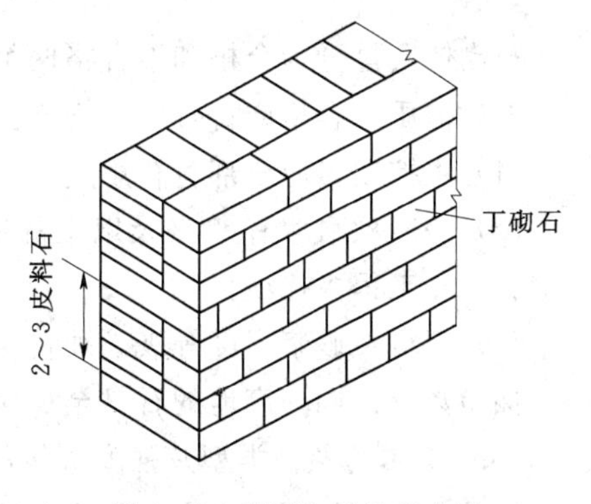

图 2.52　料石和砖的组合墙

4. 石挡土墙

石挡土墙可采用毛石或料石砌筑。

砌筑毛石挡土墙（图 2.53）应符合下列规定。

主控项目全部符合规定。

（1）每砌 3～4 皮毛石为一个分层高度，每个分层高度应找平一次。

（2）外露面的灰缝厚度不得大于 40mm，两个分层高度间分层处的错缝不得小于 80mm。

料石挡土墙宜采用丁顺组砌的砌筑形式。当中间部分用毛石填砌时，丁砌料石伸入毛石部分的长度不应小于 200mm。

石挡土墙的泄水孔当设计无规定时，施工应符合下列规定。

（1）泄水孔应均匀设置，在每米高度上间隔 2m 左右设置一个泄水孔。

（2）泄水孔与土体间铺设长宽各为 300mm、厚 200mm 的卵石或碎石作疏水层。

挡土墙内侧回填土必须分层夯填，分层松土厚度应为300mm。墙顶土面应有适当坡度使流水流向挡土墙外侧面。

图2.53　毛石挡土墙

2.4.3　石砌体质量检查

石砌体质量分为合格和不合格两个等级。

石砌体质量合格应符合以下规定。

(1) 主控项目应全部符合规定。

(2) 一般项目应有80%及以上的抽检处符合规定，或偏差值在允许偏差范围以内。

石砌体工程主控项目。

(1) 石材及砂浆强度等级必须符合设计要求。

抽检数量：同一产地的石材至少应抽检一组。砂浆试块抽检数量：每一检验批且不超过250m³砌体的各种类型及强度等级的砌筑砂浆，每台搅拌机应至少抽检一次。

检验方法：料石检查产品质量证明书，石材、砂浆检查试块试验报告。

(2) 砂浆饱满度不应小于80%。

抽检数量：每步架抽查不应少于1处。

检验方法：观察检查。

(3) 石砌体的轴线位置及垂直度允许偏差应符合表2.14的规定。

抽检数量：外墙，按楼层（或4m高以内）每20m抽查1处，每处3延长米，但不少于3处；内墙，按有代表性的自然间抽查10%，但不应少于3间，每间不应少于2处，柱子不应少于5根。

石砌体工程一般项目规定。

表 2.14　　石砌体的轴线位置及垂直度允许偏差

项次	项目		允许偏差/mm							检验方法
			毛石砌体		料石砌体					
					毛料石		粗料石		细料石	
			基础	墙	基础	墙	基础	墙	墙、柱	
1	轴线位置		20	15	20	15	15	10	10	用经纬仪和尺检查，或用其他测量仪器检查
2	墙面垂直度	每层		20		20		10	7	用经纬仪、吊线和尺检查或用其他测量仪器检查
		全高		30		30		25	20	

（1）石砌体的一般尺寸允许偏差应符合表 2.15 的规定。

表 2.15　　石砌体的一般尺寸允许偏差

项次	项　目		允许偏差/mm							检验方法
			毛石砌体		料石砌体					
			基础	墙	基础	墙	基础	墙	墙、柱	
1	基础和墙砌体顶面		±25	±15	±25	±15	±15	±15	±10	用水准仪和尺检查
2	砌体厚度		+30	+20 −10	+30	+20 −10	+15	+10 −5	+10 −5	用尺检查
3	表面平整度	清水墙、柱	—	20	—	20	—	10	5	细料石用 2m 靠尺和楔形塞尺检查，其他用两直尺垂直于灰缝拉 2m 线和尺检查
		混水墙、柱	—	20	—	20	—	15	—	
4	清水墙水平灰缝平直度		—	—	—	—	—	10	5	拉 10m 线和尺检查

抽检数量：外墙，按楼层（4m 高以内）每 20m 抽查 1 处，每处 3 延长米，但不应少于 3 处；内墙，按有代表性的自然间抽查 10%，但不应少于 3 间，每间不应少于 2 处，柱子不应少于 5 根。

（2）石砌体的组砌形式应符合下列规定：

内外搭砌，上下错缝，拉结石、丁砌石交错设置；毛石墙拉结石每 0.7m^2 墙面不应少于 1 块。

抽检数量：外墙，按楼层（4m 高以内）每 20m 抽查 1 处，每处 3 延长米，但不应少于 3 处；内墙，按有代表性的自然间抽查 10%，但不应少于 3 间。

检验方法：观察检查。

附工程案例

石砌体施工方案

某工程台身、侧墙采用 M10 浆砌块石砌筑，所有砌体均采用 1∶2 水泥砂浆勾平缝。

1. 施工方案

（1）对材料的要求。

1）石砌体所用的石料应选择质地坚实、无风化剥落和裂纹的石块，块体的中部厚度不宜小于150mm。片石中部厚度不应小于200mm，石砌体各部位所用石块要大小搭配使用，不可先用大块后用小块。

2）砌筑前，应清除石块表面的泥垢、水锈等杂质，必要时用水清洗后方可使用。

3）石砌体可采用形状不规则的乱毛石、形状太不规则但相对的两个平面大致平行的平毛石以及经过加工的块石，其强度等级均应不低于30MPa。

4）石砌体所用砂浆为M10水泥砂浆，其品种与强度等级应符合设计要求。

5）强度等级不符合要求或质地疏松的石材应予以更换：已进场的个别石块，如表面有局部风化层，应凿除后方可砌筑，色泽差和表面疵斑的石块，不砌在裸露面。

（2）施工准备。施工缝的位置应在混凝土浇注之前确定，宜留置在结构受剪力和弯矩较小且便于施工的部位，并应按下列要求进行处理。

1）应凿除处理层混凝土表面的水泥砂浆和松软层，但凿除时，处理层混凝土须达到下列强度。

（a）洗凿毛时，须达到0.5MPa。

（b）用人工凿除时，须达到2.5MPa。

（c）用风动机凿毛时，须达到10MPa。

2）经凿毛处理的混凝土面，应用水冲洗干净，在浇注层次混凝土前，对垂直施工缝宜刷一层水泥净浆，对水平缝宜铺一层厚度为10～20mm的1∶2的水泥砂浆。

（a）审核图纸，计算放样资料。

（b）制作坡度架，准备施工机械设备。

（c）现场施工放样，测放控制桩，护桩。

（3）砌体施工。

浆砌体采用人工铺筑法砌筑，砂浆稠度为30～50mm，在浆体转角处和交接处应同时砌筑，对不能同时砌筑的面，必须留置临时间断处，并应砌成斜槎。浆砌条石应做到如下。

1）块石基础砌体的第一皮应采用丁砌层坐浆砌筑。

2）块石砌体的灰缝厚度不大于20mm。

3）砌筑块石砌体时，块石应放置平稳，砂浆铺设厚度应略高于规定的灰缝厚度6～8mm。

4）块石砌体应上下错缝搭砌，砌体厚度等于或大于两块料石宽度时，若同皮内全部采用顺砌，则每砌两皮后，应砌一皮丁砌层；若在同皮内采用丁顺组砌，则丁砌石应交错设置，其中距应不大于2m。

5）块石砌体应采用同皮内丁相间的砌筑形式，当中间部分用毛石填筑时，丁砌条石伸入毛石部分的长度不应小于200mm。

6）砌筑挡墙应按监理人要求收坡或收台，并设置伸缩缝和排水孔。

7）浆砌块石挡墙每隔10m设一变形缝，缝宽2cm，缝间用沥青杉板填塞。变形缝从

挡墙基础至墙顶应垂直，两面应平整，采用沥青杉板沿墙内、顶、外三边设置。

8）石料强度为MU30，水泥砂浆强度为M10，挡墙外露面应粗打一遍并采用1：2水泥砂浆勾平缝，缝宽2cm，勾缝须待填土基本稳定后再行施工。

2. 质量保证措施

（1）勾缝前必须对缝槽进行剔凿，深度不小于4cm，缝槽宽度不小于砌缝宽度，严禁不剔缝槽直接在砌体上用砂浆勾缝。浆砌石勾缝，在迎水侧一律勾平缝，禁止勾假缝、凸缝。

（2）勾缝前必须对缝槽进行冲洗湿润，清除缝槽内灰渣、杂物等，保证勾缝砂浆不至于失水过多、过快，保证勾缝砂浆与缝槽结合牢固。

（3）勾缝砂浆应分层填压，不能一次填满再抹压，一方面不至于因砂浆过厚过重在自重作用下下滑，另一方面使底层勾缝砂浆能够得到充分压实，保证与砌体黏结牢固。

（4）砂浆必须采用机械拌和，并保证拌和均匀，以提高砂浆的黏结力。

（5）勾缝完成后，必须覆盖浇水养护，尤其夏季，必须保持湿润状态，养护时间不小于21天。

3. 防治措施

（1）加强施工管理，提高管理人员质量意识。

（2）要建立现场质量管理责任制，由过去粗放型管理向集约型管理转化，现场施工职责明确，奖惩分明。

（3）施工技术人员在施工前要认真进行技术交底，提出具体的施工技术要求和操作程序。操作人员要认真执行操作程序，不得马虎从事。

（4）质量检查人员对每道工序要认真检查，做到施工自检，质量检查人员检查和监理工程师复核合格后才能进行下一道工序施工。

（5）拌和砂浆最好使用中砂，使用前要过筛，含泥量不应超过3%，禁止使用风化砂。

（6）严格掌握砂浆配合比，上料要计量，拌和后要检测砂浆稠度，并调整在适宜范围，一般控制坍落度在3cm左右。

（7）已初凝的砂浆应尽量不用，若砂浆可塑，使用时必须再加入适量水泥和水（保持水灰比不变），重新拌和使用。

4. 安全保证措施

根据本工程项目的作业特点，制订如下保护措施：

（1）在砌筑操作之前必须检查操作环境是否符合安全要求，道路是否畅通，机具是否完好、牢固，安全设施和防护用品是否齐全，经检查符合要求后才可施工。

（2）砌筑基础时，应经常检查和注意基坑边坡的土体变化情况，有无开裂、位移现象。堆放石材料应离槽（坑）边1m以上。

（3）砌筑高度超过施工操作面1.2m以上时应搭设脚手架。脚手架上堆放材料不得超过规定荷载值，同一块脚手板上操作人员不得超过两人。不准用放不稳固的工具或物品在脚手板上垫高操作，更不准在未经计算和加固的情况下，在脚手板上再随意叠搭一层脚手板。应按规定搭设安全网。

(4) 在脚手架施工时，堆放材料、施工机具等物品不得超过使用荷载，否则，必须经过验算并采取有效的加固措施后，方可堆放和施工。

(5) 不准站在墙顶面上划线、刮缝、清理墙面和检查大脚垂直度等工作。修石时应面向墙面砍，并要注意防止碎石跳出伤人，垂直往上、往下人工投递石料时，要支搭站人用的宽度不小于0.6m的专用脚手架，并认真传递，以防伤人。

(6) 不准在墙顶上或脚手架上修凿石材，以免墙体受到振动，影响墙体质量或石块掉下伤人。不准勉强在超过胸部的墙上砌筑片石，以免不宜控制墙面垂直度、碰撞石墙或上石时失手掉下造成事故。不用的石块不得由上往下投掷，运石上下的坡道要加固定牢，并订设防滑条、栏杆扶手等。

(7) 已砌好的山墙应用临时系杆（如檩条等）放置在各跨山墙上，使其连接稳定，或采用其他加固措施，雨期每天下班前应用防雨材料遮盖，以防雨水冲掉砂浆，致使砌体倒塌。

(8) 进出场便道，经常洒水养护，避免造成尘土飞扬，污染周围环境。

(9) 施工设备停置有序，材料堆放井井有条，环境卫生专人打扫，施工营区、生活区干净整齐。

(10) 施工管理人员及现场施工人员均挂牌上岗。

5. 文明施工与加强环保

(1) 文明施工。对施工现场各生产要素（主要是物的要素）的所处状态，不断地进行整理、整顿、清扫、清洁，并培养员工的素质及技术，实现文明施工。合理定置。将全工地施工期间所需要的物在空间上合理布置，实现人与物、人与场所、物与场所、物与物之间的最佳结合，使施工现场秩序化、规范化，体现文明施工水平。其主要内容与形式如下。

1) 施工现场各项管理制度、操作规程、工作标准、施工现场管理实施细则等布告等应用墙报、挂板等形式，展示清楚。

2) 在定置过程中，以清晰的、标准化的视觉显示信息落实定置设计，实现合理定置。

3) 施工现场的管理岗位责任人采用标牌显示，以便更好地落实岗位责任制，激发岗位人员的责任心，并有利于群众监督。

4) 在施工现场合理利用各种色彩、安全色、安全标志等，并实行标准化管理，有利于生产和员工的安全。

5) 将施工现场管理的各项检查结果张榜公布。

(2) 施工现场环境保护。采取措施控制施工现场的各种粉尘、废水、废气、固体废弃物以及噪声、振动等对环境的污染和危害，同时要防止水土流失。保护和改善施工环境，保证人们身体健康，消除外部干扰，保证顺利进行。

(3) 环境保护的措施及具体做法。

1) 实行环保目标责任制，加强检查和监控工作。

2) 对要保护和改善的施工现场环境，进行综合治理。

3) 严格执行国家的法律、法规，统筹安排，合理布置，综合治理。

4) 施工废弃物采取措施集中外运到指定地点，避免阻塞河沟、污染水源。如无法及

时处理或运走，则必须设法防止散失。

5）施工中所产生的污水或废水，集中处理，不能随意排放。

6）在运输和贮存施工材料时，采取覆盖、仓储等措施防止漏失。

7）对工程范围以外的土地及植被应注意保护，未经工程师批准，不得随意堆置废方和挖掘。

（4）绿化工作措施。

1）工地附近的树木、花草尽可能进行保护。

2）施工期间对绿化地区进行管理养护。

任务2.5 配筋砌体工程施工

【任务导航】 学习配筋砌体施工工艺与砌筑方法及质量要求；能进行配筋砌体工程质量控制与检查验收。学生分组在实训场组织模拟配筋砌体施工质检、验收。

2.5.1 面层和砖组合砌体施工

1. 面层和砖组合砌体构造

面层和砖组合砌体有组合砖柱、组合砖垛、组合砖墙（图2.54）。

面层和砖组合砌体由烧结普通砖砌体、混凝土或砂浆面层以及钢筋等组成。

烧结普通砖砌体，所用砌筑砂浆强度等级不得低于M7.5，砖的强度等级不宜低于MU10。

混凝土面层，所用混凝土强度等级宜采用C20。混凝土面层厚度应大于45mm。砂浆面层，所用水泥砂浆强度等级不得低于M7.5。砂浆面层厚度为30～45mm。

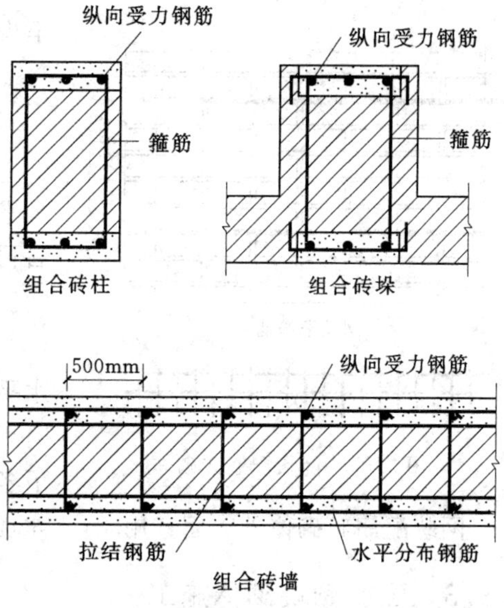

图2.54 面层和砖组合砌体

2. 面层和砖组合砌体施工

组合砖砌体应按下列顺序施工。

（1）砌筑砖砌体，同时按照箍筋或拉结钢筋的竖向间距，在水平灰缝中铺置箍筋或拉结钢筋。

（2）绑扎钢筋。将纵向受力钢筋与箍筋绑牢，在组合砖墙中，将纵向受力钢筋与拉结钢筋绑牢，将水平分布钢筋与纵向受力钢筋绑牢。

（3）在面层部分的外围分段支设模板，每段支模高度宜在500mm以内，浇水润湿模板及砖砌体面，分层浇灌混凝土或砂浆，并捣实。

（4）待面层混凝土或砂浆的强度达到其设计强度的30%以上，方可拆除模板。如有缺陷应及时修整。

2.5.2 网状配筋砖砌体施工

1. 网状配筋砖砌体构造

网状配筋砖砌体有配筋砖柱、砖墙，即在烧结普通砖砌体的水平灰缝中配置钢筋网（图 2.55）。

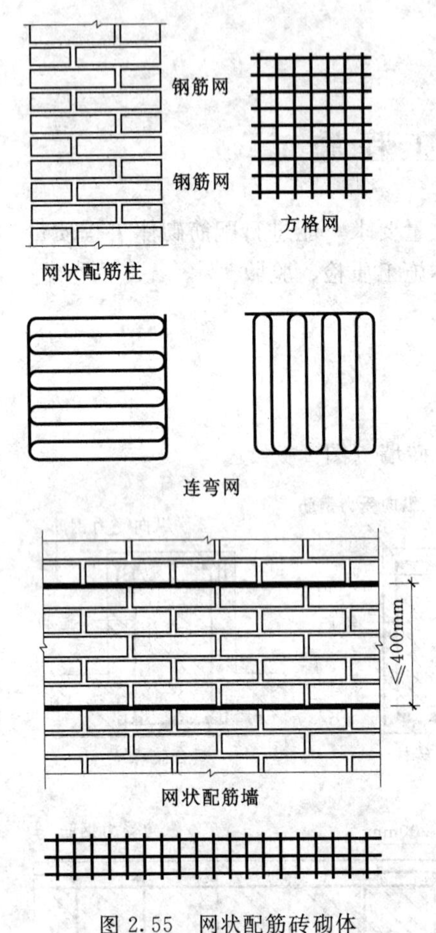

图 2.55 网状配筋砖砌体

网状配筋砖砌体，所用烧结普通砖强度等级不应低于 MU10，砂浆强度等级不应低于 M7.5。

钢筋网可采用方格网或连弯网，方格网的钢筋直径宜采用 3～4mm，连弯网的钢筋直径不应大于 8mm。钢筋网中钢筋的间距，不应大于 120mm，并不应小于 30mm。

钢筋网在砖砌体中的竖向间距，不应大于五皮砖高，并不应大于 400mm。

当采用连弯网时，网的钢筋方向应互相垂直，沿砖砌体高度交错设置，钢筋网的竖向间距取同一方向网的间距。

设置钢筋网的水平灰缝厚度，应保证钢筋上下至少各有 2mm 厚的砂浆层。

2. 网状配筋砖砌体施工

钢筋网应按设计规定制作成型。

砖砌体部分与常规方法砌筑。在配置钢筋网的水平灰缝中，应先铺一半厚的砂浆层，放入钢筋网后再铺一半厚砂浆层，使钢筋网居于砂浆层厚度中间。钢筋网四周应有砂浆保护层。

配置钢筋网的水平灰缝厚度：当用方格网时，水平灰缝厚度为 2 倍钢筋直径加 4mm；当用连弯网时，水平灰缝厚度为钢筋直径加 4mm。确保钢筋上下各有 2mm 厚的砂浆保护层。

网状配筋砖砌体外表面宜用 1∶1 水泥砂浆勾缝或进行抹灰。

2.5.3 配筋砌块砌体施工

2.5.3.1 配筋砌块砌体构造

配筋砌块砌体有配筋砌块剪力墙、配筋砌块柱。

配筋砌块剪力墙，所用砌块强度等级不应低于 MU10；砌筑砂浆强度等级不应低于 M7.5；灌孔混凝土强度等级不应低于 C20。

配筋砌体剪力墙的构造配筋应符合下列规定。

（1）应在墙的转角、端部和孔洞的两侧配置竖向连续的钢筋，钢筋直径不宜小

于 12mm。

（2）应在洞口的底部和顶部设置不小于 2Φ10 的水平钢筋，其伸入墙内的长度不宜小于 $35d$ 和 400mm（d 为钢筋直径）。

（3）应在楼（屋）盖的所有纵横墙处设置现浇钢筋混凝土圈梁，圈梁的宽度和高度宜等于墙厚和砌块高，圈梁主筋不应少于 4Φ10，圈梁的混凝土强度等级不宜低于同层混凝土砌块强度等级的 2 倍，或该层灌孔混凝土的强度等级，也不应低于 C20。

（4）剪力墙其他部位的竖向和水平钢筋的间距不应大于墙长、墙高之半，也不应大于 1200mm。对局部灌孔的砌块砌体，竖向钢筋的间距不应大于 600mm。

（5）剪力墙沿竖向和水平方向的构造配筋率均不宜小于 0.07%。

配筋砌块柱所用材料的强度要求同配筋砌块剪力墙。配筋砌块柱截面边长不宜小于 400mm，柱高度与柱截面短边之比不宜大于 30。

配筋砌块柱的构造配筋应符合下列规定（图 2.56）。

（1）柱的纵向钢筋的直径不宜小于 12mm，数量不少于 4 根，全部纵向受力钢筋的配筋率不宜小于 0.2%。

（2）箍筋设置应根据下列情况确定。

1）当纵向受力钢筋的配筋率大于 0.25%，且柱承受的轴向力大于受压承载力设计值的 25% 时，柱应设箍筋；当配筋率小于 0.25% 时，或柱承受的轴向力小于受压承载力设计值的 25% 时，柱中可不设置箍筋。

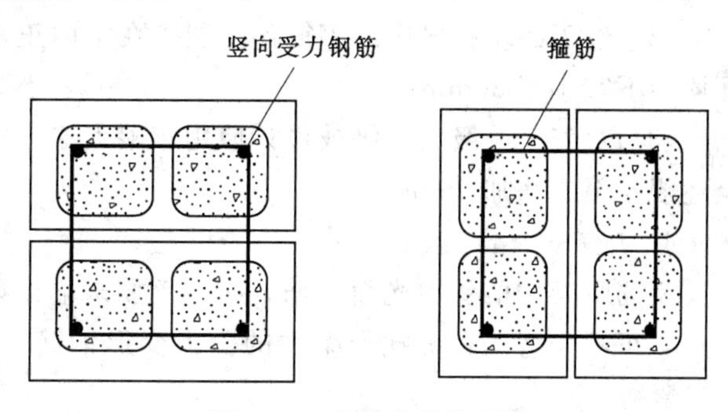

图 2.56 配筋砌块柱配筋

2）箍筋直径不宜小于 6mm。

3）箍筋的间距不应大于 16 倍的纵向钢筋直径、48 倍箍筋直径及柱截面短边尺寸中较小者。

4）箍筋应做成封闭状，端部应有弯钩。

5）箍筋应设置在水平灰缝或灌孔混凝土中。

2.5.3.2 配筋砌块砌体施工

配筋砌块砌体施工前，应按设计要求，将所配置钢筋加工成型，堆置于配筋部位的近旁。

砌块的砌筑应与钢筋设置互相配合。

砌块的砌筑应采用专用的小砌块砌筑砂浆和专用的小砌块灌孔混凝土。

钢筋的设置应注意以下几点。

1. 钢筋的接头

钢筋直径大于 22mm 时宜采用机械连接接头，其他直径的钢筋可采用搭接接头，并应符合下列要求。

（1）钢筋的接头位置宜设置在受力较小处。

（2）受拉钢筋的搭接接头长度不应小于 $1.1L_a$，受压钢筋的搭接接头长度不应小于

$0.7L_a$（L_a为钢筋锚固长度），但不应小于300mm。

（3）当相邻接头钢筋的间距不大于75mm时，其搭接长度应为$1.2L_a$。当钢筋间的接头错开$20d$时（d为钢筋直径），搭接长度可不增加。

2. 水平受力钢筋（网片）的锚固和搭接长度

（1）在凹槽砌块混凝土带中钢筋的锚固长度不宜小于$30d$，且其水平或垂直弯折段的长度不宜小于$15d$和200mm；钢筋的搭接长度不宜小于$35d$。

（2）在砌体水平灰缝中，钢筋的锚固长度不宜小于$50d$，且其水平或垂直弯折段的长度不宜小于$20d$和150mm；钢筋的搭接长度不宜小于$55d$。

（3）在隔皮或错缝搭接的灰缝中为$50d+2h$（d为灰缝受力钢筋直径，h为水平灰缝的间距）。

3. 钢筋的最小保护层厚度

（1）灰缝中钢筋外露砂浆保护层不宜小于15mm。

（2）位于砌块孔槽中的钢筋保护层，在室内正常环境不宜小于20mm；在室外或潮湿环境中不宜小于30mm。

（3）对安全等级为一级或设计使用年限大于50年的配筋砌体，钢筋保护层厚度应比上述规定至少增加5mm。

4. 钢筋的弯钩

钢筋骨架中的受力光面钢筋，应在钢筋末端作弯钩，在焊接骨架、焊接网以及受压构件中，可不作弯钩；绑扎骨架中的受力变形钢筋，在钢筋的末端可不作弯钩。弯钩应为180°弯钩。

5. 钢筋的间距

（1）两平行钢筋间的净距不应小于25mm。

（2）柱和壁柱中的竖向钢筋的净距不宜小于40mm（包括接头处钢筋间的净距）。

2.5.4 配筋砌体质量检查

配筋砌体质量分为合格和不合格两个等级。

配筋砌体质量合格应符合以下规定：

（1）主控项目应全部符合规定。

（2）一般项目应有80%及以上的抽检处符合规定，或偏差值在允许偏差范围以内。

配筋砌体主控项目：

（1）钢筋的品种，规格和数量应符合设计要求。

检验方法：检查钢筋的合格证书、钢筋性能试验报告、隐蔽工程记录。

（2）构造柱、芯柱、组合砌体构件、配筋砌体剪力墙构件的混凝土或砂浆的强度等级应符合设计要求。

抽检数量：各类构件每一检验批砌体至少应做一组试块。

检验方法：检查混凝土或砂浆试块试验报告。

（3）构造柱与墙体的连接处应砌成马牙槎，马牙槎应先退后进，预留的拉结钢筋应位置正确，施工中不得任意弯折。

抽检数量：每检验批抽20%构造柱，且不少于3处。

检验方法：观察检查。

合格标准：钢筋竖向移位不应超过100mm，每一马牙槎沿高度方向尺寸不应超300mm。钢筋竖向位移和马牙槎尺寸偏差每一构造柱不应超过2处。

(4) 构造柱位置及垂直度的允许偏差应符合表2.16的规定。

表2.16　构造柱尺寸偏差

<table>
<tr><th>项次</th><th colspan="3">项　目</th><th>允许偏差/mm</th><th>检　验　方　法</th></tr>
<tr><td>1</td><td colspan="3">柱中心线位置</td><td>10</td><td rowspan="2">用经纬仪和尺检查或用其他测量仪器检查</td></tr>
<tr><td>2</td><td colspan="3">柱层间错位</td><td>8</td></tr>
<tr><td rowspan="3">3</td><td rowspan="3">柱垂直度</td><td colspan="2">每层</td><td>10</td><td>用2m托线板检查</td></tr>
<tr><td rowspan="2">全高</td><td>≤10m</td><td>15</td><td rowspan="2">用经纬仪、吊线和尺检查，或用其他测量仪器检查</td></tr>
<tr><td>>10m</td><td>20</td></tr>
</table>

抽检数量：每检验批抽10%，且不应少于5处。

(5) 对配筋混凝土小型空心砌块砌体，芯柱混凝土应在装配式楼盖处贯通，不得削弱芯柱截面尺寸。

抽检数量：每检验批抽10%，且不应少于5处。

检验方法：观察检查。

配筋砌体一般项目。

(1) 设置在砌体水平灰缝内的钢筋，应居中置于灰缝中。水平灰缝厚度应大于钢筋直径4mm以上。砌体外露面砂浆保护层的厚度不应小于15mm。

抽检数量：每检验批抽检3个构件，每个构件检查3处。

检验方法：观察检查，辅以钢尺检测。

(2) 设置在潮湿环境或有化学侵蚀性介质的环境中的砌体灰缝内的钢筋应采取防腐措施。

抽检数量：每检验批抽检10%的钢筋。

检验方法：观察检查。

合格标准：防腐涂料无漏刷（喷浸），无起皮脱落现象。

(3) 网状配筋砌体中，钢筋网及放置间距应符合设计要求。

抽检数量：份检验批抽10%，且不应少于5处。

检验方法：钢筋规格检查钢筋网成品，钢筋网放置间距局部剔缝观察，或用探针刺入灰缝内检查，或用钢筋位置测定仪测定。

合格标准：钢筋网沿砌体高度位置超过设计规定一皮砖厚不得多于1处。

(4) 组合砖砌体构件，竖向受力钢筋保护层应符合设计要求，距砖砌体表面距离不应小于5mm；拉结筋两端应设弯钩，拉结筋及箍筋的位置应正确。

抽检数量：每检验批抽检10%，且不应少于5处。

检验方法：支模前观察与尺量检查。

合格标准：钢筋保护层符合设计要求：拉结筋位置及弯钩设置80%及以上符合要求，

箍筋间距超过规定者，每件不得多于 2 处，且每处不得超过一皮砖。

(5) 配筋砌块砌体剪力墙中，采用搭接接头的受力钢筋搭接长度不应小于 35d，且不应少于 300mm。

抽检数量：每检验批每类构件抽 20％（墙、柱、连梁），且不应少于 3 件。

检验方法：尺量检查。

任务 2.6　砌筑工程冬雨期施工

【任务导航】 了解砌体工程冬期、雨期施工概念，熟悉冬期、雨期砌筑工程的施工方法。

2.6.1　冬期施工

1. 冬期施工的概念

根据当地气象资料，如室外日平均气温连续 5 天稳定低于 5℃时，则砌筑工程应采取冬期施工措施。砌筑工程冬期施工应有完整的冬期施工方案。冬期施工的砌体工程质量验收除应符合《砌体工程施工质量验收规范》(GB 50203—2011) 要求外，尚应符合国家现行标准《建筑工程冬期施工规程》(JGJ 104—2011) 的规定。

此外，当日最低气温低于 0℃时，砌筑工程也应采取冬期施工措施。

2. 砌筑工程冬期施工方法

砌筑工程的冬期施工以采用掺盐砂浆法为主，对保温绝缘、装饰等方面有特殊要求的工程，可采用冻结法或其他施工方法。

(1) 掺盐砂浆法。掺入盐类的水泥砂浆、水泥混合砂浆或微沫砂浆称为掺盐砂浆。采用这种砂浆砌筑的方法称为掺盐砂浆法。

1) 掺盐砂浆法的原理和适应范围。掺盐砂浆法就是在砌筑砂浆内掺入一定量的抗冻剂（主要有氯化钠和氯化钙，其他还有亚硝酸钠、碳酸钾和硝酸钙等），来降低水溶液的冰点，以保证砂浆中有液态水存在，使水化反应在一定负温下不间断进行，使砂浆强度在负温下能够继续增长。同时，由于降低了砂浆中水的冰点，砖石砌体的表面不会立即结冰而形成冰膜，故砂浆和砖石砌体能较好地黏结。

采用掺盐砂浆法具有施工简便、施工费用低，货源易于解决等优点，所以在我国的砌体冬期施工中应用普遍。

由于氯盐砂浆吸湿性大，使结构保温性能下降，并有析盐现象等。对下列工程严禁采用掺盐砂浆法施工：对装饰有特殊要求的建筑物，使用湿度大于 80％的建筑物，接近高压电路的建筑物，配筋、钢埋件无可靠的防腐处理措施的砌体，处于地下水位变化范围内以及水下未设防水层的结构。

2) 掺盐砂浆法的施工工艺。采用掺盐法进行施工，应按不同负温界限控制掺盐量，当砂浆中氯盐掺量过少，砂浆内会出现大量的冰结晶体，水化反应极其缓慢，会降低早期强度。如果氯盐掺量大于 10％。砂浆的后期强度会显著降低，同时导致砌体析盐量过大，增大吸湿性，降低保温性能。按气温情况规定的掺盐量见表 2.17。

表 2.17　　　　砂浆掺盐量（占用水量的百分比）

氯盐及砌体材料种类			日最低气温/℃			
			≥−10	−11～−15	−16～−20	−21～−25
氯化钠（单盐）	砖、砌块		3	5	7	—
	砌石		4	7	10	—
（双盐）	氯化钠	砖、砌块	—	—	5	7
	氯化钙		—	—	2	3

注　掺盐量以无水盐计。

对砌筑承重结构的砂浆强度等级应按常温施工时提高一级。拌和砂浆前要对原材料加热，且应优先加热水。当满足不了温度时，再进行砂的加热。当拌和水的温度超过60℃时，拌制时的投料顺序是：水和砂先拌，然后再投放水泥。掺盐砂浆中掺入微沫剂时，盐溶液和微沫剂在砂浆拌和过程中先后加入。砂浆应采用机械进行拌和，搅拌时间应比常温季节增加一倍。拌和后的砂浆应注意保温。

由于氯盐对钢筋有腐蚀作用，掺盐法用于设有构造配筋的砌体时，钢筋可以涂樟丹2～3道或者涂沥青1～2道，以防钢筋锈蚀。

掺盐砂浆法砌筑砖砌体，应采用“三一”砌砖法进行操作，使砂浆与砖的接触面能充分结合。砌筑时要求灰浆饱满，灰缝厚度均匀，水平缝和垂直缝的厚度和宽度，应控制在8～10mm。采用掺盐砂浆法砌筑砌体，砌体在转角处和交接处应同时砌筑，对不能同时砌筑而又必须留置的临时间断处，应砌成斜槎。砌体表面不应铺设砂浆层，宜采用保温材料加以覆盖，继续施工前，应先用扫帚扫净砖表面，然后再施工。

（2）冻结法。冻结法是指不掺外加剂的普通水泥砂浆或水泥混合砂浆进行砌筑的一种冬期施工方法。

1）冻结法的原理和适应范围。冻结法的砂浆内不掺任何抗冻化学剂，允许砂浆在铺砌完后就受冻。受冻的砂浆可以获得较大的冻结强度，而且冻结的强度随气温降低而增高。当气温升高而砌体解冻时，砂浆强度仍然等于冻结前的强度。当气温转入正温后，水泥水化作用又重新进行，砂浆强度可继续增长。

冻结法允许砂浆在砌筑后遭受冻结，且在解冻后其强度仍可继续增长。所以对有保温、绝缘、装饰等特殊要求的工程和受力配筋砌体以及不受地震区条件限制的其他工程，均可采用冻结法施工。

冻结法施工所用砂浆，经冻结、融化和硬化三个阶段后，砂浆强度、砂浆与砖石砌体间的黏结力都有不同程度的降低。砌体在融化阶段，由于砂浆强度接近于零，将会增加砌体的变形和沉降。所以对下列结构不宜选用：空斗墙、毛石墙、承受侧压力的砌体、在解冻期间可能受到振动或动荷载的砌体、在解冻期间不允许发生沉降的砌体。

2）冻结法的施工工艺。采用冻结法施工时，应按照“三一”砌筑方法，对于房屋转角处和内外墙交接处的灰缝应特别仔细砌合。砌筑时一般采用一顺一丁的组砌方式。冻结法施工中宜采用水平分段施工，墙体一般应在一个施工段范围内，砌筑至一个施工层的高度，不得间断。每天砌筑高度和临时间断处均不宜大于1.2m。不设沉降缝的砌体，其分段处的高差不得大于4m。

砌体解冻时，由于砂浆的强度接近于零，所以增加了砌体解冻期间的变形和沉降，其下沉量比常温施工增加10%～20%。解冻期间，由于砂浆受冻后强度降低，砂浆与砌体之间的黏结力减弱，所以砌体在解冻期间的稳定性较差。用冻结法施工的砌体，在开冻前需进行检查，开冻过程中应组织观测。如发现裂缝、不均匀下沉等情况，应分析原因并立即采取加固措施。

为保证砖砌体在解冻期间能够均匀沉降不出现裂缝，应遵守下列要求：解冻前应清除房屋中剩余的建筑材料等临时荷载；在开冻前，宜暂停施工；留置在砌体中的洞口和沟槽等，宜在解冻前填砌完毕；跨度大于0.7m的过梁，宜采用预制构件。门窗框上部应留3～5mm的空隙，作为化冻后预留沉降量，在楼板水平面上，墙的拐角处、交接处和交叉处每半砖墙厚设置一根Φ6的拉筋。

在解冻期进行观测时，应特别注意多层房屋下层的柱和窗间墙、梁端支承处、墙交接处等地方。此外，还必须观测砌体沉降的大小、方向和均匀性，砌体灰缝内砂浆的硬化情况。观测一般需15d左右。

解冻时除对正在施工的工程进行强度验算外，还要对已完成的工程进行强度验算。

2.6.2 雨期施工

砌筑用砖在雨期必须集中堆放，不宜浇水。砌墙时要求干湿砖合理搭配。湿度过大的砖不可上墙。雨期施工每日砌筑高度不宜超过1.2m。

雨期遇大雨必须停工。砌砖收工时应在砖墙顶盖一层干砖，避免大雨冲刷灰浆。大雨过后受雨冲刷过的新砌墙体应翻砌最上面两皮砖。

稳定性较差的窗间墙、独立砖柱，应加设临时支撑或及时浇筑圈梁，以增加其稳定性。

砌体施工时，内、外墙尽量同时砌筑，并注意转角及丁字墙间的连接要同时跟上。遇台风时，应在与风向相反的方向加设临时支撑，以保证墙体的稳定。

雨后继续施工，须复核已完工砌体的垂直度和标高。

附导航项目施工方案

1. 项目概况

本工程外形为一字形，尺寸为67.14m×12.84m，建筑面积为4738.67m^2，为六层砖混结构，住宅楼设三个单元，一梯两户，三室两厅，一厨两卫，标准层高2.90m，顶层层高3.0m，建筑物高度18.25m，室内外高差为－0.750m。抗震设防烈度为Ⅷ度。

结构：基础为钢筋混凝土条形基础，砖混结构，±0.000以下采用MU10烧结煤矸石砖、M10水泥砂浆，±0.000以上采用MU10烧结煤矸石砖、M7.5混合砂浆砂，基础垫层混凝土强度等级为C10，其余混凝土强度等级为C20。

门窗：进户防盗门，阳台为塑钢门其余为木门；塑钢窗。

地面：水泥砂浆楼地面。

内粉：内墙、天棚混合砂浆粉刷，刮腻子，公共部分刷乳胶漆。

外粉：水泥砂浆抹灰刷乳胶漆两遍。

屋面：70厚水泥膨胀珍珠岩保温，SBS卷材防水。

2. 施工顺序

场地平整、临设搭设→土方开挖→基础施工→回填土→上部结构→装饰工程、屋面工程→拆架→室外工程→清理交工。

其中穿插进行脚手架的搭设、拆除，水电、防雷安装等工程的施工。

其中基础工程施工顺序：土方开挖→人工清槽平整基底→地基验槽→测量放线→基础→地梁→养护→回填。

主体结构工程施工顺序：清理→放线→一、二、三、四、五、六层柱绑扎钢筋→砌墙体、墙内埋管→验收→柱封模→柱混凝土浇筑→梁、板模板→梁、板绑扎钢筋→梁、板混凝土浇筑→养护。

3. 施工方案

测量定位：根据工程特点，施工测量的主要工作是标高传递和轴线测设以及建筑主轴线的定位。

(1) 标高传递。

1) 首先，根据甲方提供的水准基点，用水准仪引测定出现场的标高控制点在施工过程现场周边稳固的建筑或构筑物上，并利用标高控制点进行地下部分施工过程中的标高施测和控制。

2) 利用标高控制点，用水准仪精确测定出标高引测点在建筑物边柱或外墙上。选几点较方便向上丈量的点作为±0.000以上层的起始标高引测点。标高引测点的相对标高均统一采用+0.50m。

3) ±0.000层以上的标高引测采用50m钢尺向上引测，引测时，用钢尺沿垂直方向从标高引测点向上量至施工层，定出两个标高点，然后将水准仪架设在施工层上，以引测上来的两点标高点，一点作后视，一点作校核，进行抄平，施测出其余各点以作为施工的依据。为方便记忆和施工，每层标高均测定出本结构楼面标高的+0.500m。以后各施工层均用此法进行引测。

(2) 轴线测设。

1) 根据现场实际情况建立轴线平面方格控制网。选择有代表性的纵、横轴线形成方格控制网作为建筑物轴线控制的依据。

2) 在施工层楼板混凝土浇捣完毕后，将经纬仪分别架设在各主控轴线（代用轴线）控制点上，照准各相对应的轴线后视点，将轴线设测到楼板边缘或柱顶上。同法倒镜再标出一点，前后正、倒镜两点位置应一致，若误差在允许范围以内时，则取其中点。当纵横主轴线均投测至施工层上面后，再将经纬仪架设在楼面上，用正倒镜法，将投测在楼板或柱顶上的各轴线的对应点连成一线，并在楼板面上弹上墨线，以此作为基线，其余轴线以此为准绳，根据设计图上标注的尺寸，用钢尺丈量出来。

3) 在投测轴线的过程中，各主控制线和校核线闭合或误差在允许范围时，即说明设测的轴线是正确的。若超过允许误差范围时，必须查明原因，进行重测，以保证轴线投测的精度达到规范的要求。

砌体工程施工方案

(1) 材料要求。

砖：砖的品种、强度等级必须符合设计要求，并规格一致，有出厂合格证或试验单。

水泥：水泥要符合设计及规范要求，并有出厂合格证及试验报告，应按品种、标号、出厂日期分别堆放，并应保持干燥。当遇水泥标号不明或出厂日期超过 3 个月（快硬性硅酸盐水泥超过 1 个月）时，应复查试验，并应按试验结果使用。

砂：用中砂，并过 5mm 筛孔。砂的含泥量不超过 5%。

掺合料：用石灰膏时，熟化时间不少于 7d，严禁使用冻结或脱水硬化的石灰膏。

(2) 作业条件。基础要经验收合格。楼面弹好墙身轴线、墙壁边线、门窗洞口。

回填完基础两侧及房心土方。

在墙转角处、楼梯间及内外墙交接处，已按标高立好皮数杆，皮数杆的间距不大于 6mm，并为好预检手续。

砌筑部位（基础或楼板等）的灰渣、杂物清除干净，并浇水湿润。

随砌随搭好脚手架：垂直运输机具准备就绪。

(3) 施工工艺。

1) 砂浆采用机械搅拌。砌砖前，砖应提前 1～2d 浇水湿润。

2) 砌筑前，先根据砖墙位置弹出轴线及边线，开始砌筑时先要进行摆砖，排出灰缝宽度，摆砖时应注意门窗位置对灰缝、整砖的影响，务使各皮砖的竖缝相互错开。各层公共卫生间周边，应在墙下先浇 120mm 高同梁宽的素混凝土反边（与梁同时浇筑），再砌砖墙。

3) 墙预埋管道，箱盒和其他预埋件应于砌筑时正确留出。

4) 砌筑砂浆要随搅拌随使用。常温下，水泥砂浆要在 3h 内用完，水泥混合砂浆要在 4h 内用完；气温高于 30℃时，要比常温提前 1 小时用完。砌墙时随砌随刮缝，刮缝要深浅一致，清扫干净。水平和竖向灰缝厚度不小于 8mm，不大于 12mm，以 10mm 为宜。

5) 墙体日砌筑高度不宜超过 1.8m。雨天不宜超过 1.2m。雨天砌筑时，砂浆稠度要适当减少，收工时要将砌体顶部覆盖好。

6) 外墙转角处及内外墙交接处要同时砌筑，内外墙交接处不能同时砌筑时必须留斜槎，槎长与高度的比不得小于 2/3。临时间断处的高度差不得超过一步脚手架的高度。后砌隔墙、横墙和临时间断处留斜槎有困难时，可留直槎，并沿墙高按设计要求埋设钢筋，或按构造要求，每隔 500mm，每隔 120mm 墙厚预埋一根 ϕ6 钢筋，其埋入长度从留槎处算起，每边均不小于 1000mm。

7) 预留孔洞和穿墙管等均要按设计要求留置，不得事后凿墙。墙体抗震拉结筋的位置，钢筋规格、数量、间距，均要按设计要求留置，不得错放、漏放。

8) 砌筑门窗洞口时，采用后塞门窗框，则要按弹好的位置砌筑。

9) 在砌筑砖墙前，要先将钢筋混凝土构造柱的位置弹出，并把构造柱插筋处理顺直。砌砖墙时与构造柱联结处，砌成马牙槎，每一马牙槎沿高度方向的尺寸不宜超过 300mm。

砖墙与构造柱之间要按设计及规范要求放置拉结筋。

当脚手架拆至相应部位下部最后一根长钢管的高度时，应先在适当位置搭临时抛撑加固，后拆连墙件。

在拆架过程中，最好不要中途换人，如要换人，则应将拆除情况交代清楚。操作时，思想要集中，上下呼应。

拆下来的架料要分类堆放，进行保养。

思考题

2.1 砖砌体施工前应进行哪些准备工作？

2.2 砌筑砂浆对原材料有哪些要求？

2.3 拌制和使和砌筑砂浆时应注意哪些问题？

2.4 砌砖前为什么要对砖洒水湿润？如何控制其含水率？

2.5 砖墙砌体的组砌形式常用的有哪些？

2.6 试叙述砖砌体的施工工艺及技术要求。

2.7 砖墙在转角处和交接处留设临时间断时有什么构造要求？

2.8 砌块砌筑时的灰缝砂浆饱满要求是多少？如何检验？

2.9 砌筑工程中的垂直运输机械主要有哪些？

2.10 砌筑用砖有哪些种类？其外观质量和强度指标有什么要求？

习题

2.1 常用的砌筑垂直运输机械有哪些？

2.2 普通黏土砖的外观尺寸（长、宽、高）为多少？

2.3 皮数杆的作用是什么？怎样安放皮数杆？

2.4 砖墙应进行哪些方面的质量检查？如何检查？

2.5 为什么要规定砖墙的每日砌筑高度？

2.6 墙体拉结筋如何设置？

2.7 砌体工程应采取冬期施工的概念是什么？

2.8 什么是“三一”砌筑法？

2.9 砌筑时，施工洞口留设应注意什么？

2.10 什么是“马牙槎”？

2.11 砌体工程质量有哪些要求？影响其质量的因素有哪些？

项目3 预应力混凝土工程

预应力混凝土是在外荷载作用前，预先建立有内应力的混凝土。一般是在混凝土结构或构件受拉区域，通过对预应力筋进行张拉、锚固、放松，借助钢筋的弹性回缩，使受拉区混凝土事先获得预压应力。预压应力的大小和分布应能减少或抵消外荷载所产生的拉应力。

预应力混凝土与钢筋混凝土相比，具有以下明显的特点。

(1) 在与钢筋混凝土同样的条件下，具有构件截面小、自重轻、刚度大、抗裂度高、耐久性好、节省材料等优点。工程实践证明，可节约钢材40%～50%，节省混凝土20%～40%，减轻构件自重可达20%～40%。

(2) 可以有效地利用高强度钢筋和高强度等级的混凝土，能充分发挥钢筋和混凝土各自的特性，并能扩大预制装配化程度。

(3) 预应力混凝土的施工，需要专门的材料与设备、特殊的施工工艺，工艺比较复杂，操作要求较高，但用于大开间、大跨度与重荷载的结构中，其综合效益好。

(4) 随着施工工艺的不断发展和完善，预应力混凝土的应用范围越来越广，不仅可用于一般的工业与民用建筑结构，而且也可用于大型整体或特种结构上。

预应力混凝土按预应力的大小可分为全预应力混凝土和部分预应力混凝土。按施加应力方式可分为先张法预应力混凝土、后张法预应力混凝土和自应力混凝土。按预应力筋的黏结状态可分为有黏结预应力混凝土和无黏结预应力混凝土。按施工方法又可分为预制预应力混凝土、现浇预应力混凝土和叠合预应力混凝土等。

【学习目标】

通过本项目的学习，了解预应力钢筋混凝土结构的基本概念，熟悉先张法和后张法预应力混凝土施工中锚具（夹具）张拉机具的类型、性能及选用，掌握先张法施工工艺、后张法施工工艺，了解无黏结预应力施工方法；初步具有进行预应力混凝土施工的能力，能根据要求合理选择和制定常规预应力混凝土施工方案，能根据施工图纸和现场条件编写预应力混凝土工程施工技术交底，能对施工质量和施工安全进行监控；能灵活处理建筑工程施工过程中出现的各种问题，具有管理协调能力。

【项目导航】

1. 项目概况

某一单层工业厂房，采用24m后张预应力屋架，下弦构件孔道长度为23.8m，其断面如图3.1所示。预应力筋用4根直径22的三级冷拉钢筋，单根钢筋截面面积A_p=380mm^2，f_{py}=500N/mm^2，E_s=1.8×10^{5}N/mm^2。一根预应力筋用4段钢筋对焊而成，实测钢筋冷拉率为3.5%，弹性回缩率为0.5%。预应力筋一端用螺丝端杆锚具，另一端用帮条锚具（已知L_1=370mm，L_2=120mm，L_3=80mm），用两台YC－60型千斤顶一

次同时张拉两根预应力筋。

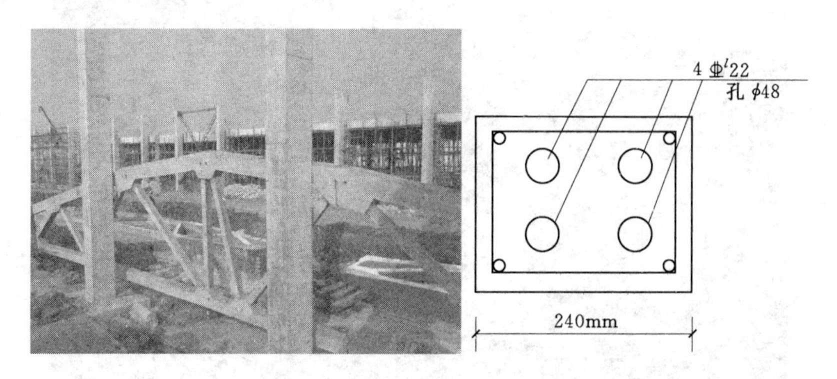

图 3.1 预应力屋架下弦断面

2. 施工步骤

材料机具及作业条件准备→安装底模→预留孔道→安装侧模→浇筑混凝土→养护拆模→穿预应力筋→张拉预应力筋并锚固→孔道灌浆→起吊运输。

3. 主要工作任务

材料机具准备、预应力混凝土施工（先张法施工、后张法施工、无黏结预应力混凝土施工）、质量检查与验收。

任务 3.1 材料机具准备

【任务导航】 学习预应力混凝土施工常用的材料、机具，包括台座、张拉机具、夹具、锚具及预应力筋的制作；熟悉各种机具和材料，能够根据施工工艺要求选用合理的施工机具和材料。

3.1.1 台座

台座是先张法施工中主要的设备之一，它必须有足够的强度、刚度和稳定性，以免因台座的变形、倾覆和滑移而引起预应力值的损失。

台座按构造形式不同可分为墩式台座和槽式台座两类。

3.1.1.1 墩式台座

墩式台座由承力台墩、台面与横梁三部分组成，其长度宜为 50～150m（图 3.2 和图 3.3）。目前常用的是台墩与台面共同受力的墩式台座。台座的宽度主要取决于构件的布筋宽度、张拉与浇筑混凝土是否方便，一般不大于 2m。在台座的端部应留出张拉操作用地和通道，两侧要有构件运输和堆放的场地。台座的强度应根据构件张拉力的大小，可按台座每米宽的承载力为 200～500kN 设计台座。

承力台墩一般埋置在地下，由现浇钢筋混凝土做成。台座的稳定性验算包括抗倾覆验算和抗滑移验算。

台面一般是在夯实的碎石垫层上浇筑一层厚度为 60～100mm 的混凝土而成。台面伸

图 3.2 现场墩式台座

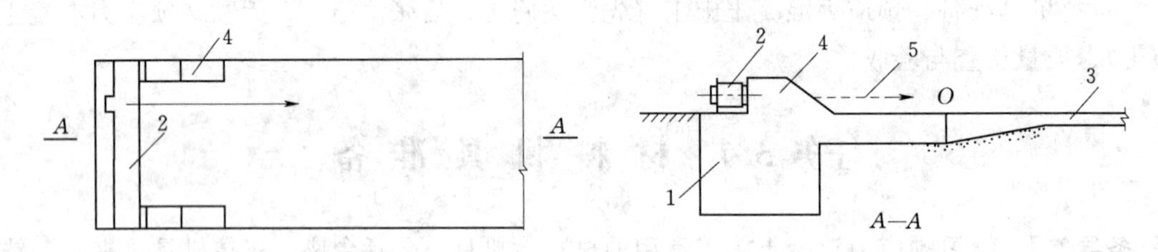

图 3.3 墩式台座

1—混凝土墩式台座；2—横梁；3—混凝土台面；4—牛腿；5—预应力筋

缩缝可根据当地温差和经验设置，约为 10m 一道，也可采用预应力混凝土滑动台面，不留伸缩缝。预应力滑动台面是在原有的混凝土台面或新浇筑的混凝土基层上刷隔离剂，张拉预应力筋、浇筑混凝土面层，待混凝土达到放张强度后切断预应力筋，台面就发生滑动。这种台面使用效果良好。

台座的两端设置有固定预应力筋的横梁，一般用型钢制作，设计时，除应要求横梁在张拉力的作用下有一定的强度外，尚应特别注意变形，以减少预应力损失。

3.1.1.2 槽式台座

槽式台座由钢筋混凝土压杆、上下槽梁及台面组成（图 3.4）。台座的长度一般不大

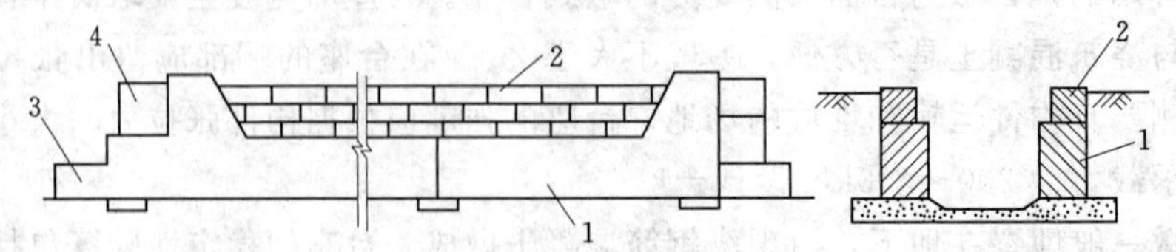

图 3.4 槽式台座

1—压杆；2—砖墙；3—下横梁；4—上横梁

于76m，宽度随构件外形及制作方式而定，一般不小于1m，承载力可达1000kN以上。为便于混凝土浇筑和蒸汽养护，槽式台座多低于地面。在施工现场还可利用已预制好的柱、桩等构件装配成简易槽式台座。

3.1.2 先张法张拉机具和夹具

先张法生产的构件中，常采用的预应力筋有钢丝和钢筋两种。张拉预应力钢丝时，一般直接采用卷扬机或电动螺杆张拉机。张拉预应力钢筋时，在槽式台座中常采用四横梁式成组张拉装置，用千斤顶张拉（图3.5和图3.6）。

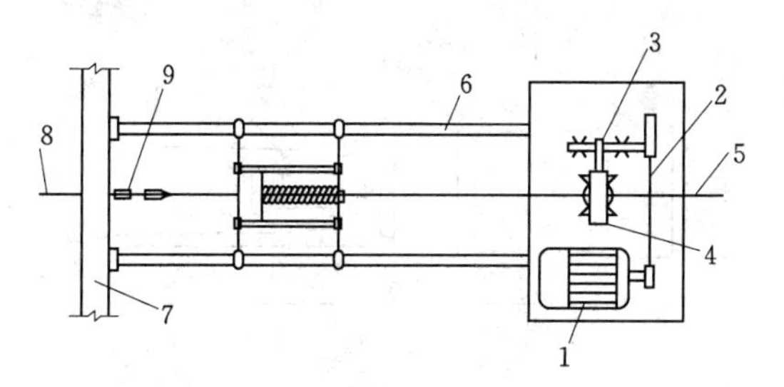

图3.5 电动螺杆张拉机

1—电动机；2—皮带传动；3—齿轮；4—齿轮螺母；5—螺杆；6—顶杆；7—台座横梁；8—钢丝；9—锚固夹具

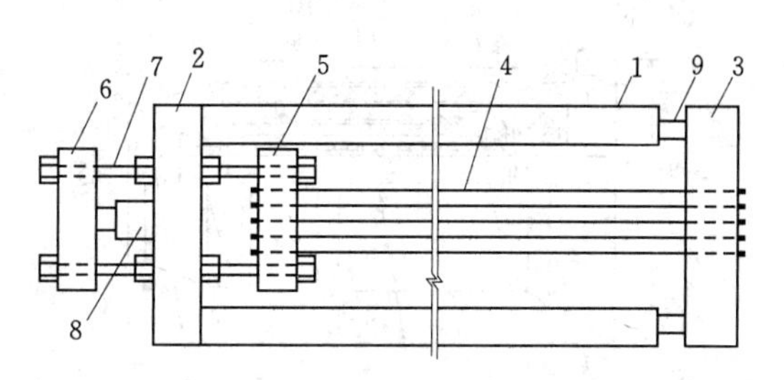

图3.6 四横梁式成组张拉装置

1—台座；2、3—前后横梁；4—钢筋；5、6—拉力架；7—螺丝杆；8—千斤顶；9—放张装置

预应力筋张拉后用锚固夹具直接锚固于横梁上。要求锚固夹具工作可靠、加工方便、成本低，并能多次周转使用。预应力钢丝常采用圆锥齿板式锚固夹具锚固，预应力钢筋常采用螺丝端杆锚固。

3.1.3 后张法张拉机具和设备

预应力筋的张拉工作必须配置有成套的张拉机具设备。后张法预应力施工所用的张拉设备由液压千斤顶、高压油泵和外接油管等组成。张拉设备应装有测力仪器，以准确建立预应力值。张拉设备应由专人使用和保管，并定期维护和校验。

3.1.3.1 千斤顶

预应力液压千斤顶按机型不同可以分为拉杆式千斤顶、穿心式千斤顶、锥锚式千斤顶等几种。其中，拉杆式千斤顶是利用单活塞杆张拉预应力筋的单作用千斤顶，只能张拉吨位不大（≤600kN）的支承式锚具，多年来已逐步被多功能的穿心式千斤顶代替。

（1）穿心式千斤顶。穿心式千斤顶是一种具有穿心孔，利用双液缸张拉预应力筋和顶压锚具的双作用千斤顶。这种千斤顶适应性强，既可张拉需要顶压的锚具，配上撑脚与拉杆后，也可用于张拉螺杆锚具和镦头锚具。穿心式千斤顶的张拉力一般有180kW、200kW、600kW、1200kW、1500kW和3000kN等，张拉行程由150mm至8mm不等。

该系列产品有YC120D、YC60、YC120等，YC60型如图3.7所示。穿心式千斤顶适用于张拉各种形式的预应力筋，是目前我国预应力张拉施工中应用最广泛的一种张拉机具。

（2）锥锚式千斤顶是一种具有张拉、顶锚和退楔功能的三作用千斤顶，仅用于带钢质锥形锚具的钢丝束。

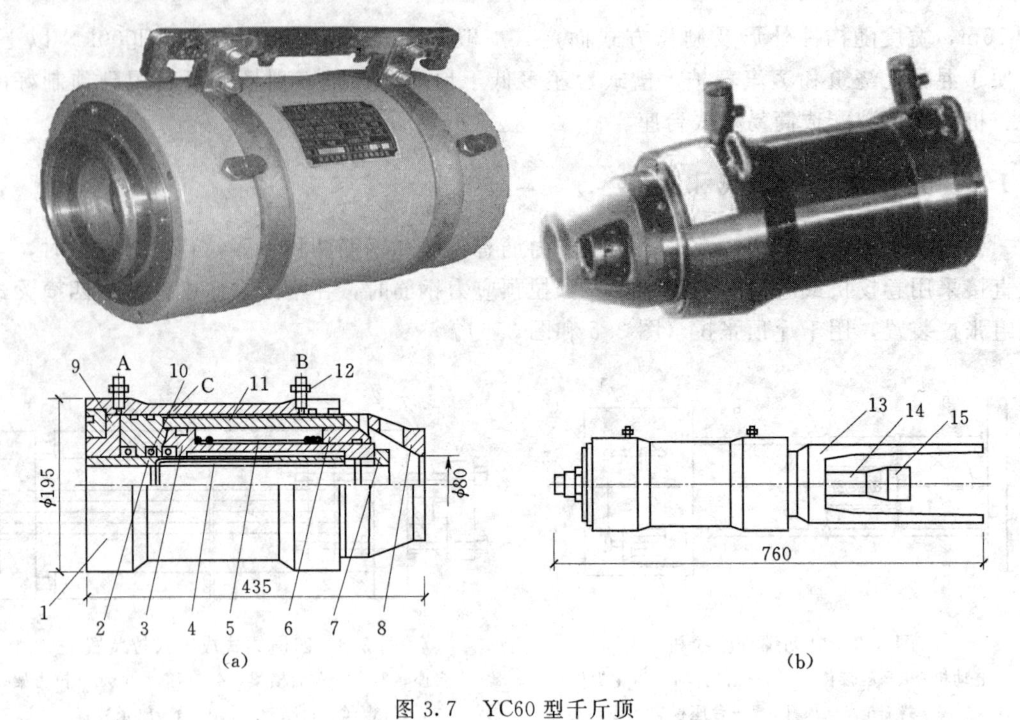

图 3.7 YC60 型千斤顶

1—大缸缸体；2—穿心套；3—顶压活塞；4—保护套；5—回程弹簧；6—连接套；7—顶压套；8—撑套；9—堵头；10—密封圈；11—二缸缸体；12—油嘴；13—撑脚；14—拉杆；15—连接套筒

3.1.3.2 高压油泵

高压油泵主要与各类千斤顶配套使用，提供高压的油液。高压油泵的类型比较多，性能不一。图 3.8 所示为 ZB4/500 型高压油泵，它由泵体、控制阀、油压表、车体和管路等部件组成。

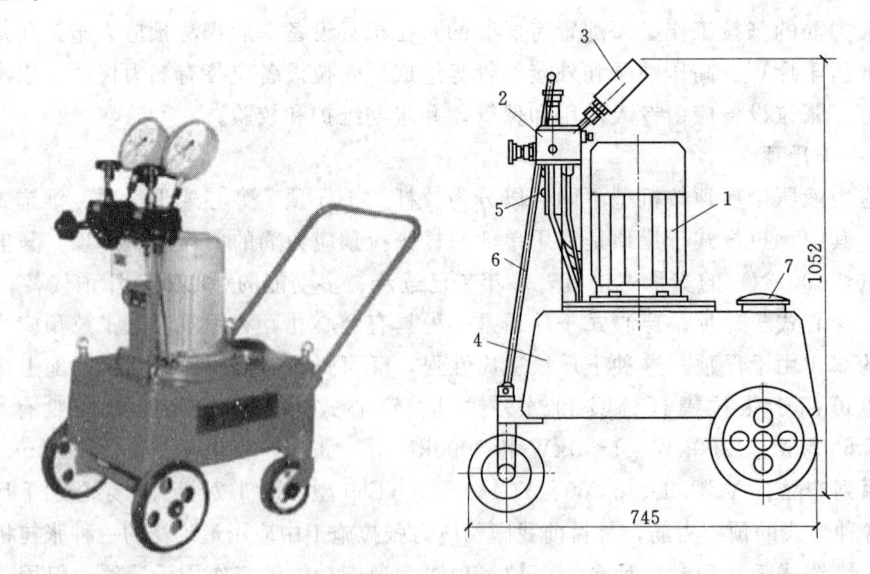

图 3.8 ZB4/500 型高压油泵（单位：mm）

1—电动机及泵体；2—控制阀；3—压力表；4—邮箱小车；5—电气开关；6—拉手；7—加油口

3.1.3.3 千斤顶校验

用千斤顶张拉预应力筋时，张拉力的大小主要由油泵上的压力表读数来表达。压力表所指示的读数，表示千斤顶主缸活塞单位面积上的压力值。理论上，将压力表读数乘以活塞面积，即可求得张拉力的大小。设预应力筋的张拉力为 N，千斤顶的活塞面积为 F，则理论上的压力表读数 p 可用式（3.1）计算：

$$p=\frac{N}{F} \tag{3.1}$$

但是，实际张拉力往往比理论的计算值小，其主要原因是一部分力被活塞与油缸之间的摩阻力所抵消，而摩阻力的大小又与许多因素有关，具体数值很难通过计算确定。因此，施工中常采用张拉设备（尤其是千斤顶和压力表）配套校验的方法，直接测定千斤顶的实际张拉力与压力表读数之间的关系，制成表格或绘制 p 与 N 的关系曲线（图 3.21）或回归成线性方程，供施工中使用。压力表的精度不宜低于 1.5 级，校验张拉设备的试验机或测力计精度不得低于±2%，张拉设备的校验期限，不应超过半年，如在使用过程中，张拉设备出现反常现象或千斤顶检修以后，应重新校验。

千斤顶与压力表配套校验时，可用标准测力计（如测力环、水银标准箱、传感器等）和试验机（如万能试验机、长柱压力机等）进行。其中以试验机校验方法较为普遍。

【例 3.1】 某 YDC25008 穿心式千斤顶与配套压力表，使用 5000kN 压力试验机进行校验，回归成线性方程为：$P_{实际}=0.0224N+0.4667$。若已知千斤顶活塞面积为 $f=4.369\times10^4\text{mm}^2$，则当千斤顶张拉力为 500kN 时，压力表实际读数为 11.7N/mm^2，而按式（3.1）计算，其理论压力表读数为 $500\times10^3/(4.369\times10^4)=11.4\text{N/mm}^2$。或者说，与压力表读数为 11.4N/mm^2 相对应的理论张拉力为 500kN，而实际张拉力值仅为 $(11.4-0.4667)/0.0224=488\text{kN}$。

在现行《混凝土结构工程施工质量验收规范》（GB 50203—2002）中，强调校验千斤顶时，其活塞的运行方向应与实际张拉工作状态一致。其主要原因是由于张拉预应力筋时，千斤顶内部存在着摩阻力，实测数据说明，千斤顶顶压力机校验时（此工作状态与实际张拉时活塞运行方向一致），活塞与缸体之间的摩阻力小且为一个常数。当千斤顶被压力机压时（此工作状态与实际张拉时活塞运行方向相反），活塞与缸体之间的摩阻力大且为一个变数，并随张拉力增大而增大，这说明千斤顶的活塞正反运行的内摩阻力是不相等的。因此，为了正确反映实际张拉工作状态，在校验时必须采用千斤顶顶压力机时的压力表读数，作为实际张拉时的张拉力值，按此绘制 $p—N$ 关系曲线（图 3.9），供实际张拉时使用。

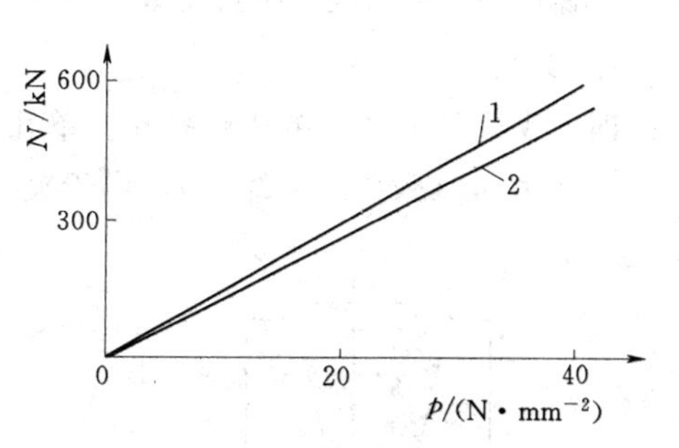

图 3.9 千斤顶张拉力与压力表读数的关系曲线

1—千斤顶被动工作；2—千斤顶主动工作

3.1.4 预应力筋及锚具

锚具是后张法预应力混凝土构件中或结构中为保持预应力筋的拉力并将其传递到混凝土上所用的永久性锚固装置（夹具是先张法预应力混凝土构件施工时为保持预应力筋拉力并将其固定在张拉台座上的临时锚固装置）。后张法张拉用的夹具又称工具锚，是将千斤（或其他张拉设备）的张拉力传递到预应力筋上的装置。连接器是在预应力施工中将预应力从一根预应力筋传递到另一根预应力筋上的装置。在后张法施工中，预应力筋锚固体系包括锚具、锚垫板、螺旋筋等。

目前我国后张法预应力施工中采用的预应力钢材主要有钢绞线、钢丝和精轧螺纹钢筋等，下面分别叙述其制作和配套使用的锚具。

3.1.4.1 钢绞线预应力筋及锚具

钢绞线预应力筋是由多根钢丝在绞线机上成螺旋形绞合，并经消除应力回火处理而成。钢绞线的整根承载力大，柔韧性好，施工方便。钢绞线按捻制结构不同可分为：1×2钢绞线、1×3钢绞线和1×7钢绞线等。1×7钢绞线是由6根外层钢丝围绕着一根中心钢丝（直径加大2.5%）绞成，用途广泛。1×7钢绞线的有关技术资料见表3.1。

表3.1　1×7钢绞线的有关技术资料

钢绞线公称直径/mm	直径允许偏差/mm	钢绞线公称截面积/mm^2	钢绞线理论质量/（$kg\cdot m^{-1}$）	强度级别/MPa	整根最大负荷/kN	屈服负荷/kN	伸长率/%
					不小于		
12.7	+0.40 −0.20	98.7	0.774	1860	184	156	3.5
15.2		139	1.101	1720 1860	239 259	203 220	

注　1. 屈服负荷不小于整根钢绞线公称最大负荷的85%。
2. 除非生产厂另有规定，弹性模量取为195±10GPa。

1. 锚具

钢绞线锚具可分为单孔和多孔。单孔夹片锚具由锚环和夹片组成（图3.10）。当预应力筋受p力时（张拉后回缩力），由于夹片内孔有齿咬合预应力筋，而带动夹片（不得产

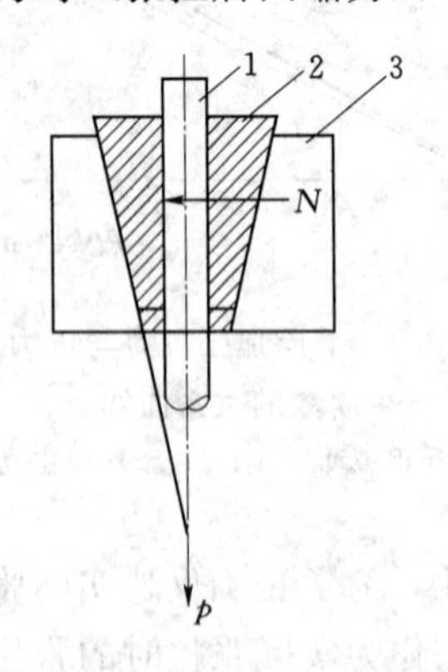

图3.10　锚固原理示意图
1—预应力筋；2—夹片；3—锚环

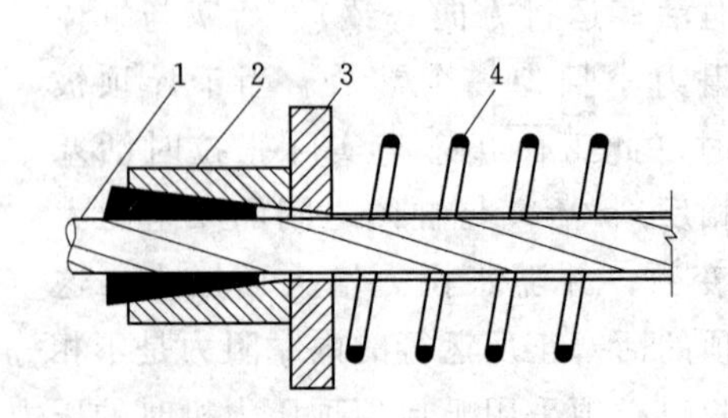

图3.11　单孔夹片锚固体系
1—钢绞线；2—单孔夹片锚具；3—承压钢板；4—螺旋筋

生滑移）进入锚环锥孔内。由于楔形原理，越楔越紧。夹片的种类很多，按片数可分为三片式和二片式。预应力筋锚固时夹片自动跟进，不需要预压。单孔夹片锚固体系如图3.11所示。

多孔夹片锚具（图3.12）由多孔锚板、锚垫板（也称铁喇叭管、锚座）螺旋筋等组成（图3.13）。这种锚具是在一块多孔的锚板上，利用每一个锥形孔装一副夹片，夹持一根钢绞线。其优点是任何一根钢绞线锚固失效，都不会引起整体锚固失效。多孔夹片锚具在后张法有黏结预应力混凝土结构中应用最广，国内生产厂家及品牌较多，如QM、OVM、

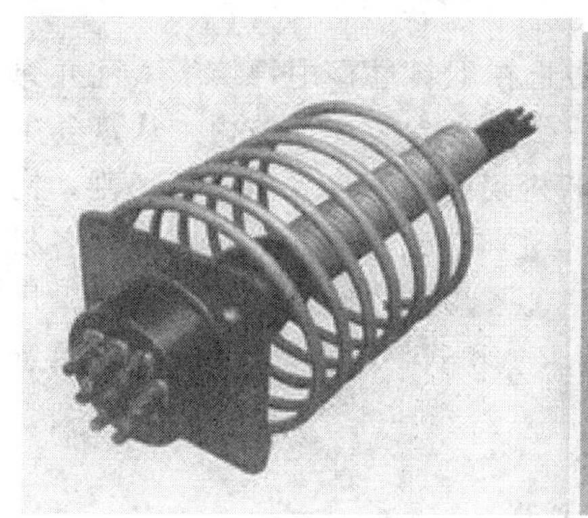

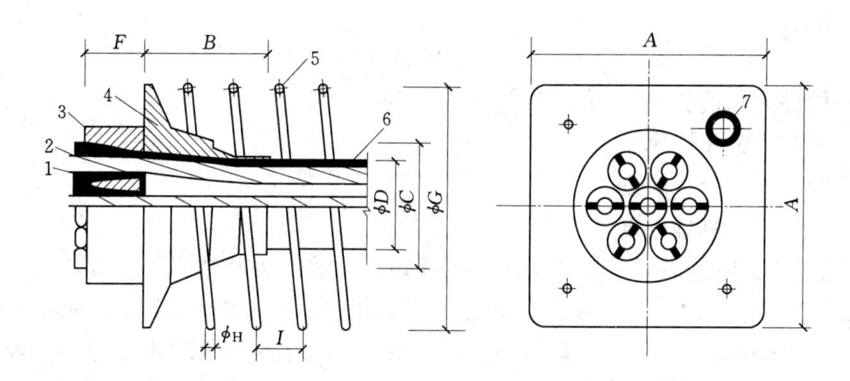

图3.12　多孔夹片锚具

1—钢绞线；2—夹片；3—锚板；4—锚垫板；5—螺旋筋；6—金属波纹管；7—灌浆孔

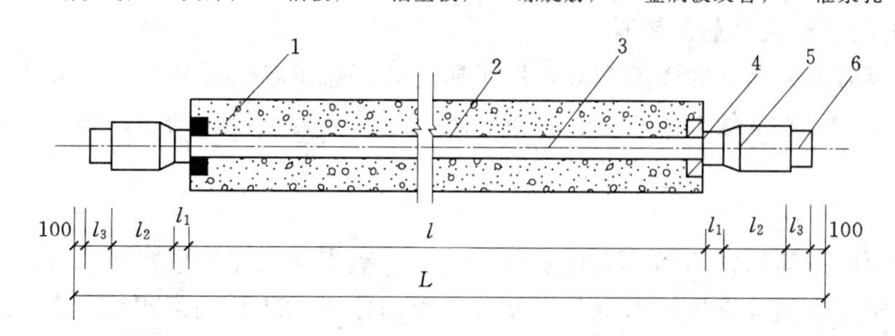

图3.13　钢绞线下料长度计算示意图（单位：mm）

1—混凝土构件；2—孔道；3—钢绞线；4、6—夹片式工作锚具；5—穿心式千斤顶

HVM、VLM 等。

钢绞线固定端锚具有挤压锚具、压花锚具等。挤压锚具是在钢绞线端部安装异形钢丝衬圈和挤压套，利用专用挤压机挤过模孔后，使其产生塑性变形而握紧钢绞线，形成可靠的锚固。挤压锚具可埋在混凝土结构内，也可安装在结构之外，对有黏结钢绞线预应力筋和无黏结钢绞线预应力筋都适用，应用范围较广。压花锚具是利用专用压花机将钢绞线端头压成梨形散花头的一种握裹工锚具，仅适用于固定端空间较大且有足够黏结长度的情况，但成本较低。

2. 钢绞线预应力筋的制作

钢绞线的质量大、盘卷小、弹力大，为了防止在下料过程中钢绞线紊乱并弹出伤人，事先应制作一个简易的铁笼。下料时，将钢绞线盘卷装在铁笼内，从盘卷中逐步抽出，较为安全。钢绞线下料宜用砂轮锯或切断机切断，不得采用电弧切割。钢绞线编束宜用 20 号铁丝绑扎，间距 2～3m。编束时应先将钢绞线理顺，并尽量使各根钢绞线松紧一致。如钢绞线单根穿入孔道，则不编束。采用夹片锚具，以穿心式千斤顶在构件上张拉时，钢绞线束的下料长度 L 按式（3.2）和式（3.3）计算，计算示意图如图 3.3 所示。

两端张拉：

$$L=l+2(l_1+l_2+l_3+100) \tag{3.2}$$

一端张拉：

$$L=l+2(l_1+100)+l_2+l_3 \tag{3.3}$$

式中　l——构件的孔道长度；

l_1——夹片式工作锚厚度；

l_2——穿心式千斤顶长度；

l_3——夹片式工具锚厚度。

【例 3.2】 某预应力混凝土构件采用钢绞线预应力筋、夹片锚具，以穿心式千斤顶在构件上张拉。已知构件的孔道长度 $L=20.00$m，夹片式工作锚厚度 $L_1=60$mm，穿心式千斤顶长度 $L_2=455$mm，夹片式工具锚厚度 $L_3=60$mm，若采用两端张拉时，钢绞线预应力筋的下料长度 $L=20\times10^3+2\times(60+455+60+100)=21.350$(m)；采用一端张拉时，钢绞线预应力筋的下料长度 $L=20\times10^3+2\times(60+100)+455+60=20.835$(m)。

3.1.4.2　钢丝束预应力筋及锚具

用作预应力筋的钢丝为碳素钢丝，用优质高碳钢盘条经索氏体处理、酸洗、镀铜或磷化后冷拔而成。碳素钢丝的品种有：冷拉钢丝、消除应力钢丝、刻痕钢丝、低松弛钢丝和镀锌钢丝等。

1. 锚具

钢丝束预应力筋的常用锚具有钢质锥形锚具、镦头锚具和锥形螺杆锚具。

(1) 钢质锥形锚具钢质锥形锚具（又称弗氏锚）由锚环和锚塞组成（图 3.14）。它适用于锚固 6～30ϕ_p5 和 12～24ϕ_p7 钢丝束。

锚环和锚塞均用 45 号钢制作，经调质热处理后，硬度为 HB220～HB250。锚塞表面加工成螺纹状小齿，以保证钢丝与锚塞的啮合，由于碳素钢丝表面硬度为 HRC40～

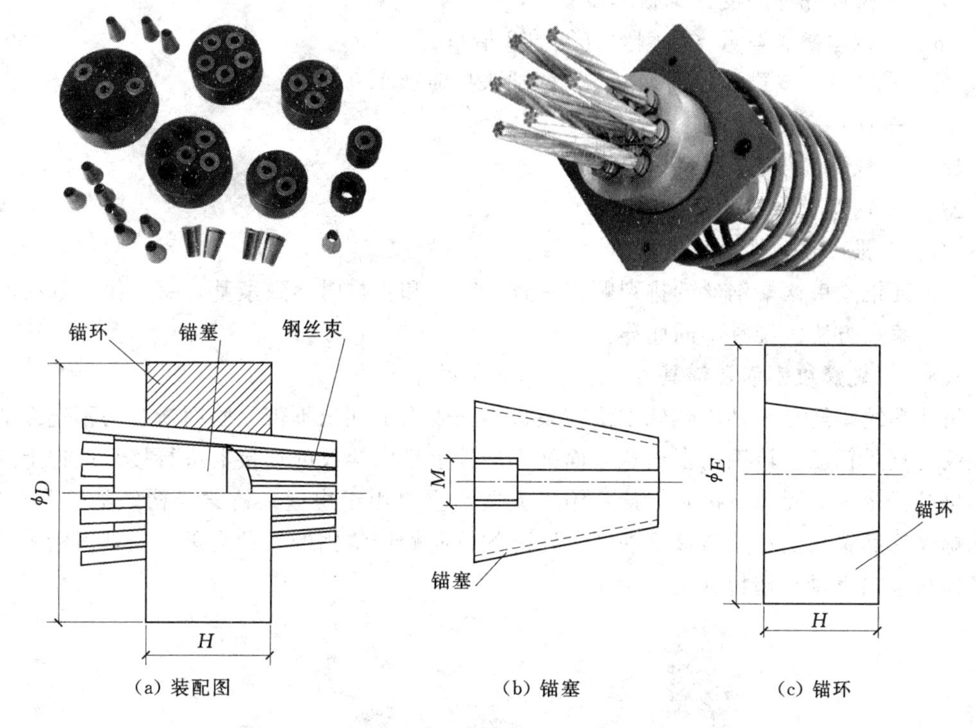

图 3.14　钢质锥形锚具

HRC50，所以锚塞热处理后的硬度应达 HRC55～HRC58。

(2) 镦头锚具钢丝束。镦头锚具是利用钢丝本身的镦头而锚固钢丝的一种锚具，可以锚固任意根数的 ϕ_p5 和 ϕ_p7 钢丝束，张拉时，需配置工具式螺杆。这种锚具加工简单，锚固性能好，张拉操作方便，成本较低，适用性广，但对钢丝下料的等长要求较严。镦头锚具有张拉端和固定端两种形式。

2. 钢丝束预应力筋的制作

钢丝束预应力筋的制作一般需经过下料、编束和组装锚具等工作。消除应力钢丝放开后是直的，可直接下料。采用镦头锚具时，钢丝的等长要求较严。为了达到这一要求，钢丝下料可用钢管限位法或用牵引索在拉紧状态下进行。

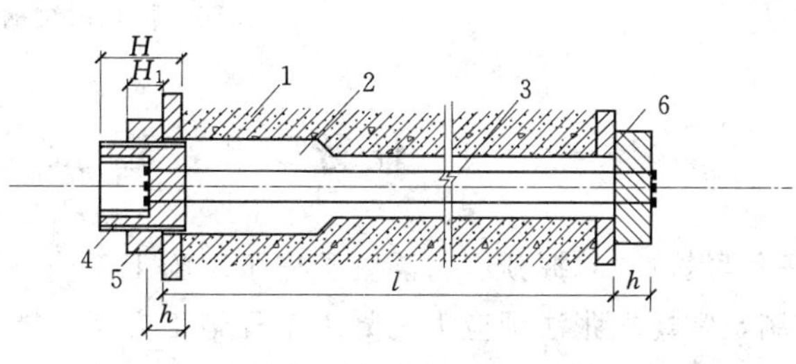

图 3.15　采用镦头锚具时下料长度计算示意图
1—混凝土构件；2—孔道；3—钢丝束；
4—锚环；5—螺母；6—锚板

当钢丝束采用钢质锥形锚具时，预应力钢丝的下料长度计算基本上与钢绞线预应力筋相同。采用镦头锚具，以拉杆式或穿心式千斤顶在构件上张拉时，钢丝束预应力筋的下料长度 L 按式 (3.4) 计算，计算示意图如图 3.15 所示。

$$L=l+2(h+\delta)-K(H-H_1)-\Delta L-C \tag{3.4}$$

式中　l——孔道长度，按实际确定；

h——锚环底部厚度或锚板厚度；

δ——钢丝镦头留量（取钢丝直径的 2 倍）；

K——系数，一端张拉时取 0.5，两端张拉时取 1.0；

H——锚环高度；

H_1——螺母高度；

ΔL——钢丝束张拉伸长值；

C——张拉时构件混凝土的弹性压缩值。

为保证钢丝束两端钢丝的排列顺序一致，穿束和张拉时不致紊乱，每束钢丝都必须进行编束。编束方法因锚具不同而异。

3.1.4.3　精轧螺纹钢筋及锚具

精轧螺纹钢筋是一种用热轧方法在整根钢筋表面上轧出不带纵肋而横肋为不连续的梯形螺纹的直条钢筋。该钢筋在任意截面处都能拧上带内螺纹的连接器进行接长或拧上特制的螺母进行锚固，无需冷拉和焊接，施工方便，主要用于房屋、桥梁与构筑物等直线筋。精轧螺纹钢筋锚具是利用与该钢筋螺纹匹配的特制螺母锚固的一种支承式锚具。精轧螺纹钢筋锚具包括螺母与垫板（图 3.16）。

图 3.16　精轧螺纹钢筋锚具

任务 3.2　先 张 法 施 工

【任务导航】 掌握预应力混凝土先张法施工工艺；能根据施工图纸和实际工作条件，选择和制定常规先张法预应力混凝土工程施工方案，能进行施工技术交底。

先张法是在浇筑混凝土前铺设、张拉预应力筋，并将张拉后的预应力筋临时锚固在台座或钢模上，然后浇筑混凝土，待混凝土养护达到不低于 75％设计强度后，保证预应力筋与混凝土有足够的黏结时，放松预应力筋，借助混凝土与预应力筋的黏结，对混凝土施加预应力的施工工艺（图 3.17）。先张法一般仅适用于生产中小型预制构件，多在固定的预制厂生产，也可在施工现场生产。

先张法生产构件可采用长线台座法，台座长度在 100～150m 之间，或在钢模中采用机组流水法。先张法涉及台座、张拉机具和夹具及施工工艺，下面分别叙述。

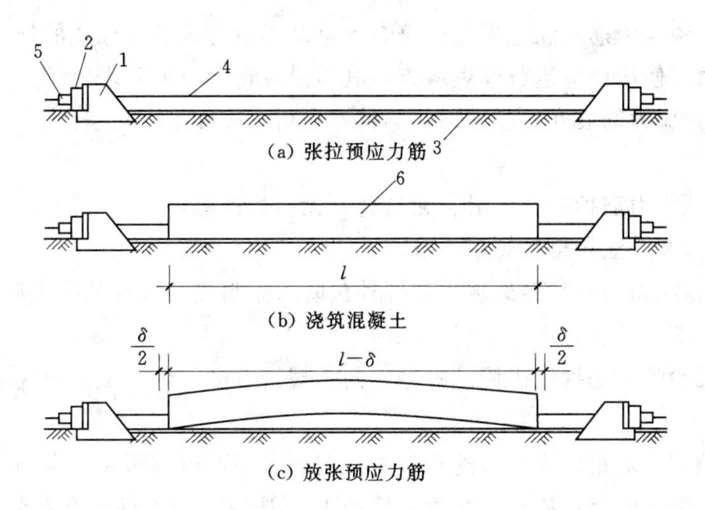

图 3.17 先张法施工工艺示意图

1—台座；2—横梁；3—台面；4—预应力筋；5—夹具；6—混凝土构件

用先张法在台座上生产预应力混凝土构件时，其工艺流程一般如图 3.18 所示。

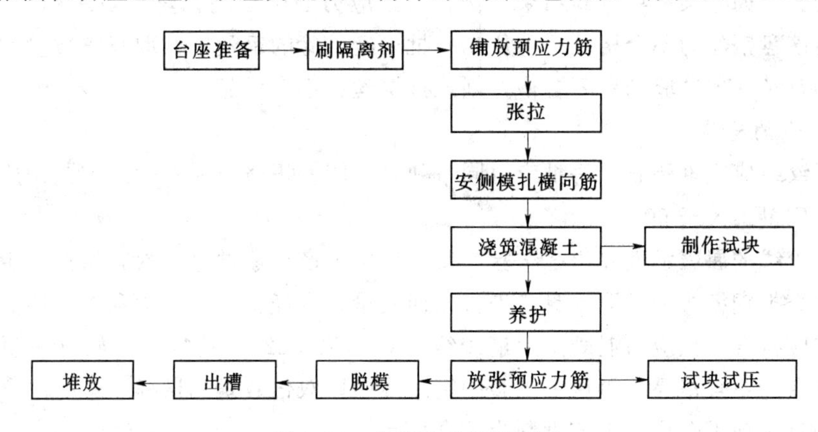

图 3.18 先张法工艺流程图

预应力混凝土先张法工艺的特点是：预应力筋在浇筑混凝土前张拉，预应力的传递主要依靠预应力筋与混凝土之间的黏结力，为了获得质量良好的构件，在整个生产过程中，除确保混凝土质量以外，还必须确保预应力筋与混凝土之间的良好黏结，使预应力混凝土构件获得符合设计要求的预应力值。

碳素钢丝强度很高，但表面光滑，与混凝土黏结力较差，必要时可采取刻痕和压波措施，以提高钢丝与混凝土的黏结力。

3.2.1 预应力筋的检验

搞好预应力筋的检验是确保预应力混凝土构件质量的关键。因此，在预应力筋进场时，应按现行国家标准规定抽取试件做力学性能检验，其质量必须符合有关标准的规定。

(1) 检查数量。按进场的批次和产品的抽样检验方案确定。

(2) 检验方法。检查产品合格证、出厂检验报告和进场复验报告。

(3) 无黏结预应力筋的涂包质量应符合无黏结预应力钢绞线标准的规定。

(4) 预应力筋使用前应进行外观检查，其质量应符合下列要求。

1) 有黏结预应力筋展开后应平顺，不得有弯折，表面不应有裂纹、小刺、机械损伤、氧化铁皮和油污等。

2) 无黏结预应力筋护套应光滑、无裂缝，无明显褶皱。

3) 检查数量及方法：全数观察检查。

4) 无黏结预应力筋护套轻微破损者应外包防水塑料胶带修补，严重破损者不得使用。

1. 钢丝的检验

钢丝应成批验收，每批应由同一牌号、同一规格、同一生产工艺制成的钢丝组成，质量不大于60t。

(1) 外观检查。对钢丝应进行逐盘检查。钢丝表面不得有裂纹、小刺、机械损伤、氧化铁皮和油污。钢丝的直径检查，按总盘数的10%选取，但不得少于6盘。

(2) 力学性能试验。钢丝的外观检查合格后，从每批中任意选取10%（不少于6盘）的钢丝，在每盘钢丝的两端各截取一个试样，一个做拉伸试验（伸长率与抗拉强度），一个做弯曲试验。如有某一项试验结果不符合《预应力混凝土用钢丝》(GB/T 5223) 标准的要求，则该盘钢丝为不合格品；再从同一批未经试验的钢丝中截取双倍数量的试样进行复验，如仍有某一项试验结果不合格，则该批钢丝为不合格品。

2. 钢绞线的检验

(1) 钢绞线应成批验收，每批应由同一牌号、同一规格、同一生产工艺制成的钢绞线组成，每批质量不大于60t。

(2) 钢绞线的屈服强度和松弛试验，每季度由生产厂家抽验一次，每次至少一根。

(3) 从每批钢绞线中任取3盘，进行表面质量、直径偏差、捻距和力学性能试验，其试验结果均应符合《预应力混凝土用钢绞线》(GB/T 5224) 的规定。如有一项指标不合格时，则该盘为不合格品；再从未试验的钢绞线中取双倍数量的试样，进行不合格项目的复验，如仍有一项不合格，则该批判为不合格品。

3. 热处理钢筋的检验

热处理钢筋也应成批验收，每批由同一外形截面尺寸、同一热处理制成和同一炉号的钢筋组成。每批质量不大于60t。当质量不大于30t时，允许不多于10个炉号的钢筋组成混合批，但钢的含碳量差别不得大于0.02%、含锰量差不得大于0.15%、含硅量差不得大于0.20%。

(1) 外观检查。从每批钢筋中选取10%的盘数（不少于25盘），进行表面质量与尺寸偏差检查，钢筋表面不得有裂纹、结疤和折叠，允许有局部凸块，但不得超过螺纹筋的高度。钢筋的各项尺寸要用卡尺测量，并符合《预应力混凝土用热处理钢筋》(GB 4463) 的规定。如检查有不合格品，则应将该批逐盘检查。

(2) 拉伸试验。从每批钢筋中选取10%的盘数（不少于25盘），进行拉伸试验。如有一项指标不合格，则该盘钢筋为不合格品；再从未试验过的钢筋中截取双倍数量的试样进行复验，如仍有一项指标不合格，则该批判为不合格品。

3.2.2 预应力筋铺设

预应力筋应采用砂轮锯或切断机切断，不得采用电弧切割。为便于脱模，长线台座（或胎模）在铺放预应力筋前应先刷隔离剂，但应采取措施，防止隔离剂污损预应力筋，影响其与混凝土的黏结。如果预应力筋遭受污染，应使用适宜的溶剂清洗干净。预应力钢丝宜用牵引车铺设。如遇钢丝需要接长时，可借助于钢丝拼接器用20～22号铁丝密排绑扎。

3.2.3 预应力筋张拉及预应力值校核

预应力筋的张拉应根据设计要求，采用合适的张拉方法、张拉顺序和张拉程序进行，并应有可靠的质量和安全保证措施。

预应力筋的张拉可采用单根张拉或多根同时张拉，当预应力筋数量不多、张拉设备拉力有限时常采用单根张拉。当预应力筋数量较多且密集布筋，张拉设备拉力较大时，则可采用多根同时张拉。在确定预应力筋张拉顺序时，应考虑尽可能减少台座的倾覆力矩和偏心力，先张拉靠近台座截面重心处的预应力筋。预应力筋的张拉控制应力 σ_{con} 应符合设计要求，但不宜超过表3.2中的控制应力限值。对于要求提高构件在施工阶段的抗裂性能而在使用阶段受压区设置的预应力筋，或当要求部分抵消由于应力松弛、摩擦、钢筋分批张拉以及预应力筋与张拉台座之间的温差等引起的应力损失时，可提高 $0.05f_{ptk}$ 或 $0.05f_{pyk}$。施工中预应力筋需要超张拉时，其最大张拉控制应力应符合表3.2的规定。

表3.2 张拉控制应力允许值和最大张拉控制应力

钢筋种类	张拉控制应力限值		超张拉最大张拉控制应力
	先张法	后张法	
消除应力钢丝、钢绞线	$0.75f_{ptk}$	$0.75f_{ptk}$	$0.80f_{ptk}$
冷轧带肋钢筋	$0.70f_{ptk}$	—	$0.75f_{ptk}$
精轧螺纹钢筋	—	$0.85f_{pyk}$	$0.95f_{pyk}$

注 f_{ptk} 指根据极限抗拉强度确定的强度标准值；f_{pyk} 指根据屈服强度确定的强度标准值。

预应力钢丝由于张拉工作量大，宜采用一次张拉程序：

$$0\rightarrow(1.03\sim1.05)\sigma_{con}\text{锚固}$$

其中，σ_{con} 系预应力筋的张拉控制应力，超张拉系数1.03～1.05是考虑弹簧测力计的误差、温度影响、台座横梁或定位板刚度不足、台座长度不符合设计取值、工人操作影响等。

应力松弛是指钢筋受到一定的张拉力之后，在长度保持不变的条件下，钢筋的应力随着时间的增长而降低的现象，其应力降低值称为应力松弛损失。产生应力松弛的原因，主要是由于金属内部错位运动使一部分弹性变形转化为塑性变形而引起的。减少松弛损失的主要措施如下。

（1）采用低松弛钢绞线或钢丝，这是最好的措施，其松弛损失可减少70%～80%。

采用低松弛钢绞线时，可采用一次张拉程序：

对单根张拉 $0 \rightarrow \sigma_{con}$ 锚固

对整体张拉 $0 \rightarrow$ 初应力调整值 $\rightarrow \sigma_{con}$ 锚固

（2）采取超张拉程序，如 $0 \rightarrow 1.05\sigma_{con}$（持荷 2min）$\rightarrow \sigma_{con}$，比一次张拉程序 σ_{con} 可减少松弛损失 10%。

【例 3.3】 某预应力混凝土屋架采用消除应力的刻痕钢丝中 15 作为预应力筋，单根钢丝截面面积为 19.6mm²。$f_{ptk}=1570\text{N/mm}^2$，张拉控制应力 $\sigma_{con}=0.75f_{ptk}$，如采用一次张拉程序：$0 \sim 1.03\sigma_{con}$ 锚固。

则其单根钢丝的张拉力：$N=1.03\times1570\times0.75\times19.6=23.77$（kN）

其张拉应力为 $0.77f_{ptk}<0.80f_{ptk}$。

多根预应力筋同时张拉时，应预先调整初应力，使其相互之间的应力一致。

预应力筋张拉锚固后实际建立的预应力值与工程设计规定检验值的允许偏差为±5%。

预应力钢丝张拉时，伸长值不作校核。钢丝张拉锚固后，应采用钢丝内力测定仪检查钢丝的预应力值，其偏差应符合上述要求。预应力钢丝内力的检测，一般在张拉锚固 1h 后进行，此时，锚固损失已经完成。钢绞线预应力筋的张拉力，一般采用伸长值校核。张拉时预应力的实际伸长值与设计计算理论伸长值的相对允许偏差为±6%。

预应力筋张拉时，张拉机具与预应力筋应在一条直线上，同时在台面上每隔一定距离放一根圆钢筋头或相当于混凝土保护层厚度的其他垫块，以防预应力筋因自重而下垂。张拉过程中应避免预应力筋断裂或滑脱。先张法预应力构件，在浇筑混凝土前发生断裂或滑脱的预应力筋必须予以更换。预应力筋张拉锚固后，对设计位置的偏差不得大于 5mm，且不得大于构件截面最短边长的 4%。张拉过程中，应按规范要求填写预应力张拉记录表，以便检查。

施工中应注意安全。台座两端应有防护措施，张拉时，正对钢筋两端禁止站人，也不准进入台座。敲击锚具的锥塞或楔块时，不应用力过猛，以免损伤预应力筋而断裂伤人，但又要锚固可靠。冬期张拉预应力筋时，其温度不宜低于－15℃，且应考虑预应力筋容易脆断的危险。

3.2.4 预应力筋的放张

预应力筋的放张过程是预应力值的建立过程，是先张法构件能否获得良好质量的重要环节，应根据放张要求，确定合宜的放张顺序、放张方法及相应的技术措施。

（1）放张要求。预应力筋放张时，混凝土强度应符合设计要求，当设计无具体要求时，不应低于设计强度等级的 75%。放张过早会由于混凝土强度不足，产生较大的混凝土弹性回缩或滑丝而引起较大的预应力损失。

（2）放张方法。放张过程中，应使预应力构件自由压缩。放张工作应缓慢进行，避免过大的冲击与偏心。当预应力筋为钢丝时，若钢丝数量不多，可采用剪切、锯割或氧一乙炔焰预热熔断的方法进行放张。放张时，应从靠近生产线中间处剪（熔）断钢丝，这样比靠近台座一端剪（熔）断时回弹要小，且有利于脱模。钢丝数量较多时，所有钢丝应同时放张，不允许采用逐根放张的方法，否则，最后的几根钢丝将可能由于承受过大的应力而

突然断裂，导致构件应力传递长度骤增，或使构件端部开裂。放张可采用放张横梁来实现，横梁可用千斤顶或预先设置在横梁支点处的放张装置（砂箱或楔块等）来放张。采用湿热养护的预应力混凝土构件宜热态放张，不宜降温后放张。

图3.19所示为采用楔块放张的例子。在台座与横梁间设置楔块5，放张时旋转螺母8，使螺杆6向上移动，使楔块5退出，达到同时放张预应力筋的目的。楔块放张装置宜用于张拉力不大的情况，一般以不大于300kN为宜。当张拉力较大时，可采用砂箱放张。

图3.20所示砂箱由钢制套箱及活塞（套箱内径比活塞外径大2mm）等组成，内装石英砂或铁砂。当张拉钢筋时，箱内砂被压实，承担着横梁的反力。放松钢筋时，将出砂口打开，使砂缓慢流出，以达到缓慢放张的目的。采用砂箱放张时，能控制放张速度，工作可靠、施工方便。

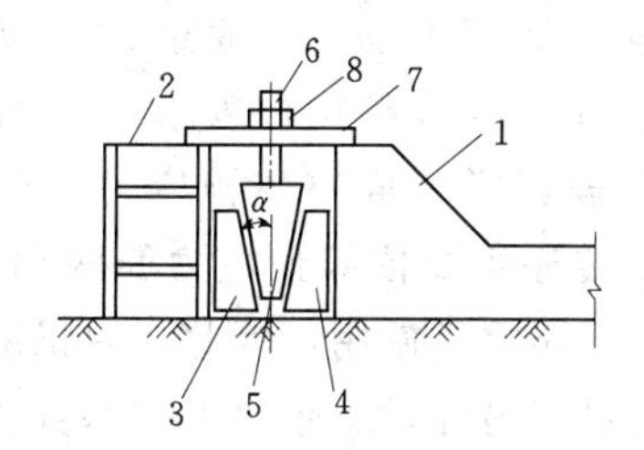

图3.19 楔块放张示意图

1—台座；2—横梁；3、4—钢块；5—钢楔块；6—螺杆；7—承力板；8—螺母

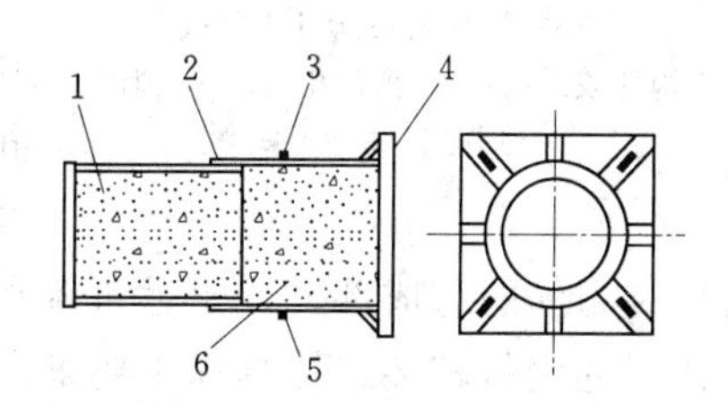

图3.20 砂箱放张示意图

1—活塞；2—套箱；3—进砂口；4—套箱底板；5—出砂口；6—砂

（3）放张顺序。预应力筋的放张顺序，应符合设计要求；当设计无特殊要求时，应遵循以下规定。

1）对承受轴心预压力的构件（如压杆、桩等），所有预应力筋应同时放张。

2）对承受偏心预压力的构件，应先同时放张预压力较小区域的预应力筋，再同时放张预压力较大区域的预应力筋。

3）当不能按上述规定放张时，应分阶段、对称、相互交错地放张，以防止在放张过程中，构件产生弯曲、裂纹及预应力筋断裂等现象。

4）放张后预应力筋的切断顺序，宜由放张端开始，逐次切向另一端。

任务3.3 后张法施工

【任务导航】 掌握预应力混凝土后张法施工工艺；能根据施工图纸和实际工作条件，选择和制定常规后张法预应力混凝土工程施工方案，能进行施工技术交底。学生分组讨论本项目宜采用哪种预应力施工方式；预力筋两端均采用螺丝端杆锚具时，进行其下料长度计算。

后张法是先制作构件或结构，待混凝土达到一定强度后，再张拉预应力筋的方法。后张法预应力施工，不需要台座设备，灵活性大，广泛用于施工现场生产大型预制预应力混凝土构件和现场浇筑预应力混凝土结构。后张法预应力施工，又可以分为有黏结预应力施

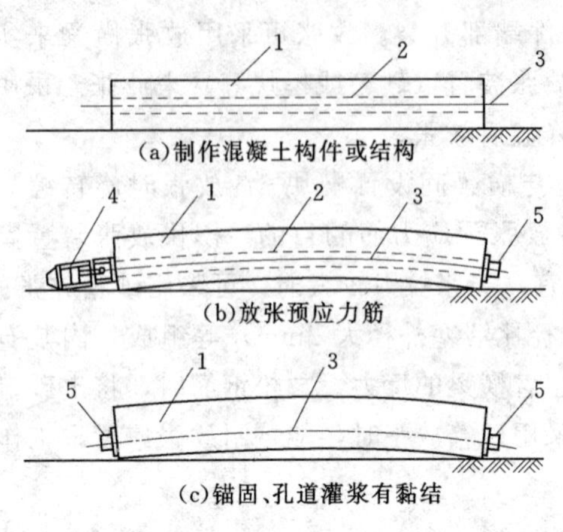

图 3.21　后张法预应力施工示意图

1—混凝土构件或结构；2—预留孔道；3—预应力筋；4—千斤顶；5—锚具

工和无黏结预应力施工两类。后张法预应力施工示意如图 3.21 所示。

后张法预应力施工的特点是直接在构件或结构上张拉预应力筋，混凝土在张拉过程中受到预压力而完成弹性压缩，因此，混凝土的弹性压缩，不直接影响预应力筋有效预应力值的建立。

后张法除可作为一种预加应力的工艺方法外，还可以作为一种预制构件的拼装手段。大型构件（如拼装式大跨度屋架）可以预制成小型块体，运至施工现场后，通过预加应力的手段拼装成整体；或各种构件安装就位后，通过预加应力手段，拼装成整体预应力结构。后张法预应力的传递主要依靠预应力筋两端的锚具，锚具作为预应力筋的组成部分，永远留置在构件上，不能重复使用，因此，后张法预应力施工需要耗用的钢材较多，锚具加工要求高，费用昂贵。另外，后张法工艺本身要预留孔道、穿筋、张拉、灌浆等，故施工工艺比较复杂，整体成本也比较高。

图 3.22 所示为后张法有黏结预应力施工工艺流程。下面主要介绍孔道留设、穿筋、预应力筋张拉和锚固、孔道灌浆等内容。

3.3.1　孔道留设

孔道留设是后张法有黏结预应力施工中的关键工作之一。预留孔道的规格、数量、位置和形状应符合设计要求；预留孔道的定位应牢固，浇筑混凝土时不应出现位移和变形；孔道应平顺，端部的预埋锚垫板应垂直于孔道中心线。

1. 预埋波纹管留孔

预埋波纹管成孔时，波纹管直接埋在构件或结构中不再取出，这种方法特别适用于留设曲线孔道。按材料不同，波纹管分为金属波纹管和塑料波纹管。金属波纹管又称螺旋管，是用冷轧钢带或镀锌钢带在卷管机上压波后螺旋咬合而成。按照截面形状可分为圆形和扁形两种；按照钢带表面状况可分为镀锌和不镀锌两种。预应力混凝土用金属波纹管应满足径向刚度、抗渗漏、外观等要求。

金属波纹管的连接，采用大一号的同型波纹管。接头管的长度为 200～300mm，其两端用密封胶带或塑料热缩管封裹（图 3.23）。波纹管的安装，应事先按设计图中预应力筋的曲线坐标在箍筋上定出曲线位置。波纹管的固定应采用钢筋支托，支托钢筋间距为 0.8～1.2m。支托钢筋应焊在箍筋上，箍筋底部应垫实。波纹管固定后，必须用铁丝扎牢，以防止浇筑混凝土时波纹管上浮而引起严重的质量事故。

塑料波纹管用于预应力筋孔道，具有以下优点。

(1) 提高预应力筋的防腐保护，可防止氯离子侵入而产生的电腐蚀。

(2) 不导电，可防止杂散电流腐蚀。

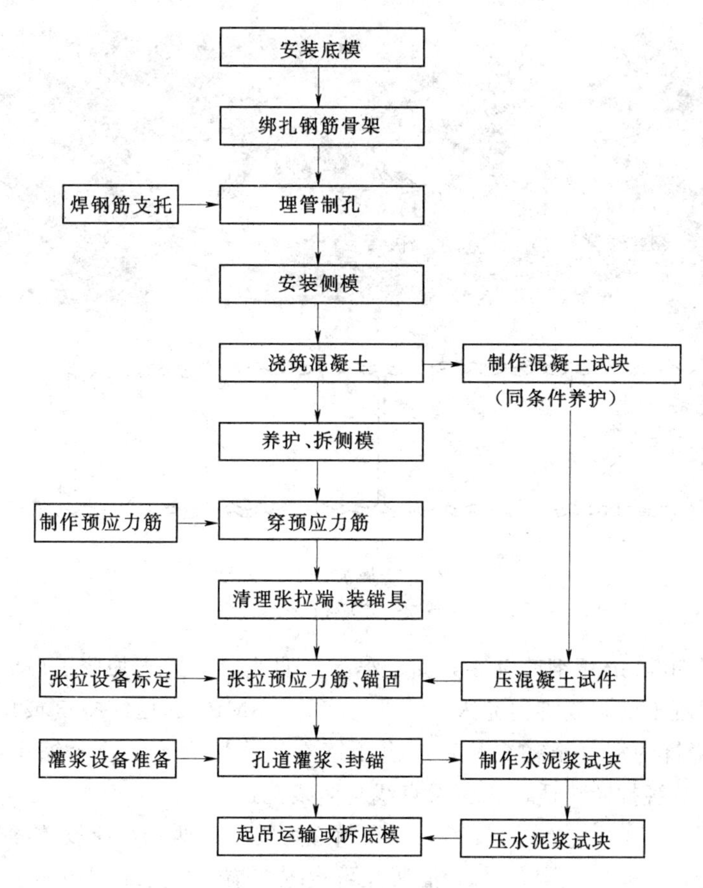

图 3.22 后张法有黏结预应力施工工艺流程
(穿预应力筋也可以在浇筑混凝土前进行)

(3) 密封性好，保护预应力筋不生锈。

(4) 强度高，刚度大，不怕踩压，不易被振动棒凿破。

(5) 减小张拉过程中的孔道摩擦损失。

(6) 提高了预应力筋的耐疲劳能力。

安装时，塑料波纹管的钢筋支托间距不大于0.8～1.0m。塑料波纹管接长采用熔焊法或高密度聚乙烯塑料套管。塑料波纹管与锚垫板连接，采用高高密度聚乙烯塑料套管。

2. 钢管抽芯法

制作后张法预应力混凝土构件时，在预应力筋位置预先埋设钢管，待混凝土初凝后再将钢管旋转抽出的留孔方法。为防止在浇筑混凝土时钢管产生位移，每隔1.0m用钢筋井字架固定牢靠。钢管接头处可用长度为300～400mm的铁皮套管连接。在混凝土浇筑后，每隔一定时间慢慢同向转动钢管，使之不与混凝土黏结；待混凝土初凝后、终凝前抽出钢管，即形成孔道。钢管抽芯法仅适用于留设直线孔道。

3. 胶管抽芯法

制作后张法预应力混凝土构件时，在预应力筋的位置处预先埋设胶管，待混凝土结硬后再将胶管抽出的留孔方法。采用5～7层帆布胶管。为防止在浇筑混凝土时胶管产生位

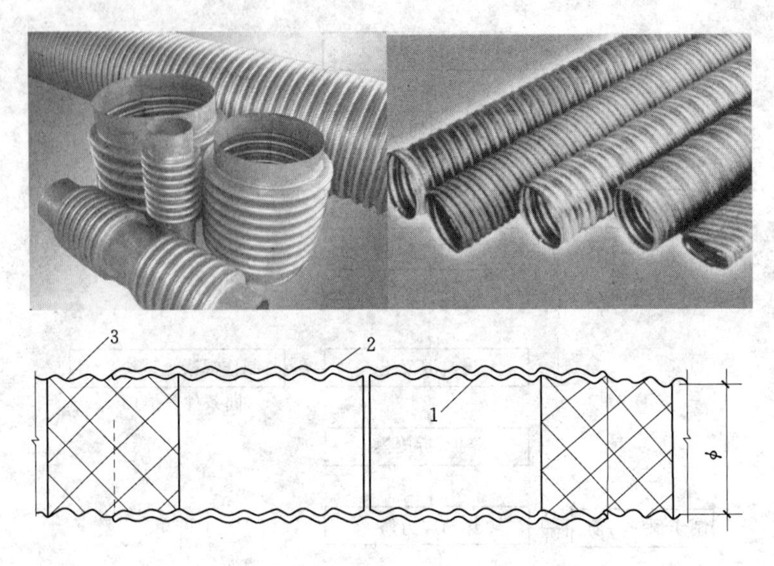

图 3.23　金属波纹管的连接

1—波纹管；2—接头管；3—密封胶带

移，直线段每隔 600mm 用钢筋井字架固定牢靠，曲线段应适当加密。胶管两端应有密封装置。在浇筑混凝土前，胶管内充入压力为 0.6～0.8MPa 的压缩空气或压力水，管径增大约 3mm，待浇筑的混凝土初凝后，放出压缩空气或压力水，管径缩小，混凝土脱开，随即拔出胶管。胶管抽芯法适用于留设直线与曲线孔道。

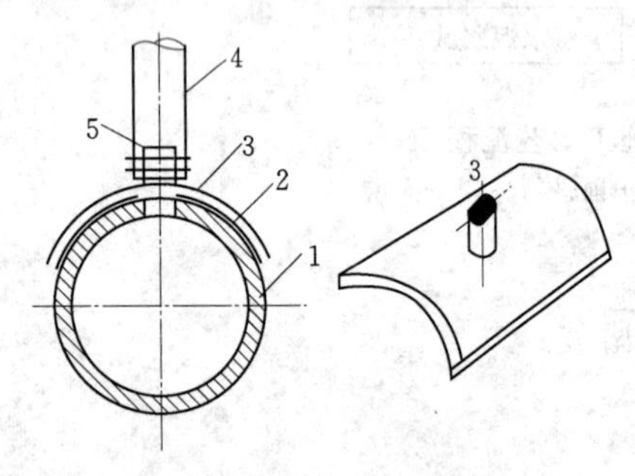

图 3.24　波纹管上留灌浆孔

1—波纹管；2—海绵垫；3—塑料弧形压板；4—塑料管；5—铁丝扎紧

在预应力筋孔道两端，应设置灌浆孔和排气孔。灌浆孔可设置在锚垫板上或利用灌浆管引至构件外，其间距对抽芯成型孔道不宜大于 12m，孔径应能保证浆液畅通，一般不宜小于 20mm，曲线孔道的曲线波峰部位应设置排气兼泌水管，必要时可在最低点设置排水孔，泌水管伸出构件顶面的高度不宜小于 0.5m。灌浆孔的作法，对一般预制构件，可采用木塞留孔。木塞应抵紧钢管、胶管或螺旋管，并应固定，严防混凝土振捣时脱开。现浇预应力结构金属螺旋管留孔作法如图 3.24 所示，是在螺旋管上开口，用带嘴的塑料弧形压板与海绵垫片覆盖并用铁丝扎牢，再接增强塑料管（外径 20mm，内径 16mm）。为保证留孔质量，金属螺旋管上可先不开孔，在外接塑料管内插一根钢筋，待孔道灌浆前，再用钢筋打穿螺旋管。

3.3.2　预应力筋穿入孔道

预应力筋穿入孔道，简称穿筋。根据穿筋与浇筑混凝土之间的先后关系，可分为先穿筋和后穿筋两种。

先穿筋法即在浇筑混凝土之前穿筋。此法穿筋省力，但穿筋占用工期，预应力筋的自

重引起的波纹管摆动会增大摩擦损失，预应力筋端部保护不当易生锈。

后穿筋法即在浇筑混凝土之后穿筋。此法可在混凝土养护期内进行，不影响工期，便于用通孔器或高压水通孔。穿筋后即行张拉，易于防锈，但穿筋较为费力。

根据一次穿入数量，可分为整束穿和单根穿。钢丝束应整束穿；钢绞线宜采用整束穿，也可用单根穿。穿筋工作可由人工、卷扬机和穿筋机进行。

人工穿筋可利用人工或起重设备将预应力筋吊起，工人站在脚手架上逐步穿入孔内。预应力筋的前端应扎紧并裹胶布，以便顺利通过孔道。对多波曲线预应力筋，宜采用特制的牵引头，工人在前头牵引，后头推送，用对讲机保持前后两端同时出现。对长度不大于60m的曲线预应力筋，人工穿筋方便。

预应力筋长60～80m时，也可采用人工先穿筋，但在梁的中部留设约3m长的穿筋助力段。助力段紫波纹管应加大一号，在穿筋前套接在原波纹管上留出穿筋空间，待钢绞线穿入后再将助力段波纹管旋出接涌，该范围内的箍筋暂缓绑扎。

对长度大于80m的预应力筋，宜采用卷扬机穿筋。钢绞线与钢丝绳间用特制的牵引头连接。每次牵引2～3根钢绞线，穿筋速度快。

用穿筋机穿筋适用于大型桥梁与构筑物单根穿钢绞线的情况。穿筋机有两种类型：一是由油泵驱动链板夹持钢绞线传送，速度可任意调节，穿筋可进可退，使用方便；二是由电动机经减速箱减速后由两对滚轮夹持钢绞线传送，进退由电动机正反转控制。穿筋时，钢绞线前头应套上一个子弹头形壳帽。

3.3.3 预应力筋张拉

1. 准备工作

(1) 混凝土强度检验。预应力筋张拉时，混凝土强度应符合设计要求；当设计无具体要求时，不应低于设计混凝土强度等级的75%。

(2) 构件端头清理。构件端部预埋钢板与锚具接触处的焊渣、毛刺、混凝土残渣等应清除干净。

(3) 张拉操作台搭设。高空张拉预应力筋时，应搭设可靠的操作平台。张拉操作平台应能承受操作人员与张拉设备的重量。并装有防护栏杆。为了减轻操作平台的负荷，张拉设备应尽量移至靠近的楼板上，无关人员不得停留在操作平台上。

(4) 锚具与张拉设备安装。锚具进场后应经过检验合格，方可使用；张拉设备应事先配套校验。对钢绞线束夹片锚固体系，安装锚具时应注意工作锚板或锚环对中，夹片均匀打紧并外露一致；千斤顶上的工具锚孔与构件端部工作锚的孔位排列要一致，以防钢绞线在千斤顶穿心孔内打叉。对钢丝束锥形锚固体系，安装钢质锥形锚具时必须严格对中，钢丝在锚环周边应分布均匀。对钢丝束镦头锚固体系，由于穿筋关系，其中一端锚具要后装并进行镦头。安装张拉设备时，对直线预应力筋，应使张拉力作用线与孔道中心线重合；对曲线预应力筋，应使张拉力作用线与孔道中心线末端的切线重合。

2. 预应力筋张拉方式

根据预应力混凝土结构特点、预应力筋形状与长度以及方法的不同，预应力筋张拉方式有以下几种。

（1）一端张拉方式。张拉设备放置在预应力筋的一端进行张拉。适用于长度小于等于30m的直线预应力筋与锚固损失影响长度$L_f \geqslant \frac{1}{2}L$（$L$为预应力筋长度）的曲线预应力筋。如设计人员认可，同意放宽上述限制条件，也可采用一端张拉，但张拉端宜分别设置在构件的两端。

（2）两端张拉方式。张拉设备放置在预应力筋两端进行张拉。适用于长度大于30m的直线预应力筋与$L_f < \frac{1}{2}L$的曲线预应力筋。

（3）分批张拉方式。对配有多束预应力筋的构件或结构分批进行张拉。后批预应力筋张拉所产生的混凝土弹性压缩对先批张拉的预应力筋造成预应力损失，所以先批张拉的预应力筋张拉力应加上该弹性压缩损失值，使分批张拉后，每根预应力筋的张拉力基本相等。若为两批张拉，则第一批张拉的预应力筋的张拉控制应力σ'_{con}应按式（3.5）计算：

$$\sigma'_{con} = \sigma_{con} + \alpha_E \sigma_{PC} \tag{3.5}$$

式中　σ'_{con}——第一批张拉的预应力筋的张拉控制应力；

σ_{con}——设计控制应力，即第二批张拉的预应力筋的张拉控制应力；

α_E——钢筋与混凝土的弹性模量比；

σ_{PC}——第二批预应力筋张拉时，在已张拉预应力筋重心处产生的混凝土法向应力。

【例3.4】　某预应力混凝土屋架，混凝土强度等级为C40，$E_c = 3.25\times10^4$N/mm²，下弦配置4束钢丝束预应力筋，$E_s = 2.05\times10^5$N/mm²；张拉控制应力$\sigma_{con} = 0.75 f_{p2k} = 0.75\times1570 = 1177.5$N/mm²，采用对角线对称分两批张拉，则第二批两根预应力筋的张拉控制应力$\sigma_{con} = 1177.5$N/mm²，又知$\sigma_{PC} = 12.0$N/mm²，计算得第一批预应力筋的张拉控制应力为：

$$\sigma'_{con} = 1177.5 + \frac{2.05\times10^5}{3.25\times10^4}\times12.0 = 1253.2(\text{N/mm}^2)$$

另外，对较长的多跨连续梁可采用分段张拉方式；在后张传力梁等结构中，为了平衡各阶段的荷载，可采用分阶段张拉方式；为达到较好的预应力效果，也可采用在早期预应力损失基本完成后再进行张拉的补偿张拉方式等。

3. 预应力筋张拉顺序

预应力筋的张拉顺序，应使混凝土不产生超应力、构件不扭转与侧弯、结构不变位等，因此，张拉宜对称进行。同时还应考虑到尽量减少张拉设备的移动次数。

预应力混凝土屋架下弦杆钢丝束的张拉顺序示意如图3.26所示。钢丝束的长度不大于30mm，采用一端张拉方式。图3.25（a）是预应力筋为2束，用两台千斤顶分别设置在构件两端，对称张拉，一次完成。图3.25（b）是预应力筋为4束，需要分两批张拉，用两台千斤顶分别张拉对角线上的2束，然后张拉另2束。图中1、2为预应力筋分批张拉顺序。图3.26表示双跨预应力混凝土框架钢绞线束的张拉顺序。钢绞线束为双跨曲线筋，长度达40m采用两端张拉方式。图中4束钢绞线分为两批张拉，两台千斤顶分别设置在梁的两端，按左右对称各张拉1束，待两批4束均进行一端张拉后，再分批在另端补张拉。这种张拉顺序还可减少先批张拉预应力筋的弹性压缩损失。

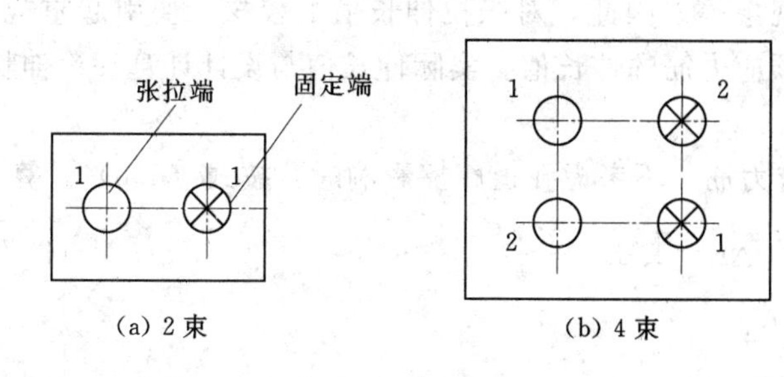

图 3.25 屋架下弦杆预应力筋张拉顺序

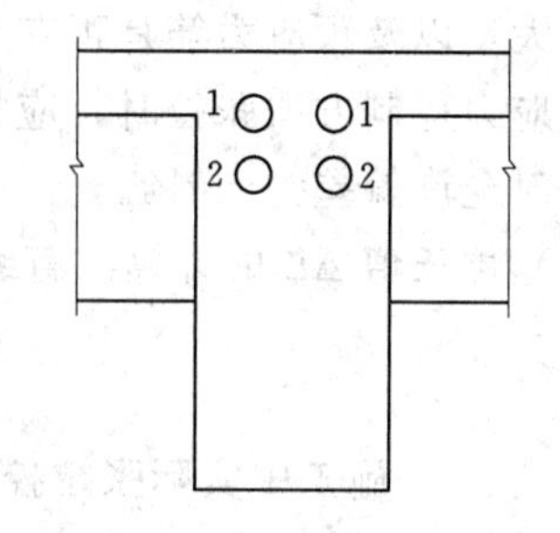

图 3.26 框架梁预应力筋张拉顺序

后张法预应力混凝土屋架等构件一般在施工现场平卧重叠制作，重叠层数为3～4层，其张拉顺序宜先上后下逐层进行。为了减少上下层之间因摩擦引起的预应力损失，可逐层加大张拉力。

4. 张拉程序

预应力筋的张拉操作程序，主要根据构件类型、张拉锚固体系、松弛损失等因素确定。

（1）采用低松弛钢丝和钢绞线时，张拉操作程序为：

$$0 \rightarrow P_j \quad 锚固$$

其中，P_j 为预应力筋的张拉力，按式（3.6）计算：

$$P_j = \sigma_{con} A_p \tag{3.6}$$

式中 A_p——预应力筋的截面面积。

（2）采用普通松弛预应力筋时，按超张拉程序进行：

对镦头锚具等可卸载锚具 $0 \rightarrow 1.05P_j \xrightarrow{持荷2min} P_j$ 锚固

对夹片锚具等不可卸载锚具 $0 \rightarrow 1.03P_j$ 锚固

超张拉并持荷2min的目的是加快预应力筋松弛损失的早期发展。以上各种张拉操作程序，均可分级加载。对曲线预应力束，一般以（0.2～0.25）P_j 为测量伸长值的起点，分3级加载（$0.2P_j$、$0.6P_j$ 及 $1.0P_j$）或4级加载（$0.25P_j$、$0.50P_j$、$0.75P_j$ 及 $1.0P_j$）。

当预应力筋长度较大，千斤顶张拉行程不够时，应采取分级张拉、分级锚固。第二级初始油压为第一级最终油压。预应力筋张拉到规定油压后，持荷校核伸长值，合格后进行锚固。

【例3.5】 某预应力混凝土梁，配有6束中 $\phi s15.2$ 低松弛钢绞线预应力筋，$f_{ptk}=1860N/mm^2$，每束 $\phi s15.2$ 钢绞线预应力筋的截面面积为139mm²，设计张拉控制应力 $\sigma_{con}=0.70f_{ptk}$，采用 $0 \rightarrow P_j$ 锚固的张拉程序，则其张拉力 $P_j=0.70\times1860\times6\times139=1085.9$（kN）。选用YDC25008穿心式千斤顶与配套压力表张拉，当拉力为1320.2kN时，按其校验线性回归方程 $P_{实际}=0.0224N+0.4667$，可知压力表实际读数应为 $0.0224\times1085.9+0.4667=24.8$（N/mm²）。

5. 张拉伸长值校核

预应力筋张拉时，通过伸长值的校核，可以综合反映张拉力是否足够，孔道摩阻损失是否偏大，以及预应力筋是否有异常现象等。因此，对张拉伸长值的校核，要引起重视。当采用应力控制方法张拉时，应校核预应力筋的伸长值。实际伸长值与设计计算理论伸长值的相对允许偏差为±6%。

（1）伸长值 ΔL 的计算。直线预应力筋，不考虑孔道摩擦影响时，按式（3.6）计算：

$$\Delta L=\frac{\sigma_{con}}{E_s}L \tag{3.7}$$

式中 σ_{con}——施工中实际张拉控制应力；

E_s——预应力筋的弹性模量；

L——预应力筋长度。

直线预应力筋，考虑孔道摩擦影响，一端张拉时，按式（3.8）计算：

$$\Delta L=\frac{\overline{\sigma}_{con}}{E_s}L \tag{3.8}$$

式中 $\overline{\sigma}_{con}$——预应力筋的平均张拉应力，取张拉端与固定端应力的平均值，即为跨中应力值；

E_s——预应力筋的弹性模量；

L——预应力筋长度。

式（3.7）和式（3.8）的差别在于是否考虑孔道摩擦对预应力筋伸长值的影响。对于直线预应力筋，当长度在 24m 以内、一端张拉时，两公式计算结果相差不大，可采用式（3.7）计算。曲线预应力筋，可按精确方法或简化方法计算。简化方法：

$$\Delta L=\frac{PL_T}{A_pE_s} \tag{3.9}$$

$$P=P_j\left(1-\frac{KL_T+\mu\theta}{2}\right) \tag{3.10}$$

式中 P——预应力筋平均张拉力，取张拉端与计算截面处扣除孔道摩擦损失后的拉力平均值；

L_T——预应力筋实际长度；

A_p——预应力筋截面面积；

E_s——预应力筋的弹性模量；

K——考虑孔道（每米）局部偏差对摩擦影响的系数；

μ——预应力筋与孔道壁的摩擦系数；

θ——从张拉端至计算截面曲线孔道部分切线的夹角（以弧度计）。

计算时，对多曲线段或直线段与曲线段组成的预应力筋，张拉伸长值应分段计算，然后分段叠加。预应力筋弹性模量取值对伸长值的影响较大，重要的预应力混凝土结构，预应力筋的弹性模量应事先测定。K、μ 取值应套用设计计算资料。

（2）伸长值的测定。预应力筋张拉伸长值的量测，应在建立初应力之后进行。其实际伸长值应为：

$$\Delta L=\Delta L_1+\Delta L_2-A-B-C \tag{3.11}$$

式中　ΔL_1——从初应力至最大张拉力之间的实测伸长值；

ΔL_2——初应力以下的推算伸长值；

A——张拉过程中锚具楔紧引起的预应力筋内缩值，包括工具锚、远端工作锚、远端补张拉工具锚等回缩值；

B——千斤顶体内预应力筋的张拉伸长值；

C——施加预应力时，后张法混凝土构件的弹性压缩值（其值微小时可略去不计）。

初应力以下的推算伸长值 ΔL_2，可根据弹性范围内张拉力与伸长值成正比的关系，用计算法或图解法确定。

6. 张拉安全注意事项

在预应力作业中，必须特别注意安全，因为预应力持有很大的能量，万一预应力被拉断或锚具与张拉千斤顶失效，巨大能量急剧释放，有可能造成很大危害，因此，在任何情况下作业人员不得站在预应力筋的两端，同时在张拉千斤顶的后面应设立防护装置。

3.3.4　孔道灌浆

预应力筋张拉后，利用灌浆泵将水泥浆压灌到预应力筋孔道中去，其作用有二：一是保护预应力筋，防止锈蚀；二是使预应力筋与构件混凝土能有效地黏结，以控制超载时裂缝的间距与宽度并减轻梁端锚具的负荷状况。

预应力筋张拉后，应尽早进行孔道灌浆。对孔道灌浆的质量，必须重视。孔道内水泥浆应饱满、密实，应采用强度等级不低于32.5级的普通硅酸盐水泥配制水泥浆，其水灰比不应大于0.45；搅拌后3h泌水率不宜大于2%，且不应大于3%。泌水应能在24h内全部重新被水泥浆吸收。为改善水泥浆性能，可掺缓凝减水剂。水泥浆应采用机械搅拌，以确保拌和均匀。搅拌好的水泥浆必须过滤（网眼不大于5mm）置于储浆桶内，并不断搅拌以防水沉淀。

灌浆设备包括砂浆搅拌机、灌浆泵、储浆桶、过滤网、橡胶管和喷浆嘴等。灌浆泵应根据灌浆高度、长度、形态等选用并配备计量校检合格的压力表。

灌浆前应全面检查构件孔道及灌浆孔、泌水孔、排气孔是否畅通。对抽拔管成孔，可采用压力水冲洗孔道；对预埋波纹管成孔，必要时可采用压缩空气清孔。宜先灌下层孔道，后灌上层孔道。灌浆工作应缓慢均匀地进行，不得中断，并应排气通顺，在出浆口出浓浆并封闭排气孔后，宜再继续加压至0.5～0.7N/mm^2，稳压2min，再封闭灌浆孔。当孔道直径较大且水泥浆不掺微膨胀剂或减水剂进行灌浆时，可采取二次压浆法或重力补浆法。超长孔道、大曲率孔道、扁管孔道、腐蚀环境的孔道等可采用真空辅助灌浆。

灌浆用水泥浆的配合比应通过试验确定，施工中不得任意更改。灌浆试块采用7.07cm^{3}的试模制作，其标准养护28d的抗压强度不应低于30N/mm^2。孔道灌浆后，应检查孔道上凸部位灌浆密实性，如有空隙，应采取人工补浆措施。对孔道阻塞或孔道灌浆密实情况有疑问时，可局部凿开或钻孔检查，但以不损坏结构为前提，否则应采取加固措施。

预应力作为混凝土结构分部工程中的一个分项工程，在施工中须与钢筋分项工程、模板分项工程、混凝土分项工程等密切配合。

1. 模板安装与拆除

（1）确定预应力混凝土梁、板底模起拱值时，应考虑张拉后产生的反拱，起拱高度宜为全跨长度的0.5‰～1‰。

（2）现浇预应力梁的一侧模板可在金属波纹管铺设前安装，另一侧模板应在金属波纹管铺设后安装。梁的端模应在端部预埋件安装后封闭。

（3）现浇预应力梁的侧模宜在预应力筋张拉前拆除。底模支架的拆除应按施工技术方案执行，当无具体要求时应在预应力筋张拉及灌浆强度达到15MPa后拆除。

2. 钢筋安装

（1）普通钢筋安装时应避让预应力筋孔道；梁腰筋间的拉筋应在金属波纹管安装后绑扎。

（2）金属波纹管或无黏结预应力筋铺设后，其附近不得进行电焊作业；如有必要，则应采取防护措施。

3. 混凝土浇筑

（1）混凝土浇筑时，应防止振动器触碰金属波纹管、无黏结预应力筋和端部预埋件等。

（2）混凝土浇筑时，不得踏压或撞碰无黏结预应力筋、支撑架等。

（3）预应力梁板混凝土浇筑时，应多留置1～2组混凝土试块，并与梁板同条件养护，用以测定预应力筋张拉时混凝土的实际强度值。

（4）施加预应力时临时断开的部位，在预应力筋张拉后，即可浇筑混凝土。

3.3.5 预应力混凝土施工安全技术

1. 预应力钢筋冷拉时的安全技术要点

钢筋冷拉前，先进行空车试运转，待检查合格后，方可进行冷拉；钢筋冷拉两端后面应设防护，以防钢筋拉断或夹具失灵伤人；电动机操作由电工负责进行，其他人不得任意启动；冷拉钢筋应统一指挥，按规定信号开车、停车；冷拉钢筋两端与钢筋两侧4m范围之内不准站人，以免钢筋拉断伤人；出现故障或停电，应先关闭电路断电，以免来电时电动机转动发生事故。

2. 预应力钢筋焊接的安全技术要点

对焊机由焊工专人管理、使用，并经过试焊合格，性能符合要求方可使用；对焊机须用冷水冷却，出水水温不宜超过40℃，排水量应符合说明书规定；工作时应检查是否有漏水和堵塞现象，工作完后应关上龙头；电焊操作人员要戴手套、防护眼镜、穿胶鞋，安装触电防护装置；对焊机应设置焊光对焊铁皮挡板，非作业人员不得进入作业区；凡易燃、易爆物品不得存放在对焊机房内，并设置消防设备；焊机外壳接地，电阻不大于4Ω，埋深大于500mm；每班作业完毕应立即切断电源，定期检修电焊机。

3. 预应力筋张拉时的安全技术要点

张拉构件附近，禁止非作业人员进入；张拉时，构件两端不准站人，作业人员站在千斤顶与油泵两侧，以防钢筋拉断伤人，并设置防护罩。高压油泵应放在构件两端的左右两

侧，拧紧锚固螺母和测量钢筋伸长值时，作业人员应站在预应力筋的侧面。张拉完毕，油路回油降压后，应稍等1～2min再拆卸张拉机具；高压油泵作业人员须戴防护目镜，以防油管破裂喷油伤眼；作业前，检查高压油泵与千斤顶之间的连接管和连接点是否完好无损，其所有螺丝应拧紧。

4. 孔道灌浆时的安全技术要点

作业前应检查灰浆泵；喷嘴插入灌浆孔后，喷嘴后面的胶皮垫圈要压紧在孔洞上，胶管与灰浆泵连接要牢固，经检查合格后再正式启动灰浆泵；作业人员应站在灌浆孔的侧面，以防灰浆喷出伤人；作业人员须戴防护眼镜、穿胶鞋、戴手套。

任务3.4 无黏结预应力混凝土施工

【任务导航】 了解无黏结预应力混凝土施工工艺、施工方法；能根据施工图纸和实际工作条件，初步具有选择和制定常规无黏结预应力混凝土工程施工方案的能力。

后张无黏结预应力混凝土施工方法是将无黏结预应力筋像普通布筋一样先铺设在支好的模板内，然后浇筑混凝土，待混凝土达到设计规定强度后进行张拉锚固的施工方法。无黏结预应力筋施工无需预留孔道与灌浆，施工简便，预应力筋易弯成所需的曲线形状。主要用于现浇混凝土结构，如双向连续平板、密肋板和多跨连续梁等，也可用于暴露或腐蚀环境中的体外索、拉索等。

3.4.1 无黏结预应力筋的制作

无黏结预应力筋用防腐润滑油脂涂敷在预应力钢材（高强钢丝或钢绞线）表面上，并外包塑料护套制成（图3.27）。涂料层的作用是使预应力筋与混凝土隔离，减少张拉时的摩擦损失，防止预应力筋腐蚀等。防腐润滑油脂应具有良好的化学稳定性，对周围材料无侵蚀作用，不透水、不吸湿，抗腐蚀性能强，润滑性能好，在规定温度范围内高温不流淌、低温不变脆，并有一定韧性。成型后的整盘无黏结预应力筋可按工程所需长度、锚固形式下料，进行组装。无黏结预应力筋的包装、运输、保管应符合下列要求。

（1）对不同规格的无黏结预应力筋应有明确标记。

（2）当无黏结预应力筋带有镦头锚具时，应用塑料袋包裹。

（3）无黏结预应力筋应堆放在通风干燥处，露天堆放应搁置在板架上并加以覆盖，以免烈日曝晒造成涂料流淌。

3.4.2 无黏结预应力筋的铺设

在单向板中，无黏结预应力筋的铺设比较简单，与非预应力筋铺设基本相同。在双向板中，无黏结预应力筋需要配置成两个方向的悬垂曲线，要相互穿插，施工操作较为困难，必须事先编出无黏结筋的铺设顺序。其方法是将各向无黏结筋各搭接点的标高标出，对各搭接点相应的两个标高分别进行比较，若一个方向某一无黏结筋的各点标高均分别低于与其相交的各筋相应点标高时，则此筋可先放置。按此规律编出全部无黏结筋的铺设

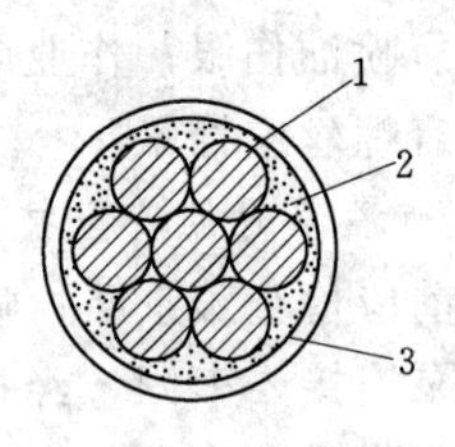

图 3.27 无黏结预应力筋

1—钢绞线或钢丝；2—油脂；3—塑料护套

顺序。

无黏结预应力筋的铺设，通常是在底部钢筋铺设后进行。水电管线一般宜在无黏结筋铺设后进行，且不得将无黏结筋的竖向位置抬高或压低。支座处负弯矩钢筋通常是在最后铺设。无黏结预应力筋应严格按设计要求的曲线形状就位并固定牢靠。无黏结筋竖向位置，宜用支撑钢筋或钢筋马凳控制，其间距为1～2m。应保证无黏结筋的曲线顺直。在双向连续平板中，各无黏结筋曲线高度的控制点用铁马凳垫好并扎牢。在支座部位，无黏结筋可直接绑扎在梁或墙的顶部钢筋上；在跨中部位，可直接绑扎在板的底部钢筋上。

3.4.3 无黏结预应力筋张拉

无黏结预应力筋张拉程序等有关要求基本上与有黏结后张法相同。无黏结预应力混凝土楼盖结构宜先张拉楼板，后张拉楼面梁。板中的无黏结筋，可依次张拉。梁中的无黏结筋宜对称张拉。板中的无黏结筋一般采用前卡式千斤顶单根张拉，并用单孔夹片锚具锚固。

无黏结曲线预应力筋的长度超过35m时，宜采取两端张拉。当筋长超过70m时，宜采取分段张拉。如遇到摩擦损失较大时，宜先松动一次再张拉。

在梁板顶面或墙壁侧面的斜槽内张拉无黏结预应力筋时，宜采用变角张拉装置。

无黏结预应力筋张拉伸长值校核与有黏结预应力筋相同；对超长无黏结筋由于张拉初期的阻力大，初拉力以下的伸长值比常规推算伸长值小，应通过试验修正。

无黏结预应力筋的锚固区，必须有严格的密封防护措施，严防水汽进入，锈蚀预应力筋。无黏结预应力筋锚固后的外露长度不小于30mm，多余部分宜用手提砂轮锯切割，但不得采用电弧切割。在锚具与锚垫板表面涂以防水涂料。为了使无黏结筋端头全封闭，在锚具端头涂防腐润滑油脂后，罩上封端塑料盖帽（图3.28）。

对凹入式锚固区，锚具表面经上述处理后，再用微胀混凝土或低收缩防水砂浆密封。对凸出式锚固区，可采用外包钢筋混凝土圈梁封闭。对留有后浇带的锚固区，可采取二次浇筑混凝土的方法封锚。

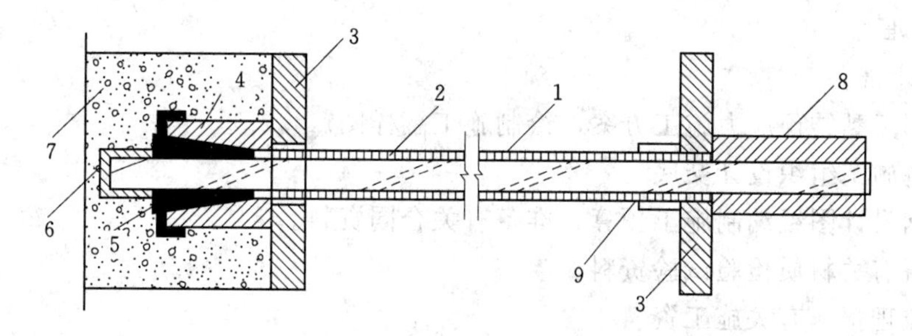

图 3.28 无黏结预应力筋全密封构造

1—护套；2—钢绞线；3—承压钢板；4—锚环；5—夹片；6—塑料帽；7—封头混凝土；8—挤压锚具；9—塑料套管或橡胶带

附工程案例

1. 工程概况

某住宅小区6号楼地下车库工程为大跨度板柱体系，车库顶板采用无黏结预应力技术。无黏结筋为国家标准低松弛钢绞线ϕ15.24，抗拉强度标准值为1860N/mm²，预应力筋张拉控制应力为$\sigma_{con}=0.7\times1860\text{N/mm}^2=1302\text{N/mm}^2$。张拉端采用夹片式锚具，固定端采用挤压式锚具。楼板的混凝土强度等级为C45。当混凝土强度达到100%时，方可进行张拉。

2. 施工安排

(1) 预应力专业施工范围。

1) 配合设计进行预应力设计计算及施工图设计，并提供无黏结预应力成套技术的施工组织设计及翻样图纸实施方案。

2) 提供无黏结预应力成套技术所需的无黏结预应力筋锚具及相应配件。

3) 负责将无黏结预应力筋及配件等运至施工现场。

4) 负责预应力筋的铺放、张拉和张拉后端头切筋。

5) 协助进行无黏结筋的质量监督和隐检验收。

6) 提供预应力筋原材料的出厂证明及力学性能复试报告、锚具出厂合格证、张拉设备标定值和张拉记录等技术资料。

(2) 总包方配合工作范围。

1) 提供该项目的无黏结预应力设计资料、设计要求和施工进度计划。

2) 提供现场办公用房和临时库房，负责张拉操作平台和设备用电源，负责提供现场垂直运输及临时存放材料的场所。

3) 负责协调设计阶段施工方与设计院之间的协作关系及施工阶段现场水、电等各分项工程与预应力分项工程的关系。

4) 提前三天通知施工方进场铺筋和张拉，并提供混凝土强度试验的文字报告。

5) 负责与非预应力筋铺设及水电暗埋的协调工作。

6) 负责与土建施工的协调工作。

3. 施工准备

(1) 技术准备。

1) 编制无黏结预应力施工方案，绘制施工翻样图。

2) 准备施工组织设计交底。

3) 根据设计图纸编制施工预算，准备有关合同资料。

4) 准备有关材质检验试验资料。

5) 向监理报送有关施工资料。

6) 组织有关人员熟悉图纸，学习有关规范，向作业人员进行技术安全交底。

(2) 材料准备及材料计划。

1) 预应力筋。

a. 本工程预应力筋采用高强低松弛钢绞线，直径 15.24mm，钢绞线抗拉强度标准值 $f_{ptk}=1860N/mm^2$。

b. 钢绞线进场时，必须附有产品合格证书，产品质量必须符合相应的国家标准。材料进场后，按国家检验标准的规定，逐盘复检，合格后方可进行涂塑。

c. 本工程采用的无黏结预应力筋简称“无黏结筋”，系由抗拉强度为 1860MPa 的 Φj15.24 低松弛钢绞线，按照 BUPC 无黏结预应力成套技术工艺，通过专用设备涂以润滑防锈油脂，并包裹塑料套管而构成的一种新型预应力筋。

d. 无黏结筋由施工方自行制作，按照工程需要分类编号，直接加工成所需长度。对一端张拉的无黏结筋，把锚固端直接挤压成型。

2) 预应力锚具采用北京市建筑工程研究院生产的 B&S 锚固体系中的系列锚具。该体系锚具是Ⅰ类锚具，已应用在上百项工程中。其产品为国家、建设部新技术推广产品。因本工程预应力中采用高强低松弛钢绞线，对锚具的要求高。按照规范要求，锚具必须采用Ⅰ类锚具：锚具效率系数 $\eta_A \geqslant 0.95$，试件破断时的总应变 $\varepsilon_u \geqslant 2\%$。张拉端：无黏结形式采用单孔夹片锚，由单孔锚锚具、承压板、螺旋筋组成。固定端：采用单束挤压锚，由挤压锚具、锚板、螺旋筋组成。

3) 主要材料需用量计划。根据现场实际使用情况，合理安排生产和运输，保证提前供应，既不影响工期，又不致造成积压，以免造成不必要的资源浪费。

4) 主要施工机械准备及需用量计划。张拉设备采用北京市建筑工程研究院生产的配套张拉产品，其产品为国家、建设部新技术推广产品。单根无黏结预应力筋张拉，采用 YCN－25 型前卡千斤顶，配套手提式超高压小油泵。

4. 施工方法

(1) 施工工艺流程。本工程部分预应力筋为超长筋，实际施工时，预应力钢筋长度视后浇带的设置情况而定。预应力施工工艺流程见图 3.29。

(2) 无黏结预应力筋加工、运输、储存。

1) 无黏结预应力筋按照施工图纸规定，在北京市建筑工程研究院无黏结筋生产车间进行下料。按施工图上结构尺寸和数量，考虑预应力筋的曲线长度、张拉设备及不同形式的组装要求，每根预应力筋的每个张拉端预留出不小于 50cm 的张拉长度进行下料。预应力筋下料应用砂轮切割机切割，严禁使用电焊和气焊。对一端锚固、一端张拉的预应力筋

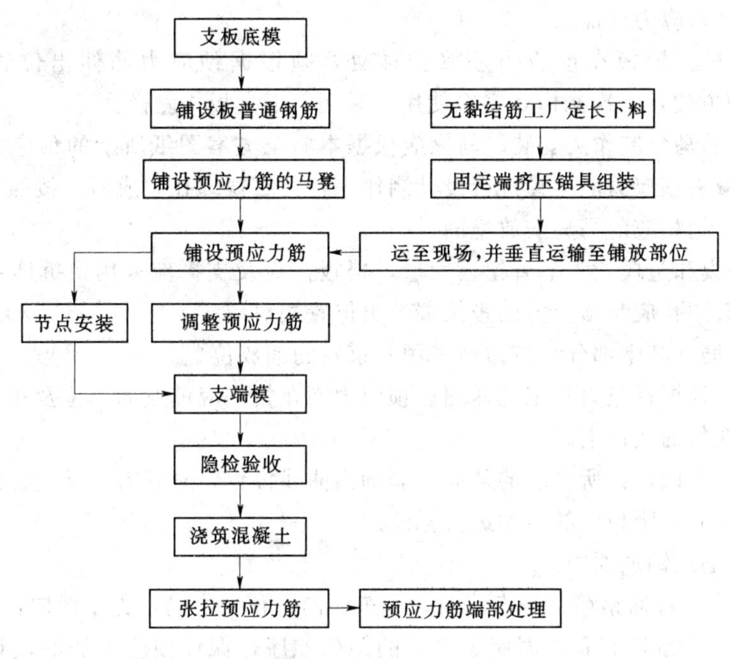

图 3.29 预应力施工工艺流程图

要逐根进行组装，然后将各种类型的预应力筋按照图纸的不同规格进行编号堆放。

2）一端张拉的预应力筋锚固端挤压锚的挤压工艺。

a. 将挤压锚夹片套装在预应力筋端部，套入夹片后，预应力筋外露长度 20mm 为宜。

b. 在装好挤压锚夹片外面穿入锚环，将锚环外清理干净，并涂抹二硫化铝润滑脂或石蜡。

c. 将装好的端头穿入挤压模内，开泵给油（油压不小于 32MPa），完成挤压锚固端的组装。

d. 挤压锚锚固端组装件检查合格后，在专用组装设备紧楔机上，将挤压锚固端组装在挤压锚座上，并压实（图 3.30）。

3）无黏结筋运输时采用成盘运输，应轻装轻卸，严禁摔掷及锋利物品损坏无黏结筋表面及配件。吊具用钢丝绳需套胶管，避免装卸时破坏无黏结筋塑料套管。若有损坏应及时用塑料胶条修补，其缠绕搭接长度为胶条的 1/3 宽度。

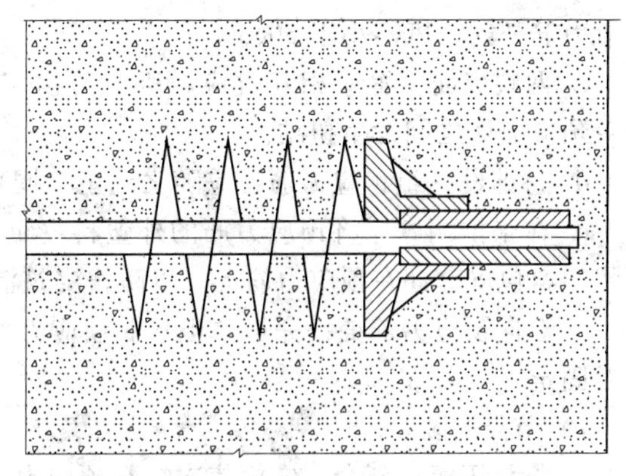

图 3.30 挤压锚示意图

4）无黏结筋运到施工现场后，应按不同规格分类成捆、成盘挂牌，整齐堆放在干燥平整的地方。露天堆放时，须覆盖雨布，下面应加设垫木，防止锚具和钢丝锈蚀。严禁碰撞踩压堆放成品，避免损坏塑料套管及锚具。锚夹具及配件应在室内存放，严防锈蚀。

(3) 无黏结预应力筋铺放。

1) 准备端模。模板在预应力筋张拉端处，须根据预应力筋伸出位置打孔，孔径25mm。为拆模方便，一次制模，多次使用，采用上下夹板式侧模。

2) 预应力筋马凳制作及安装。马凳应根据本施工方案图纸所示的预应力筋中线，用距板底的矢高减去预应力筋半径进行设计制作。在板底铁绑扎完成后，按照预应力筋矢高定位点的位置，把相应的马凳安放稳固。

3) 板支底模和边模。为节省模板用量，楼板模板及支撑应采用快拆体系。要求梁板端模就位后，其圆孔应与预应力筋张拉端伸出位置相对应。

4) 预应力筋（其中部分预应力筋采用并束）的铺放位置。

平面位置：根据预应力施工翻样图、预应力筋在板内应铺放的部位及布置根数，将每根筋的位置划在板的底模上。

剖面位置：按照设计所要求的预应力筋剖面曲线位置，对其需支马凳处的位置和该位置处预应力筋中心线距板底的高度进行标注。

5) 预应力筋的铺放原则。

a. 铺放顺序：普通钢筋：先南北向，后东西向；预应力筋：先东西向，后南北向。

b. 预应力筋为双向布置，需制定严格的铺放顺序，保证预应力筋的设计矢高，避免施工中的混乱。铺设预应力筋时应特别注意与非预应力筋的走向位置协调一致，特别是跨中和支座处，预应力筋与非预应力筋的相互关系不可倒置。

c. 由于预应力筋在板中是双向曲线布置，因此，与水电的管线难免互相交叉影响。在遇到这种情况时，应注意与水电专业的协调处理，原则应当是：水电的管线既不抬高也不压低预应力筋，预应力筋也不对水电管线形成硬挤压。在尽可能的情况下，调整水电管线的走向，使两者互相错开。如果必须交叉需调整预应力筋时，预应力筋的失高应向着有利于结构的方向提高或降低。

6) 无黏结筋铺放步骤和方法。

a. 无黏结筋成盘吊运至铺放部位，散开堆放。

b. 在张拉端，预应力筋应垂直穿出承压板，承压板后面应有不小于30cm的直线段，预应力筋外露长度不小于50cm。

c. 两端穿筋位置应相互对应，所穿的预应力筋不要与已穿好的预应力筋发生缠绕，避免预应力筋之间发生扭结。

d. 每铺设一组预应力筋，应随之调正、调直，并与马凳初步固定。

e. 在张拉端，应将预应力筋的外塑料皮距端头40～60cm处先割断，待节点组装后，再将塑料包皮套穿在预应力筋上，以防止浇筑混凝土时，裸露的预应力筋与混凝土粘连。

f. 双向预应力筋铺设完毕，土建非预应力筋绑扎完以后，对预应力筋进行最后调整，然后固定。

7) 节点安装。

a. 将承压板、杯套、穴模依次穿在预应力筋上。

b. 将端模板固定好。

c. 将穴模安装在端模上，固定就位，各部位之间不应有缝隙。张拉作用线应与承压

板面垂直，承压板后应有不小于 30cm 的直线段。

d. 锚固端已于加工厂组装好，按设计要求的位置绑扎牢固即可。

e. 在预应力筋的张拉端和锚固端各装上一个螺旋筋，要求螺旋筋要紧贴承压板和锚板（图 3.31）。

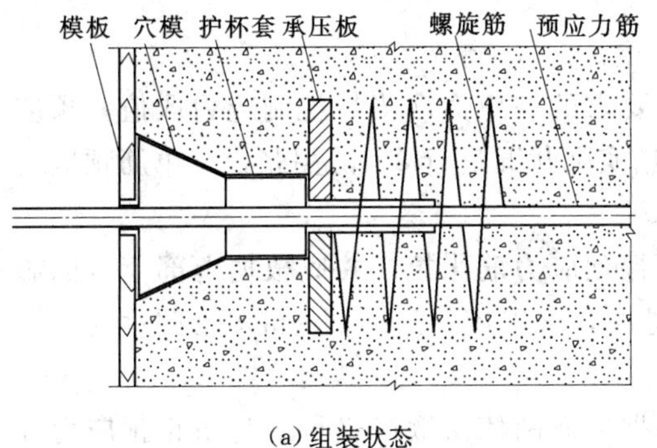

(a) 组装状态

(b) 张拉后状态

图 3.31　张拉端锚具示意图

8）质量自检由班组检查以下内容，合格后上报总包方，经总包方上报监理。

a. 张拉端及锚固端的安装质量。

b. 无黏结筋矢高及顺直偏差。

c. 洞口、管线与非预应力筋关系等是否正确。

d. 无黏结筋外包塑料皮有无破损。

9）成品保护。

a. 材料堆放时要求预应力筋下有垫木。

b. 现场吊筋应用软性吊装带。

c. 铺设完成后应避免来回抽动预应力筋，避免损坏外皮。

d. 验收后直至浇筑混凝土，应有专人检查保护成型预应力筋。

e. 整个铺设过程中，如发现外皮破损应及时缠补。

（4）混凝土的浇筑及振捣。

1）无黏结筋铺放完成后，应由施工单位、质量检查部门、监理单位会同设计单位进行隐检验收，确认合格后，方可浇筑混凝土。

2）浇筑混凝土时，应认真振捣，保证混凝土的密实。尤其是承压板、锚板周围的混凝土严禁漏振，不得出现蜂窝或孔洞。振捣时，应尽量避免踏压碰撞预应力筋、支撑架以及端部预埋部件。

（5）预应力筋张拉。

1）预应力筋张拉前标定张拉机具。张拉机具采用北京市建筑工程研究院研制的 YCN 系列 25t 前卡内置式千斤顶和配套油泵。根据设计和预应力工艺要求的实际张拉力对泵顶进行标定，绘出标定曲线。实际使用时，由此标定曲线上找到控制张拉力值相对应的值，并将其打在相应的泵顶标牌上，以方便操作和查验。标定曲线在张拉资料中给出。

2）预应力筋理论伸长值计算。

$$\Delta L_p=\frac{\sigma_{pe}\cdot L_p}{E_p} \tag{3.12}$$

式中 ΔL_p——预应力理论伸长值；

σ_{pe}——预应力第一批损失后，预应力筋有效应力的平均值；

E_p——预应力筋的弹性模量；

L_p——预应力筋在混凝土构件的埋入长度。

3）张拉控制应力和实际张拉力。根据设计要求的预应力筋张拉控制应力取值，预应力筋张拉控制应力为1302MPa，实际张拉力根据实际状况进行3%的超张拉（单筋预应力张拉为1880kN)。

4）混凝土达到设计要求的强度后，方可进行预应力筋张拉，并应根据上部荷载的施加情况分阶段张拉，具体张拉时间按土建施工进度要求进行。张拉时的混凝土强度应有书面试压强度报告单。

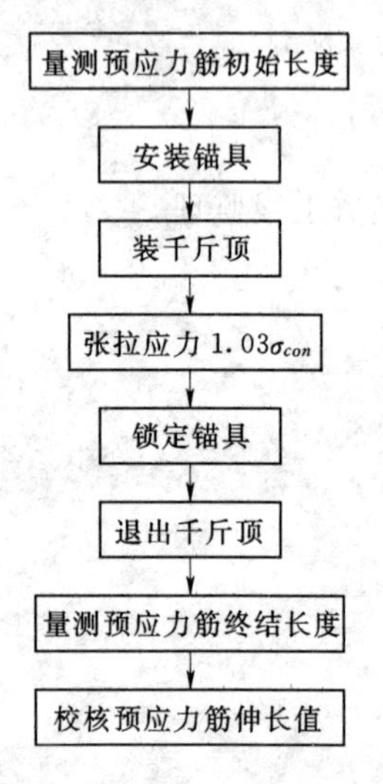

图3.32 张拉工艺流程图

5）预应力筋张拉根据平面图依次顺序进行。为防止预应力筋张拉时顶板开裂，采用分阶段张拉：①每米配筋量大于等于6束张拉1/2筋（即隔根张拉），每米配筋量小于6束张拉全部预应力筋；②回土1/3覆土（指需要二次张拉的部位）；③张拉其余预应力筋；④回填剩余覆土。

6）单端筋，一端张拉。双端筋，先张拉一端，再补拉另一端。每束预应力筋张拉完后，应立即测量校对伸长值。如发现异常，应暂停张拉，待查明原因，并采取措施后，再继续张拉。

7）张拉工艺流程，详见图3.32。

8）张拉操作要点。

a. 穿筋。将预应力筋从千斤顶的前端穿入，直至千斤顶的顶压器顶住锚具为止。如果需用斜垫片或变角器，则先将其穿入，再穿千斤顶。

b. 张拉。油泵启动供油正常后，开始加压，当压力达到2.5MPa时，停止加压。调整千斤顶的位置，继续加压，直至达到设计要求的张拉力。当千斤顶行程满足不了所需伸长值时，中途可停止张拉，做临时锚固，倒回千斤顶行程，再进行第二次张拉。张拉时，要控制给油速度，给油时间不应低于0.5min。

c. 测量记录。张拉前，逐根测量外露无黏结筋的长度，依次记录，作为张拉前的原始长度。张拉后，再次测量无黏结筋的外露长度，减去张拉前测量的长度，所得之差即为实际伸长值，用以校核计算伸长值。

9）张拉质量控制方法和要求。

a. 采用张拉时，张拉力按标定的数值进行，用伸长值进行校核，即张拉质量采用应力应变双控方法。根据有关规范，张拉实际伸长值不应超过理论伸长值的110%，不应小于理论伸长值的95%。

b. 认真检查张拉端清理情况，不能夹带杂物张拉。

c. 锚具要检验合格，使用前逐个进行检查，严禁使用锈蚀锚具。

d. 张拉严格按照操作规程进行，控制给油速度，给油时间不应低于 0.5min。

e. 无黏结筋应与承压板保持垂直，否则，应加斜垫片进行调整。

f. 千斤顶安装位置应与无黏结筋在同一轴线上，并与承压板保持垂直，否则，应采用变角器进行张拉。

g. 当实测伸长值与计算伸长值比较低 5%或高 10%以上时，应停止张拉，报告工程师进行处理。

(6) 张拉后预应力筋张拉端处理。

1) 对于预应力筋张拉端为穴模的情况，用机械方法，将外露预应力筋沿穴模表面切断，然后用加注油脂的专用塑料盖，将锚具封闭严密。最后，根据设计要求，用专门的砂浆封堵穴模。

2) 对于预应力筋张拉端在板面的情况，若预应力筋外露长度由于变角张拉后预应力筋外翘，使预应力筋超出板面，应先将其超出部分用机械方法切断，然后用加注油脂的专用塑料帽将锚具封闭严密，最后根据设计要求浇筑预留槽混凝土。

(7) 特殊工艺的处理。

1) 本工程的长度较大，预应力筋需分段铺设，所以部分预应力筋采用板上张拉的方法。其张拉端处理方法见图 3.33。

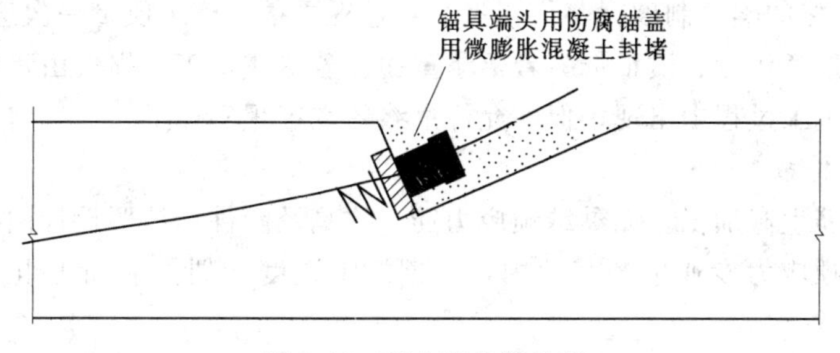

图 3.33　板上张拉端处理

2) 本工程依照后浇带，将地下一层顶板分为 9 个施工段，并逐段流水施工，所以出现预应力筋跨越两个后浇带铺设的情况。因此，当预应力筋跨越后浇带预留长度大于 5m 时，板模应超过后浇带多搭设一跨。

5. 质量保证措施

(1) 加强技术管理，认真贯彻国家规定、规范、操作规程及各项管理制度。

(2) 建立完整的质量管理体系，项目管理部设质量管理领导小组，由项目负责人和总工程师全权负责，选择精干、有丰富经验的专业质量检查员，对各工序进行质量检查监督和技术指导。

(3) 严格执行质量目标管理，把质量与效益严密挂钩，实行优质优价、质量目标责任制。质检员认真行使质量否决权，使质量管理始终处于受控状态。

(4) 项目部每天要开好现场生产的质量碰头会，每周对工程进行全面检查，进行“三分析”活动，即分析质量存在的问题、分析质量问题的原因、分析应采取的措施。查出问题及时整改。

(5) 预应力张拉操作人员，必须经过培训，持证上岗。

(6) 严格执行"三按"、"三检"和"一控",对质量问题要"三不放过"。"三按":严格按图纸、按施工方案和施工工艺、按国家现行规范和标准进行施工。"三检":自检、互检、交接检。"一控":自控准确率一次验收合格。

(7) 加强施工全过程中的质量预控,密切配合甲方、监理的检查与验收,按时做好隐蔽工程记录。

(8) 加强原材料的管理工作,严格执行各种材料的检验制度,对进场的材料和设备必须认真检验,并及时向监理方提供材质证明、试验报告和设备报验单。

(9) 优化施工方案,认真做好图纸会审和技术交底。每层、每段都要有明确和详细的技术交底。施工中随时检查施工措施的执行情况,做好施工记录。按时进行施工质量检查,掌握施工情况。

(10) 加强成品保护工作,对无黏结预应力筋要采取保护措施,吊装时用专用吊绳。穿束时如遇障碍,应进行调整后再穿,发现破皮后应及时用胶带缠补,尽量避免无黏结预应力筋的油脂对非预应力筋的污染。

(11) 认真做好工程技术资料,及时、准确、完整地收集和整理好各种资料,如:合格证、试验报告、质检报告、隐蔽验收记录等,及时办理各种签证手续。由资料员负责各种资料的收发,由技术负责人负责资料的内涵管理、整理和保管等外延管理。

(12) 实行严格的奖罚制度,奖优罚劣。对重视质量、施工质量一次达标者给予奖励,对不重视质量、违章作业、质量低劣者给予重罚。若造成返工,损失由责任人自负。不合格质量只允许在施工过程中出现,但不允许最终留在工程实体上。

6. 工期保证措施

(1) 预应力筋生产加工。无黏结预应力筋、锚具及配件均按照设计图纸要求,在北京建筑工程研究院预应力专业生产基地内,根据施工进度计划提前加工组装,并运到施工现场。

(2) 预应力筋铺设。根据土建总体施工进度要求,预应力筋铺放按土建流水施工段划分,逐段铺设,并与同层的普通钢筋工程和水电工程协调进行。为提高工效,做到一次成活,避免返工,保证施工质量,应严格按照工艺流程组织各道工序施工。在劳动力组织方面,可安排两个工作班,与土建施工作业时间同步,确保不因预应力方面的原因,影响施工的正常进行。

(3) 预应力筋张拉。板混凝土浇筑完毕,侧模应及时先行拆除,将预应力筋张拉端穴模提早清理出来。当混凝土强度达到设计要求,具备张拉条件后,立即组织进行张拉。张拉预应力筋不占用施工总工期。张拉完成后,即可拆除下部支撑模板。

(4) 劳动力安排保证。根据总包工期要求,适时调整劳动力,并保证作业人员按时进场,做到不窝工、不延误工期。

(5) 物资设备保证。保证材料供应,确保各种机械设备的正常运转,不因材料机械耽误施工。要有足够的各类机械以保证生产的需求。

(6) 技术措施保证。根据已划分的施工流水段,组织切合实际的交叉作业,编制可行而又高效的施工方案和技术措施,采用合理的工艺流程,及时做好有针对性的技术交底,使施工人员深刻领会,做到熟能生巧。

7. 安全管理措施

（1）与总包单位安全生产管理体系挂钩，同时建立自身的安全保障体系，由项目负责人全面管理，每个班组设安全员一名，具体负责无黏结预应力施工的安全。

（2）在进行技术交底时，同时进行安全施工交底。

（3）张拉操作人员必须持证上岗。

（4）张拉作业时，在任何情况下，严禁站在预应力筋端部正后方位置。操作人员严禁站在千斤顶后部。在张拉过程中，不得擅自离开岗位。

（5）油泵与千斤顶的操作者必须紧密配合，只有在千斤顶就位妥当后，方可开动油泵。油泵操作人员必须精神集中，平稳给油回油，应密切注视油压表读数，张拉到位或回缸到底时，需及时将控制手柄置于中位，以免回油压力瞬间迅速加大。

（6）张拉过程中，锚具和其他机具严防高空坠落伤人。油管接头处和张拉油缸端部严禁手触站人，应站在油缸两侧。

（7）预应力施工人员进入现场应遵守工地各项安全措施要求。

思 考 题

3.1 简述预应力混凝土的概念及特点。

3.2 试述先张法预应力混凝土的主要施工工艺过程。

3.3 试述后张法预应力混凝土的主要施工工艺过程。

3.4 锚具和夹具有哪些种类？其适用范围如何？

3.5 预应力的张拉程序有几种？为什么要超张拉并持荷 2min？

3.6 先张法台座种类主要有哪几种？

3.7 千斤顶为什么要配套校验？常用校验方法有哪几种？如何校验？

3.8 后张法分批张拉和平卧重叠构件张拉时应如何补足预应力损失？

3.9 后张法孔道留设方法有几种？留设孔道时应注意哪些问题？

3.10 预应力筋张拉时为什么要校核其伸长值？如何量测？理论伸长值如何计算？

3.11 后张法孔道灌浆有何作用？对灌浆材料有何要求？如何设置灌浆孔和泌水孔？

3.12 预应力分项工程与钢筋、模板、混凝土等分项工程的配合有什么要求？

3.13 后张无黏结预应力有何特点？无黏结筋铺设和张拉时应注意哪些问题？

习 题

3.1 后张法施工某预应力混凝土梁，混凝土强度等级 C40，孔道长 35m，每根梁配有 7 束 ϕ^{s}15.2 钢绞线，每束钢绞线截面面积为 139mm²，钢绞线 $f_{ptk}=1860\text{N/mm}^2$，弹性模量 $E_s=1.95\times10^5\text{N/mm}^2$，张拉控制应力 $\sigma_{con}=0.70f_{ptk}$，设计规定混凝土达到立方体抗压强度标准值的 80%时才能张拉，试求：

（1）确定张拉程序。

（2）计算同时张拉 7 束钢绞线所需的张拉力。

(3) 计算 $0 \rightarrow 1.0\sigma_{con}$ 过程中，钢绞线的伸长值。

(4) 计算张拉时混凝土应达到的强度值。

3.2 某预应力混凝土屋架，下弦采用 2 束 $24\phi_5^L$ 消除应力的刻痕钢丝作为预应力筋，$f_{ptk}=1570\text{N/mm}^2$，现分两批进行张拉，张拉程序为 $0 \rightarrow P_j$ 锚固。第二批预应力筋张拉时，在已张拉预应力筋重心处产生的混凝土法向应力为 10.0N/mm^2。预应力筋弹性模量 $E_s=2.05\times10^5\text{N/mm}^2$，混凝土弹性模量 $E_0=3.0\times10^4\text{N/mm}^2$。

(1) 试计算第二批预应力筋张拉后，第一批已张拉筋的应力降低值。

(2) 如何补足预应力损失值?

项目4　混凝土结构安装工程

结构安装工程就是利用各种类型的起重机械将预先在工厂或施工现场制作的结构构件，严格按照设计图纸的要求在施工现场进行组装，以构成一幢完整的建筑物或构筑物的整个施工过程。在结构吊装前，应拟定结构吊装工程施工方案，根据厂房的平面尺寸、跨度、结构特点、构件类型、重量、吊装高度以及施工现场具体条件，并结合现有设备情况合理选择起重机械。由起重机械的性能确定构件吊装工艺，结构吊装方法，起重机开行路线，构件现场预制平面布置及构件的就位吊装平面布置，从而以达到缩短工期、保证工程质量和降低工程成本的目的。

【教学目标】

通过本项目的学习，了解各类起重机械的类型和适用范围，掌握单层工业厂房结构吊装的施工工艺和吊装方案；初步具备从事起重机的选择、结构吊装方案的确定及单层工业厂房吊装施工的技术和管理能力，能够解决现场施工中的实际问题。

【项目导航】

1. 项目概况

某厂金车间为两跨各18m的单层厂房，厂房长84m，柱距6m，共有14个车间。该车间为装配式单层二跨工业厂房，一高跨、一低跨。主要构件是钢筋混凝土工字型截面柱、钢筋混凝土T型吊车梁、预应力混凝土折线屋架和预应力混凝土屋面板。该厂位于市郊区，公路直达，运输方便；已完成杯形基础及回填土工作，施工现场已做好三通一平；吊装施工中所用的设备、建筑材料及半成品由场外运入并保证供应；连系梁、屋面板由预制厂生产；柱、吊车梁、预应力屋架为现场预制；吊装施工期间，劳动力及有关机具满足施工要求。有常用的起重机供选择。

2. 主体工程施工步骤

单层工业厂房结构构件吊装顺序：柱子吊装→吊车梁、连系梁吊装→屋架吊装→屋面板吊装。各构件吊装步骤包括：绑扎→吊升→对位→临时固定→校正→最后固定。

3. 主要工作任务

结构吊装机具准备、吊装前施工准备、构件吊装工艺、结构吊装方案。

任务4.1　结构吊装机具准备

【任务导航】 学习常用的起重机械设备的类型和使用范围；能根据建筑结构的特点、施工现场条件及吊装的施工方法等选用经济、合理的起重机械，以充分发挥机械的生产效率，保证工程质量，加快施工进度。

4.1.1 起重设备

4.1.1.1 钢丝绳

钢丝绳是吊装工作中的常用绳索，它具有强度高、韧性好、耐磨性好等优点。同时，磨损后外表产生毛刺，容易被发现，便于预防事故的发生。

1. 钢丝绳的构造与种类

(1) 钢丝绳的构造。在结构吊装中常用的钢丝绳是由 6 股钢丝和一股绳芯（一般为麻芯）捻成的。每股又由多根直径为 0.4～4.0mm、强度为 1400MPa、1550MPa、1700MPa、1850MPa、2000MPa 的高强钢丝捻成（图 4.1）。

(2) 钢丝绳的种类。钢丝绳的种类很多，按其捻制方法分有右交互捻、左交互捻、右同向捻、左同向捻 4 种，如图 4.2 所示。

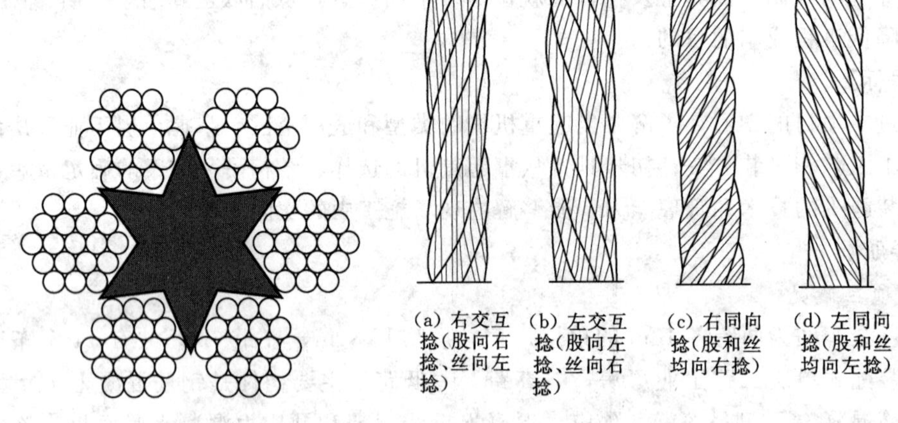

图 4.1 普通钢丝绳截面

图 4.2 钢丝绳的捻法

1) 反捻绳：每股钢丝的搓捻方向与钢丝股的搓捻方向相反。这种钢丝绳较硬，如图 4.2 (a)、(b) 所示，强度较高，不易松散，在吊重时不会扭结旋转，多用于吊装工作中。

2) 顺捻绳：每股钢丝的搓捻方向与钢丝股的搓捻方向相同，如图 4.2 (c)、(d) 所示，这种钢丝绳柔性好，表面较平整，不易磨损，但容易松散和扭结卷曲，在吊重物时，易使重物旋转，一般多用于拖拉或牵引装置。钢丝绳按每股钢丝根数分有 6 股 7 丝，7 股 7 丝、6 股 19 丝、6 股 37 丝和 6 股 61 丝等几种。

2. 在结构吊装中常用的钢丝绳

(1) 6×19+1：即 6 股，每股由 19 根钢丝组成再加一根绳芯，此种钢丝绳较粗、硬而耐磨，但不易弯曲，一般用作缆风绳。

(2) 6×37+1：即 6 股，每股由 37 根钢丝组成再加一根绳芯，此种钢丝绳比较柔软，一般用于穿滑轮组和作吊索。

(3) 6×61+1：即 6 股，每股由 61 根钢丝组成再加一根绳芯，此种钢丝绳质地软，一般用作重型起重机械。

3. 钢丝绳使用时注意事项

(1) 使用中不准超载。当在吊重物的过程下，如绳股间有大量油挤出来时，说明荷载

过大，必须立即检查。

(2) 钢丝绳穿过滑轮时，滑轮槽的直径应比绳的直径大1～2.5mm；所需滑轮最小直径符合有关规定。

(3) 为减少钢丝绳的腐蚀和磨损，应定期加润滑油（一般以工作时间4个月左右加1次）。存放时，应保持干燥，并成卷排列、不得堆压。

(4) 使用旧钢丝绳，应事先进行检查；钢丝绳规格检查；测量钢丝绳直径，要用卡尺量出最大直径，量法如图4.3 (a) 所示。

(5) 钢丝绳磨损或锈蚀达直径的40%以上；钢丝绳整股破断；使用时断丝数目增加很快；钢丝绳每一节距长度范围内，断丝根数超过规定数值时。一节距指某一股钢丝搓绕绳一周的长度，约为钢丝直径的8倍如图4.3 (b) 所示。

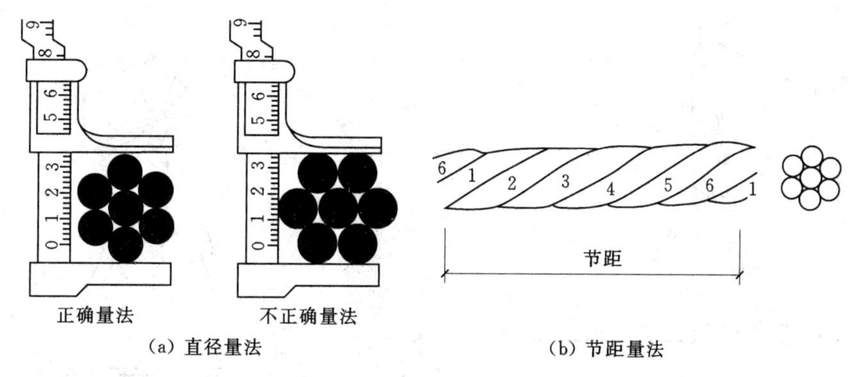

图4.3　钢丝绳量法与节距

4. 吊索

作吊索用的钢丝绳要求质地柔软、易弯曲，直径大于11mm。根据形式不同，可分为环状吊索（万能吊索）和开式吊索，如图4.4所示。

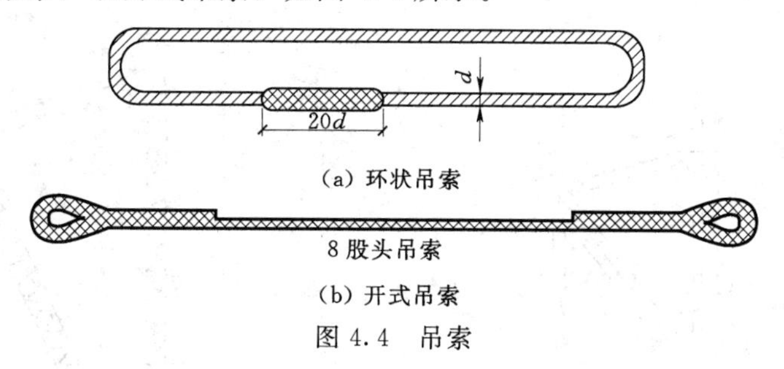

图4.4　吊索

4.1.1.2　卷扬机

在建筑施工中常用的电动卷扬机有快速和慢速两种。快速电动卷扬机（JJK型）主要用于垂直、水平运输和打桩作业；慢速电动卷扬机（JJM型）主要用于结构吊装、钢筋冷拉和预应力钢筋张拉作业。常用的电动卷扬机的牵引能力一般为10～100kN，卷扬机在使用时必须作可靠的锚固，以防止在工作时产生滑移或倾覆。

4.1.2　起重机械

结构吊装工程中常用的起重机械有桅杆式起重机、履带式起重机、汽车式起重机、轮胎式起重机、塔式起重机。

1. 桅杆式起重机

桅杆式起重机又称为拔杆或把杆，是最简单的起重设备。一般用木材或钢材制作。

优点：这类起重机具有制作简单、装拆方便，起重量大，受施工场地限制小的特点。特别是吊装大型构件而又缺少大型起重机械时，这类起重设备更显它的优越性。

缺点：这类起重机需设较多的缆风绳，移动困难。另外，其起重半径小，灵活性差。

适用范围：桅杆式起重机一般多用于构件较重、吊装工程比较集中、施工场地狭窄，而又缺乏其他合适的大型起重机械时。

桅杆式起重机按其构造不同，可分为独脚拔杆、人字拔杆、悬臂拔杆、牵缆式桅杆起重机，如图 4.5～图 4.8 所示。

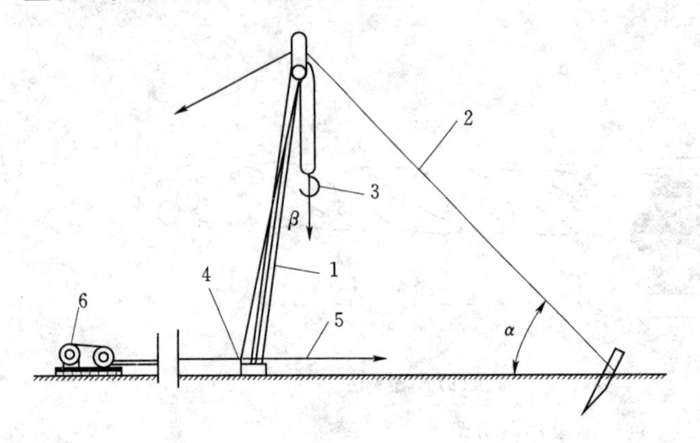

图 4.5　独角拔杆

1—拔杆；2—缆风绳；3—起重滑轮组；4—导向装置；5—拉索；6—卷扬机

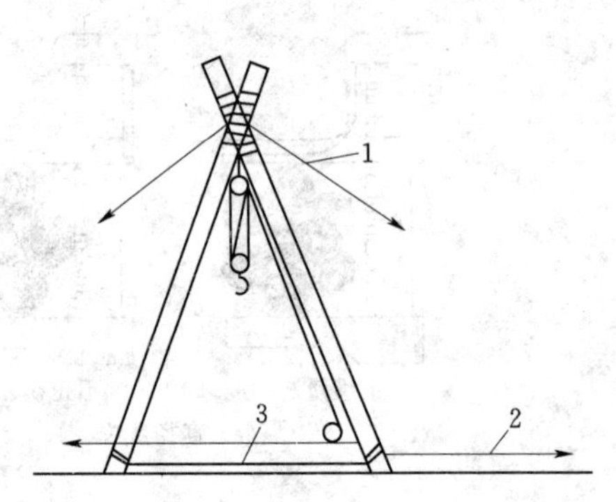

图 4.6　人字拔杆

1—缆风绳；2—锚碇；3—拉绳

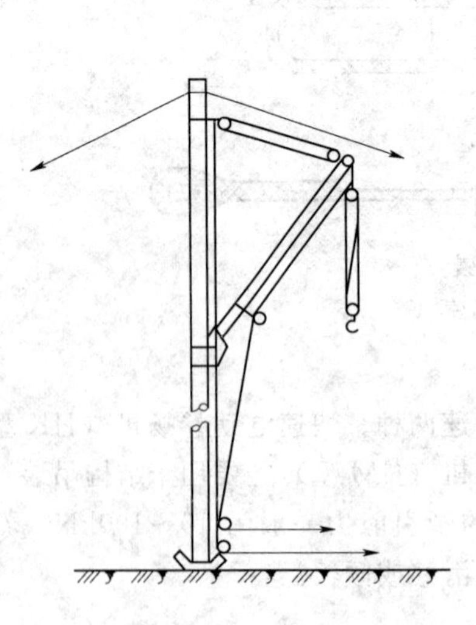

图 4.7　悬臂拔杆

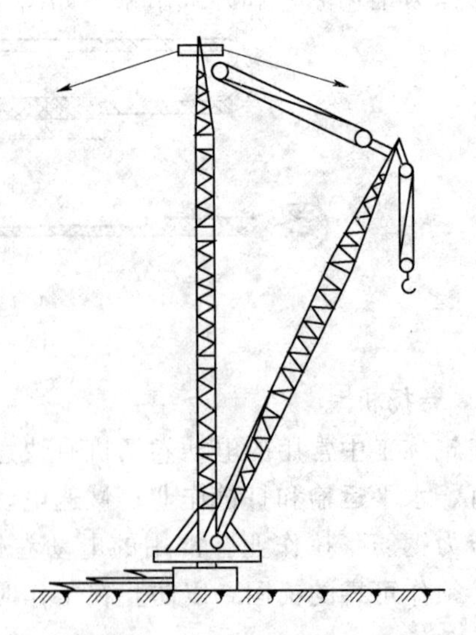

图 4.8　牵缆式桅杆起重机

2. 履带式起重机

优点及使用范围：履带接地面积大，起重机能在较差的地面上行驶和工作，可负载移动，并可原地回转，故多用于单层工业厂房及旱地桥梁等结构吊装。缺点：其自重大，行走速度慢，远距离转移时需要其他车辆运载，如图 4.9 所示。

图 4.9　履带式起重机

图 4.10　汽车式起重机

3. 汽车式起重机

优点：行驶速度快，转移迅速，对地面破坏小。适用范围：特别适用于流动性大，经常变换地点的作业。缺点：吊装作业时稳定性差，为增加其稳定性，设有可伸缩的支腿，起重时支腿落地。这种起重机不能负荷行驶。由于机身长，行驶时的转弯半径大，如图 4.10 所示。

4. 轮胎式起重机

与汽车式起重机相比其优点有：轮距较宽、稳定性好，车身短、转弯半径小，可在 360°范围内工作。缺点：行驶时对路面要求较高，行驶速度较汽车式慢，不适于在松软泥泞的地面上工作，如图 4.11 所示。

5. 塔式起重机

塔式起重机可分为轨道式、爬升式和附着式三种。

QT－60/80 型塔式起重机，是塔顶回转式中型塔式起重机，但其起重量及起重高度比 QT1－6 型塔式起重机（图 4.12）大。这种起重机适用于层数较多的工业与民用建筑结构吊装，尤其适合装配式大板房屋施工。

6. 爬升式塔式起重机（图 4.13）

这类起重机主要用于高层（10 层）框架结构吊装及高层建筑施工。其特点是机身小、重量轻、吊装简单、不占用建筑物外围空间，适用于现场狭窄的高层建筑结构吊装。但是，采用这种起重机施工，将增加建筑物的造价，司机的视野不良，需要一套辅助设备用于起重机拆卸。

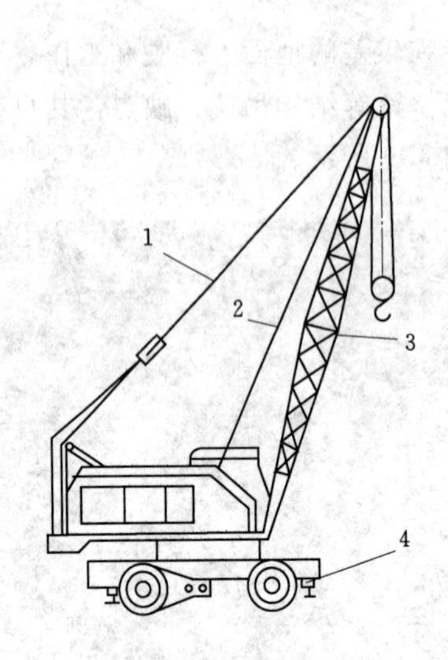

图 4.11 轮胎式起重机

1—起重杆；2—起重索；3—变间索；4—支腿

图 4.12 QT_1-6 型塔式起重机

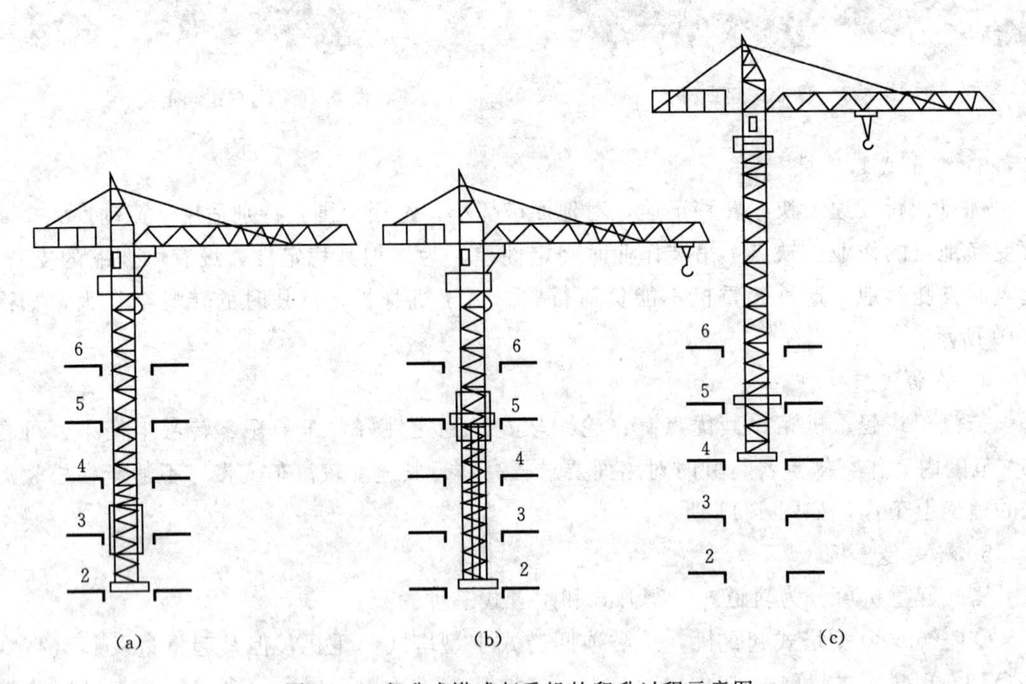

图 4.13 爬升式塔式起重机的爬升过程示意图

任务 4.2 单层混凝土工业厂房结构吊装

【任务导航】 掌握结构构件的运输和堆放要求及各种构件的吊装工艺；能进编制单层工业厂房结构安装方案，能进行现场的安装施工。

单层工业厂房一般除基础在施工现场就地灌筑外，其他构件均为预制构件。一般分为普通钢筋混凝土构件和预应力钢筋混凝土构件两大类。单层工业厂房预制构件主要有：柱、吊车梁、连系梁、屋架、天窗架、屋面板、地梁等。一般较重、较大的构件（如屋架、柱子）由于运输困难都在现场就地预制，其他重量较轻、数量较多的构件（如屋面板、吊车梁、连系梁等）宜采有工厂预制，运到现场吊装。

4.2.1　施工准备

4.2.1.1　场地清理与铺设道路

起重机进场之前，按照现场平面布置图，标出起重机的开行路线，清理道路上的杂物，并进行平整压实。在回填土或松软地基上，要用枕木或厚钢板铺垫。雨季施工，要做好施工排水工作。

4.2.1.2　构件的运输、堆放与临时加固

1. 构件的运输

钢筋混凝土构件的运输多采用汽车运输，选用载重量较大的载重汽车和半拖式或全拖式的平板拖车。构件在运输过程中必须保证构件不变形、不倾倒、不损坏。为此，要求路面平直，并有足够的宽度和转弯半径；构件运输时，支垫位置和方法应正确、合理，符合构件受力情况，防止构件开裂，按路面情况掌握行车速度，尽量保持平稳，减少振动和冲击，如图4.14所示。

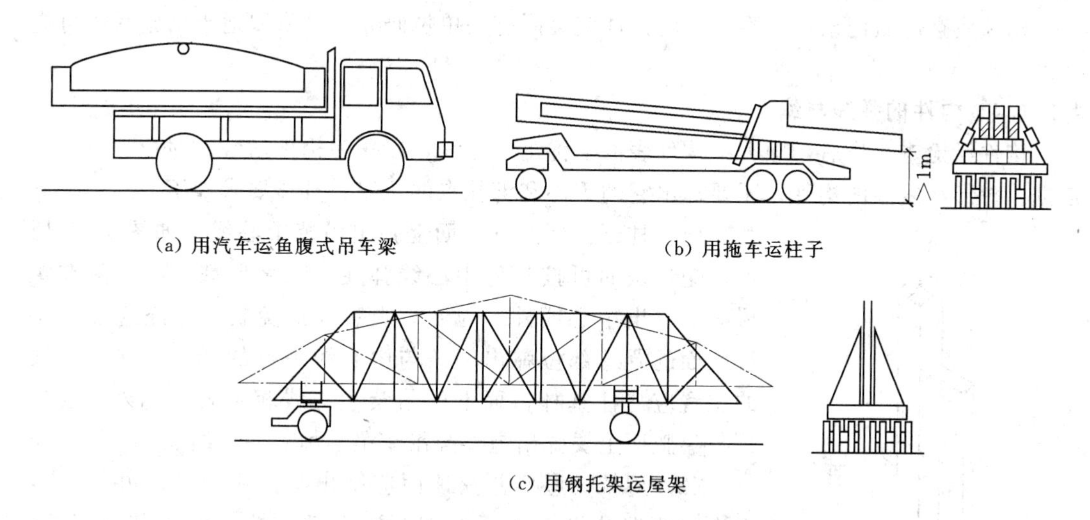

(a) 用汽车运鱼腹式吊车梁

(b) 用拖车运柱子

(c) 用钢托架运屋架

图4.14　构件运输示意图

2. 构件的堆放

构件应按照施工组织设计的平面布置图进行堆放，避免进行二次搬运。堆放构件的场地应平整坚实并有排水措施。构件根据其刚度和受力情况，确定平放或立放，堆放的构件必须保持稳定。水平分层堆放的构件，层与层之间应以垫木隔开，各层垫木的位置应在同一条垂直线上，以免构件折断。构件堆垛的高度应按构件强度，堆场地面的承载力、垫木的强度和堆垛的稳定性而定。

3. 构件的临时加固

在吊装前须进行吊装应力的验算，并采取适当的临时加固措施。

4.2.1.3 构件的检查与清理

构件吊装前应对所有构件进行全面检查：

(1) 数量。各类构件的数量是否与设计的件数相符。

(2) 强度。吊装时混凝土的强度应不低于设计强度等级的70%。对于一些大跨度或重要构件，如屋架，则应达到100%的设计强度等级。对于预应力混凝土屋架，孔道灌浆强度应不低于$15N/mm^2$。

(3) 外形尺寸。构件的外形尺寸，预埋件的位置和尺寸，吊环的位置和规格，接头的钢筋长度等是否符合设计要求，具体检查内容如下。

1) 柱子。检查总长度、柱脚底面平整度、柱脚到牛腿面的长度、截面尺寸、预埋件的位置和尺寸等。

2) 屋架。检查总长度及跨度，是否与轴线尺寸相吻合。屋架侧向弯曲，连接屋面板、天窗架等构件用的预埋件的位置等。

3) 吊车梁。检查总长度、高度、侧向弯曲、预埋件位置等。

4) 外表面。检查构件外表有无损伤、缺陷、变形、预埋件上有无粘砂浆等污物，吊环有无损伤、变形，能否穿卡环或钢丝绳等。预埋件上若粘有砂浆等污物，均应清除，以免影响拼装与焊接。

构件检查应做记录，对不合格的构件应会同有关单位研究，并采取适当措施后才可进行吊装。

4.2.1.4 构件的弹线与编号

构件经检查合格后，即可在构件表面上弹出中心线，以作为构件吊装、对位、校正的依据。对形状复杂的构件，还要标出它的重心和绑扎点的位置。具体要求如下。

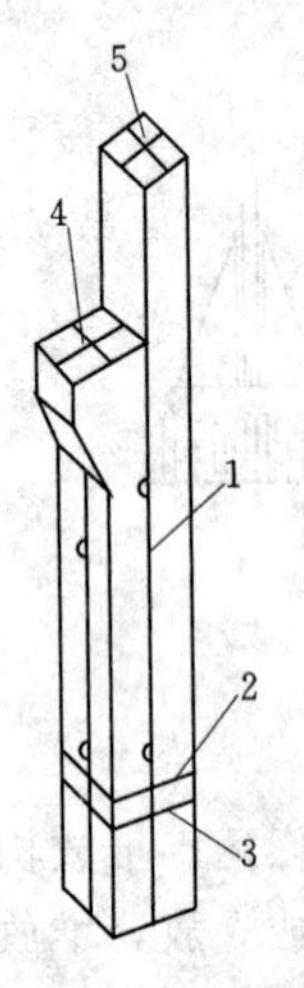

图 4.15 柱子弹线
1—柱子中心线；2—地坪标高线；3—基础顶面线；4—吊车梁对位线；5—柱顶中心线

(1) 柱子。要在三个面上弹出吊装中心线，如图4.15所示。矩形截面可按几何中心线弹线：工字形截面柱，除在矩形截面弹出中心线外，为便于观察及避免视差，还应在工字形截面的翼缘部位弹出一条与中心线平行的线。所弹中心线的位置应与柱基杯口面上的吊装中心线相吻合。此外，在柱顶与牛腿面上要弹出屋架与吊车梁的吊装中心线。

(2) 屋架。屋架上弦顶面应弹出几何中心线，并从跨度中央向两端分别弹出天窗架、屋面板或檩条的吊装位置线，在屋架的两个端头，弹出屋架的吊装中心线。

(3) 梁。在梁的两端及顶面弹出吊装中心线。在弹线的同时，应按图纸对构件进行编号，号码要写在明显部位。不易辨别上下左右的构件，应在构件上标明记号，以免吊装时将方向搞错。

4.2.1.5 钢筋混凝土杯形基础的准备

基础准备工作主要有以下两项。

(1) 检查杯口尺寸，并根据柱网轴线在基础顶面弹出十字交叉的吊装中心线，用于柱子校正，如图 4.15 所示。中心线对定位轴线的允许偏差为±10mm。

(2) 在杯口内壁测设一水平线，如图 4.16 所示。并对杯底标高进行一次抄平与调整，以便柱子吊装后其牛腿面标高能符合设计要求。如图 4.17 所示的柱基，调整时先用尺测出杯底实际标高 H_1（小柱测中间一点，大柱测四个角点）。牛腿面设计标高 H_2 与杯底实际标高的差，就是柱脚底面至牛腿面应有的长度，再与柱实际长度相比（其差值就是制作误差），即可算出杯底标高调整值 ΔH，结合柱脚底面平整程度，用水泥砂浆或细石混凝土将杯底垫至所需高度。标高允许偏差为±5mm。

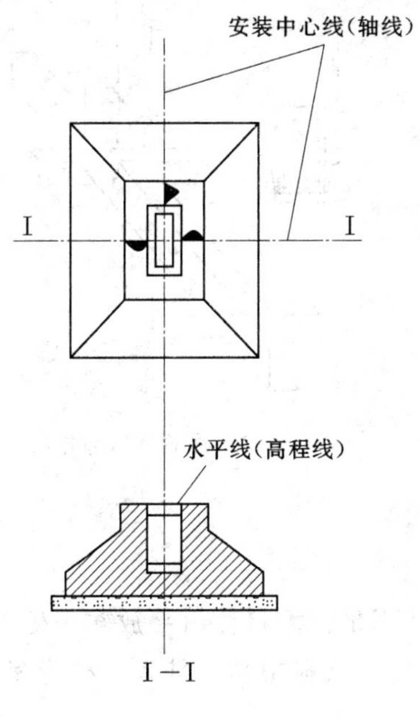

图 4.16　基础弹线

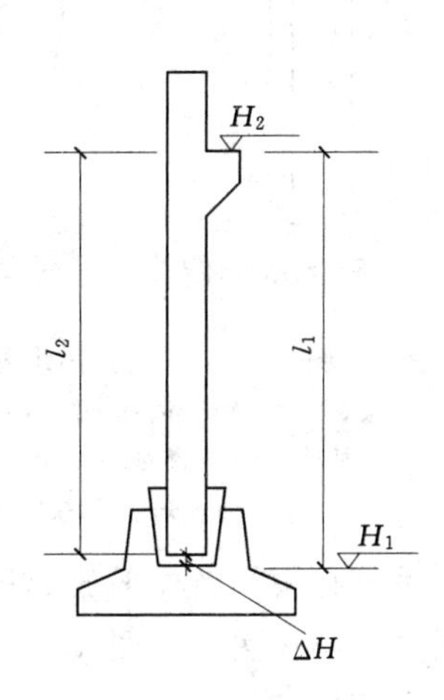

图 4.17　柱基抄平与调整

4.2.2　构件的吊装工艺

4.2.2.1　柱子的吊装

柱子的吊装工艺，包括绑扎、吊升、就位、临时固定、校正、最后固定等工序。

1. 绑扎

绑扎柱子用的吊具有吊索、卡环和铁扁担等。为使在高空中脱钩方便，尽量采用活络式卡环。为避免起吊时吊索磨损构件表面，要在吊索与构件之间垫以麻袋或木板。

柱子的绑扎位置和绑扎点，要根据柱子的形状、断面、长度、配筋和起重机性能等确定。中、小型柱子（重 130kN 以下），可以绑扎一点。重型柱子或配筋少而细长的柱子（如抗风柱），为防止起吊过程中柱身断裂，需绑扎两点。一点绑扎时，绑扎位置常选在牛腿下；工字形截面和双肢柱，绑扎点应选在实心处（工字形柱的矩形截面处和双肢柱的平腹杆处），否则，应在绑扎位置用方木垫平。特殊情况下，绑扎点要计算确定。常用的绑扎方法如下。

(1) 斜吊绑扎法。当柱平放起吊的抗弯强度满足要求时，可以采用斜吊绑扎法，如图4.18所示，柱吊起后呈倾斜状态，起重钩可低于柱顶，因此，起重臂可以短些。

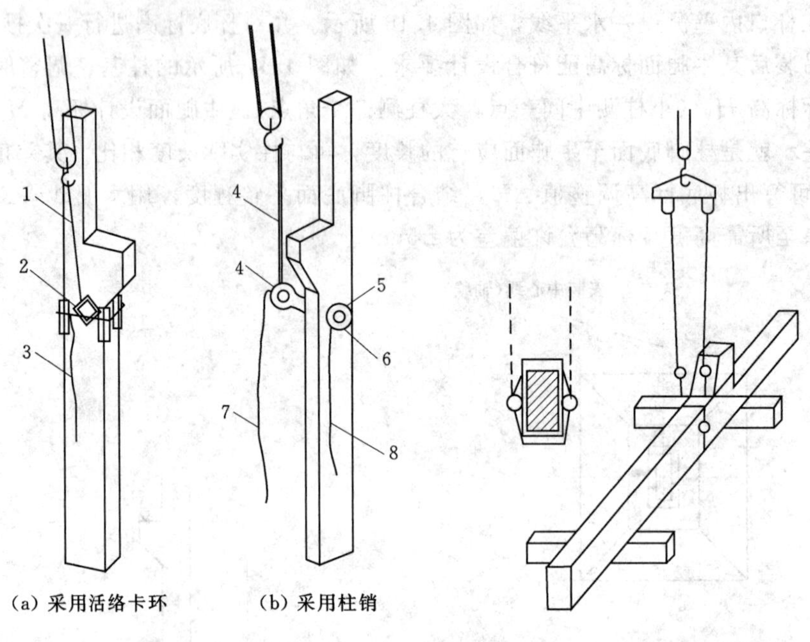

图4.18　柱的斜吊绑扎法

1—吊索；2—活络卡环；3—活络卡环插销拉绳；4—柱销；5—垫圈；6—插销；7—柱销拉绳；8—插销拉绳

图4.19　柱的直吊绑扎法

(2) 直吊绑扎法。当柱平放起吊的抗弯强度不足，需将柱由平放转为侧立然后起吊时，可采用直吊绑扎法，如图4.19所示。起吊后，铁扁担高过柱顶，柱身呈直立状态，柱子垂直插入杯口。

2. 吊升方法

柱子的吊升方法，根据柱子重量、长度、起重机性能和现场施工条件而定。一般可分为旋转法和滑行法两种。

(1) 旋转法。柱子吊升时，起重机边升钩，边回转起重杆，使柱子绕柱脚旋转而吊起之后插入杯口。为了便于操作和起重机吊升时起重臂不变幅，柱子在预制和堆放时，应使柱子的绑扎点，柱脚中心和杯口中心三点均位于起重机的同一起重半径的圆弧上。该圆弧的圆心为起重机的回转中心，半径为圆心到绑扎点的距离。柱子堆放时，应尽量使柱脚靠近杯口，以提高吊装速度。如图4.20所示。

用旋转法吊装时，柱在吊装过程中所受振动较小，生产效率较高，但对起重机的要求较高。采用自行式起重机吊装时，宜采用此法。

(2) 滑行法。采用滑行法吊装时，如图4.21所示，柱的平面布置应使绑扎点、基础杯口中心两点共弧，并在起重半径 R 为半径的圆弧上，柱的绑扎点宜靠近基础。起吊时，起重臂不动，仅起重钩上升，柱顶也随之上升，而柱脚则沿地面滑向基础，直至柱身转为直立状态，起重钩将柱提离地面，对准基础中心，将柱脚插入杯口。

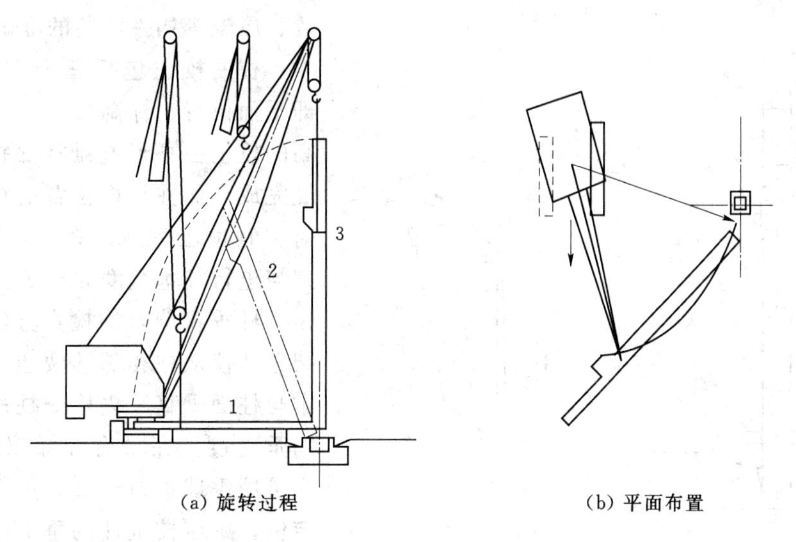

(a) 旋转过程　　(b) 平面布置

图 4.20 旋转法吊装柱（图中 1、2、3 代表旋转过程中的不同位置）

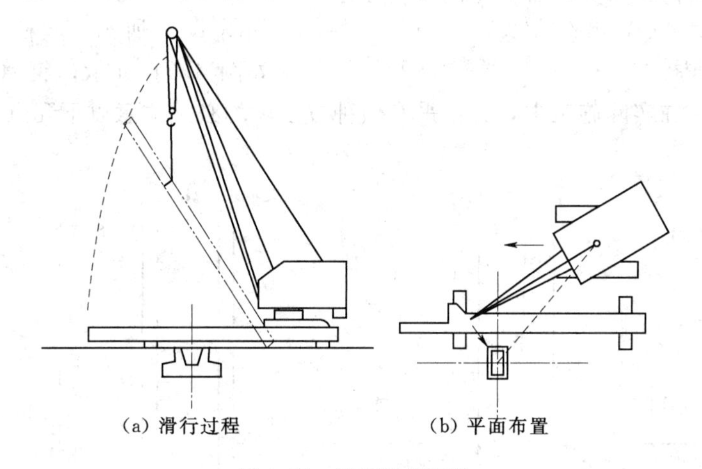

(a) 滑行过程　　(b) 平面布置

图 4.21 滑行法吊装柱

用滑行法吊装时，柱在滑行过程中受到振动，对构件不利，但滑行法对起重机械的要求较低，只需要起重钩上升一个动作。因此，当采用独脚拔杆、人字拔杆、对一些长而重的柱，为便于构件布置及吊升，常采用此法。

3. 就位和临时固定

柱脚插入杯口后，并不立即降至杯底，而是在离杯底 30～50mm 处进行悬空对位，如图 4.22 所示。就位的方法，是用八只木楔或钢楔从柱的四边打入杯口，并用撬棍撬动柱脚，使柱的吊装中心线对准杯口上的吊装中心线，并使柱基本保持垂直。

柱就位后，将八只楔块略加打紧，放松吊钩，让柱靠自重沉至杯底，再检查一下吊装中心线对准的情况，若已符合要求，即将楔块打紧，将柱临时固定。

吊装重型柱或细长柱时，除采用八只楔块临时固定外，必要时增设缆风绳拉锚。

4. 校正

柱的校正是一项重要工作，如果柱的吊装对位不够准确，就会影响与柱相连接的吊车

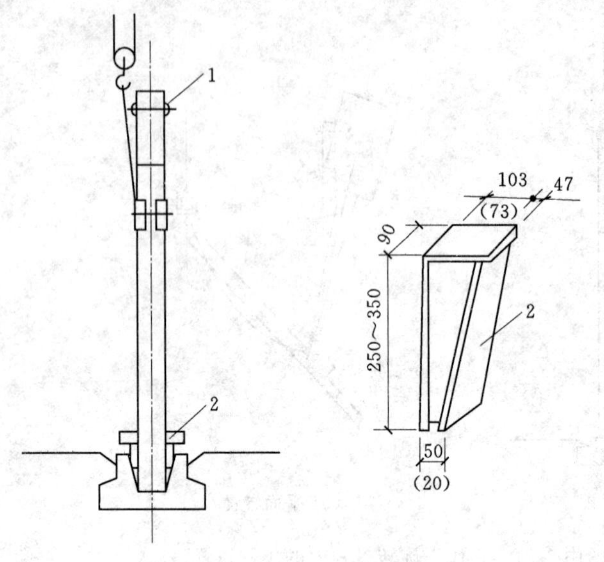

图 4.22　柱的对位与临时固定（单位：mm）
1—吊装缆风绳或挂操作台的夹箍；2—钢楔
（括号内的数字表示另一种规格钢楔的尺寸）

梁、屋架等构件吊装的准确性。

柱的校正包括三个方面的内容：即平面位置、标高及垂直度。但柱标高的校正在杯形基础杯底抄平时，已经完成，而柱平面位置的校正则在柱对位时也已完成。在柱临时固定后，则需进行柱垂直度的校正。

柱垂直偏差的检查方法，是用两架经纬仪从柱相邻的两边（视线应基本与柱面垂直）去检查柱吊装中心线的垂直度。在没有经纬仪的情况上，也可用垂球进行检查。如偏差超过规定值，则应校正柱的垂直度。垂直度校正方法常用楔子配合钢钎校正法，如图 4.23 所示；丝杠千斤顶平顶法，如图 4.24 所示；钢管撑杆校正法，如图 4.25 所示。在实际施工中，无论采有何种方法，均必须注意以下几点。

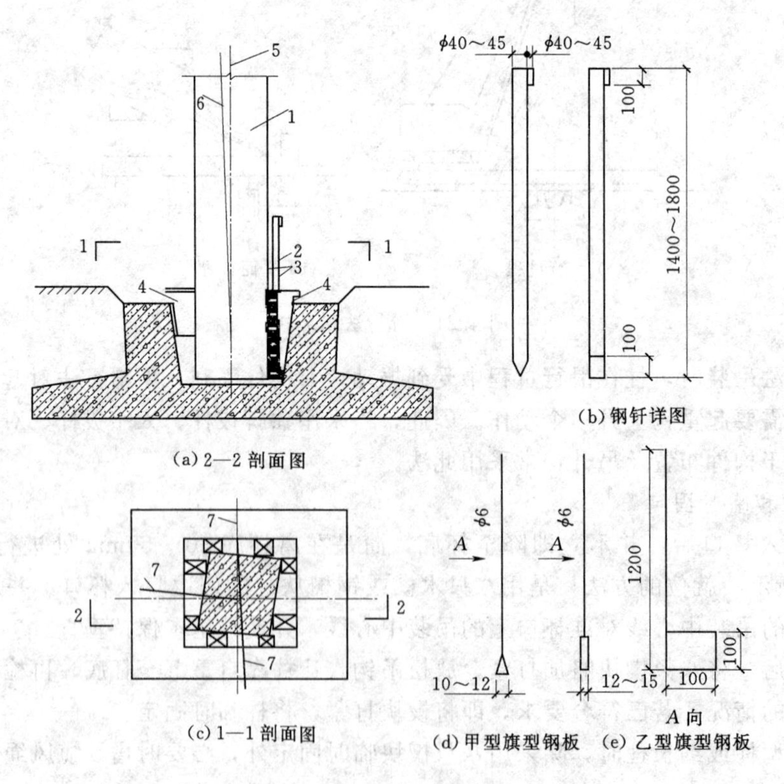

图 4.23　敲打钢钎法（单位：mm）
1—柱；2—钢钎；3—旗型钢板；4—钢楔；5—垂直线；6—柱中线；7—直尺

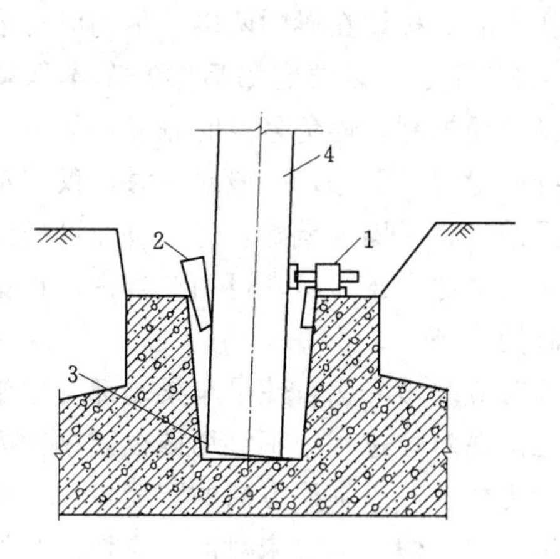

图 4.24　丝杆千斤顶平顶法

1—丝杆千斤顶；2—楔子；3—石子；4—柱

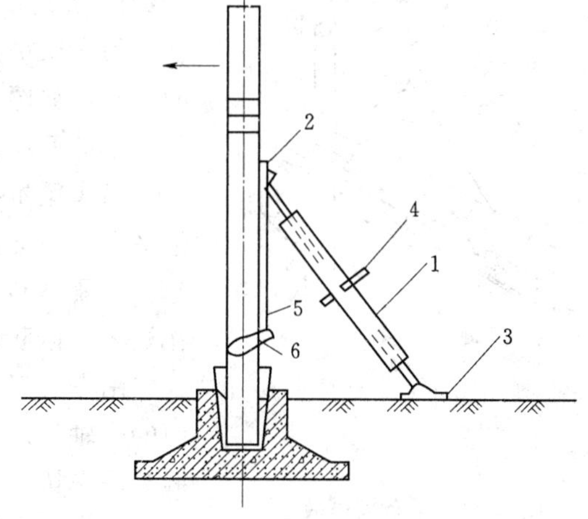

图 4.25　钢管撑杆校正法

1—钢管；2—头部摩擦板；3—底板；4—转动手柄；5—钢丝绳；6—卡环

(1) 应先校正偏差大的，后校正偏差小的，如两个方向偏差数相近，则先校正小面，后校正大面。校正好一个方向后，稍打紧两面相对的四个楔子，再校正另一个方向。

(2) 柱在两个方向的垂直度都校正好后，应再复查平面位置，如偏差在 5mm 以内，则打紧 8 个楔子，并使其松紧基本一致。80kN 以上的柱校正后，如用木楔固定，最好在杯口另用大石块或混凝土块塞紧，柱底脚与杯底四周空隙较大者，宜用坚硬石块将柱脚卡死。

(3) 在阳光照射下校正柱的垂直度，要考虑温差影响。由于温差影响，柱将向阴面弯曲，使柱顶有一个水平位移。水平位移的数值与温差、柱长度及厚度等有关。长度小于 10m 的柱可不考虑温差影响。细长柱可利用早晨、阴天校正；或当日初校，次日晨复校；也可采取预留偏差的办法来解决。

5. 最后固定

柱校正后，应立即进行最后固定。最后固定的方法，是在柱脚与杯口的空隙中灌注细石混凝土。所用混凝土的强度等级可比原构件的混凝土强度等级提高一级。

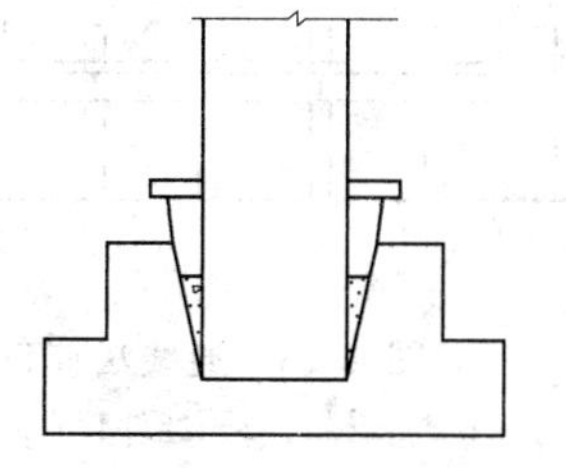

(a) 第一次灌注混凝土

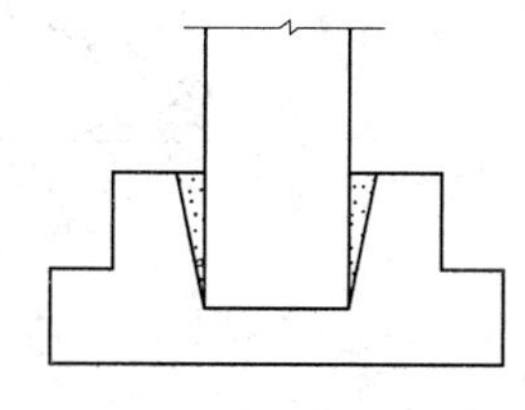

(b) 第二次灌注混凝土

图 4.26　柱的最后固定

混凝土的灌注分两次进行，如图 4.26 所示。第一次：灌注混凝土至楔块下端；第二次：当第一次灌注的混凝土达到设计的强度标准值 25%时，即可拔出楔块，将杯口灌满混凝土。

4.2.2.2　吊车梁的吊装

吊车梁的吊装，必须在柱子杯口第二次浇筑的混凝土强度标准值达到 75%以后进行。其吊装程序为绑扎、起吊、就位、临时固定、校正和最后固定。

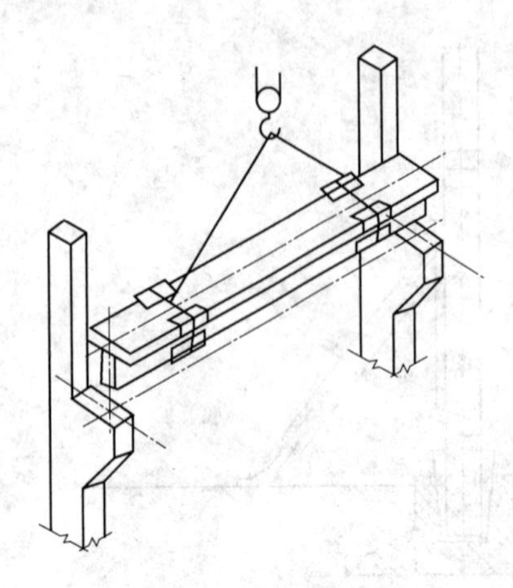
图 4.27　吊车梁吊装

1. 绑扎、吊升、就位与临时固定

吊车梁绑扎点应对称设在梁的两端，吊钩应对准梁的重心，如图 4.27 所示。以便起吊后梁身基本保持水平。梁的两端设拉绳控制，避免悬空时碰撞柱子。

吊车梁本身的稳定性较好，一般对位时，仅用垫铁垫平即可，无需采取临时固定措施，起重机即可松钩移走。当梁高与底宽之比大于 4 时，可用 8 号铁丝将梁捆在柱上，以防倾倒。

吊车梁对位时应缓慢降钩，使吊车梁端部与柱牛腿面的横轴线对准。在对位过程中不宜用撬棍顺纵轴方向撬动吊车梁。因为柱子顺纵轴线方向的刚度较差，撬动后会使柱顶产生偏移。假如横线未对准，应将吊车梁吊起，再重新对位。

2. 校正、最后固定

吊车梁的校正主要是平面位置和垂直度的校正。因为吊车梁的标高在做基础抄平时，已对牛腿面至柱脚的距离作过测量和调整，如仍存在误差，可待吊装吊车轨道时在吊车梁面上抹一层砂浆找平即可。

吊车梁平面位置的校正，包括纵轴线和跨距两项。检查吊车梁纵轴线偏差，有以下几种方法。

（1）通线法。根据柱的定位轴线，在车间两端地面定出吊车梁定位轴线的位置，打下木桩，并设置经纬仪。用经纬仪先将车间两端的四根吊车梁位置校正准确，并用钢尺检查两列吊车梁之间的跨距 L_K 是否符合要求。然后在 4 根已校正的吊车梁端设置支架（或垫块），约高 200mm，并根据吊车梁的定位轴线拉钢丝通线。如发现吊车梁的吊装纵轴线与通线不一致，则根据通线来逐根拨正吊车梁的吊装中心线。拨动吊车梁可用撬棍或其他工具，如图 4.28 所示。

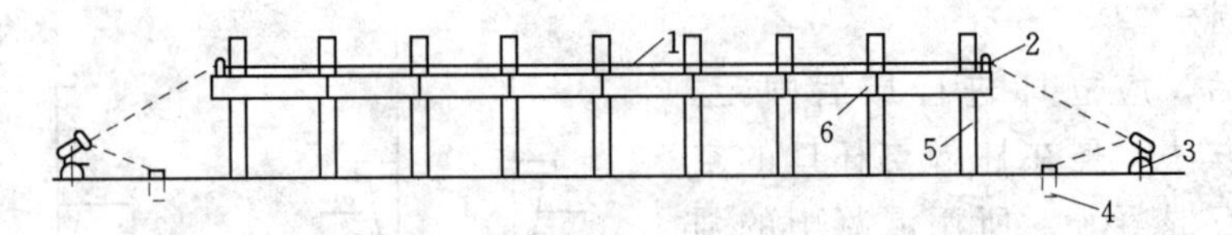

图 4.28　通线法校正吊车梁示意图

1—通线；2—支架；3—经纬仪；4—木桩；5—柱；6—吊车梁

（2）平移轴线法。在柱列边设置经纬仪，如图 4.29 所示，逐根将杯口上柱的吊装准线投影到吊车梁顶面处的柱身上，并作出标志。若柱吊装准线到柱定位轴线的距离为 a，则标志距吊车梁定位轴线应为 λa（λ 为柱定位轴线到吊车梁定位轴线之间的距离，一般 λ ＝750mm）。可据此来逐根拨正吊车梁的吊装纵轴线，并检查两列吊车梁之间的跨距 L_K 是否符合要求。

在检查及拨正吊车梁纵轴线的同时，可用垂球检查吊车梁的垂直度。若发现有偏差，在吊车梁两端的支座面上加斜垫铁纠正。每迭垫铁不得超过三块。

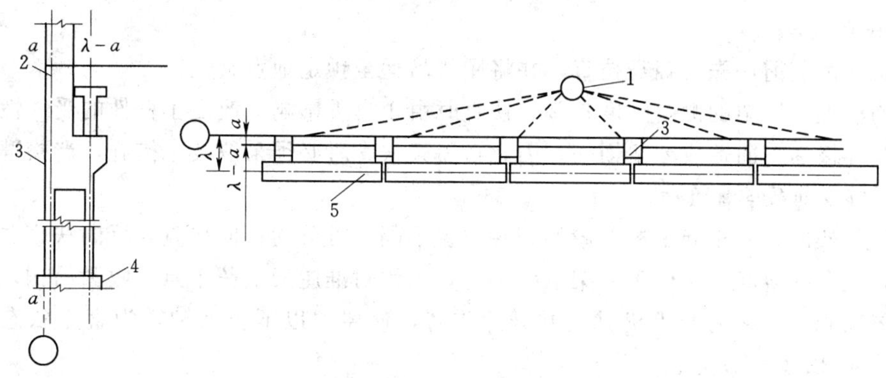

图 4.29　平移轴线法校正吊车梁

1—经纬仪；2—标志；3—柱；4—主基础；5—吊车梁

（3）边吊边校法。重型吊车梁，由于校正时撬动困难，也可在吊装时借助于起重机，采取边吊装边校正的方法。

吊车梁的最后固定，是在吊车梁校正完毕后用连接钢板与柱侧面、吊车梁顶端的预埋铁件相焊接，并在接头处支模，浇筑细石混凝土。

4.2.2.3　屋架的吊装

工业厂房的钢筋混凝土屋架，一般在施工现场平卧预制。吊装的施工顺序是绑扎、扶直与就位、吊升、对位、临时固定、校正和最后固定。

1. 绑扎

屋架的绑扎点应选在上弦节点处，左右对称，并高于屋架重心，在屋架两端应加拉绳，以控制屋架转动。绑扎时吊索与水平线的夹角不宜小于45°，以免屋架承受过大的横向压力。必要时，为了减少屋架的起吊高度及所受横向压力，可采用横吊梁。

屋架跨度小于或等于18m时绑扎两点；当跨度大于18m时绑扎四点；当跨度大于30m时，应考虑采有横吊梁，以减少绑扎高度，对三角组合屋架等刚度较差的屋架，下弦不能承受压力，故绑扎时也应采用横吊梁。如图4.30所示。

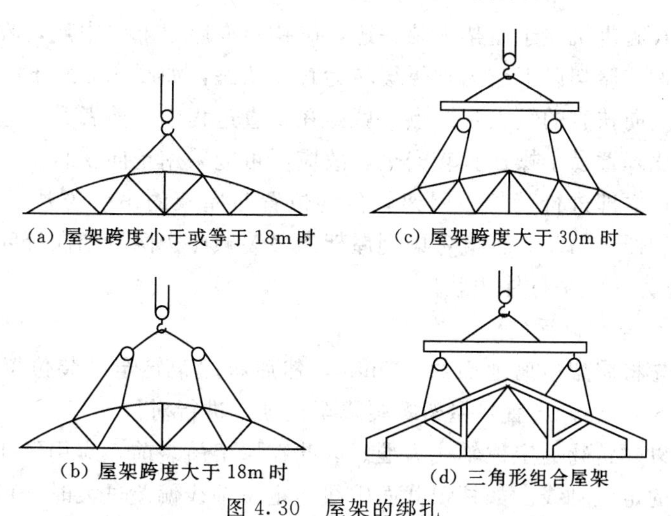

(a) 屋架跨度小于或等于18m时　(c) 屋架跨度大于30m时

(b) 屋架跨度大于18m时　(d) 三角形组合屋架

图 4.30　屋架的绑扎

2. 扶直与就位

屋架在吊装前，先要翻身扶直，并将屋架吊运至预定地点就位。

钢筋混凝土屋架的侧向刚度较差，扶直时由于自重影响，改变了杆件的受力性质，特别是上弦杆极易扭曲造成屋架损伤。因此在屋架扶直时必须采取技术措施，严格遵守操作要求，才能保证安全施工。

扶直屋架时，由于起重机与屋架相对位置不同，可分为正向扶直与反向扶直。

(1) 正向扶直起重机位于屋架下弦一边，吊钩对准屋架上弦中点，收紧吊钩，然后略起臂使屋架脱模。接着起重机升钩并升起重臂，使屋架以下弦为轴转为直立状态，如图4.31、图4.32 (a) 所示。

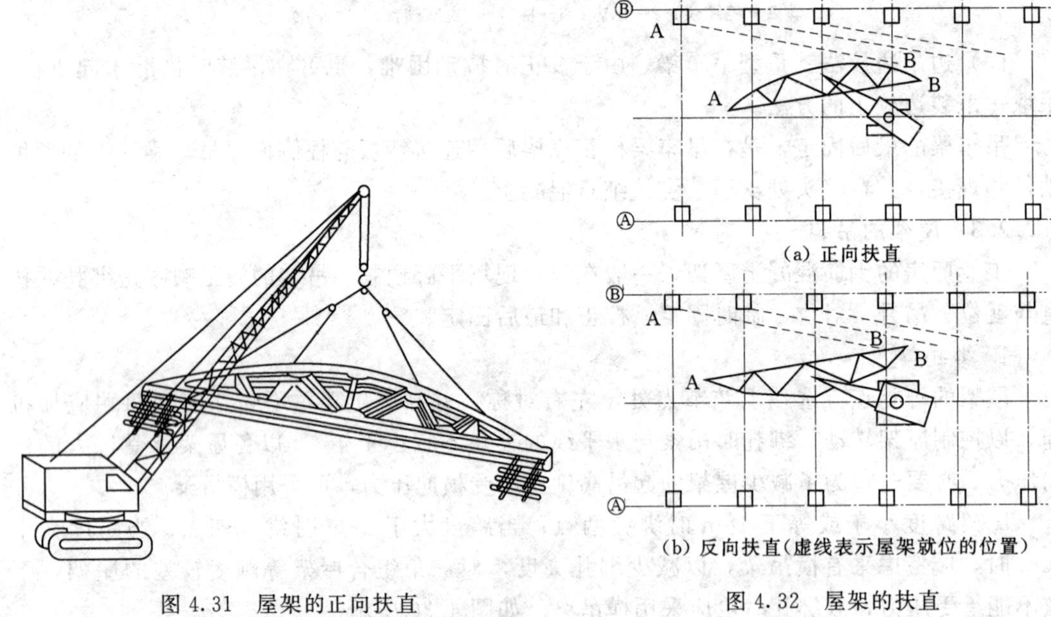

图 4.31　屋架的正向扶直

图 4.32　屋架的扶直

(2) 反向扶直起重机立于屋架上弦一边，吊钩对准屋架上弦中点，收紧吊钩，接着升钩并降低起重臂，使屋架以下弦为轴缓缓转为直立状态，如图 4.32 (b) 所示。

正向扶直与反向扶直的最大不同点，就是在扶直过程中，前者升起起重臂，后者降低起重臂。而升臂比降臂易于操作且较安全，故应尽可能采用正向扶直。

屋架扶直后，立即进行就位。屋架就位的位置与屋架的吊装方法、起重机械性能有关，应少占场地、便于吊装。且应考虑到屋架的吊装顺序、两端朝向等问题。一般靠柱边斜放或以 3～5 榀为一组平行柱边就位。

3. 吊升、对位与临时固定

屋架吊升是先将屋架吊离地面约 300mm，然后将屋架转至吊装位置下方，再将屋架提升超过柱顶约 300mm，然后将屋架缓缓降至柱顶，进行对位。

屋架对位应以建筑物的定位轴线为准。因此在屋架吊装前，应用经纬仪或其他工具在柱顶放出建筑物的定位轴线。如柱顶截面中线与定位轴线偏差过大时，可逐渐调整纠正。

屋架对位后，立即进行临时固定。临时固定稳妥后，起重机方可摘钩离去。

第一榀屋架的临时固定必须高度重视。因为它是单片结构，侧向稳定较差，而且还是第二榀屋架的临时固定的支撑。第一榀屋架的临时固定方法，通常是用四根缆风绳从两边将屋架拉牢，也可将屋架与抗风柱连接作临时固定。

第二榀屋架的临时固定，是用工具式支撑撑牢在第一榀屋架上，如图 4.33 所示。以后各榀屋架的临时固定也都是用工具式支撑撑牢在前一榀屋架上，如图 4.34 所示。

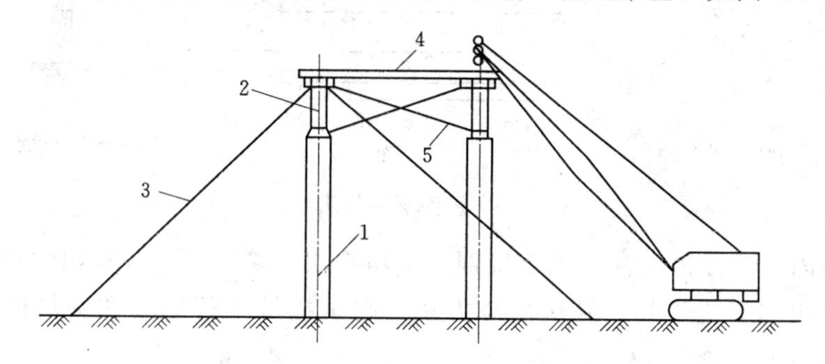

图 4.33 屋架的临时固定

1—柱子；2—屋架；3—缆风绳；4—工具式支撑；5—屋架垂直支撑

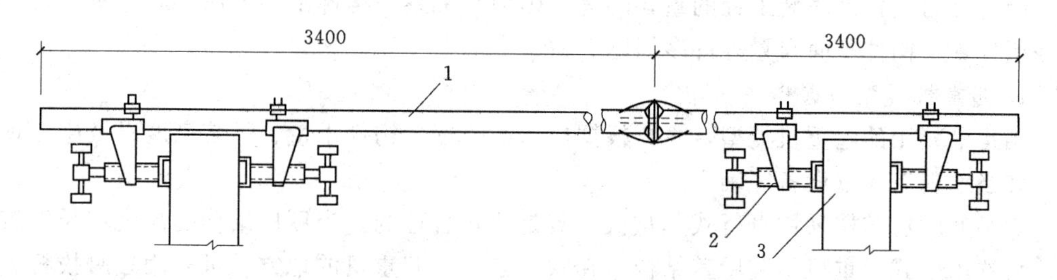

图 4.34 工具式支撑的构造（单位：mm）

1—钢管；2—撑脚；3—屋架上弦

4. 校正、最后固定

屋架经对位、临时固定后，主要校正垂直度偏差。规范规定：屋架上弦（在跨中）对通过两支座中心垂直面的偏差不得大于 $h/250$（h 为屋架高度）。检查时可用垂球或经纬仪。用经纬仪检查，是将仪器安置在被检查屋架的跨外，距柱的横轴线约 1m 左右；然后，观测屋架中间腹杆上的中心线（吊装前已弹好），如偏差超出规定数值，可转动工具式支撑上的螺栓加以纠正，并在屋架端部支承面垫入薄钢片。校正无误后，立即用电焊焊牢作为最后固定，应对角施焊，以防焊缝收缩导致屋架倾斜。

4.2.2.4 屋面板的吊装

屋面板四角一般预埋有吊环，如图 4.35 所示，用带钩的吊索钩住吊环即可吊装。1.5m×6m 的屋面板有四个吊环，起吊时，应使四根吊索长度相等，屋面板保持水平。

屋面板的吊装次序，应自两边檐口左右对称地逐块铺向屋脊，避免屋架承受半边荷载。屋面板对位后，立即进行电焊固定，每块屋面板可焊三点，最后一块只能焊两点。

4.2.3 结构吊装方案

单层工业厂房结构的特点是：平面尺寸大、承重结构的跨度与柱距大、构件类型少、

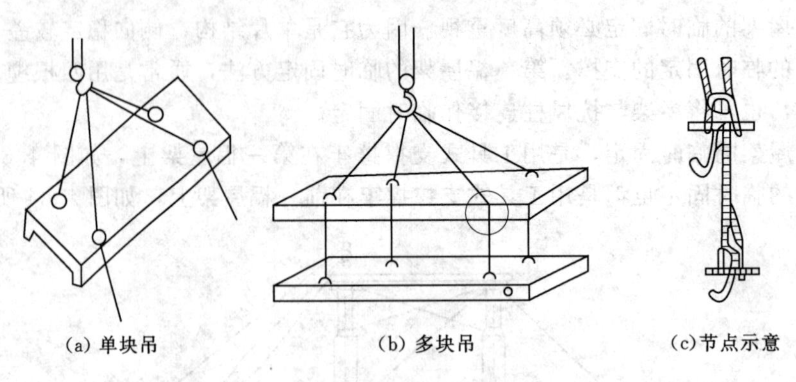

图 4.35　屋面板钩挂示意图

重量大，厂房内还有各种设备基础（特别是重型厂房）等。因此，在拟定结构吊装方案时，应着重解决起重机选择、结构吊装方法、起重机械开行路线和构件的平面布置等问题。

4.2.3.1　起重机的选择

起重机的选择是吊装工程的重要问题，因为它关系到构件吊装方法、起重机开行路线与停机位置、构件平面布置等许多问题。

1. 起重机类型的选择

结构吊装用的起重机类型，主要根据厂房的跨度、构件重量、吊装高度以及施工现场条件和当地现有起重设备等确定。

中小型厂房结构采用自行式起重机吊装是比较合理的。当厂房结构的高度和长度较大时，可选用塔式起重机吊装屋盖结构。在缺乏自行式起重机的地方，可采用独脚拔杆、人字拔杆、悬臂拔杆等吊装。大跨度的重型工业厂房，选用的起重机既要能吊装厂房的承重结构，又要能完成设备的吊装，所以应多选用大型自行式起重机、重型塔式起重机和大型牵缆式桅杆起重机等。对于重型构件，当一台起重机无法吊装时，也可用两台起重机抬吊。

2. 起重机型号及起重臂长度的选择

起重机的类型确定之后，还需要进一步选择起重机的型号及起重臂的长度。所选起重机应满足三个工作参数：起重量、起重高度、工作幅度的要求。

(1) 起重量。起重机的起重量必须大于所吊装构件的重量与索具重量之和。

$$Q \geqslant Q_1 + q \tag{4.1}$$

式中　Q——起重机的起重量，kN；

Q_1——构件的重量，kN；

q——索具的重量，kN。

(2) 起重高度。起重机的起重高度必须满足所吊装构件的吊装高度要求，如图 4.36 所示。

$$H \geqslant h_1 + h_2 + h_3 + h_4 \tag{4.2}$$

式中　H——起重机的起重高度，m，从停机面算起至吊钩钩口；

h_1——吊装支座表面高度，m，从停机面算起；

h_2——吊装间隙，视具体情况而定，但不小于0.3m；

h_3——绑扎点至构件吊起后底面的距离，m；

h_4——索具高度，m，自绑扎点至吊钩钩口，视具体情况而定。

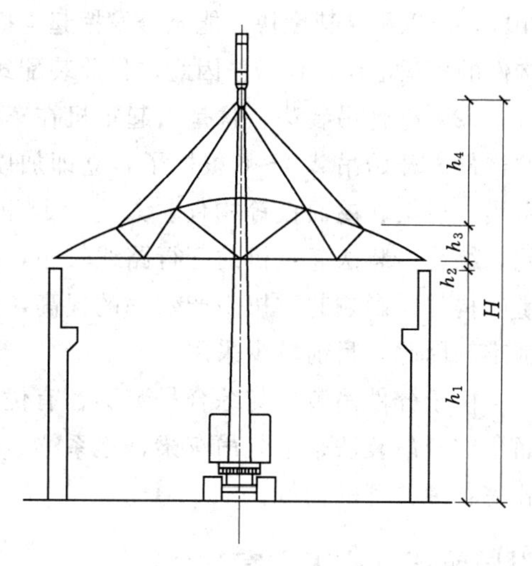

图4.36　起重高度的计算简图

4.2.3.2　结构吊装方法及起重机开行路线

单层工业厂房的结构吊装方法，有分件吊装法和综合吊装法两种。

(1) 分件吊装法。这是指起重机在车间内每开行一次仅吊装一种或两种构件，通常分三次开行吊装完全部构件。

第一次开行——吊装全部柱子，并对柱子进行校正和最后固定。

第二次开行——吊装吊车梁和连系梁以及柱间支撑等。

第三次开行——分节间吊装屋架、天窗架、屋面板及屋面支撑等，如图4.37所示，表示分件吊装时的构件吊装顺序。

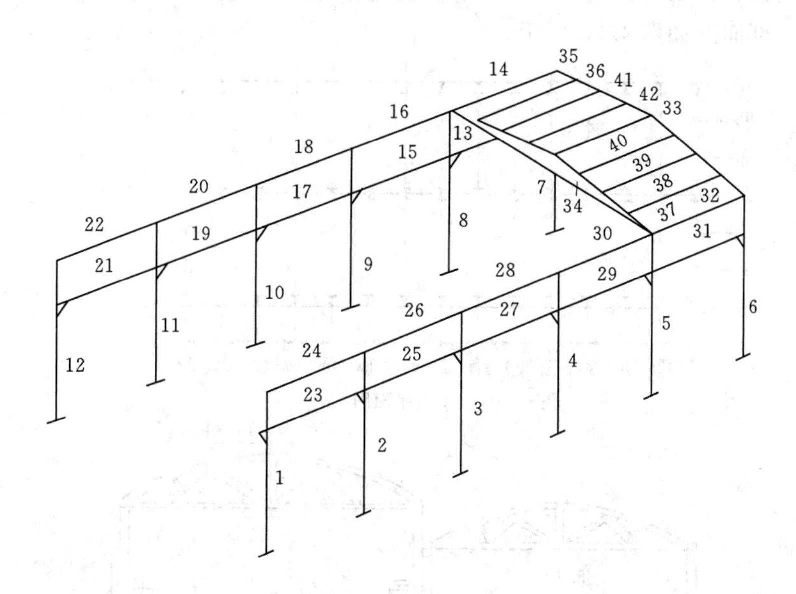

图4.37　分件吊装时的构件吊装顺序

图中数字表示构件吊装顺序，其中：1～12—柱；13～32—单数是吊车梁，双数是连系梁；33、34—屋架；35～42—屋面板

此外，在屋架吊装之前还要进行屋架的扶直就位、屋面板的运输堆放，以及起重臂接长等工作。

分件吊装法由于起重机每次开行是吊装同类型构件，索具不需经常更换，操作程序基本相同，所以吊装速度快。能充分发挥起重机的工作能力：构件的供应、现场的平面布置以及构件的校正也比较容易。因此，目前装配式钢筋混凝土单层工业厂房多采有分件吊装法。

(2) 综合吊装法。这是指起重机在车间内的一次开行中，分节间吊装完所有各种类型的构件。开始吊装4～6根柱子，立即加以校正和浇筑混凝土固定，接着吊装吊车梁、连系梁、屋架、屋面板等构件。总之，起重机在每一停机位置，吊装尽可能多的构件。因此，综合吊装法起重机的开行路线较短，停机位置较少。但综合吊装法要同时吊装各种类型的构件，影响起重机生产效率的提高，使构件的供应、平面布置复杂，构件的校正也较困难。因此，目前较少采用。

由于分件吊装法与综合吊装法各有优缺点，目前有不少工地采用分件吊装法吊装柱，而用综合吊装法来吊装吊车梁、连系梁、屋架、屋面板等各种构件，起重机分两次开行吊装完各种类型的构件。

附导航项目施工方案

1. 项目概况

(1) 工程简介。某厂金车间为两跨各18m的单层厂房，厂房长84m，柱距6m，共有14个车间。该车间为装配式单层二跨工业厂房，一高跨、一低跨。主要构件是钢筋混凝土工字形截面柱、钢筋混凝土T形吊车梁、预应力混凝土折线屋架、预应力混凝土屋面板。厂房平、剖面图如图4.38所示。

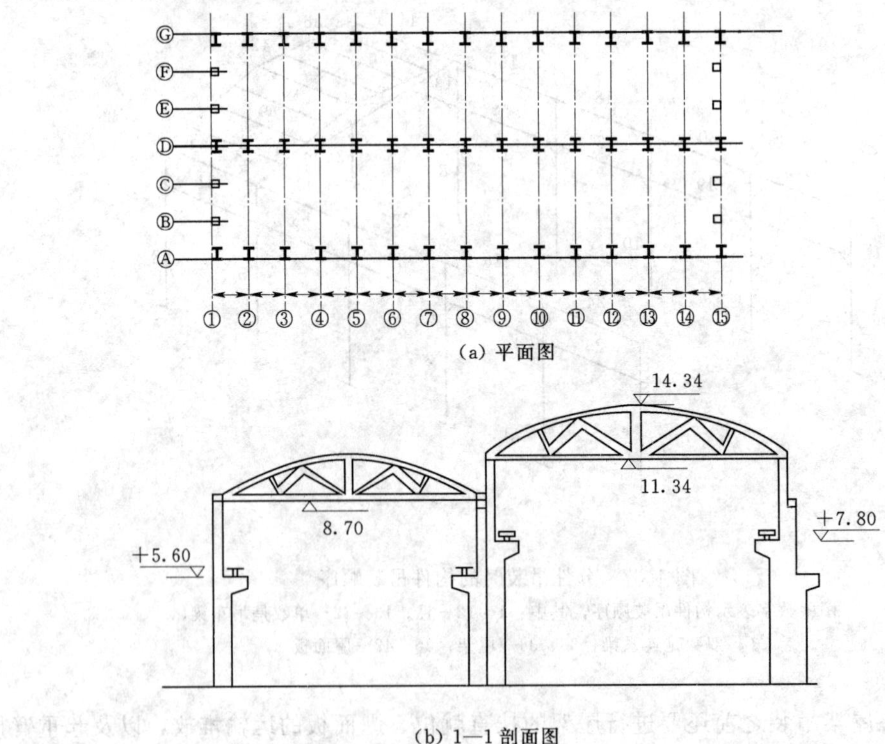

(a) 平面图

(b) 1—1 剖面图

图4.38 金工车间平、剖面图

（2）施工条件。

1）该厂位于市郊区，公路直达，运输方便。

2）已完成杯形基础及回填土工作，施工现场已做好三通一平。

3）吊装施工中所用的设备、建筑材料及半成品由场外运入并保证供应。

4）连系梁、屋面板由预制厂生产，柱、吊车梁、预应力屋架为现场预制。

5）吊装施工期间，劳动力及有关机具满足施工要求，有常用的起重机可供选择。

（3）金工车间主要预制构件一览表见表4.1。

表4.1　　金工车间主要预制构件一览表

轴线	构件名称及型号	数量	构件重量/t	构件长度/m	吊装高度/m
（A）①（15）（G）	基础梁 YJL	40	1.4	5.97	
（D）（G）	连系梁 YLL	28	0.8	5.97	+8.20
（A）	柱 Z1	15	5.1	10.1	
（D）（G）	柱 Z2	30	6.4	13.1	
（B）（C）	柱 Z3	4	4.6	12.6	
（E）（F）	柱 Z4	4	5.8	15.6	
	低跨屋架 YGJ-18	15	4.46	17.70	+8.70
	高跨屋架 YGL-18	15	4.46	17.70	+11.34
	吊车梁 DCL1	28	3.5	5.97	+5.60
	吊车梁 DCL2	28	5.02	5.97	+7.80
	屋面板 YWB	336	1.35	5.97	+14.34

2. 吊装机械的选择

起重机的选择主要是根据厂房跨度、构件重量、吊装高度、现场条件及现有设备等确定，本工程结构采用履带式起重机，吊装主要构件工作参数如下。

（1）柱。采用斜吊法吊装。

最长最重的柱子Z_2，重6.4t，长13.10m。

要求起重量$Q=Q_1+Q_2=6.4+0.2=6.6$（t）。

要求起重高度$H=h_1+h_2+h_3+h_4=0+0.3+8.2+2=10.5$（m）。

现初选用W1-100型履带式起重机，起重机臂长23m，当$Q=6.6$t时相应的起重半径$R=14.5$m，起重高度$H=19\text{m}>10.5\text{m}$，满足吊装柱子的要求。由此选用W1-100型履带式起重机，起重机臂长23m，其中半径不大于12m处吊柱子。

（2）屋架。采用两点绑扎吊装。

要求起重量$Q=Q_1+Q_2=4.46+0.3=4.76$（t）。

要求起重高度$H=h_1+h_2+h_3+h_4=11.34+0.3+2.6+3=17.24$（m）。

现初选用W1-100型履带式起重机，起重机臂长为23m，查表得当起重量$Q=4.76$t时，起重半径$R=14.5$m，其中高度$H=19\text{m}>17.24\text{m}$，故满足吊装屋架的要求。由此可按柱的选择方案选用W1-100型履带式起重机，起重机臂长为23m在起重半径14.5m范围内。

（3）屋面板。

要求起重量 $Q=Q_1+Q_2=1.35+0.2=1.55$（t）。

要求起重高度 $H=h_1+h_2+h_3+h_4=14.34+0.3+0.24+2.5=17.38$（m）

吊装高跨跨中屋面板时，采用 W1－100 型履带式起重机，最小起重臂长度时的起重臂仰角 $\alpha=55.7°$。

所需最小起重臂长度 $L_{min}=h/\sin\alpha+(f+g)/\cos\alpha=22.35$(m)。

选用 W1－100 履带式起重机，起重臂长 23m，仰角 56°，吊装屋面板时的起重半径 $R=F+L\cos\alpha=14.16$（m）。

查 W1－100 履带式起重机的性能曲线，当 $L=23$m，$R=14.5$m 时，$Q=2.2\text{t}>1.55\text{t}$，$H=17.5\text{m}>17.38\text{m}$，满足吊装高跨度跨中屋面板的要求。

（4）吊装构件起重机的工作参数（表 4.2）。

表 4.2　　吊装构件起重机的工作参数

构件名称	柱			屋架			屋面板		
吊装工作参数	Q /t	H /m	R /m	Q /t	H /m	R /m	Q /t	H /m	R /m
所需最小数值	6.6	10.5		4.76	17.24		1.55	17.38	13.82
23m 起重臂工作参数	6.6	19	7.5	5.0	19	9.0	2.3	17.5	14.5

3. 结构吊装方法的选择

柱和屋架采用现场预制，其他构件在工厂预制后由汽车运到吊装现场吊装。

由于分件吊装发每次吊装基本都是同类构件，可根据构件的重量的吊装高度选择不同的起重机，同时，在吊装过程中，不需频繁更换锁具，容易操作，且吊装速度快，符合本工程吊装特点，因此本工程将选用分件吊装发吊装。

由于场地限制，柱和屋架不能同时预制。采用同时预制，先吊装柱，然后吊装吊车梁，最后是屋盖系统，包括屋架、连系梁和屋面板，一次吊装完毕。

4. 结构构件吊装

单层工业厂房的结构构件主要有柱、吊车梁、连系梁、屋架、屋面板等，各种构件吊装过程为：绑扎——吊升——对位——临时固定——校正——最后固定。

（1）柱的吊装。

1）柱的绑扎。绑扎柱的工具主要有吊索、卡环和横吊梁等。为使在高空中脱钩方便，应采用活络式卡环。为避免吊装柱时吊索磨损柱表面，要在吊索与构件之间垫麻袋或木板等。柱的绑扎采用直吊绑扎法，吊索分别在柱子两侧，通过横吊梁与吊钩相连。

2）柱的起吊。旋转法吊升柱时，起重机边收勾边回转，使柱子绕着柱脚旋转呈直立状态，然后吊离地面，略转起重臂，将柱放入基础杯口。

柱的预制和堆放时的平面布置应做到：柱脚靠近基础，柱的绑扎点、柱脚中心和基础中心三点同在以起重机停机点为圆心，以停机点到绑扎点的距离（吊升柱子时的起重半径）为半径的圆弧上。

3）柱的对位和临时固定。柱脚插入杯口后，并不立即降入杯底，而是停在杯底30～50mm处进行对位。对位方法是用8块木楔或钢楔从柱的四周放入杯口，每边放两块，用撬棍拨动柱脚或通过起重机操作，使柱的吊装准线对准杯口上的定位轴线，并保持柱的垂直。

对位后，放松吊钩，柱沉至杯底，再复合吊装准线的对准情况后，对称地打紧楔块，将柱临时固定，然后起重机脱钩，拆除绑扎锁具。

4）柱的校正。柱垂直度的检查，用两台经纬仪从柱的相邻两边检查柱吊装准线的垂直度。其允许偏差值：柱高 $H>10m$，为（1/1000）H，且不大于20mm。

柱的垂直度校正方法：当柱的垂直偏差较小时，可用打紧或放松楔块的方法或用钢钎来纠正：偏差较大时，可用螺旋千斤顶斜顶或平顶、钢管支撑斜顶等方法纠正。

5）柱的固定。柱子校正完成后，应立即进行最后固定。最后固定方法是在柱脚与基础杯口间的空隙内灌注细石混凝土，其强度等级应比构件混凝土强度等级提高两级。细石混凝土的浇筑分两次进行：第一次，浇筑到楔块底部；第二次，在第一次浇筑的混凝土强度达到25%设计强度标准值后，拔出楔块，将杯口内灌满细石混凝土。

（2）吊车梁的吊装。吊车梁的吊装，应在柱子杯口进行第二次浇筑的细石混凝土强度达到设计强度75%以后进行。

1）吊车梁的绑扎、吊升、对位和临时固定。吊车梁的绑扎点应对称设在梁的两端，吊钩垂线对准梁的重心，起吊后吊车梁保持水平状态。在梁的两端设溜绳以控制梁的转动，以避免与柱相碰，对位时应缓慢降勾，将梁端的吊装准线与柱牛腿面得吊装定位线对准。

2）吊车梁的校正和最后固定。吊车梁的垂直度用铅锤检查，当偏差超过规范规定的允许值5mm时，在梁的两端与柱牛腿面之间垫斜垫铁予以纠正。

吊车梁片面位置校正主要是：检查吊车梁的纵轴线直线度和跨距是否符合要求。

本工程采用通线法对吊车梁平面位置校正。通线法又称拉钢丝法，它根据定位轴线，在厂房的两端地面上定出吊车梁的吊装轴线位置，打入木桩，用钢尺检查两列吊车梁的轨距是否满足要求，然后用经纬仪将厂房两端的4通线，根据此通线检查并用撬棍拨正吊车梁的中心线。

吊车梁校正后，立即用电焊作最后固定，并在吊车梁与柱的空隙处灌注细石混凝土。

（3）屋架吊装。

1）屋架的绑扎。本工程吊车梁跨度5.97m小于18m，宜采用两点绑扎。屋架的绑扎点应选在上弦节点处，左右对称，并且绑扎吊索的合理作用点（绑扎中心应高于屋架重心，这样屋架起吊后不宜倾翻和转动。

绑扎时，绑扎吊索与构件水平夹角，扶直时不宜小于60°，吊升时不宜小于45°，以免屋架承受较大的横向压力。

2）屋架的扶直与就位。本工程采用正向扶直，正向扶直时，起重机位于屋架下弦一侧。首先将吊钩对准屋架平面中心，收紧吊钩，然后稍微起臂使屋架脱模，接着起重机升勾起臂，使屋架以下弦为轴转成直立状态。

3）屋架扶直时应注意的问题。

a. 起重机吊钩应对准屋架中心，吊索宜用滑轮连接，左右对称。在屋架接近扶直时，吊钩应对准下弦中心，防止屋架摇摆。

b. 当屋架叠浇时，为防止屋架突然下滑而损坏，应在屋架两端搭设井字架或枕木垛，枕木垛的高度与下层屋架的表面平齐。

c. 屋架有严重的黏结时，应先选用撬棍或钢钎凿，不能强拉，以免造成屋架损坏。

d. 屋架扶直后，立即吊放到构件平面布置图规定的位置。一般靠柱边就位，然后用铁丝、支撑等与已吊装的柱扎牢。

4）屋架的吊升、对位与临时固定。屋架吊升是先将屋架吊离地面 500mm，然后将屋架吊至吊装位置下方，升钩将屋架吊至超过柱顶 300mm，然后将屋架缓缓地降至柱顶，进行对位。屋架对位以建筑物的轴线为准，对位前应事先将建筑物轴线用经纬仪投放到柱顶面上，对位后，立即进行临时固定，然后起重机脱钩。

第一榀屋架的临时固定方法是：用 4 根缆风绳从两边拉牢。若先吊装了抗风柱，可将屋架与抗风柱连接。第二榀屋架以后的屋架用屋架校正器临时固定在前一榀屋架上，每榀屋架至少需要两个屋架校正器。

屋架的校正和最后固定。

屋架的校正内容是检查并校正其垂直度。检查用经纬仪或锤球，校正用房屋校正器或缆风绳。

经纬仪检查：在屋架上吊装 3 个卡尺，一个吊装在屋架上弦中央，另两个吊装在屋架的两端，卡尺与屋架的平面保持垂直。从屋架上弦几何中心线量取 500mm 在卡尺上作标志，然后在据屋架中线 500mm 处的地面上，设置一台经纬仪，检查 3 个卡尺上的标志是否在同一垂直面上。

垂球检查：卡尺设置与经纬仪检查方法相同。从屋架上弦几何中心线向卡尺方向量取 300mm 的一段距离，并在 3 个卡尺上作出标志，然后在两端卡尺的标志处拉一条通线，在中央卡尺标志处向下挂垂求，检查 3 个卡尺上的标志是否在同一垂直面上。

屋架校正后，立即用电焊作最后固定。

（4）屋面板的吊装。屋面板一般预埋有吊环，用带钩的吊索钩住吊环进行吊装。屋面板的吊装顺序，应自檐口两边左右对称地逐块铺向屋脊，避免屋架受力不均。屋面板对位后，立即用电焊固定。

天窗架的吊装应在天窗架两侧的屋面板吊装完成后进行，其吊装方法与屋架的吊装基本相同。

5. 起重机开行路线及构件的平面布置

（1）吊装柱时起重机的开行路线及柱的平面布置，如图 4.39 所示。柱的预制位置即吊装前的就位位置，吊装 A 列柱 Z1 时，起重机的起重半径为 8.7m，吊装 D，C 柱列时，起重半径为 7.5m。起重机跨边开行，采用一点绑扎旋转法吊装，柱的平面布置和起重机开行路线详见图 4.39。

（2）吊装屋架时起重机的开行路线及构件的平面布置。吊装屋架及屋盖结构中其他构件时，起重机均采用跨中开行。屋架的平面布置分为预制阶段平面布置和吊装阶段平面布置。

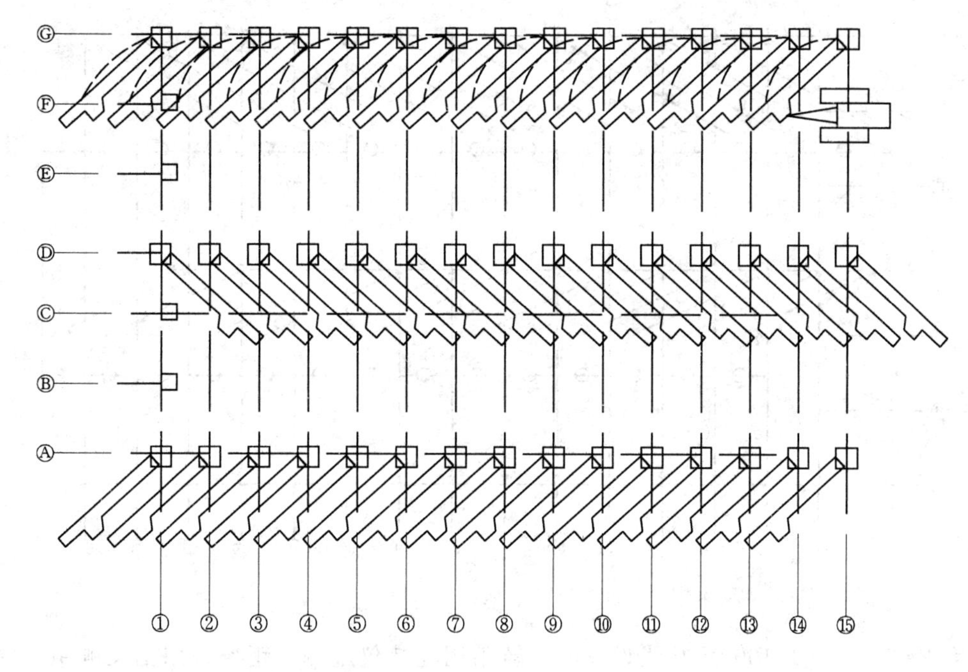

图 4.39　吊装柱时起重机的开行路线及柱的平面布置

1）预制阶段平面布置。屋架一般在跨内平卧叠浇预制，每叠 3～4 榀。布置方式有斜向、正反斜向和正反纵向布置 3 中，本工程优先考虑斜向布置。见图 4.40 屋架现场预制阶段平面布置排放图。

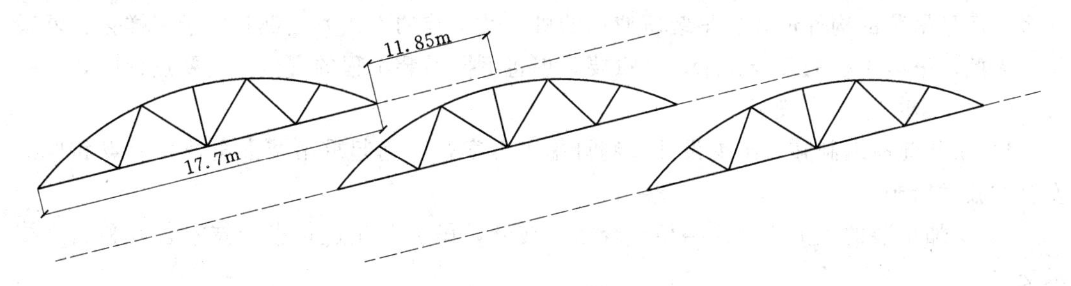

图 4.40　屋架现场预制阶段平面布置排放图

图 4.30 中虚线表示预应力屋架抽管及穿筋所需的长度，每叠屋架间应留 1.0m 的间距，一边支模和浇筑混凝土。

2）吊装阶段的平面布置。屋架吊装阶段的平面布置指将叠浇的屋架扶直后，排放到吊装前的预制位置。其布置方式采用靠柱边斜向排放。详见图 4.41。

6. 质量保证措施

（1）开工前做好技术、质量交底，让施工人员心中有数，树立质量第一的观念。

（2）根据施工技术要求，做好施工记录，贯彻谁施工谁负责的精神，凡上道工序不合格，下道工序不予施工，各工序之间互检合格后方可进行下道工序施工。对重要工序专职质检员检查认可后方可继续施工。做到层层把关，相互监督。

（3）定期检测测量基线和水准点标高。施工基线的方向角误差不大于 12″。施工基线

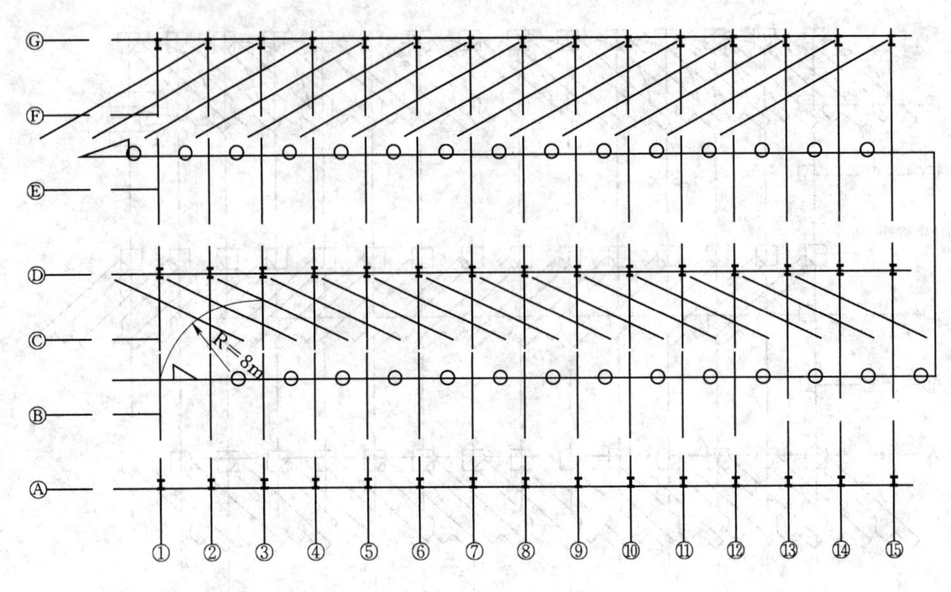

图 4.41　屋架斜向布置图

的长度误差不大于1/1000。基线设置时，转角用经纬仪施测，距离采用钢尺测距，并由质检校核。坐标点采用牢靠保证措施，严禁碰撞和扰动。

(4) 严格按国家相关规范执行。

7. 安全保证措施。

(1) 吊装工程的安全技术要点。伴随着工业化建筑和大跨建筑的发展，吊装工程越来越多，而且吊装的构件形式、吊装所使用的机具及吊装的方式方法都趋向于多样化、复杂化。因此，吊装工程的安全技术十分重要。现将不同吊装工程的安全技术要点说明如下。

(2) 安全技术的一般规定。

1) 吊装前应编制施工组织设计或制订施工方案，明确起重吊装安全技术要点和保证安全的技术措施。

2) 参加吊装的人员应经体格检查合格。在开始吊装前应进行安全技术教育和安全技术交底。

3) 吊装工作开始前，应对起重运输和吊装设备以及所用索具、卡环、夹具、卡具、锚碇等的规格、技术性能进行细致检查或试验，发现有损坏或松动现象，应立即调换或修好。起重设备应进行试运转，发现转动不灵活、有磨损的应及时修理；重要构件吊装前应进行试吊，经检查各部位正常后才可进行正式吊装。

(3) 防止高空坠落。

1) 吊装人员应戴安全帽；高空作业人员应佩安全带，穿防滑鞋，带工具袋。

2) 吊装工作区应有明显标志，并设专人警戒，与吊装无关人员严禁入内。起重机工作时，起重臂杆旋转半径范围内严禁站人或通过。

3) 运输、吊装构件时，严禁在被运输、吊装的构件上站人指挥和放置材料、工具。

4) 高空作业施工人员应站在操作平台或轻便梯子上工作。吊装层应设临时安全防护栏杆或采取其他安全措施。

5）登高用梯子，临时操作台应绑扎牢靠。梯子与地面夹角以60°～70°为宜，操作台跳板应铺平绑扎，严禁出现挑头板。

（4）防物体落下伤人。

1）高空往地面运输物件时，应用绳捆好吊下。吊装时，不得在构件上堆放或悬挂零星物件。零星材料和物件必须用吊笼或钢丝绳、保险绳捆扎牢固后才能吊运和传递，不得随意抛掷材料物体、工具，防止滑脱伤人或意外事故。

2）构件必须绑扎牢固，起吊点应通过构件的重心位置，吊升时应平稳，避免振动或摆动。

3）起吊构件时，速度不应太快，不得在高空停留过久，严禁猛升猛降，以防构件脱落。

4）构件就位后临时固定前，不得松钩、解开吊装索具。构件固定后，应检查连接牢固和稳定情况，当连接确定安全可靠，才可拆除临时固定工具和进行下步吊装。

5）风雪天、霜雾天和雨天吊装应采取必要的防滑措施，夜间作业应有充分照明。

（5）防止起重机倾翻。

1）起重机行驶的道路必须平整、坚实、可靠，停放地点必须平坦。

2）起重机不得停放在斜坡道上工作，不允许起重机两条履带或支腿停留部位一高一低或土质一硬一软。

3）起吊构件时，吊索要保持垂直，不得超出起重机回转半径斜向拖拉，以免超负荷和钢丝绳滑脱或拉断绳索而使起重机失稳。起吊重型构件时应设牵拉绳。

4）起重机操作时，臂杆提升、下降、回转要平稳，不得在空中摇晃，同时要尽量避免紧急制动或冲击振动等现象发生。未采取可靠的技术措施和未经有关技术部门批准，起重机严禁超负荷吊装，以避免加速机械零件的磨损和造成起重机倾翻。

5）起重机应尽量避免满负荷行驶。在满负荷或接近满负荷时，严禁同时进行提升与回转（起升与水平转动或起升与行走）两种动作，以免因道路不平或惯性力等原因引起起重机超负荷而酿成翻车事故。

6）当两台吊装机械同时作业时，两机吊钩所悬吊构件之间应保持5m以上的安全距离，避免发生碰撞事故。

7）双机抬吊构件时，要根据起重机的起重能力进行合理的负荷分配（吊重质量不得超过两台起重机所允许起重量总和的75%，每一台起重机的负荷量不宜超过其安全负荷量的80%）。操作时，必须在统一指挥下，动作协调，同时升降和移动，并使两台起重机的吊钩、滑车组均应基本保持垂直状态。两台起重机的驾驶人员要相互密切配合，防止一台起重机失重，而使另一台起重机超载。

8）吊装时，应有专人负责统一指挥，指挥人员应位于操作人员视力能及的地点，并能清楚地看到吊装的全过程。起重机驾驶人员必须熟悉信号，并按指挥人员的各种信号进行操作：指挥信号应事先统一规定，发出的信号要鲜明、准确。

9）在风力等于或大于6级时，禁止在露天进行起重机移动和吊装作业。

10）起重机停止工作时，应刹住回转和行走机构，锁好司机室门。吊钩上不得悬挂构件，并应升到高处，以免摆动伤人和造成吊车失稳。

(6) 防吊装结构失稳。

1) 构件吊装应按规定的吊装工艺和程序进行，未经计算和采取可靠的技术措施，不得随意改变或颠倒工艺程序吊装结构构件。

2) 构件吊装就位，应经初校和临时固定或连接可靠后始可卸钩，最后固定后方可拆除临时固定工具。高宽比很大的单个构件，未经临时或最后固定组成一稳定单元体系前，应设溜绳或斜撑拉（撑）固。

3) 构件固定后不得随意撬动或移动位置，如需重校时，必须回钩。

(7) 防止触电。

1) 吊装现场应有专人负责吊装、维护和管理用电线路和设备。

2) 构件运输、起重机在电线下进行作业或在电线旁行驶时，构件或吊杆最高点与电线之间水平或垂直距离应符合安全用电的有关规定。

3) 使用塔式起重机或长吊杆的其他类型起重机及钢井架，应有避雷防触电设备，各种用电机械必须有良好的接地或接零，接地电阻不应大于4Ω，并定期进行地极电阻摇测试验。

8. 文明施工措施

(1) 施工开始前，根据现场情况，与甲方协商，根据当地有具体情况协商解决食宿问题，并制定切实可行的文明施工条例。创建标准化施工工地。

(2) 施工用电及供电线路是施工的重要组成部分，应根据施工设施布置情况，保证一次定位，根据需要采取隔离保护措施。

(3) 施工现场应挂牌展示下列内容。

1) 各职务岗位责任。

2) 安全生产规章。

3) 防火安全责任。

4) 作为文明施工的日常内容，施工班组每日收工前必须清理本班组施工区域，以保证施工现场清洁。

雨季施工及防风措施如下。

1) 合理调整原材料的运输速度和吊装速度，在保证不怠工的前提下，尽量减少材料在现场的堆放余量。

2) 每日收工前将屋面剩余的板材用绳索绑扎固定，或运回料场。

3) 每日开工、收工前检查临时支撑是否完好，如发现不牢或隐患现象，立即采取措施加固。

4) 大雨、大风、雷电天气应立即全面停止作业，并应预先采取措施，屋面上未固定材料应在预感变天时予以固定。

5) 一旦遇大雨应立即切断所有电动工具的电源，雷电天气禁止吊装及高空作业，雨天过后及时全面认真检查电源线路，排除漏电隐患，确保安全。

思考题

4.1 常用起重机有哪些类型？各有什么特点？什么是起重机的工作参数？

4.2　结构安装前准备工作包括哪些内容？有什么具体要求？

4.3　构件检查有哪些内容？为什么构件吊装前要进行弹线和编号？

4.4　柱子的绑扎法有几种？各有什么特点？绑扎时应注意哪些事项？

4.5　柱子的吊升方法有几种？各有什么特点？适用于什么情况？对柱的平面布置各有什么要求？

4.6　柱子的校正包括哪些方面？如何进行校正？根据什么原理和使用什么工具？

4.7　结构安装方案包括哪些内容？

4.8　构件平面布置时应遵循哪些原则？

4.9　预制阶段柱的布置方式有几种？各有什么特点？

4.10　屋架在预制阶段布置的方式有几种？安装阶段屋架的扶直方法有几种？

4.11　分件安装和综合安装有什么不同？试比较两种方法的优缺点？

习　　题

4.1　某厂房柱的牛腿面标高＋8.5m，吊车梁长为6m，当起重机停机面标高为＋0.5m时，试计算安装吊车梁的起重高度。

4.2　某单层工业厂房跨度为24m，柱距为6m，天窗架顶面标高＋17.0m，屋面板厚度240mm，试选择履带式起重机的最小臂长，其中起重机转轴中心距地面高度为2.1m，停机面标高为－0.5m。

4.3　某单层工业厂房跨度18m，柱距6m，9个节间，选用W1－100型履带式起重机进行结构安装，安装屋架时的起重半径为9m，试绘制屋架斜向就位图。

附　录

附表 1　　**钢管截面几何特性**

外径 Φ，d /mm	壁厚 t /mm	截面积 A /cm^2	惯性矩 I /cm^4	截面模量 w /cm^3	回转半径 i /cm	每米长质量 /(kg·m^{-1})
48.3	3.6	5.06	12.71	5.26	1.59	3.97

附表 2　　**钢材的强度设计值与弹性模量**　　单位：N/mm^2

Q235 钢抗拉、抗压和抗弯强度设计值 f	205
弹性模量 E	2.06×10^5

附表 3　　**轴心受压构件的稳定系数 φ（Q235 钢）**

A	0	1	2	3	4	5	6	7	8	9
0	1.000	0.997	0.995	0.992	0.989	0.987	0.984	0.981	0.979	0.976
10	0.974	0.971	0.968	0.966	0.963	0.960	0.958	0.955	0.952	0.949
20	0.947	0.944	0.941	0.938	0.936	0.933	0.930	0.927	0.924	0.921
30	0.918	0.915	0.912	0.909	0.906	0.903	0.899	0.896	0.893	0.889
40	0.886	0.882	0.879	0.875	0.872	0.868	0.864	0.861	0.858	0.855
50	0.852	0.849	0.846	0.843	0.839	0.836	0.832	0.829	0.825	0.822
60	0.818	0.814	0.810	0.806	0.802	0.797	0.793	0.789	0.784	0.779
70	0.775	0.770	0.765	0.760	0.755	0.750	0.744	0.739	0.733	0.728
80	0.722	0.716	0.710	0.704	0.698	0.692	0.686	0.680	0.673	0.667
90	0.661	0.654	0.648	0.641	0.634	0.626	0.618	0.611	0.603	0.595
100	0.588	0.580	0.573	0.566	0.558	0.551	0.544	0.537	0.530	0.523
110	0.516	0.509	0.502	0.496	0.489	0.483	0.476	0.470	0.464	0.458
120	0.452	0.446	0.440	0.434	0.428	0.423	0.417	0.412	0.406	0.401
130	0.396	0.391	0.386	0.381	0.376	0.371	0.367	0.362	0.357	0.353
140	0.349	0.344	0.340	0.336	0.332	0.328	0.324	0.320	0.316	0.312
150	0.308	0.305	0.301	0.298	0.294	0.291	0.287	0.284	0.281	0.277
160	0.274	0.271	0.268	0.265	0.262	0.259	0.256	0.253	0.251	0.248
170	0.245	0.243	0.240	0.237	0.235	0.232	0.230	0.227	0.225	0.223
180	0.220	0.218	0.216	0.214	0.211	0.209	0.207	0.205	0.203	0.201
190	0.199	0.197	0.195	0.193	0.191	0.189	0.188	0.186	0.184	0.182
200	0.180	0.179	0.177	0.175	0.174	0.172	0.171	0.169	0.167	0.166

续表

A	0	1	2	3	4	5	6	7	8	9
210	0.164	0.163	0.161	0.160	0.159	0.157	0.156	0.154	0.153	0.152
220	0.150	0.149	0.148	0.146	0.145	0.144	0.143	0.141	0.140	0.139
230	0.138	0.137	0.136	0.135	0.133	0.132	0.131	0.130	0.129	0.128
240	0.127	0.126	0.125	0.124	0.123	0.122	0.121	0.120	0.119	0.118
250	0.117	—	—	—	—	—	—	—	—	—

注　当 $\lambda>250$ 时，$\Phi=\frac{7320}{\lambda^2}$。

附表 4　　**单、双排脚手架立杆承受的每米结构自重标准值 g_k**　　单位：kN/m

步距/m	脚手架类型	纵距/m				
		1.2	1.5	1.8	2.0	2.1
1.20	单排	0.1642	0.1793	0.1945	0.2046	0.2097
	双排	0.1538	0.1667	0.1796	0.1882	0.1925
1.35	单排	0.1530	0.1670	0.1809	0.1903	0.1949
	双排	0.1426	0.1543	0.1660	0.1739	0.1778
1.50	单排	0.1440	0.1570	0.1701	0.1788	0.1831
	双排	0.1336	0.1444	0.1552	0.1624	0.1666
1.80	单排	0.1305	0.1422	0.1538	0.1615	0.1654
	双排	0.1202	0.1295	0.1389	0.1451	0.1482
2.00	单排	0.1238	0.1347	0.1456	0.1529	0.1566
	双排	0.1134	0.1221	0.1307	0.1365	0.1394

注　ϕ8.3×3.6 钢管，扣件自重按本规范附录 A 表 A.0.4 采用。表内中间值可按线性插入计算。

附表 5　　**混凝土最短搅拌时间**

搅拌机类别	搅拌机容量/L	混凝土坍落度/mm		
		<30	30～70	>70
		混凝土最短搅拌时间/min		
自落式	≤400	2.0	1.5	1.0
	≤800	2.5	2.0	1.5
	≤1200	—	2.5	1.5
强制式	≤400	1.5	1.0	1.0
	≤1500	2.5	1.5	1.5

注　1. 搅拌细砂混凝土或掺有外加剂的混凝土时，搅拌时间应适当延长 1～2min。

2. 外加剂应先调成适当的溶液再掺入。

3. 搅拌机装料数量（装入粗、细集料、水泥等松体积的总数）不应大于搅拌机标定容量的 110%。

4. 搅拌时间不宜过长，每一工作班至少应抽查两次。

5. 表中所列时间为从搅拌加水开始。

6. 当采用其他形式的搅拌设备室，搅拌的最短时间应按设备说明书的规定或经试验确定。

参 考 文 献

[1] 建筑施工手册（5版）. 北京：中国建筑工业出版社，2012.
[2] 祖青山. 建筑施工技术（修订版）. 北京：中国环境科学出版社，1997.
[3] 李伟. 建筑与装饰工程施工工艺. 北京：中国建筑出版社，2004.
[4] 范立础. 桥梁工程（上册）（2版）. 北京：人民交通出版社，1996.
[5] 余胜光，郭晓霞. 建筑施工技术. 武汉：武汉理工大学出版社，2004.
[6] 毛鹤琴. 土木工程施工（3版）. 武汉：武汉理工大学出版社，2009.
[7] 徐占发. 建筑施工. 北京：机械工业出版社，2005.
[8] 朱永祥，钟汉华. 建筑施工技术. 北京：北京大学出版社，2008.
[9] 廖代广，孟新田. 土木工程施工技术. 武汉：武汉理工大学出版社，2006.
[10] 魏瞿霖，王松成. 建筑施工技术. 北京：清华大学出版社，2006.
[11] 包永刚，钱武鑫. 建筑施工技术. 北京：中国水利水电出版社，2007.
[12] 傅敏. 现代建筑施工技术. 北京：机械工业出版社，2009.
[13] 王红，李建国. 建筑工程施工工艺. 北京：中国水利水电出版社，2012.
[14] 陈守兰. 建筑施工技术（3版）. 北京：北京科学技术出版社，2006.8.
[15] 朱正国. 建筑施工技术与组织. 北京：中国水利水电出版社，2011.